精细化工专业新工科系列教材

有机功能材料化学

CHEMISTRY OF ORGANIC
FUNCTIONAL MATERIALS

王巧纯　张隽佶　花建丽　等 编著

化学工业出版社

·北京·

内容简介

《有机功能材料化学》是精细化工专业新工科系列教材之一，基于华东理工大学精细化工研究所最新研究成果编写而成，旨在为本科生乃至研究生介绍有机功能材料的工作原理、设计与合成、构效关系的精准调控以及应用开发等。本书设置了荧光化学传感器与分子探针、有机发光材料、有机光致变色材料、有机薄膜太阳能电池材料以及分子机器功能材料等章节，着重介绍这些功能材料的相关基础知识、工作原理、发展历史以及设计与合成，最后以典型实例展示相关的应用和研究进展。

本书可作为高等学校化工类专业高年级本科生和研究生教材，亦可供有关研究人员和工程技术人员参考。

图书在版编目（CIP）数据

有机功能材料化学 / 王巧纯等编著. -- 北京 ： 化学工业出版社，2025．2．--（精细化工专业新工科系列教材）． -- ISBN 978-7-122-46881-9

Ⅰ．TB322

中国国家版本馆 CIP 数据核字第 2024UF0193 号

责任编辑：徐雅妮　　　　　　文字编辑：孙倩倩　葛文文
责任校对：刘　一　　　　　　装帧设计：刘丽华

出版发行：化学工业出版社
　　　　　（北京市东城区青年湖南街 13 号　邮政编码 100011）
印　　装：北京云浩印刷有限责任公司
787mm×1092mm　1/16　印张 15¾　字数 364 千字
2025 年 9 月北京第 1 版第 1 次印刷

购书咨询：010-64518888　　　　　　售后服务：010-64518899
网　　址：http://www.cip.com.cn
凡购买本书，如有缺损质量问题，本社销售中心负责调换。

材料的发展贯穿了人类社会的发展史。当前人类开始发起以智能化、信息化等为技术突破口的第四次工业革命，与前面三次工业革命一样，这一次技术进步也离不开新材料的支持。早在 2010 年，国务院确定将新材料产业作为战略性产业加快培育和发展；之后 2017 年 1 月，经国务院批准，工业和信息化部联合国家发展改革委、科技部、财政部研究印发了《新材料产业发展指南》，充分体现了我国对新材料行业的高度重视，新材料在我国未来发展中必将占据重要地位。作为新材料的重要组成部分之一，特别是近二十年来随着激光染料、光导材料、电致发光材料、高密度信息存储材料、有机半导体材料、有机非线性光学材料、有机太阳能电池材料等有机光电功能材料的蓬勃发展，有机功能材料逐渐广泛应用于生活、生产甚至国防等领域中，是功能材料最热门的前沿研究领域之一。

有机光电功能材料是华东理工大学应用化学专业具有重要影响力的一个研究方向，也是相关专业本科生和研究生必修的核心课程。二十多年前，田禾院士和陈孔常教授作为该专业的领路人，主导和编撰了诸如《高等精细化学品化学》《功能色素在高新技术中的应用》等广受欢迎和好评的教材。随着有机功能材料领域的研究热点不断涌现、研究成果日新月异，对新教材的需求越来越迫切。为此，我们组织编写了《有机功能材料化学》，旨在向学生介绍有机功能材料在信息、医学、能源等多个领域的最新技术动态及相关应用，以适应当前精细化工新工科专业人才培养需求。

本书共设置 6 章。第 1 章为有机功能材料化学基础，旨在让学生了解有机功能材料的种类，特别是其在国民经济、科学技术与国防建设发展中的重要性，增强学生的专业认同感和自豪感；之后进一步介绍了本课程相关的结构化学和光物理方面的基础知识。第 2 章到第 6 章则分别选取荧光化学传感器与分子探针、有机发光材料、有机光致变色材料、有机薄膜太阳能电池材料以及分子机器功能材料，着重介绍这些功能材料的工作原理、发展历史、设计与合成，以及国内外研究进展，特别是华东理工大学精细化工研究所在这些领域的研究进展，以期激发学生求知欲及对相关产品开发和技术研究的兴趣。

本书第 1 章、第 6 章由王巧纯编写；第 2 章由郭志前、赵春常、王巧纯、张志云编写；第 3 章由张志云、马骧编写；第 4 章由张隽佶编写；第 5 章由花建丽、吴永真编写。华东理工大学的研究生绘制了部分插图和收集参考文献，同时本书也得到了诸多同仁的宝贵建议，不再一一列举，在此一并表示由衷的感谢。

谨向在本书编写期间逝世的赵春常教授致以深切缅怀！

由于作者的水平有限，书中定有不足或遗漏之处，期待读者不吝指正。

编者
2025 年 1 月

目录 CONTENTS

第5章 有机薄膜太阳能电池材料 154

第6章 分子机器功能材料 203

第1章　有机功能材料化学基础

1.1　有机功能材料简介

1.1.1　引言

材料是人类进步的基石，材料的发展贯穿了人类社会的发展史。

原始社会时期，人们就地取材打制石器。随后因地制宜开采石料并打磨、制造石器，人类进入了新石器时代。有了这些新型工具，农业和畜牧业开始出现，人类逐渐由狩猎模式开始定居下来。伴随着农业、畜牧业的发展，以及长期使用火的过程中对规律的总结，人们在新石器时代又迎来了一个新的里程碑——陶器出现了。陶器是泥与火的结晶，是人类第一次按照自己的意志利用天然物质创造出来的崭新材料。它的发明对人类的生产和生活都产生了巨大的影响，人们从此可以方便地煮熟各种食物，能够便利地保存水和各种物品，因而极大提高了人类的生存条件。

在寻找和加工石料的过程中，人们逐步认识了天然铜与铜矿石，而在烧制陶器的过程中积累起来的高温知识和耐温材料制作等丰富经验，为青铜的冶铸提供了必要的条件。人们开始生产青铜，并用它生产工具、兵器，甚至礼器，人类进入了青铜器时代。青铜工具的出现与使用，极大提高了农业和手工业的生产力水平，物质生活条件也渐渐丰富，奴隶社会随之出现。

当人们在冶炼青铜的基础上逐渐掌握了冶炼铁的技术之后，铁器时代就到来了。由于铁器坚硬、韧性高、锋利，胜过石器和青铜器，于是青铜工具逐渐被取代。铁器的广泛使用，使人类的工具制造进入了一个全新的领域，生产力得到极大的提高，推动了世界上一些民族直接从原始社会发展到奴隶社会，更使许多民族脱离奴隶制的枷锁，进入了封建社会。

十八世纪中叶，蒸汽机的出现引发第一次工业革命，人类进入了蒸汽时代。这次工业革命使工厂制代替了手工作坊，用机器代替了部分体力劳动，生产力得到突飞猛进的发展。这不仅是一次技术改革，更是一场深刻的社会变革，资本主义社会开始形成。

到了十九世纪中叶，随着电磁、导电、绝缘材料的出现，人类发明了电及电机；同时内燃机也开始出现。此时钢铁、煤炭、机械加工等行业得到进一步发展，并逐渐产生石油、电气、化工、汽车、航空等新兴工业部门，从而使整个工业的面貌焕然一新，人类开启了第二次工业革命，进入了电气时代，最终也使资本主义从自由竞争阶段过渡到垄断阶段。

到了二十世纪四十年代，电子管、半导体等材料相继出现，人类又发明了晶体管、通信技术、计算机等。硅基半导体集成电路的制造与大规模应用，促进了现代通信技术、互联网等的诞生。人类开始了继蒸汽技术革命和电力技术革命之后的又一次重大技术革命，即第三次工业革命。其以原子能、计算机、空间技术和生物工程的发明和应用为主要标志，涉及信息技术、新能源技术、新材料技术、生物技术、空间技术和海洋技术等诸多领域的技术革命，人类进入信息化时代。此次革命极大改变了人类的衣、食、住、行、用等日常生活的各个方面，推动了社会生产力空前发展，也引起了世界经济结构和格局的重大变化。

到了二十一世纪，大数据、超级计算机及人工智能等方兴未艾，人类开始发动第四次工业革命。第四次工业革命以智能装备为中心、以智能制造为主导，构建智能工厂、智能生产以及智能物流体系，大幅度地提高资源生产率、降低社会生产成本、减少单位碳排放，届时人类将进入智能时代。与前面每一次时代的进步伴随着材料的更替一样，智能装备的制造离不开新型材料的支持，这包括纳米材料、特种金属及非金属材料、稀土材料、复合材料、有机功能材料、先进高分子材料、石墨烯及超导材料等。因此 2010 年，国务院确定将新材料产业作为战略性产业加快培育和发展；而后 2017 年 1 月，经国务院批准，工业和信息化部、国家发展改革委、科技部、财政部研究编制的《新材料产业发展指南》正式印发，用于指导"十三五"期间我国新材料产业发展，充分体现了我国对新材料行业的高度重视，新材料必然在我国未来发展中占据重要地位。

1.1.2 新材料与功能材料

所谓新材料[1]，是指为适应国民经济、科学技术与国防建设的发展，满足生产力发展与社会进步的要求，新近出现或研发出来的或正在发展中的具有传统材料无法比拟或更为优异的性能的各种新型材料。

功能材料[1]一般指那些具有优良的电学、磁学、光学、热学、声学、力学、化学、生物医学功能，能完成功能相互转化并被用于非结构用途的高技术材料。这些材料在元件、器件、整机或系统中，可实现对信息与能源的感知、采集、计测、传输、屏蔽、绝缘、吸收、存储、记忆、处理、控制、发射和转换等功能。

功能材料是新材料领域的核心，既是发展战略性新兴产业的基础，也是国民经济、社会发展及国防建设的基础和先导。以功能材料为代表的新材料的技术水平，直接关系到信息、化学、生物、能源、计算机、环境、空间、海洋等高技术领域的发展，已成为衡量一个国家综合实力的标志。因此许多国家，特别是发达国家，都争先把功能材料的研制列入国家重点研究计划。目前，光电信息材料、功能陶瓷材料、生物医用材料、超导材料、功能高分子材料、先进复合材料、智能材料以及生态环保材料等功能材料已成为世界各国战略高技术竞争的热点和重点。比如日本政府把传感器技术、计算技术、通信技术、激光半导体技术、人工智能、超导技术列为当代六大关键技术，而这六项技术的物质基础都是功能材料。

我国非常重视新材料的发展，在国家科技攻关、"863""973"、国家自然科学基金等计划中，功能材料都占有很大比例。在"九五""十五"国防计划中还将特种功能材料列为"国防尖端"材料[2]。"十一五"时期，我国加快发展新材料产业，围绕信息、生物、航空航天、重大装备等产业发展的需求，重点发展特种功能材料、高性能结构材料、纳米材料、复合材料、环保节能材料等产业群，建立和完善新材料创新体系。在"十二五"新材料产业发展规划中则提出重点发展特种金属功能材料、高端金属结构材料、先进高分子材料、新型无机非金属材料、高性能复合材料和前沿新材料六大类新材料。"十三五"期间，科技部发布《"十三五"材料领域科技创新专项规划》[3]，其中就包括重点支持新型功能与智能材料，提出以稀土功能材料、先进能源材料、高性能膜材料、功能陶瓷等战略新材料为重点，大力提升功能材料在重大工程中的保障能力；以超导材料、智能/仿生/超材料、极端环境材料等前沿新材料为突破口，抢占材料前沿制高点。

1.1.3　功能材料的分类

功能材料种类繁多，而且到目前为止，其范围一直在扩大，所以对它的分类没有严格的界定，但是有以下几种常见的分类方式[4-6]。

1．根据功能材料的应用领域分类

按照功能材料应用的技术领域进行分类，主要可分为：①信息材料；②电子材料；③电工材料；④电子通信材料；⑤计算机材料；⑥传感材料；⑦仪器仪表材料；⑧能源材料；⑨航空航天材料；⑩生物医用材料。

2．根据材料的功能进行分类

按材料的功能大致可分为以下几种类型。

① 电学功能材料　包括导电材料、超导材料、电阻材料、半导体材料、引线框架材料、搭焊金属导线、彩电显像管荫罩材料、阴极材料和电敏感功能材料等。图 1-1 是上海超导科技股份有限公司基于物理气相沉积法制备的由稀土元素（RE）、钡（Ba）、铜（Cu）和氧（O）组成的高温超导材料稀土钡铜氧（REBCO），其可以在液氮温度下实现 $5×10^6 A·cm^{-2}$ 的优异临界电流密度，在超导磁悬浮列车、可控核聚变托卡马克装置以及超导电缆等领域具有巨大的应用价值。

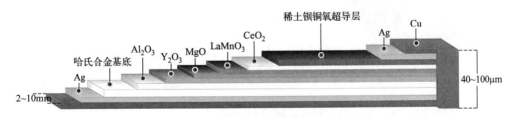

图 1-1　第二代高温超导带材结构图

② 磁学功能材料　包括稀土永磁材料、铁氧体磁性材料、硅钢片、黏结磁体、非晶态软磁材料、铝基复合磁性材料、磁流体、磁屏蔽材料、磁记录材料、磁致伸缩材料、磁致冷材料、磁敏感功能材料等。图 1-2 是第三代稀土永磁材料——钕铁硼（NdFeB）永磁材料，该材料是以金属间化合物 $Nd_2Fe_{14}B$ 为基础的永磁体，在充磁后不需借助外部能量就能

够拥有强大且持久的磁场，可吸起相当于自身重量数百倍的重物，广泛应用于风力发电、新能源汽车、消费电子、空调、高端装备等诸多领域。

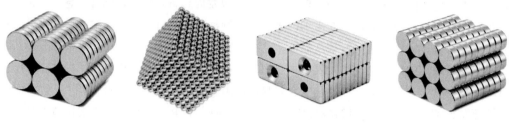

图1-2   形状各异钕铁硼永磁体

③ 光学功能材料   包括光反射材料、光吸收材料、导光光纤材料、光记录材料、激光材料、非线性光学材料、光电转换材料、感光性高分子等。目前人类社会正在由微电子时代向光电子时代过渡，光功能材料在现代科技中将日趋重要。图1-3是半导体芯片光刻技术原理图，光刻的本质其实就是一个投影系统，光线被投射通过掩模版，在晶圆上的光刻胶成像，曝光部分发生光化学反应，其溶解度发生变化，经显影液显影后，在晶体表面露出所需图案，再用化学或物理的方法进行刻蚀去掉下方材料。多次重复上述操作后，可以在晶圆上一层一层建立起复杂的晶体管。图中所示的用于193nm的光刻胶中一般还含有光酸产生剂，即能在光照下生成H^+，从而催化酯基部分加快分解，露出亲水性羧基，进而可以在碱性显影液中溶解。

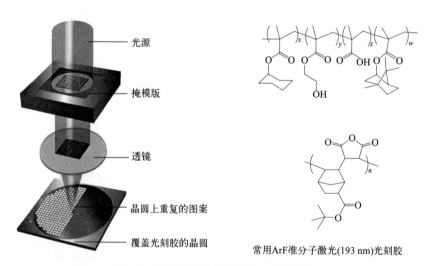

常用ArF准分子激光(193 nm)光刻胶

图1-3   半导体芯片光刻技术及 ArF 光刻胶

④ 声学功能材料   包括吸音材料、隔音材料等。

⑤ 力学功能材料   主要是指强化功能材料和弹性功能材料。强化功能材料如高结晶材料、超高强材料等。弹性功能材料则涉及形状记忆材料、超弹性材料、高弹性材料、恒弹性材料、高阻尼减振材料等。

⑥ 热学功能材料   指材料本身随着温度的变化，物理性能发生很大变化，比如出现热胀冷缩效应、形状记忆效应或热电效应等。

⑦ 化学功能材料　主要包括分离功能材料、反应功能材料和生物功能材料。分离功能材料如分离膜、离子交换树脂、高分子配合物等；反应功能材料如高分子试剂、高分子催化剂等；生物功能材料如固定化菌、生物反应器等。

⑧ 生物医学功能材料　用于与生命系统接触和发生相互作用的，并能对其细胞、组织和器官进行诊断治疗、替换修复或诱导再生的一类天然或人工合成的特殊功能材料。包括医用功能材料，如人工脏器用材料如人工肾、人工心肺，可降解的医用缝合线、骨钉、骨板；功能性药物，如缓释性高分子，药物活性高分子，高分子农药；生物降解材料等。

⑨ 核功能材料　比如核聚变反应堆用合金材料、中子吸收材料、核辐射屏蔽材料等。

⑩ 能量转换材料　如将热能转换为磁能的材料，利用这个特性制作温度传感器；将热能转换为光能的材料，许多陶瓷材料在高温时都具有优良的红外线辐射能力，可制成有效的红外线加热元件；将热能转换为电能的材料，那些热敏电阻材料和一些热电元件都是由这种材料制作而成；将热能转换为机械能，典型材料是压电陶瓷；将电能转换为热能的材料，可以做成坩埚，利用其抗熔融金属浸泡的能力，来熔炼铂、钯、锗等难熔金属；将热能转换为光能的材料，可以用作光放大器、储存器和发光二极管等；将光能转化为电能的材料，可以用来进行太阳能发电（图 1-4），等等。

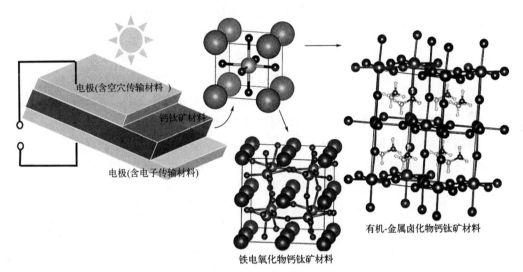

图 1-4　钙钛矿太阳能电池及材料[7]

3. 根据材料的化学组成分类

可以分为以下三类。

（1）无机功能材料

无机功能材料又可以分为金属和非金属功能材料。

金属功能材料是开发比较早的功能材料，随着高新技术的发展，一方面促进了非金属材料的迅速发展，同时也促进了金属材料的发展。许多区别于传统金属材料的新型金属功能材料应运而生，有的已被广泛应用，有的具有广泛应用的前景。

金属功能材料典型代表有：①形状记忆合金；②非晶态合金；③超导合金；④纳米金属；⑤高温合金；⑥减振合金；⑦储氢金属；⑧多孔金属；⑨磁性金属。

非金属功能材料是用氧化物、氮化物、碳化物、硼化物、硫化物、硅化物以及各种非金属化合物经特殊的先进工艺制成的材料。典型代表有：

①非金属无机晶体；②先进功能陶瓷；③功能玻璃；④功能薄膜。

（2）有机功能材料

有机功能材料又可以分为有机小分子、超分子和高分子功能材料。

有机材料主要由碳骨架以及氢、氧、氮、硫等元素组成。由于碳原子最外层电子具有 sp、sp^2 和 sp^3 杂化方式，这种杂化的多样性带来了有机材料结构和性质的丰富性。而且有机材料价格低廉，集质轻、柔性、可拉伸、光谱可调、可大面积制备等优势于一身，成为最具发展前景的人工材料。其相关研究与应用逐步涉及众多领域，例如航空、电子消费、医疗保健、机器人和工业自动化等，也吸引了涉及物理、化学、材料、信息、生物、医学等不同学科科研工作者的兴趣，开启了从实验室走向市场的崭新旅程[8]。

传统有机功能材料基本只涉及高分子材料，但是近十几年来，特别是随着激光染料、光导材料、电致发光材料、高密度信息存储材料、有机半导体材料、有机非线性光学材料、有机太阳能电池材料等有机光电功能材料的蓬勃发展，有机小分子功能材料已经成为有机功能材料的重要组成部分，并逐渐广泛应用于人们生活、生产甚至国防等领域中。当前，有机小分子功能材料的相关研究备受关注，是功能材料最热门的前沿研究领域之一。

另外，自 1987 年莱恩（Lehn）、彼得森（Pedersen）和克拉姆（Cram）因在超分子化学方面的贡献而荣获诺贝尔化学奖以来，超分子化学经过 30 多年的发展，取得了巨大的成就。在此基础上，人们开发出了超分子材料。超分子功能材料是当今材料科学研究的热点之一，其很有可能成为 21 世纪一种重要的新材料。有机化合物具有结构组成多样化和性能调节空间大等优点，成为超分子功能材料最重要的构筑单元。

有机超分子功能材料，也称为非共价键自组装有机功能材料，一般指利用分子间非共价键的相互作用，如金属-有机配位作用、疏水相互作用、氢键相互作用、电子给体-受体相互作用、π-π 相互作用、静电相互作用等，将有机分子砌块进行自组装而制备的复杂有序且具有特定功能和性质的聚集体。有机超分子功能材料具有其他材料不具备的特殊性质，比如材料常常是多种组分的组装，是一个组合体；另外，组分之间具有选择性识别的特点，因此自组装过程是智能的；最后，组分之间相互作用力较弱且可逆，因此组装行为是动态的。

（3）复合功能材料

复合功能材料由多种材料复合而成，因此能很好地克服单一材料的缺点。比如金属具有高强度、中等模量、高延展性的优点，但是容易腐蚀；高分子聚合物具有耐腐蚀、低模量、高强度等优点，但是高温则易变形；陶瓷材料是高模量、耐腐蚀、耐磨损的物质，但是其致命的弱点是具有脆性，处于应力状态时，会产生裂纹，甚至断裂导致材料失效。不同材料复合后得到性能更优的材料，既可充分利用和节约资源，还具有质轻、强度高、模量高、耐高温、耐磨损、结构-功能一体化等优点，能满足航天、地面国防装备高速运行以及极端环境服役条件下对高性能材料的需求。复合功能材料包括金属系复合功能材料、高分子系复合功能材料、陶瓷系复合功能材料和其他复合功能材料。

金属复合功能材料是指利用复合技术将多种化学、力学性能不同的金属在界面上实现冶金结合而形成的复合材料。相较于单一的金属材料,金属复合功能材料具有诸多的优点,比如提高了强度、导电性以及磁性等,而且更加耐腐蚀、耐冲击、耐磨损。

高分子复合功能材料[9]是高分子材料与不同形状、组成、性质的物质复合而成的、拥有界面的多相固体材料。由于高分子材料具有耐腐蚀、低模量、高强度等优点,极大解决和弥补金属材料的应用弱项,广泛用于设备部件的磨损、腐蚀、冲刷、裂纹、渗漏、划伤等修复保护。

陶瓷复合功能材料是以陶瓷为基体引入第二相材料,使其增强、增韧的多相材料。陶瓷复合材料具有密度低、硬度高、强度好、化学稳定性优异等优点,而且其耐高温、耐烧蚀、耐腐蚀、耐磨损,甚至具有特殊或优异的声、光、电、热、磁和敏感及功能转换特性,其往往能在有机复合材料和金属复合材料不能满足性能要求的工况下得到广泛应用,也是名副其实的各类尖端工业技术中不可缺少的关键材料。

复合功能材料技术是典型的军民两用技术,目前先进复合功能材料的应用已经普及到了各个领域。比如以碳纤维增强树脂基复合材料为代表的先进功能材料在 20 世纪 60 年代中期问世之初,主要用于航空航天领域,可占 70%~80% 的份额。近年来的应用则迅速扩展到体育休闲用品和工业应用等多个领域。复合功能材料的相关研究对于我国国防军工、航空航天、高端装备制造、能源、电子信息、化工、冶金等领域的发展具有重要意义。

1.1.4 典型有机功能材料

(1)有机光电功能材料

有机光电功能材料通常是含有共轭体系和氮、氧、硫等杂原子的芳香性有机分子,在紫外-可见光区域有很好的吸收特性,可以通过分子设计获得所需的光电性能,具有结构组成多样化和性能调节空间大等优点。有机光电功能材料[10]主要包括有机半导体与有机光导体、有机非线性光学材料、光致变色和电致发光材料、有机导体、超导体与导电高分子。

(2)有机多孔材料

有机多孔材料包括多孔有机聚合物(POPs)、共价有机骨架材料(COFs)、多孔芳香骨架材料(PAFs)等,是一类新型的具有比表面积高、骨架密度低、孔内环境丰富、易于加工和官能化设计等优点的多孔高分子材料。这类材料在气体吸附与储存、分离、传感、催化、发光、电子等领域表现出优异的应用前景。

(3)有机超分子水凝胶

有机超分子水凝胶一般是指有机分子在水溶液中通过多重氢键作用、主-客体相互作用、π-π 相互作用、疏水相互作用等非共价相互作用自组装形成的三维网状空间结构,它能够包裹并束缚大量水分。水凝胶的结构和性质与人体软组织高度相似,因此水凝胶已被广泛应用于传感器、药物的输送与控释、细胞培养、组织工程等诸多生物及医学等领域。

(4)有机高分子分离膜材料

膜分离是指在外界推力(压差、浓度差、电位差等)作用下,利用天然或人工制备的、具有选择透过性能的薄膜对双组分或多组分液体或气体进行分离、分级、提纯或富集。膜分离已广泛用于电子、化工、纺织、轻工、石油、冶金、医药、农业等领域。其具有可常温进行、能耗低、适用对象广泛、操作容易、装置简单、易于自动控制和不污染环境等优点，有利于提高效率、节约能源和净化环境，被认为是 21 世纪最有发展前途的高技术之一。有机高分子分离膜材料的种类[11]主要有天然高分子材料、聚烯烃类材料、聚酰胺类材料、聚砜类材料、含氟高分子材料以及芳香杂环类材料等。

1.1.5   结语

功能材料是新材料领域的核心，是国民经济、社会发展及国防建设的基础和先导。它涉及信息技术、生物工程技术、能源技术、纳米技术、环保技术、空间技术、计算机技术、海洋工程技术等现代高新技术及其产业。功能材料不仅对高新技术的发展起着重要的推动和支撑作用，还对我国相关传统产业的改造和升级，实现跨越式发展起着重要的促进作用。

功能材料种类繁多，用途广泛，正在形成一个规模宏大的高技术产业群，有着十分广阔的市场前景和极为重要的战略意义。世界各国均十分重视功能材料的研发与应用，它已成为世界各国新材料研究发展的热点和重点，也是世界各国高技术发展中战略竞争的热点。鉴于功能材料的重要地位，世界各国均十分重视功能材料技术的研究。各国都非常强调功能材料对发展本国国民经济、保卫国家安全、增进人民健康和提高人民生活质量等方面的突出作用。

当前国际功能材料及其应用技术正面临新的突破，诸如超导材料、微电子材料、光子材料、信息材料、能源转换及储能材料、生态环境材料、生物医用材料及材料的分子、原子设计等正处于日新月异的发展之中，发展功能材料技术正在成为一些发达国家强化经济的重要手段。

1.2   结构化学与光物理概述

1.2.1   原子中电子的量子力学理论

1.2.1.1   原子轨道及量子数

原子核外的电子在绕核运动中处于不同的能级，它们运动能量上的差异与它们运动时离原子核的远近相关。具有较大动量的电子在离核较远的地方运动，而动量较小的则在离核较近的地方运动。核外电子运动状态的波函数 ψ 称为原子轨道。这个波函数使用时必须代入三个量子数，即 n（主量子数）、l（角量子数）和 m（磁量子数）。

1. 电子层（主量子数）

核外电子运动的轨道是不连续的，其能量是量子化的、分层的，这样的层称为电子层或者能层。不同的电子层具有不同的主量子数 n（$n=1,2,3,\cdots$），对应地分别命名为 K、L、M、$\cdots$电子层。每个电子层最多可容纳电子的数量为 $2n^2$个。但当一个电子层是原子的最外层时，它至多只能容纳 8 个电子，次外层最多容纳 18 个。

2. 电子亚层（角量子数）

在同一电子层中电子能量还有微小的差异，电子云形状也不相同，这被称为电子亚层或者能级，每一电子层都由一个或多个电子亚层组成，同一亚层的能量相同。

不同的电子亚层，有不同的角量子数 l（$l=0,1,2,3,\cdots,n-1$），即每一个电子层分为 n 个电子亚层。K 层只包含一个 s 亚层；L 层包含 s 和 p 两个亚层；M 层包含 s、p、d 三个亚层；N 层包含 s、p、d、f 四个亚层。

s 亚层的电子云形状为球形对称；p 亚层的电子云为纺锤形；d 亚层的电子云为十字花瓣形；f 亚层的电子云形状则比较复杂。

3．轨道（磁量子数）

同一亚层上的电子，在外部磁场（或电场）存在的情况下，能级还会发生更细的分裂，这个现象被叫做塞曼效应（因电场而产生的分裂被称为斯塔克效应）。这说明电子在同一亚层虽然能量相同，但其运动轨迹的空间伸展方向不同，这些运动轨迹就是原子轨道。描述这些轨道的量子数称为磁量子数 m。$m = l, l-1, \cdots, 0, \cdots, 1-l, -l$，共 $2l+1$ 个值。这些取值意味着在角量子数为 l 的亚层有 $2l+1$ 个取向，即有 $2l+1$ 条原子轨道。对于 s 亚层，$l=0$，只有 1 条原子轨道。同样，p 亚层有 3 个原子轨道；d 亚层 5 个原子轨道；f 亚层则具有 7 个轨道。这些轨道的形状如图 1-5 所示。

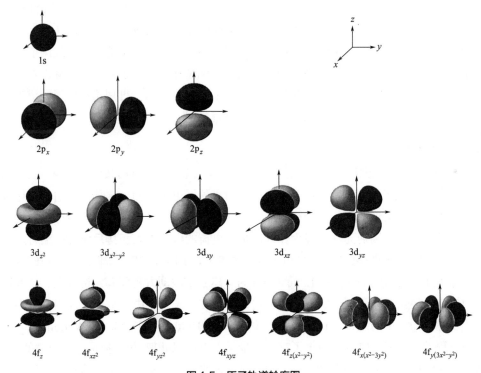

图 1-5　原子轨道轮廓图

1.2.1.2　原子中电子排布三原则

电子在原子轨道中的排布必须符合三个原则，即泡利（Pauli）不相容原理、能量最低原理和洪特（Hund）规则。

泡利不相容原理：一个原子中不能有两个或两个以上的粒子处于完全相同的状态。或者说在轨道量子数 m、l、n 确定的一个原子轨道上最多可容纳两个电子，而且这两个电子的自旋方向必须相反。

能量最低原理：在不违背泡利不相容原理的前提下，核外电子总是先占有能量最低的轨道，只有当能量最低的轨道占满后，电子才依次进入能量较高的轨道，也就是尽可能使体系能量最低。

洪特规则：具有相同主量子数及角量子数上的各个等价轨道上排布的电子将尽可能分占不同的轨道，且自旋方向相同。后来量子力学证明，电子这样排布可使能量最低，所以洪特规则可以包括在能量最低原理中，作为能量最低原理的一个补充。

1.2.2　分子中电子的量子力学理论

分子是物质中独立地、相对稳定地存在并保持该化合物特性的微小粒子，是参与化学反应的基本单元[12]。

分子由组成的原子通过化学键结合而成。典型的化学键有三种，即共价键、离子键和金属键。分子中的化学键主要是共价键，离子键存在于离子型化合物中，金属键则主要存在于金属中。

现代化学键理论建立在量子力学理论的基础上，主要包含三个理论：价键理论（valence bond theory，简写为 VB）、分子轨道理论（molecular orbital theory，简写为 MO）和配位场理论（ligand field theory，简写为 LF）。价键理论和分子轨道理论能够较好地阐明一般共价分子的结构和性质，而配位场理论则专门应用于配位化合物分子结构的解释。对于有机功能材料来说，主要涉及共价有机化合物，所以本节重点介绍价键理论和分子轨道理论，若需进一步了解配位场理论，可以参考相关文献资料[12]。

1.2.2.1　价键理论

早在 1916 年，美国化学家路易斯（G. N. Lewis）就提出了经典共价键理论，或称八电子规则：成键原子应具有稳定的稀有气体原子的最外层电子结构。这种稳定的结构通过原子间共用电子对来实现。这一理论初步揭示了共价键与离子键的区别，但该理论把电子看成是静止的负电荷，因而无法解释为什么同是负电荷的电子不互相排斥而且能配对，也无法说明一些共价分子的中心原子外层电子数不是 8（如 BF_3 或 PCl_5）却能稳定存在的问题。1926 年奥地利物理学家薛定谔（E. Schrödinger）建立了波动方程即薛定谔方程。该方程是量子力学中描述微观粒子运动状态的基本定律，它在量子力学中的地位大致相似于牛顿运动定律在经典力学中的地位。1927 年海特勒（W. H. Heitler）和伦敦（F. W. London）运用该波动方程首次完成了氢分子中电子对键的量子力学近似处理，初步揭示了共价键的本质。之后鲍林（L. C. Pauling）等加以发展，引入杂化轨道理论、价层电子互斥理论，从而形成现代价键理论体系。

1. 价键理论的要点
① 两个原子接近时，只有自旋方向相反的单电子可以相互配对（两原子轨道重叠），使电子云密集于两核间，系统能量降低，形成稳定的共价键。

② 自旋方向相反的单电子配对形成共价键后，就不能再和其他原子中的单电子配对。所以，每个原子所能形成共价键的数目取决于该原子中的单电子数目，这就是共价键的饱和性。

③ 成键时，两原子轨道重叠愈多，两核间电子云愈密集，形成的共价键愈牢固，这称为原子轨道最大重叠原理。据此，共价键的形成将尽可能沿着原子轨道最大程度重叠的方

向进行。原子轨道中，除 s 轨道呈球形对称外，p、d 等轨道都有一定的空间取向，它们在成键时只有沿一定的方向靠近达到最大程度的重叠，才能形成稳定的共价键，这就是共价键的方向性。例如，H 原子与 Cl 原子形成 HCl 分子时，前者的 1s 轨道与后者的 $3p_z$ 轨道沿着 z 轴方向进行重叠，这时它们之间的重叠程度最大，形成稳定的共价键 [图 1-6（a）]。而其他方式的重叠，如图 1-6（b）和图 1-6（c）所示，两个原子轨道重叠程度很少或根本没有，故不能形成共价键。

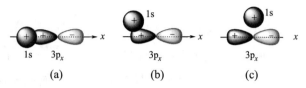

图 1-6　H 原子与 Cl 原子形成 HCl 分子

2. 共价键的类型

根据原子轨道沿核间连线（键轴）进行重叠的方式，分子轨道可以分为 σ、π 和 δ 三种轨道，对应形成 σ、π 和 δ 三种共价键，对应轨道内的电子称为 σ、π 和 δ 电子。

（1）σ 键

沿键轴（两原子核的连线）方向以"头碰头"的方式发生原子轨道（电子云）重叠，轨道重叠部分沿着键轴呈现圆柱形对称分布，具有轴对称特征的共价键称为 σ 键[13]。形成 σ 键的原子轨道沿键轴方向的重叠程度较大，所以 σ 键的键能大、稳定性高。σ 键通常可由两个 s 轨道，或者一个 s 轨道与一个 p 轨道，甚至两个 p 轨道沿原子连线重叠形成，如图 1-7 所示。

（2）π 键

π 键指原子轨道垂直于键轴以"肩并肩"方式重叠所形成的化学键。形成 π 键时，原子轨道的重叠部分对等地分布在包括键轴在内的平面上、下两侧，形状相同，符号相反，呈镜面反对称[13]。π 键通常由两个平行的 p_y 或 p_z 轨道以肩并肩的方式形成，称为 p-pπ 键。除此之外，π 键还可以由 p 轨道和对称性的 d 轨道形成，即 p-dπ 键，例如 p_x-d_{xz}。最后，相同对称性的 d 轨道之间也能形成 d-dπ 键，例如 d_{zx}-d_{zx}，如图 1-8 所示。

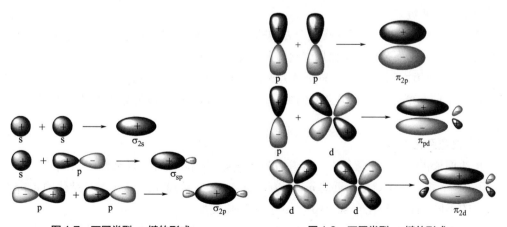

图 1-7　不同类型 σ 键的形成　　　　图 1-8　不同类型 π 键的形成

π 键通常比 σ 键弱，因为它的电子云距离带正电的原子核更远，需要更多的能量。π 键较易断开，化学性质比较活泼，而且它一般与 σ 键共存于双键和三键中。与 σ 电子被紧紧地定域在成键的两个原子之间不同，π 电子可以在分子中自由移动，并且常常分布于若干原子之间。如果分子为共轭的 π 键体系，则 π 电子分布于形成分子的各个原子上，这种 π 电子称为离域 π 电子，π 轨道称为离域轨道。某些环状有机物中，共轭 π 键延伸到整个分子，例如多环芳烃就具有这种特性。

（3）δ 键

δ 键由 2 个 d_{xy} 或 2 个 $d_{x^2-y^2}$ 轨道相互沿着键轴（z 轴）四重交叠而成，如图 1-9 所示。δ 键多出现在含有 d 电子的有机金属化合物中，尤其是钌、钼和铼所形成的化合物。δ 键有两个节面。δ 键是原子轨道沿轴向重叠的，所以具有较大重叠程度，比较稳定、键能较大；δ 键不容易极化，可以单独存在。

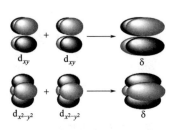

图 1-9　两个 d_{xy} 或者 $d_{x^2-y^2}$ 轨道交叠形成 δ 键

1.2.2.2　杂化轨道理论

价键理论初步揭示了共价键的本质和特点，但它的基础是建立在一对电子形成一个共价键上，因此在解释许多原子的价键数目及分子空间结构时遇到了困难。比如 C 原子的价电子排布是 $2s^2 2p^2$，按电子排布规律，2 个 s 电子是已配对的，只有 2 个 p 电子未成对，但是许多含碳化合物中 C 呈现 4 价而不是 2 价。同样 Be、B 等许多原子也都有类似的情况。为了解释这些矛盾，1928 年鲍林（Pauling）提出了杂化轨道概念，丰富和发展了价键理论。

1. 杂化轨道理论的要点

① 在成键过程中，由于原子间的相互影响，同一原子中几个能量相近的不同类型的原子轨道（即波函数），可以进行线性组合，重新分配能量和确定空间方向，组成数目相等的新的原子轨道，这种轨道重新组合的过程称为杂化（hybridization），杂化后形成的新轨道称为杂化轨道（hybrid orbital）。比如 C 原子中 1 个 2s 电子激发到 2p 后，1 个 2s 轨道和 3 个 2p 轨道重新组合成 4 个 sp^3 杂化轨道，这些轨道可以和其他原子轨道形成 σ 共价键，这时碳原子呈现 4 价。

② 杂化轨道的角度波函数在某个方向的值比杂化前的大得多，更有利于原子轨道间最大程度地重叠，因而杂化轨道比原来轨道的成键能力强。

③ 杂化轨道之间力图在空间取最大夹角分布，使相互间的排斥能最小，故形成的键较稳定。不同类型的杂化轨道之间的夹角不同，成键后所形成的分子就具有不同的空间构型。

2. 轨道杂化类型

按参加杂化的原子轨道种类，轨道的杂化有 sp 和 spd 两种主要类型。

其中 sp 型杂化是能量相近的 ns 轨道和 np 轨道之间的杂化。根据参与杂化的 s、p 轨道数目的不同，sp 型杂化有 sp、sp^2、sp^3 三种杂化类型。

而 spd 型杂化是能量相近的 $(n-1)$d 与 ns、np 轨道或 ns、np 与 nd 轨道之间的杂化。

这种类型的杂化比较复杂，多存在于过渡元素所形成的化合物中，常见的杂化类型有 dsp^2（平面四边形）、dsp^3（三角双锥）以及 d^2sp^3 和 sp^3d^2（八面体）。

3. 等性杂化和不等性杂化

按杂化后形成的几个杂化轨道的能量是否相同，轨道的杂化可分为等性杂化和不等性杂化。通常参与杂化的原子轨道均是单电子或空轨道，所形成的几个杂化轨道所含原来轨道成分的比例相等，能量完全相同，这种杂化称为等性杂化（equivalent hybridization）。杂化后，如甲烷中心碳原子的 sp^3 杂化，4 个参与杂化的原子轨道均是单电子轨道，为等性杂化。而如果参与杂化的原子轨道中，有的已被孤对电子占据，杂化后所形成的几个杂化轨道所含原来轨道成分的比例不相等而能量不完全相同，这种杂化称为不等性杂化（nonequivalent hybridization）。这里所谓的孤对电子，是指原子形成共价分子过程中，那些未用于形成共价键的最外层电子对。孤对电子在分子中的存在和分配影响分子的形状、偶极矩、键长、键能等。比如 H_2O 分子中的氧原子，外层电子排布 $2s^2 2p_x^2 2p_y^1 2p_z^1$，采取 sp^3 杂化形成 4 个原子轨道，其中两个轨道被两对孤对电子占据，另外两个 sp^3 单电子杂化轨道则各与一个 H 原子的 1s 轨道重叠形成 σ 键。由于有两对孤对电子，它们对成键电子对形成排斥作用，所以 O—H 键角不是 $180°$，而是 $104.5°$。

1.2.2.3　价层电子对互斥理论

杂化轨道理论成功地解释了共价分子的空间构型，但是一个分子的中心原子究竟采取哪种杂化轨道类型，有时难以预先判断，也就谈不上预测分子的空间构型。1940 年美国的希吉维克（N. V. Sidgwick）等人相继提出了价层电子对互斥理论（valence-shell electron pair repulsion theory），简称 VSEPR 法，该法能较好地预测主族元素间形成的 AB_n 型分子或离子的空间构型。

价层电子对互斥理论要点如下。

① AB_n 型共价分子或离子的中心原子 A 的几何构型，主要取决于 A 原子的价电子层中各电子对（包括孤对电子）间的相互排斥作用。这些电子对在 A 原子周围按尽可能互相远离的位置排布，以使彼此间的排斥能最小。根据此理论，只要知道 A 原子上的价层电子对数，就能比较容易而准确地判断分子或离子的空间构型。

② 中心原子中价层电子对数为中心原子（A）的价层电子数和周边原子（B）所提供的共用电子数的总和除以 2。规定：a. 作为周边原子，卤素原子和 H 原子提供 1 个电子，氧族元素的原子不提供电子；b. 作为中心原子，卤素原子按提供 7 个电子计算，氧族元素的原子按提供 6 个电子计算；c. 对于复杂离子，在计算价层电子对数时，还应加上负离子的电荷数或减去正离子的电荷数；d. 计算电子对数时，若剩余 1 个电子，应当作 1 对电子处理；e. 双键、三键当 1 对电子看待。

③ 根据中心原子的价层电子对数以及其中的孤对电子数，可以从表 1-1 中找出相应的价层电子对构型及分子的空间构型。

1.2.2.4　分子轨道理论

现代价键理论阐明了共价键的本质，特别是其杂化轨道理论，成功解释了共价分子的空间构型，得到广泛的应用。但是该理论认为分子中的电子仍然属于原来的原子，有一

表 1-1　价层电子对数与分子构型的关系

中心原子的电子对数	价层电子对构型	分子类型	成键电子对数	孤对电子数	分子空间构型	例子
2	直线	AB_2	2	0	直线	$HgCl_2$、CO_2
3	平面三角形	AB_3	3	0	平面正三角形	BF_3、NO_3^-
		AB_2	2	1	V 形	$PbCl_2$、SO_2
4	四面体	AB_4	4	0	正四面体	SiF_4、SO_4^{2-}
		AB_3	3	1	三角锥	NH_3、H_3O^+
		AB_2	2	2	V 形	H_2O、H_2S
5	三角双锥	AB_5	5	0	三角双锥	PCl_5、PF_5
		AB_4	4	1	变形四面体	SF_4、$TeCl_4$
		AB_3	3	2	T 形	ClF_3
		AB_2	2	3	直线	I_3^-、XeF_2
6	八面体	AB_6	6	0	正八面体	SF_6、AlF_6^{3-}
		AB_5	5	1	四方锥	BrF_5、SbF_5^{2-}
		AB_4	4	2	平面正方形	ICl_4^-、XeF_4

定的局限性。比如按照该理论，O_2 分子中，每个氧原子最后剩余两个单电子的 p 轨道，当它们靠近时，其中一对单电子 p 轨道以"头碰头"的方式形成 σ 键，另外一对单电子 p 轨道则以"肩并肩"的方式形成 π 键。因此 O_2 分子中的电子都是成对的，它应该是反磁性物质。但实际测试表明 O_2 分子是顺磁性物质，其分子中含有两个未配对的单电子。1932 年美国化学家马利肯（R. S. Mulliken）及德国物理学家洪特（F. Hund）提出新的共价键理论，即分子轨道理论。该理论着重于分子的整体性，把组成分子的各个原子作为一个整体来处理，比较全面地展现分子内部电子的运动状态，能够较好地解释分子的成键情况、分子光谱以及分子磁性等，在共价键理论中占有很重要的地位。

1. 分子轨道理论要点

① 原子形成分子后，电子不再属于个别的原子轨道，而是属于整个分子的分子轨道，分子轨道是多中心的。分子轨道由原子轨道波函数线性组合而成，有几个原子轨道就可以组合成几个分子轨道。

② 形成分子轨道时遵从能量近似原则、对称性一致（匹配）原则、最大重叠原则，即通常说的"成键三原则"。

③ 在分子中电子填充分子轨道的原则也服从能量最低原理、泡利不相容原理和洪特规则。

2. 成键三原则

（1）对称性一致原则　对原子核之间的连线呈现相同对称性的轨道，才有可能进行线性组合。所谓相同对称性是指两个原子轨道同时对称或者同时反对称。举例来说，见图 1-10。其中 a、b、d 三种轨道组合类型中，每个类型中的两个原子轨道对原子核连线均呈现对称；c、e 和 f 三种组合类型中，每个类型中的两个原子轨道对原子核连线均呈现反对称。以上组合均可以进行线性组合得到分子轨道。但是，对于 a、b 及 c 组合来说，原子轨道同号叠加，两核间电子的概率密度增大，形成的分子轨道能量较原来的原子轨道能量低，有利于成键，称为成键分子轨道（bonding molecular orbital），用 σ、π 等表示；对于 d、e 和 f 组合类型，原子轨道为异号叠加，两核间电子的概率密度很小，所得分子轨道能量较原来的原子轨道能量高，不利于成键，称为反键分子轨道（antibonding molecular orbital），用 σ^*、π^*等表示；对于 g、h 和 i 三种组合类型，每个类型中的两个原子轨道对原子核连线一个呈对称而另一个呈反对称，因此对称性不匹配，不能成键。

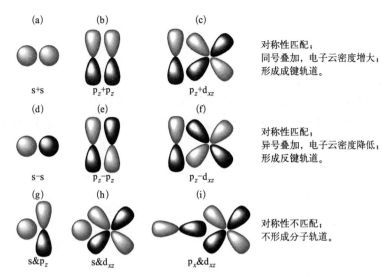

图 1-10　轨道对称性匹配图解

（2）能量相近原则　轨道能量相近时彼此间才有可能进行线性组合。能量差别越大的原子轨道进行线性组合时，得到的能量低的分子轨道中含原来能量较低的原子轨道成分越多，得到的能量高的分子轨道中含原来能量较高的原子轨道成分越多，最终得到的分子轨道越接近于原来的两个原子轨道，以至于不能有效成键。H 原子的 1s，O 原子的 2p，Cl 原子的 3p，这 3 条轨道能量相近，彼此间均可组合形成分子轨道。但 Na 原子的 3s 轨道比上述 3 条轨道的能量高许多，不能与之组合，因此 Na 与 H、Cl、O 一般不形成共价键，实际上只以离子键相结合[14]。

对于组成分子轨道的原子轨道的空间对称性不匹配，或者原子轨道没有有效重叠，组合得到的分子轨道的能量跟组合前的原子轨道能量没有明显差别，这样的分子轨道称为非键分子轨道。非键轨道的特点是这些轨道不参与形成共价键。

（3）最大重叠原则　在对称性一致、能量相近的基础上，原子轨道重叠的程度越大，其重叠程度越大，则组合成的分子轨道的能量越低，所形成的共价键越强。

3. 分子轨道的能级图

每个分子轨道都有相应的能量，把各个分子轨道按能量大小进行排列，就得到分子能级图。以同核双原子分子 O_2 及 N_2 为例加以说明。氧原子的 2s 轨道和 2p 轨道能量相差较大，在组合成 O_2 分子轨道时，只存在 s-s 和 p-p 之间的线性组合，轨道能级顺序是：

$$\sigma_{1s} < \sigma^*_{1s} < \sigma_{2s} < \sigma^*_{2s} < \sigma_{2p_x} < \pi_{2p_y} = \pi_{2p_z} < \pi^*_{2p_y} = \pi^*_{2p_z} < \sigma^*_{2p_x}$$

O_2 分子的 16 个电子，按电子排布三原则依次填入相应分子轨道，得到图 1-11 的结果。其中 14 个原子填入 π_{2p} 及其以下分子轨道中，最后两个电子，依据洪特规则分别填入两个

π_{2p}^* 分子轨道中，且自旋方向相同，因此 O_2 分子具有顺磁性。按照成键轨道与反键轨道同时存在时成键作用相互抵消，O_2 分子中存在 1 个由两个 σ_{2p_x} 电子构成的 σ 键，以及 2 个由两个 π_{2p} 电子及一个 π_{2p}^* 电子构成的三电子 π 键。

对于 N_2 分子来说，其 2s 轨道和 2p 轨道能量相差较小，其 2s 轨道除了可与另外一个原子的 2s 轨道组合外，也可与 2p 轨道进行组合，其结果是 σ_{2p_x} 轨道能量超过 σ_{2p_y} 和 σ_{2p_z} 轨道，其分子轨道能级顺序是：

$$\sigma_{1s} < \sigma_{1s}^* < \sigma_{2s} < \sigma_{2s}^* < \pi_{2p_y} = \pi_{2p_z} < \sigma_{2p_x} < \pi_{2p_y}^* = \pi_{2p_z}^* < \sigma_{2p_x}^*$$

N_2 分子的 14 个电子，电子排布如图 1-12 所示。从中可以看出，N_2 分子存在 1 个 σ 键和 2 个 π 键。由于分子中参与成键的电子均填入成键轨道中，而且 π 轨道能量较低，所以系统能量较低，N_2 分子特别稳定。

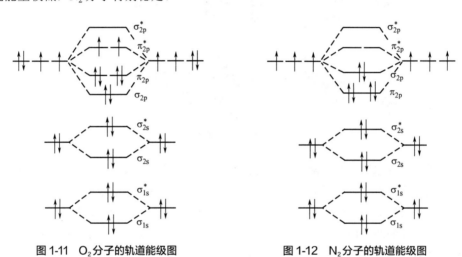

图 1-11　O_2 分子的轨道能级图　　　　　图 1-12　N_2 分子的轨道能级图

1.2.2.5　小结

综上可以看出，价键理论和分子轨道理论是人们用来描述化学结构和化学键本质的理论方法。价键理论注重电子配对，用定域轨道概念描述分子的结构，配合杂化轨道理论以及价层电子对互斥理论的方法，适合处理基态分子的性质，例如分子的几何构型和键解离能等，其在分子结构、键的形成和断裂行为描述方面具有分子轨道理论所无可比拟的优越性。价键理论中的共振、杂化和离域等概念已成为现代化学理论和分子物理学的基石。而分子轨道理论则强调电子的离域化，即将化学键定位于分子整体，并给出与原子轨道相对应的由低到高的分子轨道能级。所以很自然能够说明分子激发态和基态之间的电子跃迁，从而揭示分子光谱产生的原因[15]。分子轨道理论能够很好地描述分子的内部参数，从而为含有大 π 键的有机化合物的一系列性质的预测提供了理论依据。此外，令价键理论伤透脑筋的氧分子、硼分子的磁性问题，分子轨道理论也给出了令人满意的解释。

同时我们也要看到，价键理论和分子轨道理论在应用和发展中发挥着互补协调、互相促进的作用，其实两者的联系很密切[16]：两者都用相同的基函数，即原子轨道，来处理具体分子，而且处理方法也都采用变分法。两种方法的不同之处在于，前者直接使用原子轨道作为基函数，而后者先对原子轨道进行组合，得到新的基函数，再进行处理。由于原子轨道所确定的空间没有变化，基函数的变换也不会影响计算结果。因此两种理论实际上是数学上的两种处理方法（分子轨道理论多了一次基函数的重新组合），严格计算的话，两个结果其实是一样的。但实际计算过程并非进行全组态分析，因为这样计算目前的条件很难实现，因此在计算的过程中进行了近似处理，忽略了某些组态，这才使得这两种理论的计算结果有了差别，主要是采取不同的近似处理造成的。

1.2.3　光物理过程

1.2.3.1　分子能级图

孤立的分子其内部运动的方式分为电子的运动、振动和转动。与这三种运动方式相对应，分子具有电子能级、振动能级和转动能级。根据量子力学理论，微观粒子运动的能量都是量子化的，因此电子运动、振动和转动的能量也是不连续的。而分子运动的能量 E 是这三种运动能量之和，所以分子的能量只能取某些特定的数值。这种由分子内部不同的运动状态所形成的不连续的能量值，通常称为分子能级。每一种分子都具有一系列不同的能级数及能量值，由此形成图 1-13 所示的分子能级图。三种运动各自的能级差见表 1-2。

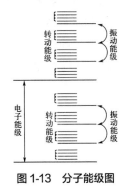

图 1-13　分子能级图

表 1-2　三种运动各自的能级差 ΔE 及对应的波长范围

类型	能级差 $\Delta E/\text{eV}$	波数 $\bar{\nu}/\text{cm}^{-1}$	波长 $\lambda/\mu\text{m}$
电子运动	$1\sim20$	$10^4\sim10^5$	$1\sim0.1$
振动	$0.05\sim1$	$400\sim10^4$	$25\sim1$
转动	$10^{-4}\sim0.05$	$1\sim400$	$10^4\sim25$

1.　电子运动

分子中的电子在分子轨道内运动。有机分子中的电子主要包含成键的 σ 电子、π 电子，以及不参与成键的孤对电子，即 n 电子；对应的分子轨道为 σ 成键轨道、σ* 反键轨道、π 成键轨道、π* 反键轨道以及 n 轨道。在成键轨道中，π 轨道较 σ 轨道具有较高的能级，而反键轨道却相反。分子中能级较低的电子获得 ΔE 的能量后，可以跃迁到能级更高的反键分子轨道中。故在简单分子中，可允许以下六种电子跃迁模式，即 σ→π*、σ→σ*、π→π*、π→σ*、n→π* 以及 n→σ*。但由于分子跃迁受轨道对称性制约等条件影响，发生 σ→π* 及 π→σ* 电子跃迁的概率很小，故有机分子常见的跃迁只有 σ→σ*、π→π*、n→σ*、n→π* 四种类型。

用合适波长的光照射有机物或其溶液时，光子能量发生转移，使有机分子完成以上电子跃迁，这个过程就是物质对光的吸收。其所需能量大小顺序为：σ→σ* > n→σ* > π→π* > n→π*。

其中 σ→σ* 跃迁是含有 σ 键的有机化合物都可以发生的跃迁类型。它需要的能量高，一般发生在远紫外光区，吸收波长 $\lambda<200\text{nm}$。其特征是摩尔消光系数大，一般 $\varepsilon_{\max}\geqslant$

$10^4 L \cdot mol^{-1} \cdot cm^{-1}$，为强吸收带。

n→σ*跃迁是 n 电子从非键轨道向 σ* 反键轨道的跃迁，即分子中未共用 n 电子跃迁到 σ* 轨道。凡含有 n 电子的杂原子（如 N、O、S、P 和卤素原子等）的饱和化合物都可发生 n→σ* 跃迁。n→σ* 的所需能量也比较大，吸收波长一般在 200nm，甚至更短的谱区。吸收强度中等，ε_{max} 数量级一般 $10^2 L \cdot mol^{-1} \cdot cm^{-1}$。

π→π*是 π 电子跃迁到 π* 反键轨道，含不饱和键的化合物会发生此类型电子跃迁。π→π* 跃迁一般所需能量比 σ→σ* 跃迁小，若无共轭，则与 n→σ* 跃迁差不多，吸收波长在 200nm 左右。吸收强度一般比较大，ε_{max} 在 $10^4 \sim 10^5 L \cdot mol^{-1} \cdot cm^{-1}$ 范围内。若存在共轭体系，则已占有电子的能级最高的轨道（称为最高占据分子轨道，英文名 highest occupied molecular orbital，缩写为 HOMO）与未占有电子的能级最低的轨道（称为最低未占据分子轨道，英文名 lowest unoccupied molecular orbital，缩写为 LUMO）之间的能量差随共轭体系中双键数目的增加而减少，吸收波长向长波方向移动，甚至可到红光区域。

n→π*是 n 电子从非键轨道向 π* 反键轨道的跃迁，n→π* 吸收是含杂原子多重键化合物分子的特点。n→π* 跃迁所需的能量小，一般吸收波长在 200～400nm。吸收强度弱，ε_{max} 一般在 $10 \sim 100 L \cdot mol^{-1} \cdot cm^{-1}$ 范围内。

下面以甲醛为例介绍相关跃迁。其碳原子以 sp^2 杂化的方式分别与两个氢原子和氧原子形成三个 σ 键，同时碳原子的一个 p 轨道和氧的一个 p 轨道彼此重叠起来形成一个 π 键，氧原子上则有两对孤对电子对，因此甲醛分子 σ 电子、π 电子以及 n 电子都有。其轨道能量及相应的电子跃迁模式如图 1-14 所示。其中 n 轨道是占有电子的能级最高的轨道，即 HOMO 轨道；而 π* 轨道则是未占有电子的能量最低的空轨道，即 LUMO 轨道。

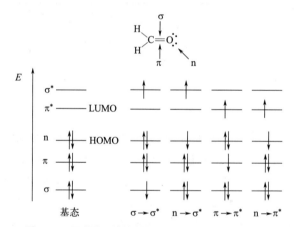

图 1-14   甲醛分子的轨道能量及电子跃迁模式示意图

由于电子跃迁的能级差（1～20eV）较振动和转动的能级差大，因此实际观察到的吸收光谱是电子-振动-转动兼有的谱带，而这种光谱位于紫外光和可见光范围，故称为紫外-可见吸收光谱。

2．振动

分子中的原子在其平衡位置附近小范围内振动。分子由一种振动状态跃迁至另一种振动状态，就要吸收或释放相应能级差的能量。同样，利用合适波长的光照射有机物质，可以使其分子从能量低的振动态跃迁至能量高的振动态。相邻两振动能级的能量差为 0.05～1eV，对应的光谱在近红外和中红外区，一般称为红外光谱。振动能级差较转动能级差大，因此实际上的红外光谱也包括转动光谱在内。

3. 转动

转动是分子绕质心进行的运动。利用光能使有机分子由能级低的转动状态跃迁至能级高的转动状态，由于转动态能级间隔较小，相邻两能级差值为 0.0001～0.05eV，对应光的波长处在远红外或微波区，称为远红外光谱或微波谱。

正常情况下，原子或分子处于最低能级，这种能量最低的状态称为基态；能量高于基态的任何一种状态都称为激发态，因此激发态可以有电子激发态、振动激发态和转动激发态。通常所说的激发态，指的是电子激发态，即原子或分子吸收一定的能量后，电子被激发到较高能级但尚未电离。

自旋多重度 M 定义为 $2S+1$，其中 S 是总自旋量子数，对于电子来说，具有固定的 $S=1/2$。大多数分子含有偶数个电子，这些电子在基态时成对地分布在各个分子轨道，自旋方向相反，即电子的总自旋量子数 $S=(+1/2)+(-1/2)=0$。这时自旋多重度 $M=2\times0+1=1$，这时分子是反磁性的，即能级不受外界磁场的影响而发生分裂，称为"单线（重）态"（singlet state）。处于单线态基态的分子，吸收光能后，成对电子中的一个被激发到高能级，通常它的自旋方向不发生改变，激发态仍是单线态，称为单线态激发态。如果原子或分子中存在两个不配对的、自旋方向相反的电子，则电子的总自旋量子数不为 0，而是 $S=(+1/2)+(+1/2)=1$，其自旋多重度 $M=2\times1+1=3$，这时分子是顺磁性的，即能级受外界磁场的影响而发生分裂，称为"三线（重）态"（triplet state）。三线态常常是电子跃迁过程中自旋方向同时发生改变而形成的，也就是三线态激发态。当然了，也有特殊的例子，比如前面提及的氧原子，在 14 个电子两两成对填入分子轨道后，最后两个电子按洪特规则分别填入两个 π_{2p}^{*} 分子轨道中，自旋方向相同（图 1-11）。因此，氧气分子的基态是三线态。三线态基态氧分子被激发后，其中一个电子自旋方向改变，得到两个自旋相反的电子，它们既可以同时占据一个 π_{2p}^{*} 轨道，也可以分别占据两个 π_{2p}^{*} 轨道。这两种激发态，$S=0$，$M=2S+1=1$，即它们的自旋多重度均为 1。因此，激发态氧分子又称为单线态氧。

1.2.3.2　雅布隆斯基图及光物理过程

波兰物理学家亚历山大·雅布隆斯基（Alexander Jablonski）以分子能级图为基础，用简单清晰的图解描述一个分子吸收光子形成激发态，又耗散能量回到基态的物理过程，这个图解就是雅布隆斯基图，它形象地展现了单分子在光激发前后及变化过程中的能量状态和多重度，如图 1-15 所示。

通常雅布隆斯基图按多重度分为两列，对于基态为单线态的分子，各单线态置于图中左侧纵列，而三线态则置于图中右侧纵列。图中分子电子能态用粗水平横线（—）表示，在垂直方向的排列次序表示它们相对能量大小。单线态用符号 S 表示，按照能量的大小依次增加 $0,1,2,\cdots,n$ 下标。以细线（—）表示振动能态，每个电子能态最低的线（粗线）也是该能态的零振动能级（$v=0$）。三线态则都是激发态，最低的三线激发态以 T_1 表示，第二、第三及更高三重激发态分别以 T_2、T_3 及 T_n 表示。

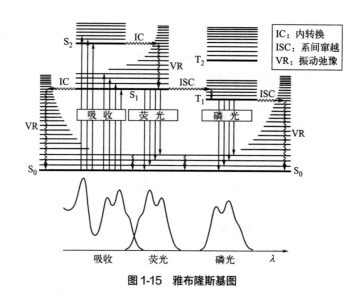

图 1-15　雅布隆斯基图

光物理过程（photophysical process）可以是辐射跃迁（radiative transition）也可以是无辐射跃迁（radiationless transition），使分子从一种电子态到另一种电子态；通常不同电子态键长与键角会有一定程度的不同，但分子结构并未发生改变。辐射跃迁与光子的吸收和发射相关，用直线箭头（↑或↓）表示，无辐射跃迁与吸收或发射无关，用波形箭头（⟿）表示。电子振动跃迁（vibronic transition）是指电子量子数和振动量子数不同的两个态之间的跃迁，因此这个名词并不是指纯粹振动跃迁，也与纯粹电子跃迁不同，是两种都有，跃迁前后体系的电子能和振动能都有改变。

对图 1-15 的说明如下。

（1）吸收（absorption） 吸收的时间尺度即分子与光子发生强相互作用的时间。近紫外光子波长比有机分子平均尺寸大两个数量级，假设光子的"长度"与其波长量级相当，例如，$\lambda = 300\ nm$，光子以光速（$c = 3 \times 10^8\ m \cdot s^{-1}$）穿过一个分子所需时间为 $t \approx \lambda / c = 10^{-15}\ s$。

（2）内转换（internal conversion，IC） 多重度相同的两个电子态之间的等能无辐射跃迁。内转换时间尺度为 $10^{-12} \sim 10^{-6}\ s$。

（3）系间窜越（inter-system crossing，ISC） 多重度不同的两个电子态之间的等能无辐射跃迁。在基态为单线态的分子内，ISC 可以是从单线态到三线态，反过来也是可以的。系间窜越 S→T 时间尺度为 $10^{-12} \sim 10^{-6}\ s$，但是 T→S 要慢得多，时间尺度为 $10^{-9} \sim 10\ s$。

IC 和 ISC 实际是激发态分子内能量再分配的过程，电子能量被分布在多种振动模式上。该过程需要时间，同时伴随着熵的增加，而且其后续的振动弛豫过程在溶液中非常快，因此两者均为不可逆过程。

（4）振动弛豫（vibrational relaxation，VR） 包括分子通过电子振动跃迁（吸收、IC 或 ISC）获得的过剩振动能量转移给周围介质的所有过程。该过程通过与其他分子的碰撞发生，在溶液中将振动量子转移给周围介质所需时间与一个振动周期相似（$1/v_{vib}$），相当于与溶剂分子碰撞间隔的时间（100fs，$1fs = 10^{-15}\ s$），较大的分子（$\geqslant 10$ 个原子）在溶液中弛豫半衰期通常为几皮秒（$1ps = 10^{-12}\ s$），但在低温导热性差的稀薄气体中可能需要更长的时间；高真空下分子（孤立分子）不能通过与其他分子的碰撞发生振动弛豫，通过红外辐射释放过剩振动能量的过程非常慢。但是热分子会进行分子内振动能量再分布（intramolecular vibrational redistribution，IVR），能量从最初振动跃迁形成的振动模式在其他振动模式中重新分布，也就是说，分子充当其自身的热浴。苯或更大的分子的 IVR 过程在亚皮秒时间尺度发生，更小的分子，振动态密度较低，IVR 需要的时间要长一些。振动弛豫时间尺度为 $10^{-3}\sim10^{-12}$s。

（5）荧光（**fluorescence**）　激发态分子自旋多重度保持的自发辐射发光，通常发生在第一单线激发态 S_1，时间尺度为 $10^{-9}\sim10^{-7}$ s。

（6）磷光（**phosphorescence**）　激发态分子自旋多重度改变的自发辐射发光，通常发生在第一三线激发态 T_1，由于该过程涉及电子自旋方向的改变，时间尺度较荧光长，一般为 $10^{-6}\sim10^{-3}$s。

（王巧纯）

参考文献

[1] 杨亲民. 新材料与功能材料的内涵和特征[J]. 功能材料信息, 2004, 1: 23-29.
[2] 杨亲民. 新材料与功能材料的分类、应用与战略地位[J]. 功能材料信息, 2004, 2: 17-23.
[3] 中华人民共和国科学技术部. 科技部关于印发《"十三五"材料领域科技创新专项规划》的通知: 国科发高〔2017〕92 号[R]. (2017-04-14) [2024-05-01]. https://www.most.gov.cn/xxgk/xinxifenlei/fdzdgknr/fgzc/gfxwj/gfxwj2017/201704/t20170426_132496.html.
[4] 贡长生, 张克立. 新型功能材料[M]. 北京: 化学工业出版社, 2001.
[5] 郭卫红. 现代功能材料及其应用[M]. 北京: 化学工业出版社, 2002.
[6] 周寿增, 王润. 功能材料的发展[J]. 仪表材料, 1990, 21: 193-200, 261.
[7] Z. Fan, K. Sun, J. Wang. Perovskites for photovoltaics: a combined review of organic-inorganic halide perovskites and ferroelectric oxide perovskites[J]. *J. Mater. Chem. A*, 2015, 3: 18809-18828.
[8] 孟瑞璇, 卢秋霞, 解士杰. 2017 年有机功能材料研发热点回眸[J]. 科技导报, 2018, 36: 46-52.
[9] 姚雨辰. 高分子复合材料应用及研究现状分析[J]. 合成材料老化与应用, 2015, 44: 119-121.
[10] 刘云圻, 刘升高, 朱道本. 有机光电磁功能材料[J]. 物理, 1996, 25: 395-403.
[11] 汪威, 薛玉华, 步明升, 等. 高分子分离膜材料的研究进展与开发利用[J]. 广州化工, 2016, 44: 27-28, 65.
[12] 周公度, 段连运. 结构化学基础[M]. 2 版. 北京: 北京大学出版社, 1995.
[13] 大连理工大学无机化学教研室. 无机化学[M]. 5 版. 北京: 高等教育出版社, 2006.
[14] 宋天佑. 简明无机化学[M]. 2 版. 北京: 高等教育出版社, 2014.
[15] 李承钧. 分子轨道理论和价键理论的比较[J]. 孝感教育学院学报（综合版）, 1994, 3: 67-71.
[16] 闫世才. 价键理论的产生与发展[J]. 天水师范学院学报, 2003, 23: 15-18.

第 **2** 章　荧光化学传感器与分子探针

2.1　荧光化学传感器简介

在工程实践中，人们需要观察各种工作对象的信号变化来判断其工作状态。而在实际工作时，这些信号常常是肉眼不易直接观察到的，如气压温度的升高、物质浓度的改变、湿度的变化等。这时人们需要使用传感器将这些不易观察的信号转化为易于观察的信号如电信号、光信号等，通过对光电信号的分析实现对原始对象状态的判断和量化[1-4]。相较于传统传感器的输出多为电信号，荧光化学传感器将被测信号转化为光输出信号。荧光化学传感器（fluorescent chemosensors）是一种含有荧光单元的分子器件，其作用是将传感器所处周围环境中与化学相关的指标（如物质的种类、浓度、pH 值等）转化为仪器甚至肉眼可以识别的光信号。除了以光作为输出信号之外，荧光化学传感器的另一个特征是"小"，绝大部分荧光化学传感器由一个分子组成，因此尺度可以小到分子级别。荧光化学传感器可以轻易地进入细胞，与酶、蛋白质、核酸、代谢产物等进行结合，在不影响细胞生命过程的情况下利用光信号实现对细胞内部环境甚至代谢过程的检测与成像，这为理解复杂的生物化学过程提供了有价值的信息。在临床医学中，这类传感器也可以实现对各种分子（酶、气体小分子、自由基等）的浓度变化进行检测，以此帮助医生们对人体各种状态的改变如体温、血压、组织病变等的观测，从而极大地提升医生的诊断准确度和效率[5-7]。这种应用于化学生物学领域的荧光化学传感器也被称为荧光分子探针（fluorescent molecular probe），常简称为荧光探针。

荧光化学传感器按响应类型一般可分为"打开"（turn-on）型[8]、"关闭"（turn-off）型[9]、"比率"（ratio）型[10]等，发光机理可分为荧光共振能量转移（fluorescence resonance energy transfer，FRET）[11,12]、分子内电子转移（Intermolecular charge transfer，ICT）[13]、光致电子转移（photoinduced electron transfer，PET）[14-16]、激基缔合物和激基复合物（excimer & exciplex，ME）[17,18]等。光学成像由于其高时空分辨率、高灵敏度和操作便携而吸引了来自众多交叉领域的关注。根据荧光发射波长的长度，光学成像区域可分为三类：可见光区域（400～700nm）、近红外一区（NIR-Ⅰ，700～900nm）和近红外二区（NIR-Ⅱ，1000～1700nm❶）。

---

❶ 900～1000nm 波段内水分子的吸收很强，干扰二区成像，所以一般提近红外二区成像集中在 1000nm 以上。

与可见光相比，近红外荧光（700～1700nm）在成像应用中不易受到生物体自发荧光的干扰，并且对组织的穿透力更强，因此可确保在复杂的生物环境中精准成像[19,20]。

开发新的近红外荧光体内成像传感器以实现更加准确地分析对于生物医学检测非常重要。迄今为止，荧光化学传感器领域已经经历了大约 150 年的历程。回顾荧光传感器的发展历史，从早期的简单荧光传感器发展到现阶段所建立的一系列功能化近红外荧光传感器，从早期体外离子检测到细胞内生物信号分子或酶检测，荧光引导的动物成像和治疗等，荧光传感器已得到了极大的发展。可以看到，经过化学家们的多年探索，许多荧光传感器已在临床实践中得到了应用。

2.2　荧光化学传感器类型、工作原理及实例

2.2.1　光诱导电子转移型传感器

2.2.1.1　光诱导电子转移现象

光诱导电子转移（photoinduced electron transfer，PET）是由入射光驱动的分子内或分子间电子转移的现象。光诱导电子转移过程首先是分子吸收入射光后电子从低能级轨道向高能级轨道跃迁，产生激发态分子。之后按电子转移的方向可以分为还原型和氧化型电子转移过程（图 2-1）。还原型电子转移过程是激发态分子周围存在合适的电子给体（electron donor，HOMO 轨道能级较高），激发态分子作为电子受体（electron acceptor，HOMO 轨道能级较低），此时电子从给体的 HOMO 轨道转移到激发态分子的 HOMO 轨道，激发态分子被还原；氧化型电子转移过程是激发态分子周围存在合适的电子受体，激发态分子转而成为电子给体，此时电子从激发态分子的 LUMO 轨道转移到周围电子受体的 LUMO 轨道，激发态分子被氧化。

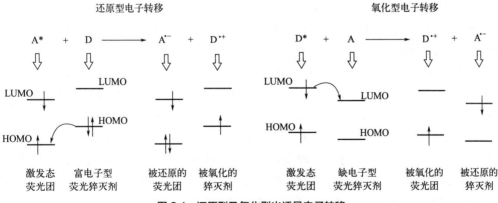

图 2-1　还原型及氧化型光诱导电子转移

光诱导电子转移过程完成后，激发态分子转化为阴离子自由基（还原型电子转移）或者阳离子自由基（氧化型电子转移），而上述两种自由基不存在电子从高能级轨道回落到低能级轨道的情形，因此电子转移过程通常引起荧光的猝灭。

2.2.1.2　基于 PET 设计的荧光化学传感器

PET 型荧光化学传感器通常由荧光基团 F、间隔基团 S 和识别单元（包含电子给体单元 D）三部分组成，如图 2-2 所示。荧光基团通常是多环芳烃，例如蒽、萘、芘等，它们的作用是吸收光能和输出荧光信号的单元；识别单元大多是对客体具有选择性识别作用的冠醚或者多胺等基团；间隔基团的主要作用是将荧光基团和识别单元连接成为一个整体，通常采用烷基、醚链等非共轭的方式，一方面使荧光基团和识别单元的分子能级相对独立，同时又使两者保持合适的距离，确保分子电子转移过程的顺利进行。

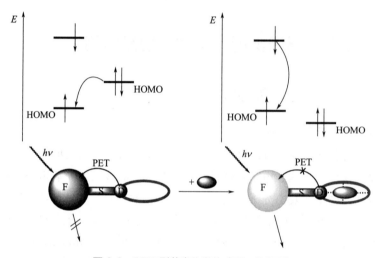

图 2-2　PET 型荧光化学传感器工作原理

PET 荧光化学传感器工作原理：初始状态时，D 单元通过光诱导电子转移过程使荧光团荧光猝灭；当识别基团结合合适的分子或离子时，其给体单元 HOMO 轨道的能级降低，低于荧光团的 HOMO 轨道能级，此时 PET 过程不再发生，荧光团的荧光开启。当 PET 荧光化学传感器周围不存在所识别的分子或离子时，体系没有荧光或者呈现弱荧光；当周围存在所识别的分子或离子时，体系则呈现强荧光状态。这种无识别物种存在时呈现无荧光而存在识别物种时呈现强荧光的传感器，也称为 OFF-ON 型传感器。

图 2-3（a）是一个苯并异色满酮 PET 型 Zn^{2+}荧光化学传感器[21]，其结构特征是在异色满酮荧光单元的 3 位上引入两个咪唑单元。作者通过密度泛函理论（density functional theory，简称 DFT，一种量子力学的方法）计算发现，两个咪唑单元的 HOMO 能级（HOMO-1 与 HOMO-2）介于苯并异色满酮荧光单元的 HOMO 与 LUMO 之间［图 2-3（b）］，这就意味着两者之间会发生图 2-1 所示的还原型光诱导电子转移，苯并异色满酮荧光会被猝灭。事实也是如此，该化合物的乙腈溶液荧光极其微弱。此外，两个咪唑基团又可以通过协同作用与 Zn^{2+}进行配位结合，同样计算结果表明与 Zn^{2+}结合后咪唑单元的 HOMO（HOMO-1′ 与 HOMO-2′）能级降低，均低于荧光团的 HOMO 能级，此时光诱导电子转移过程不成立［图 2-3（c）］，苯并异色满酮荧光恢复。测试结果也表明，在该化合物的乙腈溶液中逐步加入 $Zn(NO_3)_2$ 至等物质的量，荧光增强了大约 900 倍。值得注意的是，该化合物对 Zn^{2+}具有良好的选择性识别作用（结合常数 $K > 10^6 L\cdot mol^{-1}$），其他如 Cd^{2+}、Mg^{2+}、Ca^{2+}

（5×10³L·mol⁻¹ < K <5×10⁴L·mol⁻¹）干扰很小，而 Li⁺、Na⁺和 K⁺（K < 10²L·mol⁻¹）的影响则可以忽略。

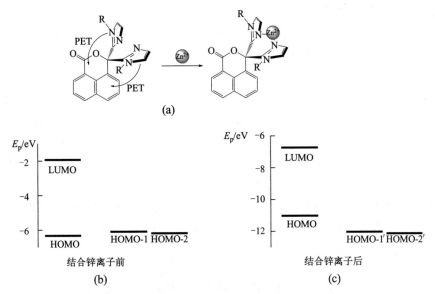

(a)

(b) 结合锌离子前　　　(c) 结合锌离子后

图 2-3　基于苯并异色满酮的锌离子荧光化学传感器

　　利用氧化型电子转移也可以构建荧光化学传感器，图 2-4 是一个半胱氨酸荧光探针[22]。它是利用丙烯酸苯酯与半胱氨酸（Cys）的巯基及氨基分别发生迈克尔（Michael）加成及氨解反应，得到七元硫氮杂环化合物的特点进行工作的。探针分子结构中，丹酰胺部分是荧光单元，而丙烯酸酯单元则作为电子受体。初始条件下，丙烯酸酯部分的 LUMO 能级（−1.91eV）介于丹酰胺的 HOMO 能级（−5.90eV）和 LUMO 能级（−1.81eV）之间，激发丹酰胺时电子从丹酰胺 LUMO 转移到丙烯酸酯的 LUMO，发生氧化型电子转移，丹酰胺的荧光被猝灭。当体系存在半胱氨酸（Cys）时，由于半胱氨酸与丙烯酸酯单元发生成环反应，丙烯酰单元从探针分子中脱除，其 PET 过程也随之消失，黄绿色荧光恢复。

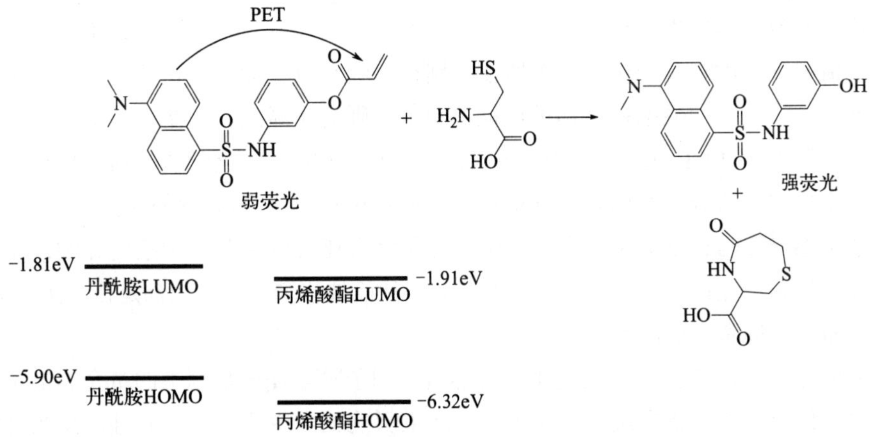

图 2-4　氧化型 PET 半胱氨酸荧光探针

2.2.2　分子内电荷转移型传感器

2.2.2.1　分子内电荷转移现象

在共轭单元（π）的不同位置分别引入电子给体（D）和电子受体（A），便得到 D-π-A 型极化分子。这种 D 与 A 相互共轭的分子在特定波长的光激发下会发生从电子给体向电子受体的"部分"电子转移，形成分子内电荷转移激发态，进一步增加分子的偶极矩，如图 2-5 所示，这种现象就是分子内电荷转移（intramolecular charge transfer，ICT），也有文献称之为光诱导电荷转移（photo-induced charge transfer，PCT）。由于分子内电荷转移激发态的偶极矩（μ^*）比基态偶极矩（μ_0）更大，而强极性溶剂对极性分子的稳定作用更强，因此分子内电荷转移化合物具有强的溶剂化效应：溶剂的极性越大，其荧光波长也越长。此外，分子内电荷转移是一个动态的平衡，其电荷转移特征依赖于电子给体与受体的性质，给/受体性质的变化会引起分子内电荷转移程度的变化，表现为荧光波长的显著变化。也正因为如此，分子内电荷转移化合物的荧光对外部微环境的变化比较敏感。

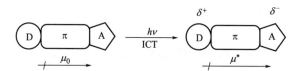

图 2-5　D-π-A 型分子的光诱导分子内电荷转移

2.2.2.2　基于 ICT 设计的荧光化学传感器

ICT 型荧光化学传感器的主体就是 D-π-A 型分子，其工作过程的主要特点是电子给体或者电子受体单元参与对目标检测物的识别。当电子给体作为识别基团时，如果检测目标是缺电子物种（如阳离子），当两者结合时，电子给体的给电子能力变弱，不利于其向电子受体单元的电荷转移，荧光发射光谱发生蓝移；反之，当检测目标是富电子物种（如阴离子），当两者作用时会增强电子给体向电子受体的电荷转移能力，荧光发射光谱发生红移。类似的，如果以电子受体作为识别基团，当检测缺电子物种时，电子受体的吸电子能力变强，电荷转移程度增加，荧光发射光谱发生红移；当检测富电子物种，电荷转移过程受到抑制，荧光发射光谱发生蓝移。

一般情况下，ICT 荧光化学传感器在识别目标物种时，如果促进了电荷转移过程，则荧光会增强；反之，如果电荷转移过程被抑制了，则荧光减弱。但是上述荧光变化的强度大多数情况下不如 PET 荧光化学传感器显著，因此 ICT 荧光化学传感器主要根据相应的光谱位移变化实现对分析物的选择性检测，一般不进行荧光开/关型的检测。当然了，ICT 荧光化学传感器在与识别物种结合时，荧光变化常常还会受到其他因素的影响。比如识别过程常发生抑制荧光单元化学键的旋转与振动，从而增强荧光。这些都是在运用 ICT 荧光化学传感器时必须考虑的因素。

图 2-6 是一个 ICT 型 Hg^{2+} 荧光化学传感器的例子[23]。Hg^{2+} 是剧毒的重金属离子，其进入人体中不但会与酶、蛋白质、核酸等作用严重影响正常生理功能，而且还能在身体不同部位堆积，造成长期伤害。因此 Hg^{2+} 的检测，特别是在水相体系中，具有重要意义。该例

子中荧光单元采用 D-π-A 型半菁染料，其中 D 单元的氨基，联合两个 Se 及两个 O 原子参与对 Hg^{2+} 的结合。结合 Hg^{2+} 后的氨基，给电子能力变弱，不利于 ICT 过程的进行，因此体系在水溶液中的最大吸收由结合前的 529nm（紫红色）蓝移到 384nm（无色）；最大荧光波长也从 587nm 蓝移到 575nm，并且强度随 Hg^{2+} 的加入逐渐被猝灭。得益于该荧光化学传感器存在较多的亲水性基团，其可以在全水相环境下高选择性地检测 Hg^{2+}，且检测限低至 $5.0 \times 10^{-8} mol \cdot L^{-1}$。

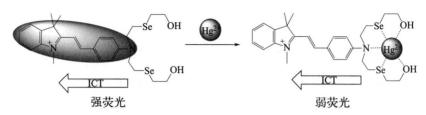

图 2-6　基于分子内电荷转移的 Hg^{2+} 荧光化学传感器

上述例子是将阳离子结合到 D 单元，图 2-7 是一个阳离子结合到 A 部位的 ICT 传感器[24]。该传感器的 D-π-A 荧光单元由氨基-香豆素-酰基构成，从吸电子酰基再延伸出腙基萘酚单元形成酰腙萘酚识别点，可以选择性结合 Al^{3+}，结合后羧基吸电子能力增强，促进荧光单元的 ICT 过程，体系在乙醇/水（9∶1，体积比）中的最大吸收波长从 439nm 红移至 483nm；最大荧光波长也由 481nm（绿色）红移至 525nm（黄色）。该荧光化学传感器也表现出较好的选择性，除了 Ga^{3+} 出现一定的干扰，以及铜、铁离子会猝灭荧光外，其他常见离子对检测过程无影响。

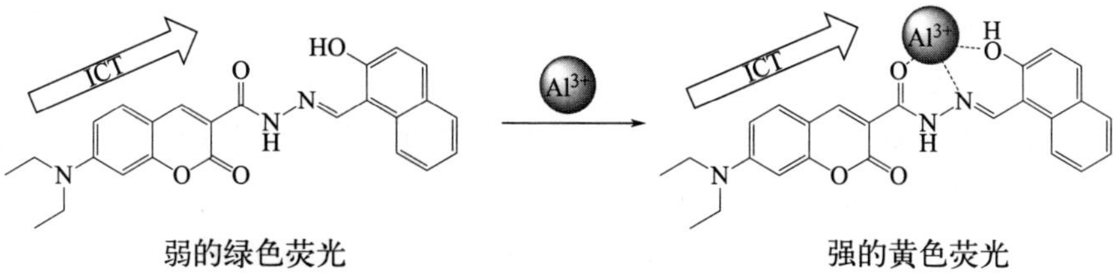

图 2-7　基于分子内电荷转移的 Al^{3+} 荧光化学传感器

将 ICT 与 PET 过程同时集成到一个荧光化学传感器中，常常可以实现检测过程明显的颜色与显著的荧光强度变化。图 2-8 是一个利用 ICT 与 PET 效应构建的 Hg^{2+} 荧光化学传感器[25]。其中 4-氨基萘酰亚胺部分是 D-π-A 荧光单元，4 位的氨基进一步引入两个硫醚单元，连同氨基一起可以实现对 Hg^{2+} 的结合。由于 D 单元的氨基参与对 Hg^{2+} 的结合，引发 ICT 变色效应。同时体系存在富电子的硫醚单元，其与 Hg^{2+} 结合改变其 HOMO 能级，可以诱导 PET 改变荧光强度。研究结果表明，当该传感器分子与 Hg^{2+} 结合时，由于给体氨基单元的给电子能力变弱，体系最大吸收波长从初始的 436nm 蓝移到 376nm，溶液颜色由黄色变无色；相应地最大荧光波长也从初始的 530nm 蓝移了 14nm。同时富电子硫醚单元在与 Hg^{2+} 结合后，原本其与 4-氨基萘酰亚胺之间发生还原型电子转移的过程被破坏，体系的荧光量子效率从初始的 0.101 大幅提升至 0.384。该荧光化学传感器还表现出良好的选择性，在众多其他离子存在下，对 Hg^{2+} 检测的干扰很小。

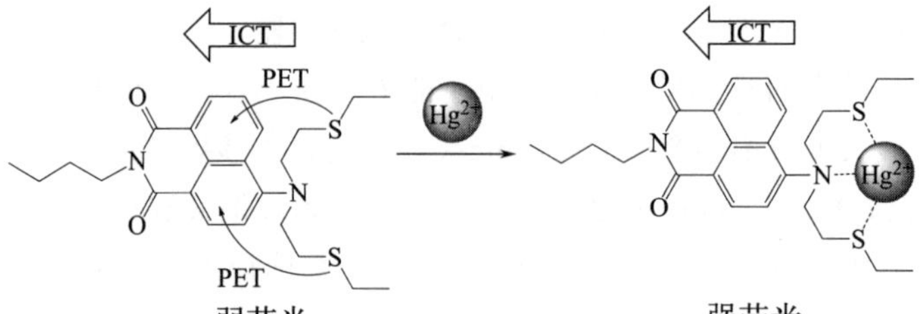

图 2-8   同时具备 ICT 和 PET 过程的 Hg^{2+} 荧光化学传感器

2.2.3   受激二聚体型传感器

一个激发态分子与同种或不同种基态分子因电荷转移相互作用而形成的激发态碰撞配合物分别称为激基缔合物（excimer）和激基复合物（exciplex）[26]。具体而言，激基缔合物是指两个相同分子形成的双分子激发态，激基复合物是指两个不同种分子之间形成的双分子激发态。当然，一个激发态分子也可能与两个基态分子生成三元的激基缔合物。

按分子激发态的类型，由激发单重态所产生的辐射跃迁而伴随的发光现象称为荧光；而由最低的电子激发三重态发生的辐射跃迁所伴随的发光现象则称为磷光。二元激基缔合物即受激二聚体的荧光一般为瞬时荧光，它是由激发过程最初生成的最低单重激发态分子与基态分子形成的激发态二聚体所产生的发射[27]。这种激基缔合物的短寿命和不确定的振动性导致其发射光谱没有振动结构，缺乏结构特征。在某些物质的高浓度溶液中，可能观察到两个分子作为整体发光，即激发态二聚体的荧光现象。相比于单个激发态分子的荧光光谱，这种激基缔合物更稳定（能量更低），使得其荧光发射峰向波长更长的位置移动，即二聚体产生的荧光光谱相对红移[28]。

激基缔合物的形成通常需要激发态分子与基态分子达到"碰撞"距离，而激发态寿命又很短，形成激基缔合物通常需要荧光分子具有以下条件：分子要具备好的刚性平面，利于叠加缔合；分子易于形成 π 键、疏水键等弱的分子间作用力，从而使荧光分子之间相互靠近；分子要具有一定的荧光寿命，确保其能在荧光发射之前与基态的分子形成激基缔合物；在溶液中分子具有足够的浓度，保证发生有效的碰撞，从而结合成激基缔合物[29]。

2.2.3.1   激基缔合物的历史与发展

芘是最早被发现具有激基缔合物特征的有机分子[29]。1954 年，福斯特（Förster）和卡斯帕（Kasper）在芘的环己烷溶液中，首次观察到了同时出现短波长和长波长的发射带。随着芘在环己烷中的浓度增加，在长波长处表现出红移、无精细结构、宽发射带的光谱。在高浓度的环己烷溶液里，虽然芘的发射光谱发生了显著变化，但是在高浓度溶液与低浓度溶液中其吸收光谱表现是一致的，说明发光物种在基态时是无相互作用的，而在激发态时存在相互作用（图 2-9）。根据这个特征，史蒂芬（Stevens）和赫顿（Hutton）在 1960 年提出"激基缔合物"（excited dimer，简称 excimer）表示激发态性质[30]，用来与基态时无相互作用的二聚体进行区分。

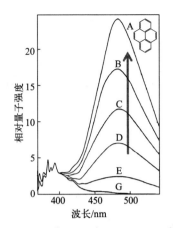

M: 单个分子

→: 不改变现有激发态的
一般反应过程

I: 激基缔合物的形成

Ⅱ: 激基缔合物的分解

⟶: 辐射过程

⟿: 非辐射过程

A: 1.0×10^{-2} mol·L⁻¹　　B: 7.75×10^{-3} mol·L⁻¹

C: 5.5×10^{-3} mol·L⁻¹　　D: 3.25×10^{-3} mol·L⁻¹

E: 1.0×10^{-3} mol·L⁻¹　　G: 1.0×10^{-4} mol·L⁻¹

(a) 芘在环己烷溶液中的单体和激基缔合物发射光谱　　　(b) 激基缔合物形成过程

图 2-9　芘的发射光谱及激基缔合物的形成[30]

1975 年，伯尔克斯（Birks）[31]将"激基缔合物"表述为"存在于激发态而在基态游离的二聚体"（a dimer which is associated in an electronic excited state and dissociated in its ground electronic state），这里用"dissociated"一词来描述在基态下二聚体的状态。这种"激基缔合物"的定义更适用于流体介质（液体或气体）条件下。根据激基缔合物的定义，在基态时，两个分子之间没有相互作用，表现出与单体分子一样的吸收光谱；在激发态时，两个分子由于相互之间的强作用稳定而能级降低，表现出红移、无精细结构和宽发射的光谱。当在流体介质中，两个分子间可以调节相对的位置（重叠面积和面间距离）以达到最稳定的构型。只有当两个分子之间足够靠近，才能使得光激发后有利于形成激基缔合物，所以，流体介质中的激基缔合物的形成具有浓度依赖性，并且激基缔合物的形成与解离始终处于动态平衡。

1993 年，维尼克（Winnik）指出芘的部分衍生物样品的吸收或激发光谱相对于单体发生红移，表明在基态时的两个分子之间具有相互作用，但是其发射光谱却与芘的激基缔合物相似，这类激基缔合物被定义为"静态激基缔合物"（static excimer），而把符合 Birks 定义的称为"动态激基缔合物"（dynamic excimer），二者之间可用时间分辨实验进行区分，"动态激基缔合物"的形成时间要长于"静态激基缔合物"[32]。2015 年，光本（Kohmoto）等人进一步指出，用"二聚体发光"（dimer emission）概念代替"激基缔合物发光"（excimer emission）概念更合适，因为分子的二聚体在基态时就有相互作用，激基缔合物的概念并不能准确描述出这种特殊的分子堆积形式[33]。

2.2.3.2　基于受激二聚体设计的荧光化学传感器

激基缔合物的荧光性质不同于单体荧光特征（未配合的荧光团），通常会发生光谱的红移以及峰形的变宽(缺乏振动结构)。基于荧光单体和激基缔合物两者之间荧光性能的差异，设计由目标分析物诱导的激基缔合物的配合和分离，利用两个发射带荧光强度的相对变化实现荧光信号传递。通常而言，单体/激基缔合物（mono/excimer）[34]的荧光化学传感器结构中含有单个或两个相同的荧光基团。当激基缔合物型荧光化学传感器和待测分析物进行识别结合后，引起荧光团之间原有距离和取向发生改变，导致荧光基团以 π-π 堆积作用相互接近并形成分子内/间的激基缔合物，最终使得荧光信号产生变化（图 2-10）。激基缔合物形成导致荧光发射光谱发生红移，可以观察到单体的荧光发射峰会减弱或消失，同时在长波长处出现了新的荧光发射峰，这个新的发射峰具有强而宽、无精细结构的特点，即激基缔合物的发射峰。当所含的荧光基团为单个时则形成分子间的激基缔合物；当所含的荧光基团为两个时则形成分子内的激基缔合物。

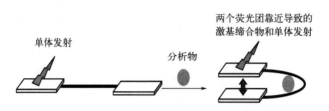

图 2-10　单体/激基缔合物（mono/excimer）荧光响应机理图

芘的光学稳定性好，是一种设计受激二聚体荧光分子探针的优良荧光基团。其分子结构中含有四个苯环，具有较大的共轭 π 键；良好的刚性平面，使其在丙酮中的荧光量子产率可达 0.99，并且具有长的荧光寿命；在低浓度时，能够产生单体激发态荧光，具有精细结构的特点，而高浓度时，能够产生激基缔合物荧光，该荧光具有强而宽且无精细结构的特点。利用芘分子的芳环上含多个不同活性的位点，可以由单取代或多取代等方式对芘进行化学修饰，调控分子结构的非平面性有效减少分子间的聚集，可以实现从芘的激基缔合物发射与单体发射之间的比率型荧光强度变化。

芘是一种设计比率型荧光探针理想的荧光基团。尹柱荣[35]等设计合成了含有单个芘的活性氧荧光探针 1·BH₃，利用 N-杂环卡宾（NHC）硼烷能与次氯酸分子（HClO）高选择性地发生亲电氧化反应，进而生成咪唑鎓盐 1·H⁺，实现了从芘激基缔合物的荧光发射（477nm）到单体荧光发射（374nm）的转变，随着次氯酸分子浓度增加，探针在 477nm 处的荧光强度降低，而在 374nm 处荧光强度增强，实现了基于芘单体-激基缔合物荧光强度比率变化检测次氯酸分子（图 2-11）。

基于芘-咪唑体系分子内含有两个芘单元的荧光探针 2，其具有独特的三明治分子结构，其中芘作为荧光基团，咪唑单元作为磷酸阴离子的识别基团，苯为连接基团。该探针对腺嘌呤核苷三磷酸（简称三磷酸腺苷，ATP）的检测具有高的选择性，不受其他多聚磷酸生物分子如 GTP、CTP、UTP 等的干扰[36]。在 HEPES 缓冲溶液中，该荧光探针在 487nm 处有一个强烈的激基缔合物荧光发射峰。当加入 ATP 后，分子探针在 487nm 处的荧光发射减弱，而 375nm 处的荧光发射增强，实现了对 ATP 的比率型检测（图 2-12）。

具有两个以上芘单元的分子则可能形成两种不同的"动态激基缔合物"（dynamic excimer）和"静态激基缔合物"（static excimer）[37]，前者是由激发态形成的二聚体产生，而后者则是由基态的二聚体产生[38]。根据分子二聚体的起源机理，是否形成动态或静态激基缔合物主要取决于分子两个芘单元之间的距离。如在杯芳烃分子探针中，其分子在初始自由状态形成 π-π 堆积（图 2-13）[39]，通过分子内的羰基与 Pb²⁺ 之间的结合增大两个芘单元之间的距离，使得二聚体的发射强度显著地降低和单体发射强度的同时升高，证实了"静态激基缔合物"的形成。当探针与 Cu^{2+} 识别作用时，通过与 NH 之间相互配合作用使得分子内两个芘单元之间的距离缩小，使得激发态与基态的芘单元之间产生相互作用，形成"动态激基缔合物"，两者激发光谱之间的显著差异进一步证实存在着两种不同二聚体[40]。

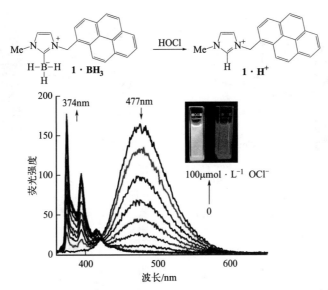

图 2-11　基于芘单体−激基缔合物荧光强度比率变化检测次氯酸分子[35]

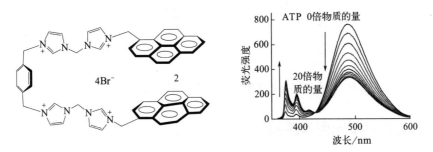

图 2-12　基于分子内的两个芘单元实现对 ATP 比率型检测[36]

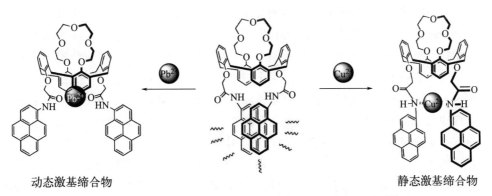

图 2-13　基于分子内芘单元的静态和动态激基缔合物的传感器[39]

易涛和施穆克（Carsten Schmuck）等发展了一种基于芘的单体-激基缔合物荧光探针用于检测 DNA 并进行比率型成像（图 2-14）[41]。在初始态，探针仅表现为激基缔合物的荧光发射（490nm），当与双链 DNA 结合后，探针的构象发生变化，由折叠形式转变为延伸形式，发射单体的荧光（406nm），因此监测两个荧光强度的变化可对 DNA 实现比率型检测。

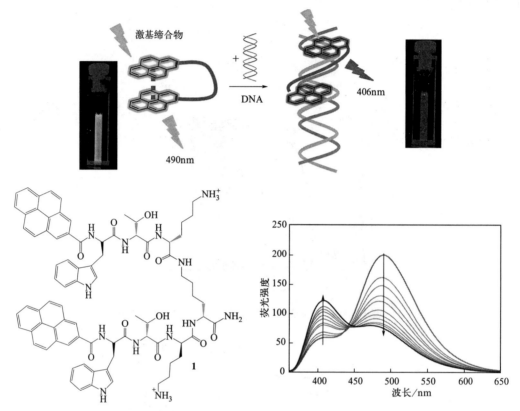

图 2-14　基于单体-激基缔合物荧光探针比率型检测 DNA 的示意图[41]

2.2.4　聚集诱导发光型传感器

2.2.4.1　聚集诱导发光现象

光一直是推动科学进步和技术革新的重要动力[42]。人类对光的研究历史悠久，最早可以追溯到 16 世纪，以"博洛尼亚石"为代表的发光材料因其神奇的发光性质引起了众多科学家的重视。随着对荧光机理了解的不断深入，基于荧光非入侵和高时空分辨率的特点，人类发展出一系列可视化的工具将其应用于对生命科学的探索，并取得了长足的进步。2001年，唐本忠教授等发现并明确提出了聚集诱导发光（aggregation-induced emission, AIE）这一光物理现象，即在稀溶液中 AIE 发光分子处于分子状态不产生荧光发射，而在不良溶剂或固态下形成的聚集体/团簇产生强烈的荧光信号[43]。

传统的有机染料通常具有共轭芳环结构，由于其分子间存在强烈的 π-π 相互作用，多数染料分子（例如荧光素）都表现出典型的浓度猝灭效应，称为聚集荧光猝灭［aggregation-caused quenching，ACQ，图 2-15（a）］[44]。聚集荧光猝灭效应极大地阻碍了传统有机染料

在环境检测、化学传感和生物标记等方面的应用。具有螺旋桨结构的共轭分子六苯基噻咯
[HPS，图 2-15（b）]，在稀溶液中没有荧光，而在形成聚集态以后会发射很强荧光，表现
出与聚集猝灭完全相反的发光现象。

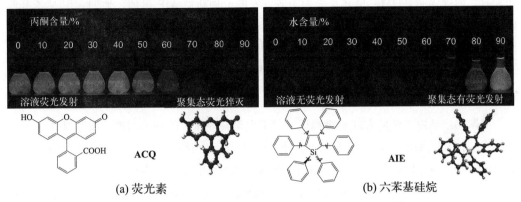

图 2-15　荧光素和六苯基噻咯在溶液和聚集态下的荧光图[44]

　　区别于传统荧光团的最大特征是其多具有扭曲的分子结构，AIE 荧光单元通常具有可
旋转基团或振动基团，可以有效减少分子间的 π-π 堆积作用。具有螺旋桨分子构型的 AIE
母体四苯乙烯[45]（TPE）和六苯基噻咯[46]（HPS）作为"AIE 明星荧光团"，其分子呈现典
型的"螺旋桨状"结构。AIE 荧光母体的设计策略通常分为两种。一种是将 AIE 单元与
ACQ 单元直接共价键连接（ACQ+AIE）。四苯乙烯因其合成简单以及结构修饰容易，已被
修饰和功能化获得多种 TPE 衍生物，例如具有平面结构的萘与扭曲构型的四苯乙烯通过
C—C 单键直接相连，能有效阻止分子间 π-π 堆积作用，具有典型的 AIE 发光性质。另一种
设计策略则是对传统 ACQ 荧光团进行分子结构修饰，改变其分子的平面结构，使其表现
出扭曲的构型，实现发光性能从 ACQ 到 AIE 的转变。图 2-16 展示了典型的 AIE 荧光母体

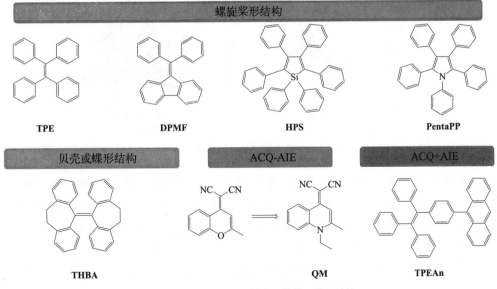

图 2-16　典型的 AIE 荧光母体单元分子结构

单元分子结构。其中 THBA 是以柔性链修饰的 TPE 基团，分子结构中不含任何旋转基团，而是包含有可发生弯曲的柔性单元，其在溶液状态下易受到微环境影响发生弯曲或振动改变，发生非辐射衰变；而其分子在固态下，由于分子内振动被限制，产生显著的聚集态荧光发射。而喹啉腈（QM）单元是朱为宏等开发的一种新型 AIE 母体，他们利用 N-乙基取代苯并二氰基亚甲基-4H-吡喃发色团中的氧原子，通过分子结构设计源头创新实现了由传统红色激光染料 ACQ 到 AIE 性质的转变，QM 母体染料具有典型的 D-π-A 结构，通过分子工程设计策略能实现波长的有效延伸并具备 AIE 发光性质[47]。

2.2.4.2　聚集诱导发光机理

根据物理学中"任何宏观和微观运动都需要消耗能量"的基本原理，通过对 AIE 荧光团结构与性能关系的研究，唐本忠等提出了分子内运动受阻机理（restriction of intramolecular motion，RIM）解释这类 AIE 材料的发光现象[48]。根据 AIE 荧光团的分子结构特征，RIM 机理又可以细分为分子内旋转受阻[49]（restriction of intramolecular rotation，RIR）和分子内振动受阻[50]（restriction of intramolecular vibration，RIV）两大类型（图 2-17）。基于"螺旋桨状"结构和"贝壳构型"的 AIE 荧光团在稀溶液中，将分别通过旋转和振动两种非辐射途径耗散激发态能量，因此无荧光发射；当这些发光分子处于聚集状态或固态下，物理空间位阻效应导致其旋转和振动过程受阻，有效抑制了非辐射跃迁产生，从而使得激发态能量以光的形式释放出来，表现出强烈的荧光信号。

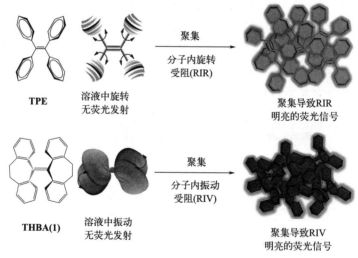

图 2-17　AIE 分子发光机理示意图[48]

由于 AIE 发光基团多具有扭曲的三维构型，亦能够有效地抑制分子间的 π-π 相互作用。螺旋桨形分子例如六苯基噻咯（HPS）和四苯乙烯（TPE）的发光被认为是 RIR 机理[51]。另一类为可弯曲的壳状分子的发光被认为是 RIV 机理，例如 THBA 基团，它可以在溶液中振动并有效地猝灭荧光发射，当分子聚集后，其 RIV 过程被激活，发出强烈荧光[52]。在这两种分子体系中，烯烃都作为桥共价连接了转子或振动基团，形成大的 π-共轭体系。

2.2.4.3　AIE 荧光分子探针的应用研究进展

AIE 荧光团具备优异的光稳定性等诸多优点，尤其是在化学传感方面，展现出了新颖的"点亮"型检测模式，而且背景干扰低，可实现高信噪比荧光响应，这些优点正成为发展新一代高性能荧光探针的设计新思路，有望解决传统染料在生物应用中遇到的瓶颈和难题。近年来，已经有多个 AIE 体系作为荧光传感器成功应用于分析检测、成像标记和诊疗体系等研究，为实时检测重要生理标志物进而深入研究生命科学提供了有力工具[53]。

聚集态的可激活特性使得能针对不同分析物构建高性能识别荧光探针，充分体现 AIE 在信噪比和灵敏度方面的诸多优点。基于"AIE 荧光团-亲水性肽链共轭"策略，在四苯乙烯上引入不同链长的天冬氨酸调控水溶性（图 2-18），发展了基于四苯乙烯单元的系列荧光探针。探针中 TPE-D$_5$ 含有 5 个水溶性单元使其在水溶液中呈分散态，表现出低的初始背景信号，进一步修饰引入能被谷胱甘肽（GSH）特异性切断的二硫键，设计发展了 TPE-SS-D$_5$。当该探针与 GSH 特异性作用时，水溶性单元从四苯乙烯基团上脱除，溶解度的变化显著改变了 AIE 探针的聚集行为，出现显著的荧光信号增强，其对 GSH 检测限仅为 4.26μmol·L^{-1}，成功实现了在水溶液中对待测分析物低背景和高灵敏型的响应检测[54]。

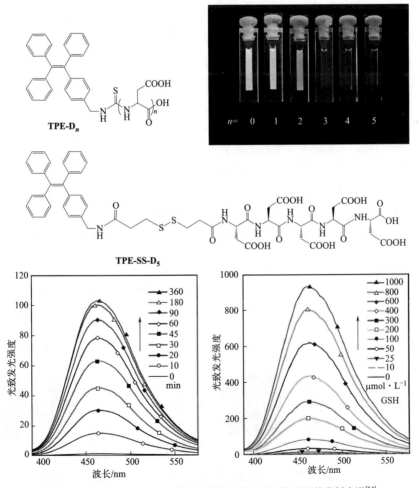

图 2-18　探针 TSH-SS-D$_5$ 的分子结构和在 GSH 作用下的发射光谱[54]

　　碱性磷酸酶（ALP）是一种能够脱除底物中磷酸基团的水解酶，其在血清中含量的异常升高与多种疾病相关，被认为是临床诊断的一种重要生理标志物。在四苯乙烯 AIE 荧光团上引入磷酸基团作为掩蔽基团设计了分子探针 HTPQA（图 2-19），阻断了酚羟基参与激发态分子内质子转移[55]（ESIPT）过程。磷酸基团具有良好的水溶性，使其在水溶液中荧光背景极低，当与 ALP 特异性反应后能迅速移除 HTPQA 中的磷酸基团，ESIPT 过程得到恢复，释放出亲脂性的 AIE 荧光团，并在 550nm 处表现出强的荧光信号，实现了对细胞中内源性 ALP 的高信噪比检测。

图 2-19　探针 HTPQA 检测 ALP 酶的示意图[55]

2.2.4.4　长波长、近红外喹啉腈 AIE 荧光分子探针

　　在生物学研究和疾病诊断中，体内生理过程的高保真度成像对构建长波长、高性能的 AIE 荧光团提出了更高的要求，发展长波长发射、高性能的新型 AIE 荧光团具有非常重要的科学意义。

　　具有典型给体-π-受体（D-π-A）结构的苯并吡喃腈（DCM）荧光团最早被用于 OLED 中的发光掺杂剂而被人们熟知。得益于其分子体系内超快的分子内电荷转移（ICT）过程，其具有可调控的发射波长、较高的荧光量子产率、大的斯托克斯位移及优异的光稳定性等诸多优点。巧妙地通过分子结构修饰改变 DCM 分子的平面结构，开发出新型 AIE 荧光团喹啉腈（QM）[56]。DCM 衍生物（BD）表现出典型的 ACQ 效应，在固态下无荧光发射；QM 衍生物（ED）则在固态下表现出显著的强红色荧光发射（λ_{em}=614nm）（图 2-20）。

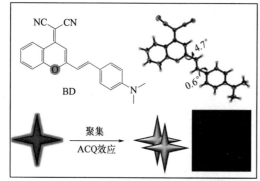

(a) BD的分子结构、单晶和光物理性质

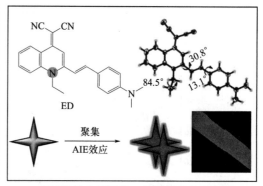

(b) ED的分子结构、单晶和光物理性质

图 2-20　从 ACQ 荧光团（DCM）到 AIE 荧光团（QM）的分子设计策略[56]

通过对化合物 BD 和 ED 的 X 射线单晶结构分析,发现 BD 具有平面结构和较小的扭转角,分子间存在严重的"面对面"堆积作用;而 ED 分子中的氮乙基与喹啉环之间的扭转角则为 84.51°,极度扭曲的构象有效避免了芳环之间 π-π 相互作用,所发展的 QM 母体染料兼具 DCM 荧光团的优势和 AIE 的独特性质。

QM 荧光团具有典型的推拉电子结构,通过在分子结构中修饰 π 桥单元、给电子基团或者引入吸电子能力更强的受体,在拓展发射波长的同时,能精细调控 QM 衍生物 AIE 纳米聚集体形貌[57](图 2-21)。以噻吩单元作为 π 桥的 QM-2 自组装形成了棒状的纳米聚集体;而引入 3,4-乙烯二氧噻吩(EDOT)单元作为 π 桥结构,QM-5 形成球状结构的纳米聚集体,而且其球状的纳米聚集体可以凭借纳米颗粒增强的通透性和保留(EPR)效应逐渐在小鼠的肿瘤区域部位富集,表现出良好的肿瘤靶向能力。

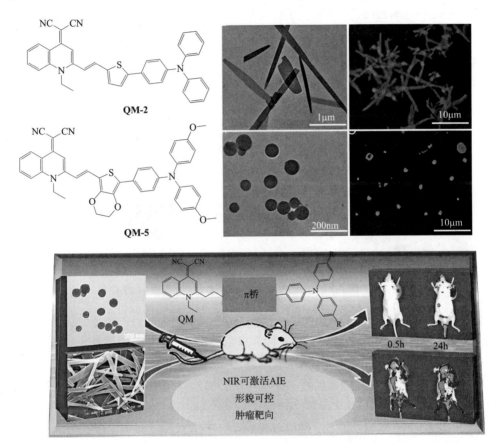

图 2-21　基于 QM 衍生物的近红外荧光纳米聚集体与其增强的肿瘤靶向功效:形状特异效应[57]

2.2.4.5　构建 AIE 可激活荧光分子探针及其性能研究

目前设计 AIE 可激活探针的策略主要有三类(图 2-22)。①基于静电相互作用构建 AIE 可激活探针。如多糖、DNA 和磷脂本身带有电荷,在 AIE 分子探针上引入带有相反电荷的基团,在静电相互吸引的作用下,AIE 分子会与分析物质结合并限制其分子内运动,表现出可激活的荧光信号。②基于扰乱光诱导电子转移(PET)过程构建 AIE 可激活探针。通过修饰荧光猝灭基团作为活性位点,分子探针的能量将以非辐射形式耗散,表现弱荧光发射；而当与目标物质反应后阻断了 PET 过程发生，荧光显著增强，能在固态下实现对分析物质的高灵敏检测。③基于改变水溶性构建 AIE 可激活探针。在亲脂性的 AIE 荧光团上共价连接亲水性基团，使其具备较好的溶解性，表现为无荧光背景信号。当其与目标物质反应后，亲水性基团移去或者进入生物分子形成疏水性空腔，其聚集状态会发生显著改变，表现出显著的 AIE 可激活荧光信号。

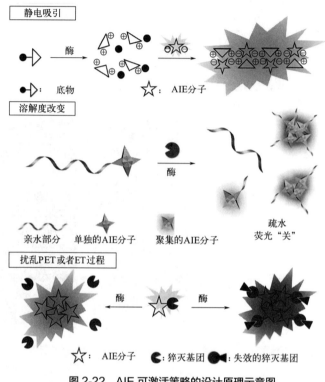

图 2-22　AIE 可激活策略的设计原理示意图

　　典型的亲水性官能团主要有以羧基、磺酸基[8]和磷酸基为代表的电负性基团，以三苯基膦（TPP）和季铵盐为代表的电正性基团和以糖类、多肽为代表的电中性基团三大类组成。朱为宏等将 TPP 阳离子基团引入到喹啉腈 TCM 荧光团中，发展出一种新颖的理性设计策略，实现对细胞线粒体的高保真成像[58]（图 2-23）。利用不同取代位置精确调控其聚集行为、匹配电荷密度，成功实现了"off-on"的荧光响应模式和线粒体靶向能力，与 TPP 对位取代的参比探针 TCM-3 相比，邻位取代的目标探针 TCM-1 可以实现"off-on"的检测模式并对线粒体进行高保真度示踪。

　　分子探针与生物分子通过生物共轭或结合过程聚集在一起时，调节其分子间的相互作用可以实现 AIE 的可激活特性。通过在 QM 不同的取代位置引入磺酸盐基团（—SO₃⁻），EDPS 表现出典型的 AIE 发光性质[59]（图 2-24），其在水溶液中形成紧密的聚集态，具有明显的初始荧光信号，而 EDS 在水中呈松散堆积的模式，其含有足够大的空间通过分子内运动耗散 AIE 分子的激发态能量，但 EDS 在乙醇中却紧密聚集，表现出明显的 AIE 荧光信号。磺酸盐基团的取代基位置与 QM 化合物的初始聚集行为密切相关，利用 EDS 在水溶液中的背景信号和在聚集状态下显著的发光性质实现了对牛血清蛋白（BSA）检测。

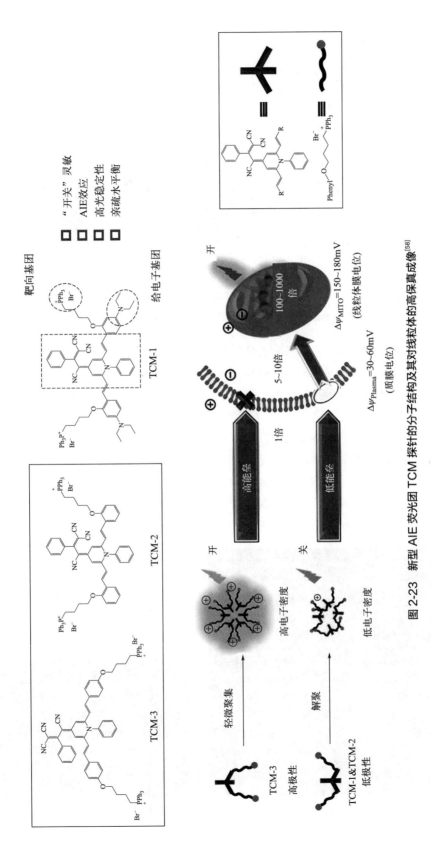

图 2-23　新型 AIE 荧光团 TCM 探针的分子结构及其对线粒体的高保真成像[58]

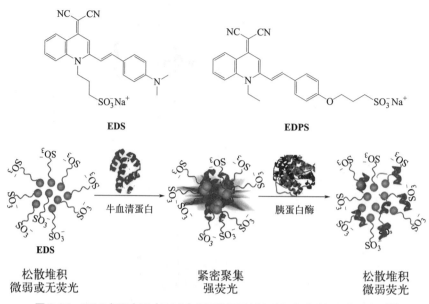

图 2-24　EDS 与蛋白质（BSA）相互作用及其在胰蛋白酶分解下的示意图[59]

原位检测和长时间示踪内源性酶变化对相关疾病的早期诊断具有重要意义，其中 β-半乳糖苷酶（β-gal）被认为是诊断卵巢癌和细胞衰老的重要生理标志物。针对市售的小分子探针易于扩散且容易发生聚集猝灭的制约问题，在喹啉腈衍生物 QM-OH 上引入亲水性的 β-半乳糖单元作为酶促反应位点，赋予了探针良好的水溶性，使其在水溶液中呈分散状态，表现出极低的背景信号（图 2-25）。与 β-gal 特异性反应后，QM-βgal 在原位生成具有细胞内长期滞留能力的纳米聚集体，并表现出 AIE 可激活的强荧光信号[60]。进一步，基于荧光团 QM 设计了一种化学自发光探针 QM-B-CF，基于次序性激活的"双锁"策略，将识别检测过氧化氢（H₂O₂）和光子释放过程分离开来，成功实现了 AIE 可激活和超灵敏化学发光两种检测模式的有效结合[61]。

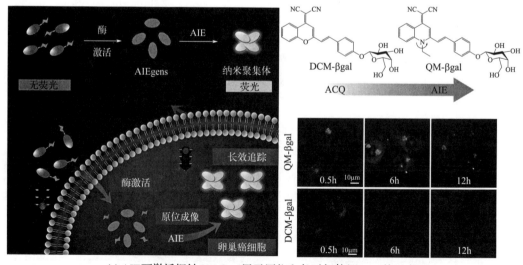

(a) AIE可激活探针QM-βgal用于原位和长时间检测β-gal的示意图

图 2-25

(b) 从DCM到QM：实现AIE信号和超灵敏化学自发光信号相结合的双模式成像

图 2-25　AIE 探针在 β-半乳糖苷酶及过氧化氢检测上的应用[60,61]

2.2.4.6　瞬时纳米沉淀法宏量化高性能纳米颗粒制备

发展易于规模化生产且重复性好的制备方法用于系统筛选和宏量化制备高性能的 AIE 纳米材料具有重要意义。传统的制备纳米颗粒的方法是通过调节亲脂性 AIE 荧光团在良溶剂/不良溶剂混合体系中的溶解度控制其聚集程度，但是通常具有较大的尺寸和宽的粒径分布。

将瞬时纳米沉淀（FNP）技术应用于规模化制备高性能 AIE 纳米颗粒，AIE 化合物 QM-OH 和两亲性嵌段共聚物（PEG-*b*-PCL）溶解于与水混溶的有机相中并由通道一注入 FNP 系统中（图 2-26），与此同时水相由其他三个通道注入，有机相与水相在多通道涡流混合槽（MIVM）内剧烈混合，在高剪切力的作用下导致 AIE 纳米颗粒的快速形成[62]。

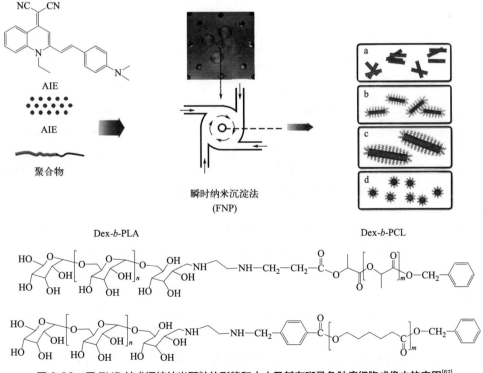

图 2-26　用 FNP 技术调控纳米颗粒的形貌和大小及其在斑马鱼肿瘤细胞成像中的应用[62]

通过调节溶剂的比例和流速，能够精确调控和制备大小在 20～60nm 范围内的 AIE 纳米颗粒，其表现出较窄的粒径分布和高性能的荧光性质。例如基于多糖的两亲性嵌段共聚物（Dex-*b*-PLA、Dex-*b*-PCL 或 Dex-*b*-PLGA）作为聚合物壳来稳定胶束，通过对嵌段共聚物的种类和浓度进行调节，成功实现了对 AIE 纳米颗粒大小（从 100 纳米到几十微米不等）和形貌（具备纳米球、纳米棒和微棒等多种形貌）的精确调控。得益于多糖良好的生物相容性，含有多糖壳结构的纳米棒颗粒在斑马鱼模型中表现出更出色的肿瘤靶向性。通过 FNP 方法规模化制备大小和形貌可控的 AIE 纳米颗粒，满足了其作为生物成像造影剂在肿瘤靶向和细胞摄取方面的需求。

2.2.4.7 基于振动诱导发光机制的荧光分子探针

二氢吩嗪类化合物由于其富电子特性，一直被用作电子给体和空穴传输材料。近年来，田禾等人发现了 *N,N*'-二苯基-二氢二苯并[*a,c*]吩嗪［DPAC，图 2-27（a）］化合物具有独特的发光性质，即大的斯托克斯位移和环境响应性的双重荧光发射[63]。针对其特有的马鞍形分子结构，提出了"振动诱导发光（VIE）"的共轭分子发光概念，其主要原理为：DPAC受光激发后[图 2-27(a)]，N-N 轴两侧的苯环与菲环沿着 N-N 轴振动并克服一定的能垒（Δ*E*）后，分子构型经由 V 形弯曲激发态弛豫到准平面激发态，从而充分延长 π 共轭体系并到达能量最低值，导致了非常大的斯托克斯位移发射。由于显著的激发态分子构型变化，DPAC分子的荧光光谱表现出敏锐的环境依赖性（例如，温度、黏度），从而导致可调控的双发射性质［图 2-27（b）］；"正常的"蓝色荧光发射波段来自弯曲激发态，而"非正常的"橙红色发射波段来自准平面激发态。

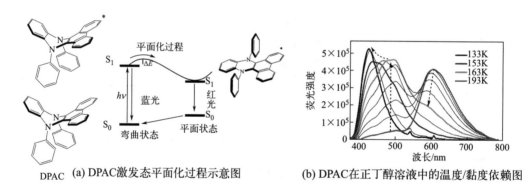

DPAC (a) DPAC激发态平面化过程示意图   (b) DPAC在正丁醇溶液中的温度/黏度依赖图

图 2-27 DPAC 的振动诱导发光机理及环境依赖性[63]

基于 DPAC 的结构与性能特征，大斯托克斯位移和环境响应性的双重荧光发射性质赋予了该类发色团作为比率型荧光传感器的广阔应用前景。值得指出的是，如图 2-27（b）所示，DPAC 的两个发射峰间隔约 180nm（430nm 附近的蓝光与 610nm 附近的红光），优于大多数比率型荧光探针的双发射光谱的分辨率。因此，已被开发了一系列基于 VIE 分子的比率型荧光探针，例如比率型温度探针、比率型重金属离子传感器、动态过程的荧光监测。

VIE 探针已在生物荧光探针与荧光成像领域表现出独特的优势。将 VIE 分子与阿尔茨海默病标志物 Aβ-42 结合，实现了单分子荧光比率检测 Aβ 纤维状标志物。Gong 等人发展了第一例酶促 VIE 荧光探针，成功地实现了对活细胞内的蛋白酪氨酸磷酸酶 1B（PTP1B）的可视化[64]。近期，瑞士的 Matile 教授等[65]将 DPAC 衍生物对黏度响应的可调控双发射性质成功地应用于人工细胞膜张力的探测（图 2-28）。该探针通过疏水作用嵌入细胞膜的磷脂双分子层中，根据细胞膜成分的不同导致细胞膜张力不同，从而产生不同颜色的荧光发射。有别于传统的分子转子设计理念，进一步彰显了 VIE 荧光团应用于生物检测的潜在价值。

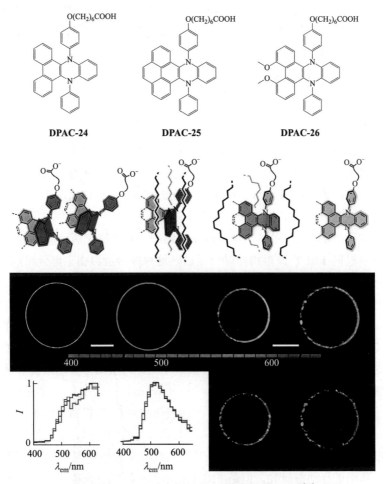

图 2-28　二氢吩嗪衍生物用于细胞膜成像示意图[65]

目前，基于二氢二苯并吩嗪类的 VIE 探针，其发射光谱仍位于可见光波段（400～700nm），极大地限制了它们在生物体系的应用。因此，通过合理的分子设计实现二氢二苯并吩嗪类荧光团的近红外双荧光发射，对其实际应用于生物荧光检测及成像具有重大意义。同时，进一步提升 VIE 分子的水溶性以及生物相容性也是未来亟待解决的问题，以期利用 VIE 机制实现生物体内的微观动态过程的精准灵敏探测。

2.2.5　共振能量转移型传感器

荧光共振能量转移（fluorescence resonance energy transfer，FRET）是指在两个荧光发

色基团满足足够靠近的条件下,如果给体分子吸收一定频率的光被激发到更高的电子能态,随后电子回到基态的过程中,通过偶极子相互作用,实现了能量向邻近受体分子的转移(即发生能量共振转移)。这种非辐射能量跃迁,通过分子间的电偶极相互作用,将给体激发态能量转移到受体的过程,给体荧光强度降低,而受体可以发射更强于本身的特征荧光(敏化荧光),也可以不发荧光(荧光猝灭),同时也伴随着荧光寿命的相应缩短或延长。能量转移的效率和给体的发射光谱与受体的吸收光谱的重叠程度、给体与受体的跃迁偶极的相对取向、给体与受体之间的距离等因素有关[66]。作为共振能量转移给、受体对,荧光物质必须满足以下条件:①给体的发射光谱与受体的吸收光谱要有效重叠;②受、给体分子的距离要"足够近"(一般在 1~10nm)。

2.2.5.1 荧光共振能量转移传感器设计思路

1. 调节供受体之间的距离

以荧光蛋白为例。假设 GFP 有两个突变体 CFP(cyan fluorescent protein)、YFP(yellow fluorescent protein)。CFP 的发射光谱与 YFP 的吸收光谱有明显的重叠,当它们足够接近时,用一定的能量激发 CFP,CFP 的发色基团将会把能量共振转移至 YFP 的发色基团上,CFP 的发射荧光将减弱或消失,YFP 的荧光就会大幅度增强,在这种情况下可以观察到荧光颜色的变化。CFP 就是给体分子,YFP 就是受体分子。

FRET 的实际应用可以通过下面这个例子来解释。若要研究两种蛋白质 a 和 b 间的相互作用,就可以根据 FRET 原理构建融合蛋白,这种融合蛋白由三部分组成:CFP(cyan fluorescent protein)、蛋白质 b、YFP(yellow fluorescent protein)。当蛋白质 a 与 b 没有发生相互作用时,CFP 与 YFP 相距很远不能发生荧光共振能量转移,因而检测到的是 CFP 发射的荧光;但当蛋白质 a 与 b 发生相互作用时,由于蛋白质 b 受蛋白质 a 作用而发生构象变化,使 CFP 与 YFP 充分靠近因而发生荧光共振能量转移,此时检测到的就是 YFP 发射的荧光。这类两个发色基团之间的能量转换效率高,对空间位置的改变非常灵敏,就可以研究蛋白质-蛋白质间的相互作用。

由于细胞内各种组分极其复杂,因此一些传统研究蛋白质-蛋白质间相互作用的方法存在不少缺陷,如酵母双杂交、磷酸化抗体、免疫荧光、放射性标记等方法应用的前提都是要破坏细胞或对细胞组织造成损伤,无法做到在活细胞生理条件下实时地对细胞内蛋白质-蛋白质间相互作用进行动态研究。但是 FRET 技术的应用结合基因工程等技术对此进行了改进,通过 FRET 技术,可以在不破坏细胞的情况下定时、定量、定位地观测酶活性变化;可以对膜蛋白加以修饰从而研究膜蛋白的分布;可以检验细胞膜上的受体在外界刺激下的构象变化导致的信号传递;可以实时监测活细胞内分子间的相互作用[67]。

因此,通过调节供受体之间的距离来改变荧光传感器供受体的荧光猝灭效率,可用于 DNA 突变检测、同源性分析和核酸定量分析等方面。在检测中,探针上的供受体之间的距离会因探针结合状态的不同发生变化,随后通过荧光的变化显现。既可以是发生在分别标记的探针和靶上,当探针与靶结合后发生 FRET,也可以发生在同一探针的不同部位,当探针与靶结合后其结构或者构象改变导致原有的 FRET 消失;还可以发生在不同的探针上,当靶以一定方式同时结合两个探针才会发生 FRET。

2. 调节供受体的光谱重叠程度

FRET 技术在比率型荧光探针的设计和应用中极为广泛。当选择好合适的能量给体和受体分子后,通过 FRET 机理来设计选择出两个能够完全分开的发射峰避免光谱重叠才是设计分辨率较好的比率型荧光探针的关键[68]。

以赵春常等设计的结合 FRET 技术用于检测内源性 H_2S 的胶束纳米荧光探针为例(图 2-29),自组装胶束聚集体包含能量给体 BODIPY1 和动态能量受体 BODIND-Cl。由于给体发射光谱与受体吸收光谱之间有良好的光谱重叠,从而保证了在没有 H_2S 情况下 BODIPY1 到 BODIND-Cl 的有效 FRET 过程。然而,当 H_2S 存在时,BODIND-Cl 的吸收光谱出现了从 540nm 到 738nm 高达 200nm 的位移,导致与 BODIPY1 发射光谱重叠较差,随后随着给体荧光的恢复而失去 FRET 效应[69]。这种自组装胶束纳米探针具有 H_2S 触发的 FRET 开关性能,通过比率荧光法实现了快速精确跟踪内源性 H_2S。

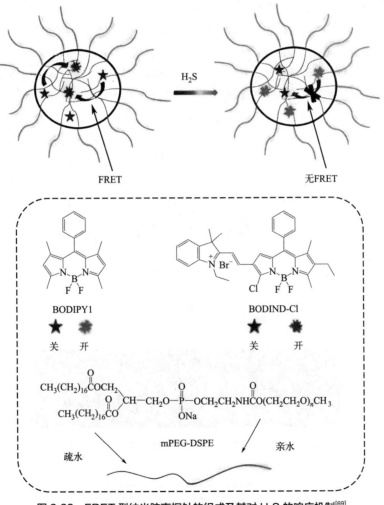

图 2-29 FRET 型纳米胶束探针的组成及其对 H_2S 的响应机制[69]

因此,通过调节供受体的光谱重叠程度也可以改变荧光传感器的 FRET 的过程。在检测中,以 FRET 为荧光信号传递机制可以修正受环境影响所产生的误差,适合在活细胞中定量检测被分析物的含量，具有较高的稳定性、灵敏性，并且能够在一个较大的信号变化范围内进行比值检测。

2.2.5.2　荧光共振能量转移型传感器的具体应用

1．监测线粒体膜电位

线粒体膜电位（MMP）在信号转导、细胞凋亡、线粒体功能紊乱等生理、病理过程中起重要作用[70]。尤其是 MMP 水平可以敏感和可逆地反映细胞内的健康状况，在细胞凋亡和坏死过程中 MMP 水平会迅速降低。因此，可视化 MMP 水平的提高可促进生物学和病理学的基础研究。分析 MMP 水平总是很困难的工作。

魏琴与于晓强研究团队合作设计合成的荧光共振能量转移分子对（图 2-30），用于 MMP 比率荧光监测的原理是 FRET 给体分子（FixD）通过将苄基氯基团连接到具有绿色荧光发光的荧光团上，可以与线粒体蛋白的巯基连接并固定在线粒体中，同时设计具有绿色吸收和深红色荧光发射的 FRET 受体分子（LA），LA 为线粒体膜电位依赖型线粒体探针。当 MMP 处于正常水平时，FixD 和 LA 都靶向在线粒体上，用 405nm 的激发波长来激发 FixD 时，FixD 与 LA 之间发生 FRET，所以监测不到绿色荧光，而可以检测到深红色（LA）的荧光发射。当 MMP 逐渐减少时，LA 将从线粒体中逐渐脱落，而 FixD 仍然固定在线粒体中，分子之间的距离逐渐阻断了 FixD 与 LA 分子之间 FRET 的发生，进而可以检测到深红色荧光发射逐渐减少和绿色荧光发射逐渐增加。基于 FRET 机制，他们可通过两种荧光发射颜色的变化来监测 MMP 的动态变化[71]。这种将 FRET 技术应用于荧光探针的手段相信日后会成为监测线粒体水平和细胞活力的有力工具。

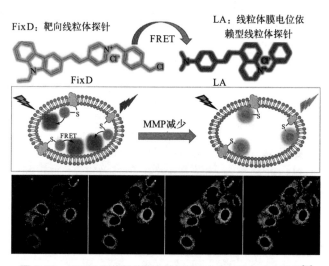

图 2-30　FRET 型线粒体膜电位探针的化学结构与响应机制[71]

2．检测酶活性

能够切割给体/受体对之间连接的切割酶，是 FRET 探针的理想靶点，能够最大限度改变荧光的读出［图 2-31（a）］。然而利用 FRET 探针进行酶检测的研究相对较少，主要原因是在两种发光基团存在的情况下酶的催化活性难以保证。传统的切割酶的 FRET 传感是一个"识别前标记"的过程。探针作为识别基团，两端分别接上发光体作为给体/受体。探针一旦被一种特殊的酶识别，底物被催化裂解，两个发光体被分离，导致 FRET 读数显著变化[72]。然而，庞大的发光体可能会增加空间位阻干扰特定酶的识别或诱导对其他生物分子的非特异性结合［图 2-31（b）］。

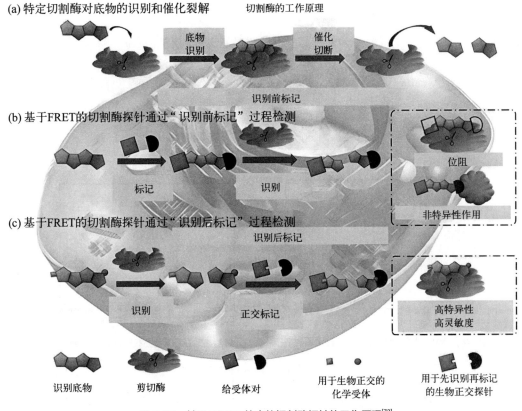

图 2-31　基于 FRET 效应的切割酶探针的工作原理[72]

　　为了解决这些问题，黄维等发展了一种新的"识别后标记"的探针策略［图 2-31（c）］，通过两个生物正交反应将两个化学报告基团而不是发光体组装到识别底物中。化学报告基团体积小，且不干扰功能，通过外源发光基团识别。由于发光基团的生物正交标记发生在酶的催化裂解之后，空间位阻或非特殊相互作用就被最小化。

　　Caspase-3 是一种重要的切割酶，在细胞凋亡早期被激活，并催化四肽 Asp-Glu-Val-Asp（DEVD）的裂解。黄维在四肽 DEVD 的氨基末端和羧基末端分别用叠氮化物和降冰片烯基团作为两种化学报告基团进行修饰。以二苯并环辛烯修饰的磷光铱（Ⅲ）配合物和以四嗪为修饰基的罗丹明衍生物为给体和受体。当施主/受体对标记在同一肽分子上时，发生分子内 FRET，缩短了铱（Ⅲ）配合物的磷光寿命。一旦肽消失，通过 caspase-3 的切割，恢复了磷光寿命，表明寿命值可作为测定 caspase-3 催化活性的指标（图 2-32）[73]。

　　与传统的"识别前标记"传感相比，在成像方面，由于空间位阻和非特异性相互作用最小化，新的"识别后标记"方法的灵敏度和使用寿命得到了显著提高并且提供了更多关于催化肽裂解的信息。随着生物科技的不断研究与发展，FRET 技术下的"识别后标记"是一种新的无创检测和成像生物活性的强大平台。

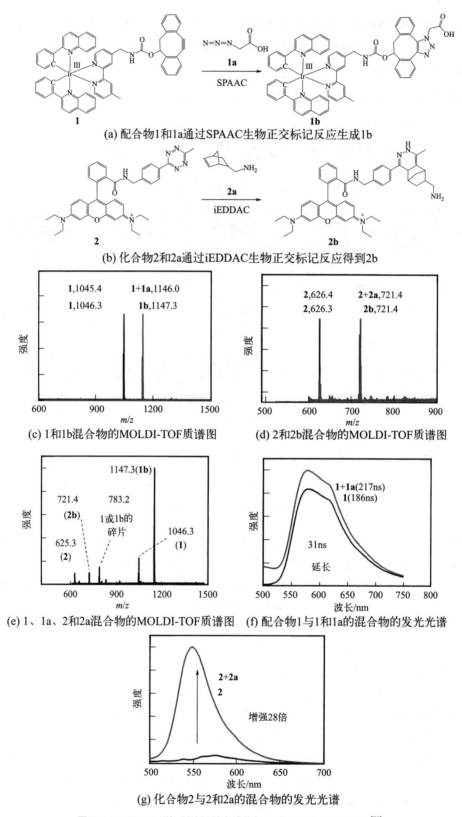

(a) 配合物1和1a通过SPAAC生物正交标记反应生成1b

(b) 化合物2和2a通过iEDDAC生物正交标记反应得到2b

(c) 1和1b混合物的MOLDI-TOF质谱图

(d) 2和2b混合物的MOLDI-TOF质谱图

(e) 1、1a、2和2a混合物的MOLDI-TOF质谱图

(f) 配合物1与1和1a的混合物的发光光谱

(g) 化合物2与2和2a的混合物的发光光谱

图2-32　FRET型切割酶探针中给体与受体的合成及发光行为[73]

3．实时跟踪生物代谢

代谢是一个复杂的生命过程，涉及细胞层面的物质和能量的交换。在活细胞中实时监测生物代谢过程极具研究意义。活性硫（RSS），包括谷胱甘肽（GSH）和二氧化硫（SO$_2$），都是生物代谢活动中的重要部分[74]。众所周知，GSH 与一系列疾病有关，包括免疫反应、癌症和阿尔茨海默病。而体内亚硫酸盐含量会影响降压作用、抑制血管平滑肌和调节心脏通道功能，过量可能会引起氧化应激或与年龄有关的疾病如帕金森病[75]。因此实时追踪内源性 GSH 和 SO$_2$ 非常关键。

山西大学阴彩霞教授提出了一种通过分子内电荷转移（ICT）和 FRET 集成机制（图2-33），同时快速感知 GSH 和 SO$_2$ 的新策略，成功地设计和合成了一种双功能荧光探针 Mito-CM-BP，通过 ICT-FRET 协同机制同时检测 GSH 及其代谢物 SO$_2$。该探针对 GSH（增强的红色发射）和 SO$_2$（湮灭的红色荧光）具有较高的选择性、灵敏度以及具有完全可逆的荧光响应。特别是，在 GSH 存在下，探针会显示与 SO$_2$ 完全不同的荧光信号（蓝移），具有两种无谱交叉干扰的独立通道，从而使 GSH 与 SO$_2$ 的代谢过程有两种成像结果[76]。

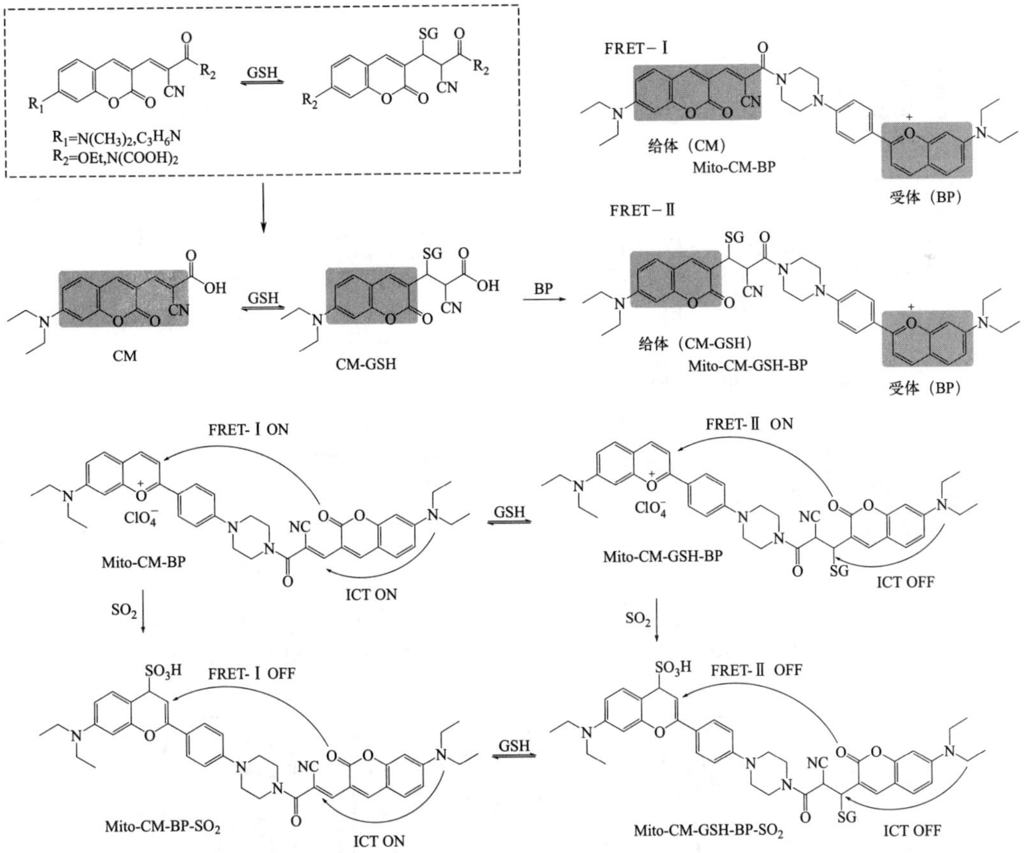

图2-33　基于 ICT-FRET 协同机制构建探针检测 GSH 及其代谢物 SO$_2$[76]

这种 ICT-FRET 集成的双功能荧光探针同时对 GSH 和 SO$_2$ 进行准确、有区分度的和灵敏的检测，在今后生物代谢的跟踪检测中可以提供更有价值的结果，实现代谢过程的可视化。

4. 肿瘤细胞检测

生物医学发光成像灵敏度高的优点，在实时研究活体生物和生理过程中显示出显著的潜力。与传统的第一近红外窗口区域（700～900nm）相比，第二近红外（NIR-Ⅱ）窗口（1000～1700nm）工作的荧光探针，提供了更强的组织穿透力，不会因为组织的吸收和散射造成信号的衰减[77]。然而，实现内源性离子、蛋白质相互作用、肿瘤缺氧、急性炎症、肿瘤微环境的定量荧光原位传感仍面临较大的挑战需求。张凡及其团队报告了基于一种特殊设计的NIR-Ⅱ菁染料 MY-1057 的肝细胞癌（HCC）检测的 NIR-Ⅱ FRET 传感器，该传感器对肿瘤中的 ONOO⁻有响应。通过整合镧系给体（Nd^{3+}掺杂纳米粒子）和 MY-1057 受体，成功地克服了体内定量传感的挑战 [图 2-34（a）]。纳米传感器的荧光寿命可以通过表面修饰受体的数量来降低和确定。对肿瘤病变的活性氮（特别是 ONOO⁻）的反应，能量受体 MY-1057 降解，导致纳米传感器的荧光恢复 [图 2-34（b）]。在小鼠中给药后，由于肿瘤微环境中 ONOO⁻恢复寿命，通过终生成像准确地将肝癌病变细胞与正常肝组织进行区分 [图 2-34（c）][78]。

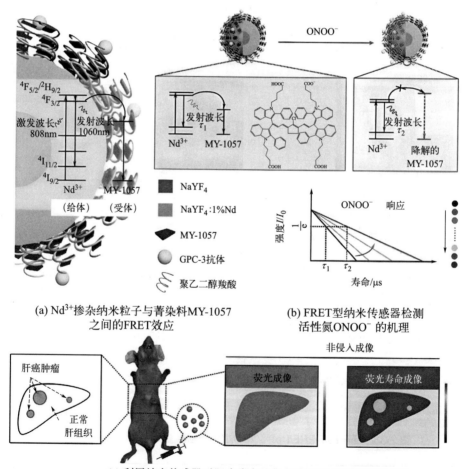

(a) Nd^{3+}掺杂纳米粒子与菁染料MY-1057
之间的FRET效应

(b) FRET型纳米传感器检测
活性氮ONOO⁻的机理

(c)利用纳米传感器对肝癌病变组织与正常组织进行区分成像

图2-34 基于 NIR-Ⅱ菁染料 MY-1057 构建 FRET 传感器检测肿瘤 ONOO⁻[78]

2.2.5.3　FRET 技术新进展

（1）**荧光显微镜应用于病毒研究**　2020 年新型冠状病毒肆虐，对于病毒的研究最不可缺少的关键就是显微镜。荧光显微镜的优势，基于荧光分子的可视性和特异性，能够最大程度地避免对样品细胞的破坏，能够做到高穿透和准确定位来获取成像。最关键的是，荧光显微镜可以实现对生物活体动态信息的监测与追踪[79]。

（2）**病毒荧光标记策略**　荧光成像首先就是要对病毒和宿主细胞中的蛋白质进行荧光标记。构建荧光标记融合蛋白是活细胞荧光成像实验中有效的标记方法。通过将荧光蛋白融合在病毒特定蛋白的结构域，能够准确标记侵染过程中病毒的位置，具有良好的重复性。荧光有机小分子是传统的荧光标记试剂，其中亲脂类荧光试剂较为常见，如 DiD、DiI、DiO、DiR、DiA、罗丹明-18 及类似物，这类荧光试剂可嵌入病毒包膜中的脂质膜结构实现标记。另外，具有氨基活性菁类或 Alexa 系列荧光染料也可通过共价反应与病毒连接，但反应的特异性和效率都不高。同时，基于非包膜病毒的衣壳蛋白能够自组装形成衣壳样结构的原理，将基因工程与物理封装原理相结合，发展了病毒组装的标记方法。

（3）**病毒的"宏观成像"**　激光共聚焦扫描显微镜（CLSM）使用激光点光源和针孔结构来消除失焦信号，分辨率极限为 200nm 左右[80]。其属于"宏观集合"检测方法，即获取大部分病毒的行为用于进行功能上的区分，多用于病毒感染过程中蛋白定位和抗病毒药物摄取的研究。另外，由于激光共聚焦显微镜可以对多种荧光标记同时成像，也能够研究某些病毒侵染过程中的蛋白相互作用，如在对 1 型单纯疱疹病毒复制的研究中，有学者利用不同荧光蛋白标记，明确显示了糖蛋白 D（gD）和人抗病毒反应蛋白 Viperin 在复制周期中的共定位（图 2-35）。

（4）**病毒的"微观显性"**　随着超分辨率荧光显微镜技术的出现，横向分辨率提高，不仅可以观察病毒结构，也为病毒内蛋白的作用机制提供成像支持。对病毒的研究常采用单分子成像的方法，即激活定位显微镜（PALM）和随机光学重建显微镜（STORM）。其原理为：使用单分子敏感的标准宽场显微镜，利用某些荧光团的"开关"特性，及时判别单个发光点。即捕获处于"开"状态的不同分子集合，进而拍摄延时荧光图像，随后利用算法拟合每个分子的荧光信号，实现对单个荧光团的高精度定位，最后计算所有检测到的荧光团的位置重建超分辨率荧光图像（图 2-36）。图 2-36（a）常规显微镜通常观察不到荧光标记的纳米物体的超微结构，因为来自邻近荧光团的信号融合在一起。在定位显微镜中，荧光团被诱导闪烁"关"和"开"，这样它们的信号就不会同时出现，如图 2-36（b）所示。通过定位每个光点的中心位置，并在一系列连续图像（n）上求和所有位置，可以重建物体的超微结构[81]。尽管这些方法有较高的空间分辨率，但时间分辨率较低。

（5）**病毒的"成像分析"**　荧光能量共振转移（FRET）实验是基于荧光显微镜的有效研究手段。检测蛋白分别标记两个荧光基团，当它们距离 10nm 以内时，能够满足 FRET 发生的条件，对定位距离进行定量分析[82]。FRET 对于探针间距离非常敏感，因此可以更加精确定位蛋白间相互作用甚至蛋白质结构。FRET 研究已经为更好地理解病毒复制提供了基础依据，如病毒进入宿主或者融合，逆转录酶活性以及病毒组装。

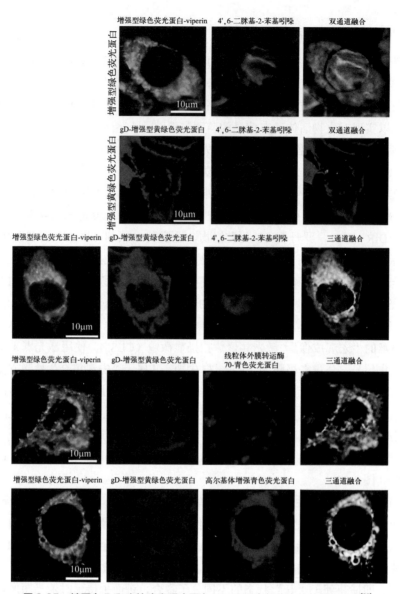

图 2-35   糖蛋白 D 和人抗病毒反应蛋白 Viperin 在细胞中的共聚焦成像[80]

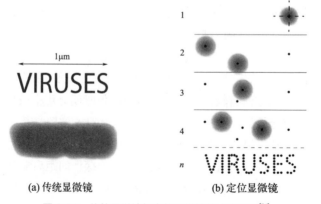

(a) 传统显微镜   (b) 定位显微镜

图 2-36   传统显微镜与定位显微镜的成像原理[81]

比利时科学家报道了使用病毒作为纳米级脂质作为微型"试管"，利用 FRET 效应检测整合酶-活性物质相互作用的策略。该方法利用全内反射荧光显微镜（TIRFM）[图 2-37（a）]具有高分辨率、高信噪比的优点，将荧光蛋白给体（mTFP1）修饰的 HIV-1 整合酶（IN）以及荧光蛋白受体（mVenus）修饰的 IN，同时注入 HTV-1 病毒内，利用 FRET 效应 [图 2-37（b）]，考察不同状态 FRET 比值的变化，可以识别 IN 寡聚体的状态 [图 2-37（c）]，从而对能够影响 IN 聚合的物种，如 W108G [图 2-37（d）] 甚至是 IN 多聚化增强药物，所展现出来的病毒活性进行考察。

(a) 成熟 HIV-1 病毒颗粒的TIRFM成像

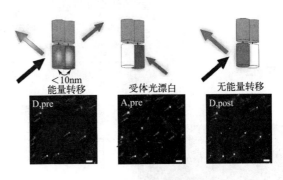

(b) 受体光漂白FRET的原理及成像

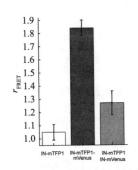

(c) 含不同荧光蛋白的病毒颗粒的平均FRET比

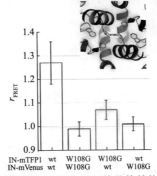

(d) IN催化核心二聚体界面的晶体结构（上）及野生型（IN）和突变型（IN-W108G）的平均FRET比（下）

图 2-37　基于 FRET 效应的探针检测 HIV 病毒内整合酶-活性物质相互作用示意图[83]

（6）新型血糖传感器　随着糖尿病患者的不断增多，定期测定人体的血糖显得尤为重要。目前大多数的血糖监测器都是使用酶的电传感器。但是酶的活性极其容易被温度影响，会对检测结果产生偏差。"非酶"的血糖检测方法成了一个新的研究方向，用荧光探针制备出的新型血糖传感器就是其中之一。

2018 年，中国科学院苏州医工所尹焕才/殷建团队就基于 FRET 效应，开发出荧光探针，从而制备出新型血糖传感器，实现了对血糖的高稳定性、高灵敏度检测。他们设计并合成了基于稀土元素铕的穴状配体螯合物作为荧光给体，并筛选与其相匹配的红色荧光团作为受体。然后，构建了 ConA-Dex 探针（图 2-38），将 FRET 技术中的荧光给体和荧光受体分别与之结合。当检测样品中存在葡萄糖时，这个探针就会解除 FRET 效应，从而通过检测给体荧光的升高幅度来反映葡萄糖浓度的高低。他们还使用透明质酸水凝胶来包裹

FRET 荧光探针。葡萄糖荧光探针被包裹于透明质酸微球中，能够实现对血糖的高灵敏检测，同时也利用了水凝胶材料交织的网状结构，具有极佳的抗干扰性、稳定性和生物相容性[84]。由此可见，用 FRET 技术构建的新型血糖传感器，可以长期稳定地监测体内的血糖变化。

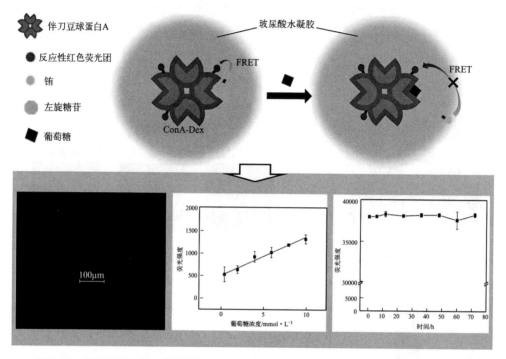

图 2-38　基于 FRET 构建葡萄糖生物传感器原理示意图以及探针对葡萄糖稳定的荧光响应[84]

FRET 技术已经被广泛应用于荧光分子传感器的设计。FRET 效应利用给体荧光物质发出的荧光，来激发受体荧光物质，从而实现了荧光的"传递"。FRET 技术的传感器做到了在生物体内高渗透性和高稳定性的实时动态监测，不管是在免疫分析、核酸检测、环境分析还是肿瘤细胞追踪等多个方面都有所涉及[85]，譬如设计更加有效的技术路线和传感方法，使传感器具有更高的灵敏度和特异性；开发出更加绿色、环保的 FRET 荧光传感器，减少重金属元素的使用，使其具有更好的生物相容性；开发更多的 NIR 成像平台或者是将 FRET 技术和其他成像技术相结合实现多重检测，又或者是将 FRET 荧光传感器和其他治疗手段相结合来实现更高效的治疗效果。

2.3　荧光化学传感器研究进展

荧光发展历史悠久，距今已有近 500 年。1560 年，萨阿贡（Bernandino de Sahagun）和莫纳德斯（Monardes）从一种墨西哥树（*Lignum nephriticum*）中第一次观察到了荧光现象。1852 年，斯托克斯（Stokes）提出了荧光（fluorescence）一词。随后的研究中，Goppelsroder 首次提出了荧光分析的概念。由于这些开创性的贡献，随着化学、生物学和工程学的发展，荧光技术已广泛应用到生命科学和医学研究中。两届诺贝尔化学奖分别授予绿色荧光蛋白

（2008 年）和超分辨荧光显微镜（2014 年）的发现和开发，代表了荧光发展的里程碑。同时，对具有更高通用性、灵敏度和定量能力的新型荧光探针的需求也在不断扩大。

2.3.1　比率型荧光分子探针及构建机理

基于有机分子的荧光探针已成为生物学研究中必不可少的有利工具，通过与特定生物分子相互作用，可以提供其动力学信息，包括动态分布以及定量检测信息而无需对样品进行基因诊断。荧光探针通常涉及两个部分，分别是荧光团和具有高选择性的识别基团，二者通过连接基团连接。当识别基团与目标分子发生作用时，将诱导荧光团的光物理性质发生变化，例如荧光波长、荧光强度和荧光寿命等，而这种变化能够提供和指示生物分子的动力学信息。然而，使用单一荧光发射带量化目标分析物通常是困难的，因为探针分子会受到与目标分析物无关的外在因素干扰，例如仪器参数，探针分子周围的微环境，探针的局部浓度和光漂白的影响。克服这些问题的解决方法之一就是发展比率型检测方法，利用比率型荧光探针与目标分析物相关的两个或多个荧光发射带，进行内部校准，从而提高了测试的灵敏度和定量检测的准确度（图 2-39）。

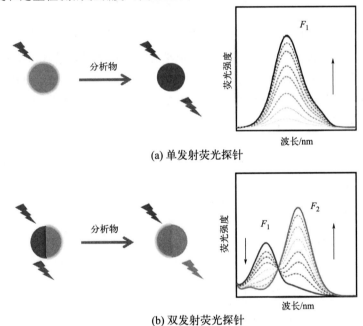

图 2-39　比率型荧光探针示意图

目前，已有许多设计策略成功应用于比率型荧光探针的设计合成当中，包括荧光共振能量转移、键合能量转移（through-bond energy transfer, TBET）、分子内电荷转移、激发态分子内质子转移（excited state intramolecular proton transfer，ESIPT）、单体-激基缔合物（monomer-excimer）[86]等。

荧光共振能量转移（FRET）是受激发的给体荧光团将激发态能量以非辐射偶极-偶极相互作用的形式转移至邻近受体荧光团的基态，因此需要给体的发射光谱和受体的吸收光谱有一定程度的重叠（图 2-40）。FRET 的能量转移效率依赖于许多因素，例如光谱重叠的程度，偶极的相对方向，最重要的是给体和受体荧光团之间的距离。

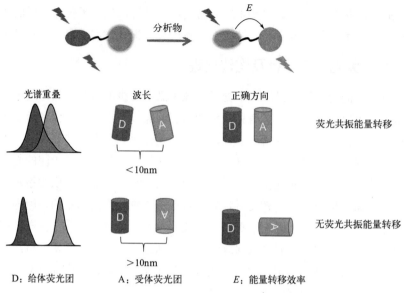

光谱重叠　　　波长　　　正确方向　　　荧光共振能量转移

<10nm

无荧光共振能量转移

>10nm

D：给体荧光团　　　A：受体荧光团　　　E：能量转移效率

图 2-40　基于 FRET 构建比率型荧光探针示意图

　　乌拉诺（Urano）等报道了一种可逆性 FRET 荧光探针实现了对细胞内谷胱甘肽（GSH）的实时定量检测[87]（图 2-41）。基于亲核反应动力学设计策略，选择对 GSH 快速响应并反应可逆的硅罗丹明作为受体，选择光谱有重叠的罗丹明为给体，构建 FRET 荧光探针，可用于量化各种细胞类型中 GSH 的浓度，还能够以高时间分辨率实时成像单个活细胞中 GSH 浓度的动态变化。

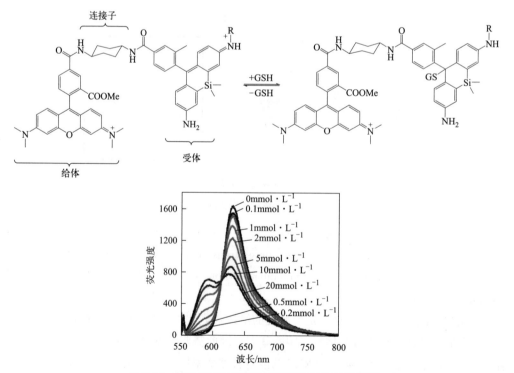

图 2-41　基于 FRET 探针比率型检测 GSH 示意图[87]

　　键合能量转移涉及一对分别充当能量给体和受体的荧光团之间的能量转移。给体和受体通过共轭 π 键连接，但空间位阻效应阻止了给体和受体分子的共平面以及共轭，因此能量转移可以通过一个或多个连接键发生，而无需光谱重叠（图 2-42）。利用 TBET 机制设计荧光探针，给体在相对短的波长处的发射用于激活受体在较长波长处的发射，而这两种发射的比率由目标分析物调节。

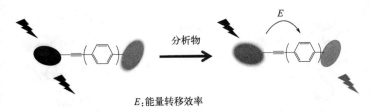

图 2-42　基于 TBET 构建比率型荧光探针示意图

　　谭蔚泓等采用了 TBET 策略发展了比率型双光子荧光探针[88]，双光子荧光团（D-π-A 结构的萘衍生物）和罗丹明 B（rhodamine B）通过共轭键连接，这两种荧光团的荧光强度比率可由目标分析物 Cu^{2+} 的含量进行调节（图 2-43）。探针显示了超高的能量转移效率（93.7%），并成功应用于活细胞和组织的双光子成像，显示出高分辨率和 180μm 的组织成像深度。

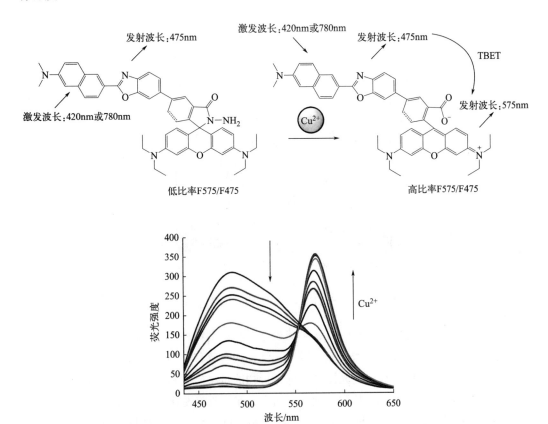

图 2-43　基于 TBET 探针比率型检测 Cu^{2+} 示意图[88]

唐本忠等提出了将聚集诱导荧光团与 TBET 相结合的设计策略（图 2-44），选择具有聚集诱导发射特性的四苯乙烯（TPE）衍生物作为能量给体，当在非聚集状态时是不发光的，以消除给体的初始荧光背景信号。选择罗丹明 B 作为能量受体，该体系能量转移效率高达 99%，并且具有很大的伪斯托克斯位移（pseudo-Stokes shifts > 280nm）。

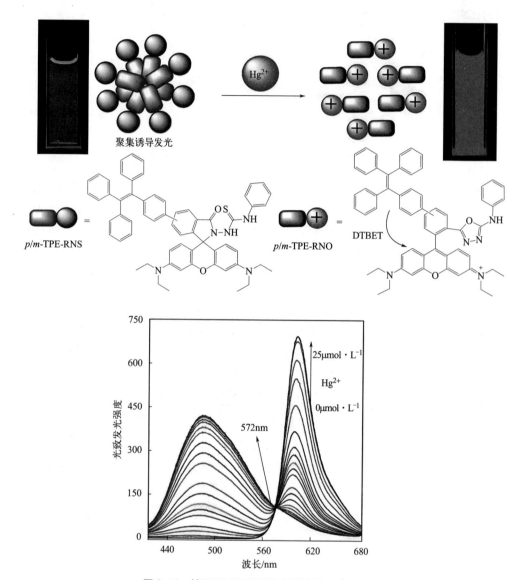

图 2-44　基于 TBET 探针比率型检测 Hg²⁺示意图

ICT 型比率型荧光探针是利用 D-π-A 荧光分子与识别物种结合后，改变荧光分子内部的电荷分布，从而使吸收光谱和荧光光谱发生红移或者蓝移。利用光谱变化前后两个波段的荧光比值，可实现单个有机荧光团对目标分析物的定量检测和成像，如图 2-45 所示。

基于苯并吡喃腈（DCM）构建单元，朱为宏、郭志前等设计了基于 ICT 的近红外荧光探针用于比率型检测半乳糖苷酶（β-gal），通过调控 D-π-A 分子构型将荧光波长延长至近红外区域，其中，引入双氰基作为电子受体，羟基为电子给体[89]（图 2-46）。通过反应前后羟基供电子能力的差异，实现了对细胞内源性 β-gal 的比率成像和活体肿瘤内 β-gal 的可视化实时监测。

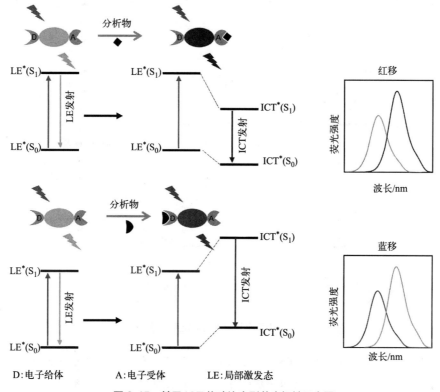

图 2-45　基于 ICT 构建比率型荧光探针示意图

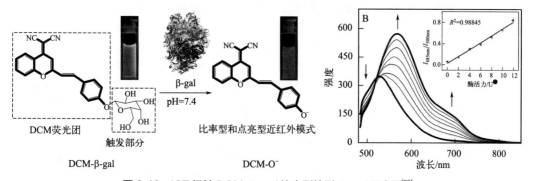

图 2-46　ICT 探针 DCM-β-gal 比率型检测 β-gal 示意图[89]

ESIPT 探针具有环境敏感性，可广泛应用于分析化学和生物标记当中。激发态分子内质子转移（ESIPT）是指存在烯醇-酮式互变异构的荧光团，在激发态下质子从羟基（氨基）快速转移到羰基氧（亚胺氮）上的过程。大多数 ESIPT 荧光团会显示烯醇和酮式两个荧光

---

❶ 酶活力单位。1961 年国际生物化学协会酶学委员会及国际纯化学和应用化学协会临床化学委员会提出采用统一的“国际单位（IU）”来表示，规定为：在最适反应条件（温度 25℃）下，每分钟内催化 1μmol 底物转化为产物所需的酶量定为一个酶活力单位，即 1IU=1μmol·min⁻¹。目前国内外大多数临床实验室常省略国际二字，即将 IU 简写为 U。

发射带，利用两个发射带荧光强度的相对变化可用于设计比率型荧光探针（图 2-47）。其设计策略一般是在羟基（氨基）上连接识别基团，从而阻断 ESIPT 效应，只能观察到烯醇式的荧光，当探针与目标分析物反应后，释放氢键给体，ESIPT 过程恢复，继而观察到酮式荧光。

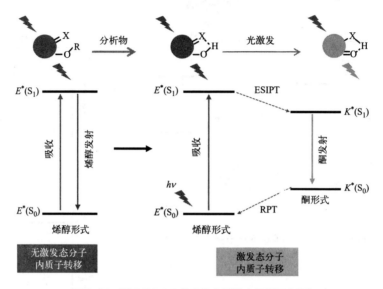

图 2-47　基于 ESIPT 构建比率型荧光探针示意图

基于 3-羟基黄酮（3-HF）的 ESIPT 荧光探针，贺晓鹏和詹姆斯（T. D. James）等设计开发了用于检测过氧亚硝酸盐（ONOO⁻）的比率型荧光探针[90]。在 ONOO⁻存在下，利用探针对 Aβ 蛋白的不同聚集状态进行成像。当探针 3-HF-OMe 与 Aβ 蛋白聚集体结合后，对 ONOO⁻产生比率型响应（图 2-48），这种设计策略为同时检测纤维蛋白/肽和环境中活性氧/活性氮提供了新思路。

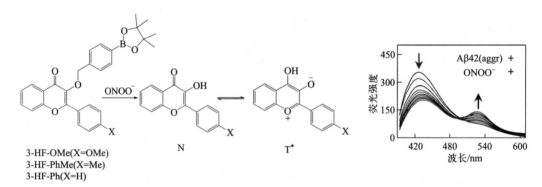

图 2-48　ESIPT 比率型荧光探针检测 ONOO⁻示意图[90]

唐本忠等报道了一种基于磷酸化查尔酮衍生物的 ESIPT 比率型荧光探针，检测活细胞中的碱性磷酸酶（ALP）并进行细胞成像。探针可溶于水中并发出黄绿色荧光，当探针与 ALP 反应后，禁阻的 ESIPT 过程恢复，并由于酶产物的聚集，探针的荧光波长发生红移（图 2-49），可进行定量检测，检出限为 $0.15 \text{mU} \cdot \text{mL}^{-1}$。

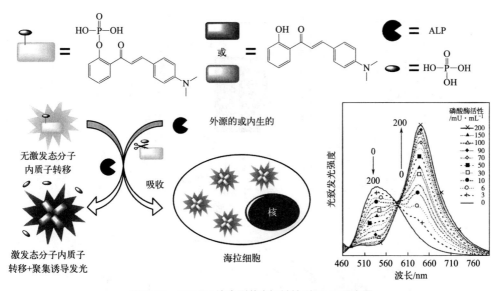

图 2-49　ESIPT 比率型荧光探针检测 ALP 示意图

通过能量转移、电荷转移、质子转移等方法设计的比率型荧光探针，其荧光信号的表现形式通常是两个互相联动的检测信号（图 2-50），例如，探针与分析物进行特异性识别后，引起一个荧光发射信号的升高，伴随着另一个荧光发射信号的降低，从而产生比率变化较大的荧光响应。这种比率型荧光探针的设计策略比较简单，荧光响应前后变化差异较大，已被广泛用于比率型荧光成像和定性、半定量的检测模式中，然而，因为没有稳定的内标参比信号，很难在生物应用中进行准确定量检测。为了实现比率型荧光探针的定量检测，一种有效策略就是引入对目标分析物不敏感的荧光信号作为参比信号，进一步发展内标比率型荧光探针。荧光探针有两个独立的发射信号。一个信号对目标分析物敏感，并且可以进行特异性响应；另一个荧光信号对目标分析物不敏感，作为内标参比信号以校正响应信号，实现精确定量。

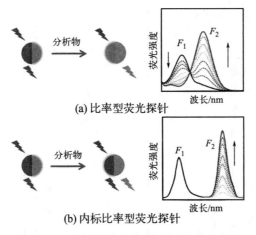

(a) 比率型荧光探针

(b) 内标比率型荧光探针

图 2-50　比率型和内标比率型荧光探针示意图

赵春常等报道了一种可激活的近红外二区荧光纳米探针用于内标比率型检测 H_2S[91]。该纳米探针由两种荧光团构成（图 2-51），近红外二区荧光团 ZX-NIR 经过结构修饰，可特

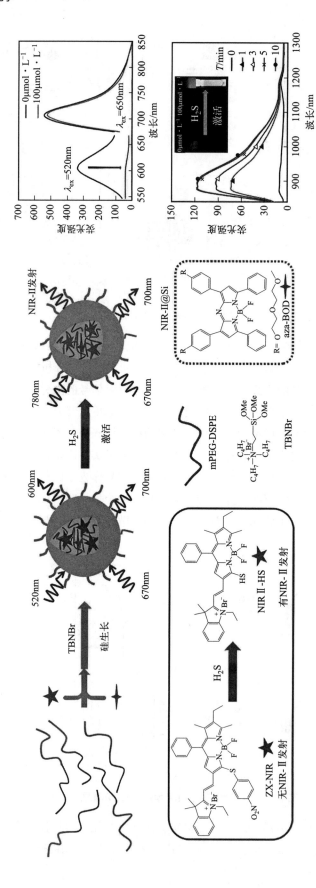

图 2-51 基于双荧光团构建荧光探针内标比内标比率型检测 H₂S 示意图[91]

异性识别 H_2S，产生比率型的荧光变化，600nm 处初始荧光逐渐下降，近红外二区荧光信号被激活并逐渐上升；而另一荧光团对 H_2S 不敏感，充当内标荧光参比信号。通过物理封装的方法将两种荧光团包裹在纳米颗粒里，并用于结直肠癌细胞中 H_2S 的定量检测。

　　基于双荧光团构建的荧光探针用于内标比率型检测金属蛋白酶 9（MMP-9），由对 pH 敏感的萘酰亚胺染料、近红外染料（Cy5.5）和生物相容性 Fe_3O_4 纳米粒子组成[92]（图 2-52）。通过金属蛋白酶 MMP-9 的肽底物将萘酰亚胺染料与 Fe_3O_4 纳米颗粒连接，从而建立了 FRET 系统，用以检测肿瘤微环境的 pH。Cy5.5 的近红外信号用作内标参比信号，与萘酰亚胺的荧光相结合，可实现对荷瘤小鼠中 MMP-9 的荧光成像和定量检测。

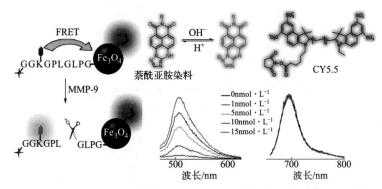

图 2-52　基于双荧光团构建荧光探针内标比率型检测 MMP-9 示意图[92]

　　基于单荧光团荧光-延迟荧光构建内标比率型荧光探针，利用双发射有机荧光团构建内标比率型荧光探针：其中一个通道的荧光信号作为内标参比信号，另一通道的荧光信号代表探针与目标分析物的响应信号。相比双荧光团的设计策略，双发射单荧光团可以克服双荧光团之间存在的能量/电子转移所引起的干扰和光漂白速率不同导致的信号失真。

　　目前双发射有机荧光团设计策略主要是利用单荧光团荧光-延迟荧光、单荧光团荧光-磷光构建内标比率型荧光探针。朱亮亮等利用单分子荧光-延迟荧光双发射构建了三维比率型荧光探针新方法，可以在单分子水平上产生荧光和热激活的延迟荧光（TADF）。以感应环境极性变化为例，TADF 作为感应信号[93]（图 2-53），其发射波长和寿命都随环境极性变化而变化；荧光作为内标参比信号，其波长和寿命均不随环境极性变化。基于环境极性（X 轴）、比率波长（Y 轴）和比率寿命（Z 轴）构建的三维比率发光传感系统，可实现多重自校准，提高了应用精确度。

　　基于单荧光团荧光-磷光构建内标比率型荧光探针，朱为宏等报道了一种基于单荧光团的内标比率型荧光探针 $Pt-TPP-PVP_{430}$ 的纳米探针体系，用于检测肿瘤乏氧[94]（图 2-54）。该探针首次利用对氧气敏感的铂卟啉磷光信号和对氧气不敏感的非共轭团簇诱导荧光作为内标参比信号，通过磷光与荧光相结合的比率型检测方法，能够可逆地定量检测水溶液中的氧气含量，并成功应用于细胞和活体中乏氧的比率成像和定量检测。

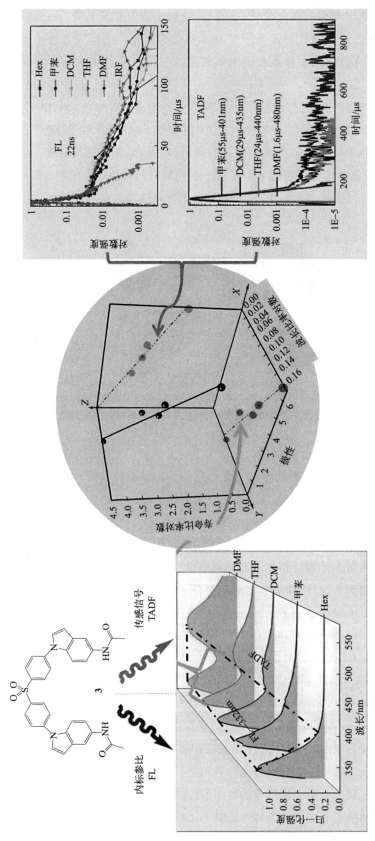

图 2-53 基于单荧光团荧光-延迟荧光构建荧光探针内标比率型检测示意图[93]

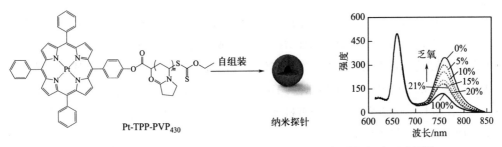

图 2-54　基于单荧光团荧光–磷光构建荧光探针内标比率型检测乏氧示意图[94]

2.3.2　硫化氢荧光成像探针

内源性硫化氢（H_2S）是生命系统中继一氧化碳（CO）和一氧化氮（NO）之后第三个被发现的小信号分子。H_2S 在调节心血管疾病和神经免疫系统中起作用。H_2S 异常分泌严重影响生物体的健康。研究证实，硫化氢（H_2S）是细胞中的一种介导分子，它参与许多系统功能的调节，例如抗氧化、消炎和调节血压等。器官和组织中硫化氢的异常分泌与许多疾病有关，例如阿尔茨海默病、唐氏综合征和癌症。因此，使用荧光传感器来研究 H_2S 小分子在生命系统中的作用显得尤为必要。

赵春常课题组构建了可以通过 FRET 效应识别 H_2S 的高选择性硅纳米探针[95]，如图 2-55 所示。该纳米探针使用两亲性聚合物和季铵盐硅烷将 H_2S 激活的荧光探针 BAcid-Cl 与对 H_2S 无响应的 BOD-COOH 结合，形成纳米胶束。重要的是，屏蔽层的存在使得该纳米探针能够有效地将互补的客体限制在同一核中，从而确保高效的 Förster 共振能量转移。通过

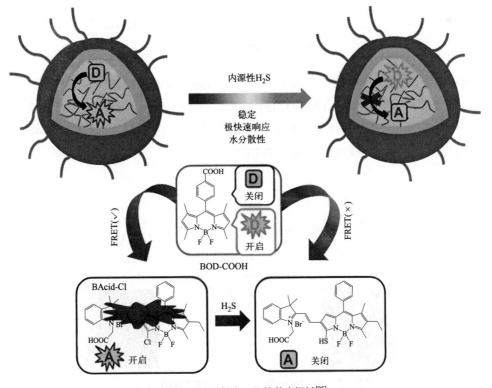

图 2-55　检测 H_2S 的荧光探针[95]

调节荧光试剂 BAcid-Cl 与硅烷试剂的比例，能在 15s 内快速定量检测 H_2S 的理想探针，并进行了雌激素诱导的心肌细胞内源性 H_2S 的精确成像实验。这项研究提供了直接的证据表明雌激素通过其与心肌细胞的相互作用产生了内源性硫化氢。可以看出，基于硅烷试剂是一种巧妙的方法，可以用来调节探针与 H_2S 之间的反应性，从而优选出理想的有机纳米探针，并可在数秒内快速响应。核-壳有机硅纳米探针可以作为适用于监测生物学相关瞬态物种的新型成像工具得到更多应用。

酚羟基和相邻的氮杂原子之间的分子内氢键作用可以促进酚羟基的去质子化，释放氧负离子并形成近红外荧光发射。将叠氮基引入模型化合物中，利用自消除途径释放 NIR 荧光团，最终达到检测 H_2S 的目的。通过邻氨基硫基苯酚与羟基-BODIPY 醛的成环反应，制备了具有近红外发射的荧光团 NIR-BOD，然后将其连接到叠氮基团上以获得 N_3-BOD-E（图 2-56）[96]。以叠氮基团作为 H_2S 反应基团，与 H_2S 相互作用后，叠氮基还原为氨基，自消除反应后，NIR-BOD 被释放出来，使得相应的吸收光谱和荧光光谱明显红移。与传统的硫化氢探针相比，该探针对羟基进行去质子化以释放氧负离子，并在 700nm 处实现近红外发射。随后将该探针用于检测心肌细胞中的外源性 H_2S，细胞激光共聚焦成像显示红色荧光区域的荧光强度显著提高，从而实现了外源性 H_2S 的检测。

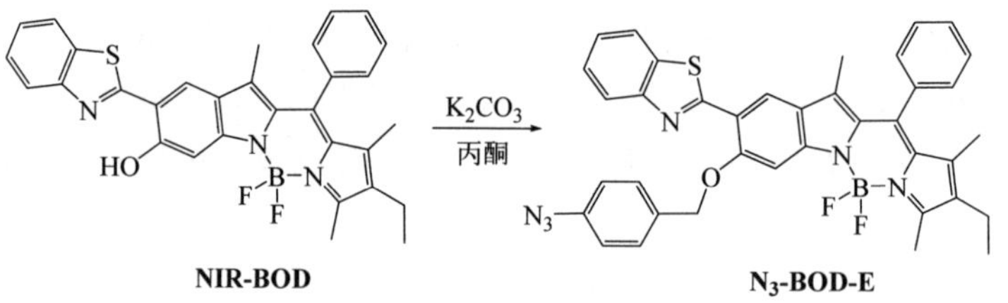

图 2-56   探针 N_3-BOD-E[96]

赵春常等设计了一种新型的 FRET 纳米探针 NanoBODIPY（图 2-57），它使用两亲性聚合物将可活化的 BODIND-Cl 和 BODIPY1 同时包裹在纳米胶束中[69]。589nm 处的给体荧光增强伴随着 511nm 处的受体荧光猝灭，实现了硫化氢的快速响应。同时，NanoBODIPY 荧光成像成功应用于检测和定位巨噬细胞中的内源性 H_2S。

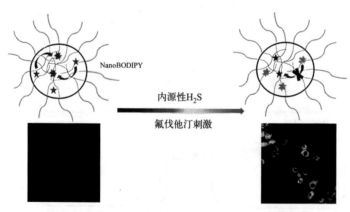

图 2-57   探针 NanoBODIPY 与 H_2S 的响应示意图[69]

高特异性 H_2S 探针的开发由于许多硫醇和 H_2S 的相似反应性而面临挑战。通过一种纳米组装方法将非化学选择性位点转变为高化学选择性位点的策略来构建新的高选择性硫化氢探针。基于此，赵春常进行了创新尝试，引入亚砜作为新的 H_2S 识别位点，构建了一种新型的可激活比率型探针（图 2-58）[97]。通过将亚砜引入不对称的 BOD-CHO 基质中作为 H_2S 的新识别位点，构建了比率式近红外荧光探针 BSOHS。结合纳米组装策略，将两亲性聚合物单甲醚聚乙二醇磷脂 mPEG-DSPE-2000 和 TBNBr（结构式见图 2-51）与目标分子组装在一起，形成纳米粒子 BSOHS@Si，并通过调节 mPEG-DSPE-2000 和 TBNBr 的分子量之比获得了性能更加出色的 BSOHS@Si300。多孔硅壳独特的分子筛分特性可用来防止竞争性生物硫醇进入核中与分子探针接触，从而确保 BSOHS@Si300 探针仅对小分子 H_2S 做出响应。进一步使用了近红外荧光成像来实现富含 H_2S 肿瘤的精确定位。

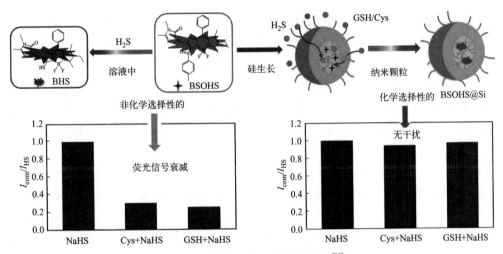

图 2-58　基于 BSOHS 的纳米探针[97]

已经报道的大部分探针发光范围都在近红外一区（700～900nm）甚至可见光（400～700nm）区域内，这些探针成像不可避免地受到生物体自发荧光的干扰，而且它们有限的组织穿透深度等极大地阻碍这些探针的活体应用。然而，与此相对应的近红外二区（1000～1700nm）荧光拥有很大的组织穿透深度以及很小的生物体自发荧光干扰[19,20,98]。因此，结合对硫化氢荧光成像的探索，开发出一种可以在近红外二区范围内追踪硫化氢的探针就显得极有必要。

研究表明，某些肿瘤（例如结直肠癌）中富含 H_2S，使得 H_2S 成为成像诊断的潜在靶点。根据对近红外二区荧光的探讨，赵春常研究小组提出了近红外二区荧光探针的概念，其通过分子工程设计策略调节探针结构并更改识别基团，以 BOD-CHO 为母体，构建了四个 H_2S 荧光探针，并根据其与硫化氢的反应性筛选出了目标探针 ZX-NIR（图 2-59），该探针在与硫化氢反应后呈现出强烈的近红外二区荧光信号[91]。为了提高探针的水溶性和生物相容性，将目标探针 ZX-NIR 和内标化合物 aza-BOD 与两亲性聚合物和带正电荷的季铵盐硅烷组装在一起以提供多模式活性，制备出了纳米探针 NIR-Ⅱ@Si（图 2-51）。纳米探针 NIR-Ⅱ@Si 表现出比率式荧光和对 H_2S 的近红外二区荧光 turn-on 特定响应。通过充分利用近红外二区荧光对深层组织的高分辨率特性,可以对富含 H₂S 的结直肠癌进行精确成像。这种特殊的高组织穿透深度和高时空分辨率的可激活型 NIR-II 纳米探针可以早期诊断癌症,并有望广泛用于生物临床实践中。

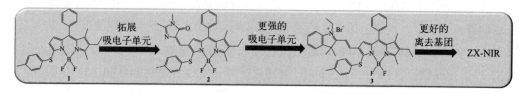

图 2-59　探针 ZX-NIR 设计思路[91]

2.3.3　以硫化氢为靶点的诊疗探针体系

通过肿瘤成像引导治疗是科学界提出的精确诊断和治疗肿瘤的重要组成部分,实现肿瘤的精确定位和治疗,对正常细胞和组织的毒性和副作用最小,为准确诊断和治疗肿瘤提供了良好的基础。因此,通过成像引导治疗是当前和未来有前途的研究方向。

基于对亚砜识别功能基团荧光探针的研究,通过进一步修饰分子结构来引入抗肿瘤药物 DOX,构建由 H₂S 激活的诊疗一体化分子。为了使药物完全根据需要在肿瘤部位释放,使用光热传感器和相变材料组装分子前药以制备智能纳米材料。H₂S 激活和近红外光控的协同作用可以实现肿瘤的准确定位和治疗(图 2-60)。将抗肿瘤药 DOX 引入含有亚砜基团的 BODIPY 分子中,并构建了对 H₂S 表现出比率式和近红外荧光 turn-on 响应的近红外荧光前药 BSO-DOX,设计并开发了水溶性好并且光热转换效率高的近红外光热染料 Aza-BOD。为了降低前药本身的毒性和副作用,将分子前药 BSO-DOX 和光热染料 Aza-BOD 经由相变材料固定在特定尺寸的分子聚合物胶束上,组装成了纳米荧光探针 FTNpd。体外研究表明,该纳米相变材料只能在被 H₂S 激活以产生近红外荧光信号后,暴露于近红外光时,才可以释放出药物 DOX。由于 H₂S 激活和近红外光控的协同作用,含 H₂S 的肿瘤得到了精准定位和治疗,肿瘤的生长得到了完全的抑制。这种集成像、定时、定点和按需释放药物的探针为抗肿瘤前药的开发提供了新思路。

近年来,有机相变材料(phase change materials,PCM)作为一类用于药物释放的热敏控制材料引起了人们的关注。这些材料具有很大的熔化潜热,并且在狭窄的温度范围内表现出可逆的固液转变[99-101]。一种可以与 PBS/CH₃CN=1∶1 系统中的 H₂S 反应产生 NIR-II 区信号的探针 InTBOD-Cl 被引入两种脂肪酸的低共熔混合物中(图 2-61)[102]。期望该相变物质具有优良的肿瘤细胞和组织特异性以及荧光透射能力和空间分辨率。研究证实,该相变物质只能在肿瘤部位被激活,发射 NIR-II 荧光,照射后具有光热作用,可以溶解纳米颗粒并释放出封装的小分子药物,但在正常组织中没有 NIR-II 荧光以及光热效应和药物释放,并且对正常组织没有毒性。该探针具有出色的水溶性和生物相容性,对 H₂S 非常敏感,并且可以在激光照射后产生热量以触发相变材料的药物释放。它代表了"智能"释放药物的新型"智能"开关。使用这种相变材料,成功地实现了小鼠结直肠癌模型治疗。动物研究表明,这种纳米材料对结直肠肿瘤具有显著的抑制效果,显示出智能响应材料的优势。

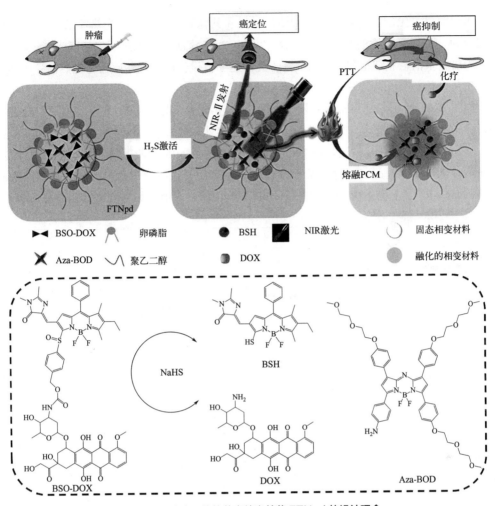

图 2-60 诊疗一体的荧光纳米前药 FTNpd 的设计理念

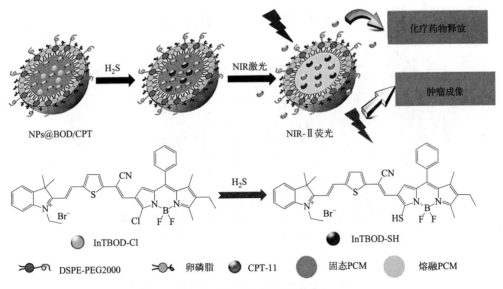

图 2-61 探针 InTBOD-Cl[102]

　　由于简单、无创、安全、快速的治疗效果和其他独特的优势，光热疗法（PTT）迅速发展成为一种很有前途的肿瘤治疗方法[103-105]。光热疗法使用光热剂来捕获光能，将光能转换为热能来消融癌细胞和实体瘤。基于此，能够将设计的荧光传感器与光热治疗相结合，设计集荧光传感与光热治疗于一体的诊疗平台。

　　如图 2-62 所示，赵春常等开发了一种 NIR-Ⅱ荧光引导的可激活型光热治疗试剂[106]。通过分子工程设计出了易于自组装、具有良好水溶性和生物相容性特性的纳米颗粒（Nano-PT）。Nano-PT 可被 H_2S 激活，在 790nm 处具有强烈的 NIR 吸收，在 H_2S 存在下具有良好的光热转化效率。因此，这种可激活的 PTT 试剂可用于选择性消除 H_2S 过表达的癌细胞。另外，Nano-PT 是具有 NIR-Ⅱ荧光发射的 H_2S 响应探针，由于其高穿透性和高分辨率的优

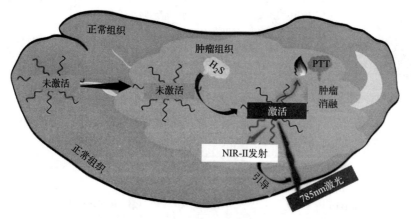

(a) 化合物SSS的和H_2S介导SSS转化为NIR响应性光热

(b) Nano-PT用于NIR-Ⅱ荧光指导治疗富含H_2S的结直肠癌

图 2-62　可激活型光热治疗试剂及其癌症治疗原理[106]

点，Nano-PT 用于提供高质量的生物成像，是癌症诊断和成像的理想平台。Nano-PT 的 NIR-Ⅱ 荧光成像成功用于追踪结直肠癌中 H₂S 的特异性活化。后续的体内肿瘤抑制作用表明，Nano-PT 在 H₂S 过表达的 HCT116 肿瘤中可以有效地转化为光热药物，并用于 PTT 治疗癌症。

氧分子在光敏剂的作用下经由光照射产生活性氧物种（ROS）来杀死癌细胞的方法称为光动力治疗。由于其无创、低副作用等优势，光动力治疗近年来得到了快速的发展，结合对富含硫化氢肿瘤的成像研究，开发一种集硫化氢成像以及光动力治疗于一体的肿瘤诊疗一体化平台。通过将诊断探针和光敏药物结合在一起的设计思路，制备了一种在近红外荧光指导下进行按需光动力治疗的诊断治疗前药 TNP-SO（图 2-63），从而达到诊疗一体化的作用[107]。TNP-SO 主要由 NIR-BSO 和光敏剂 3I-BOD 组成。其中 NIR-BSO 可以选择性地识别 H₂S 气体信号分子并释放出近红外的荧光信号，从而可准确地检测富含 H₂S 的癌细胞。更重要的是，可以精确地指导何时何地实施 3I-BOD 的光照射以产生用于按需治疗癌症的 ROS，从而最大化治疗效率并使副作用最小化。为了使药物具有更好的水溶性和生物相容性，TNP-SO 被制备成了纳米颗粒 Nano-TNP-SO，并发现 Nano-TNP-SO 相比于 TNP 对硫化氢表现出更快的反应速率和更高的选择性，而且仍保持着较高的单线态氧效率。进一步的生物测试表明，该探针可以对富含硫化氢的人结肠癌细胞进行特异性的定位，释放出近红外荧光，然后可以在该荧光信号的指导下进行按需光照产生 ROS 杀死癌细胞。

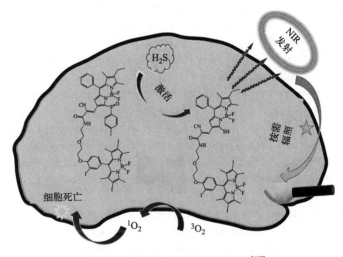

图 2-63 诊疗一体平台 TNP-SO[107]

（郭志前、赵春常、王巧纯、张志云）

参考文献

[1] S. Singha, Y. W. Jun, S. Sarkar, et al. An Endeavor in the Reaction-Based Approach to Fluorescent Probes for Biorelevant Analytes: Challenges and Achievements [J]. *Acc. Chem. Res.*, 2019, 52: 2571-2581.

[2] N. Duan, H. Wang, Y. Li, et al. The research progress of organic fluorescent probe applied in food and

drinking water detection [J]. *Coord. Chem. Rev.*, 2021, 427: 213557.

[3] H. Kobayashi, M. Ogawa, R. Alford, et al. New Strategies for Fluorescent Probe Design in Medical Diagnostic Imaging [J]. *Chem. Rev.*, 2010, 110: 2620-2640.

[4] W. Xu, F. Li, Z. Cai, et al. An ultrasensitive and reversible fluorescence sensor of humidity using perovskite $CH_3NH_3PbBr_3$ [J]. *J. Mater. Chem. C*, 2016, 4: 9651-9655.

[5] T. Zhou, Q. Wang, M. Liu, et al. An AIE-based enzyme-activatable fluorescence indicator for Western blot assay: Quantitative expression of proteins with reproducible stable signal and wide linear range [J]. *Aggregate*, 2021, 2: e22.

[6] J. Zhang, X. Chai, X. P. He, et al. Fluorogenic probes for disease-relevant enzymes [J]. *Chem. Soc. Rev.*, 2019, 48: 683-722.

[7] J. Qi, C. Chen, D. Ding, et al. Aggregation-Induced Emission Luminogens: Union Is Strength, Gathering Illuminates Healthcare [J]. *Adv. Healthc Mater.*, 2018, 7: 1800477.

[8] W. Fu, C. Yan, Z. Guo, et al. Rational Design of Near-Infrared Aggregation-Induced-Emission-Active Probes: In Situ Mapping of Amyloid-β Plaques with Ultrasensitivity and High-Fidelity [J]. *J. Am. Chem. Soc.*, 2019, 141: 3171-3177.

[9] P. N. Borase, P. B. Thale, G. S. Shankarling. Dihydroquinazolinone based "turn-off" fluorescence sensor for detection of Cu^{2+} ions [J]. *Dyes Pigments*, 2016, 134: 276-284.

[10] L. Shi, C. Yan, Y. Ma, et al. In vivo ratiometric tracking of endogenous β-galactosidase activity using an activatable near-infrared fluorescent probe [J]. *Chem. Commun.*, 2019, 55: 12308-12311.

[11] J. Bourson, B. Valeur. Ion-responsive fluorescent compounds. 2. Cation-steered intramolecular charge transfer in a crowned merocyanine [J]. *J. Phys. Chem. C*, 1989, 93: 3871-3876.

[12] T. W. Bell, N. M. Hext. Supramolecular optical chemosensors for organic analytes [J]. *Chem. Soc. Rev.*, 2004, 33: 589-598.

[13] W. Rettig. Charge Separation in Excited States of Decoupled Systems—TICT Compounds and Implications Regarding the Development of New Laser Dyes and the Primary Process of Vision and Photosynthesis [J]. *Angew. Chem. Int. Ed.*, 1986, 25: 971-988.

[14] N. S. Sariciftci, L. Smilowitz, A. J. Heeger. Photoinduced Electron Transfer from a Conducting Polymer to Buckminsterfullerene [J]. *Science*, 1992, 258: 1474-1476.

[15] P. Piotrowiak. Photoinduced electron transfer in molecular systems: recent developments [J]. *Chem. Soc. Rev.*, 1999, 28: 143-150.

[16] R. A. Bissell, A. P. de Silva, H. Q. N. Gunaratne, et al. "Fluorescent PET (photoinduced electron transfer) sensors" in Photoinduced Electron Transfer V[M]. Berlin: Springer Berlin Heidelberg, 1993.

[17] J. Kalinowski, M. Cocchi, D. Virgili, et al. Mixing of Excimer and Exciplex Emission: A New Way to Improve White Light Emitting Organic Electrophosphorescent Diodes [J]. *Adv. Mater.*, 2007, 19: 4000-4005.

[18] J. B. Birks. Excimers and Exciplexes [J]. *Nature*, 1967, 214: 1187-1190.

[19] E. D. Cosco, B. A. Arús, A. L. Spearman, et al. Bright Chromenylium Polymethine Dyes Enable Fast, Four-Color In Vivo Imaging with Shortwave Infrared Detection [J]. *J. Am. Chem. Soc.*, 2021, 143: 6836-6846.

[20] E. D. Cosco, A. L. Spearman, S. Ramakrishnan, et al. Shortwave infrared polymethine fluorophores matched to excitation lasers enable non-invasive, multicolour in vivo imaging in real time [J]. *Nat. Chem.*, 2020, 12: 1123-1130.

[21] H. Salman, S. Tal, Y. Chuvilov, et al. Sensitive and Selective PET-Based Diimidazole Luminophore for Zn Ⅱ Ions: A Structure-Activity Correlation [J]. *Inorg. Chem.*, 2006, 45: 5315-5320.

[22] Y. Xiao, Y. Guo, R. Dang, et al. A dansyl-based fluorescent probe for the highly selective detection of cysteine based on a d-PeT switching mechanism [J]. *RSC Adv.*, 2017, 7: 21050-21053.

[23] Y. Li, S. He, Y. Lu, et al. Novel hemicyanine dye as colorimetric and fluorometric dual-modal chemosensor for mercury in water [J]. *Org. Biomol. Chem.*, 2011, 9: 2606-2609.

[24] J. C. Qin, Z. Y. Yang. Ratiometric fluorescent probe for Al^{3+} based on coumarin derivative in aqueous media [J]. *Anal. Methods-UK,* 2015, 7: 2036-2040.

[25] Z. Zhang, Y. Chen, D. Xu, et al. A new 1,8-naphthalimide-based colorimetric and "turn-on" fluorescent Hg^{2+}sensor [J]. *Spectrochim. Acta, Part A*, 2013, 105: 8-13.

[26] W. T. Yip, D. H. Levy. Excimer/Exciplex Formation in van der Waals Dimers of Aromatic Molecules [J]. *J. Phys. Chem.*, 1996, 100: 11539-11545.

[27] C. Löwe, C. Weder. Oligo(*p*-phenylene vinylene) Excimers as Molecular Probes: Deformation-Induced Color Changes in Photoluminescent Polymer Blends [J]. *Adv. Mater.*, 2002, 14: 1625-1629.

[28] T. Mutai, H. Satou, K. Araki. Reproducible on-off switching of solid-state luminescence by controlling molecular packing through heat-mode interconversion [J]. *Nat. Mater.*, 2005, 4: 685-687.

[29] B. Stevens, E. Hutton. Radiative Life-time of the Pyrene Dimer and the Possible Role of Excited Dimers in Energy Transfer Processes [J]. *Nature*, 1960, 186: 1045-1046.

[30] T. Förster, K. Kasper. Ein Konzentrationsumschlag der Fluoreszenz [J]. *Z. Phys. Chem.*, 1954, 1: 275-277.

[31] G. v. Bünau. J. B. Birks: Photophysics of Aromatic Molecules. Wiley-Interscience, London 1970. 704 Seiten. Preis: 210s [J]. *Ber. Bunsen-Ges. Phys. Chem.*, 1970, 74: 1294-1295.

[32] F. M. Winnik. Photophysics of preassociated pyrenes in aqueous polymer solutions and in other organized media [J]. *Chem. Rev.*, 1993, 93: 587-614.

[33] S. Hisamatsu, H. Masu, M. Takahashi, et al. Pairwise Packing of Anthracene Fluorophore: Hydrogen-Bonding-Assisted Dimer Emission in Solid State [J]. *Cryst. Growth Des.*, 2015, 15: 2291-2302.

[34] H. Xie, X. Jiang, F. Zeng, et al. A novel ratiometric fluorescent probe through aggregation-induced emission and analyte-induced excimer dissociation [J]. *Sens. Actuators, B*, 2014, 203: 504-510.

[35] Y. L. Pak, S. J. Park, D. Wu, et al. N-Heterocyclic Carbene Boranes as Reactive Oxygen Species-Responsive Materials: Application to the Two-Photon Imaging of Hypochlorous Acid in Living Cells and Tissues [J]. *Angew. Chem. Int. Ed.*, 2018, 57: 1567-1571.

[36] Z. Xu, N. J. Singh, J. Lim, et al. Unique Sandwich Stacking of Pyrene-Adenine-Pyrene for Selective and Ratiometric Fluorescent Sensing of ATP at Physiological pH [J]. *J. Am. Chem. Soc.*, 2009, 131: 15528-15533.

[37] F. Bianchi, Y. Chevolot, H. J. Mathieu, et al. Photomodification of Polymer Microchannels Induced by Static and Dynamic Excimer Ablation: Effect on the Electroosmotic Flow [J]. *Anal. Chem.*, 2001, 73, 3845-3853.

[38] J. S. Yang, C. S. Lin, C. Y. Hwang. Cu^{2+}-Induced Blue Shift of the Pyrene Excimer Emission: A New Signal Transduction Mode of Pyrene Probes [J]. *Org. Lett.*, 2001, 3: 889-892.

[39] D. Sahoo, V. Narayanaswami, C. M. Kay, et al. Pyrene Excimer Fluorescence: A Spatially Sensitive Probe To Monitor Lipid-Induced Helical Rearrangement of Apolipophorin Ⅲ [J]. *Biochemistry,* 2000, 39, 6594-6601.

[40] J. K. Choi, S. H. Kim, J. Yoon, et al. A PCT-Based, Pyrene-Armed Calix[4]crown Fluoroionophore [J]. *J. Org. Chem.*, 2006, 71: 8011-8015.

[41] J. Wu, Y. Zou, C. Li, et al. A Molecular Peptide Beacon for the Ratiometric Sensing of Nucleic Acids [J]. *J. Am. Chem. Soc.*, 2012, 134: 1958-1961.

[42] Y. Hong, J. W. Y. Lam, B. Z. Tang. Aggregation-induced emission [J]. *Chem. Soc. Rev.*, 2011, 40: 5361-5388.

[43] J. Luo, Z. Xie, J. W. Y. Lam, et al. Aggregation-induced emission of 1-methyl-1,2,3,4,5-pentaphenyl-silole [J]. *Chem. Commun.*, 2001, 18: 1740-1741.

[44] J. Mei, Y. Hong, J. W. Y. Lam, et al. Aggregation-Induced Emission: The Whole Is More Brilliant than the Parts [J]. *Adv. Mater.*, 2014, 26: 5429-5479.

[45] H. T. Feng, Y. X. Yuan, J. B. Xiong, et al. Macrocycles and cages based on tetraphenylethylene with aggregation-induced emission effect [J]. *Chem. Soc. Rev.*, 2018, 47: 7452-7476.

[46] Y. Hong, J. W. Y. Lam, B. Z. Tang. Aggregation-induced emission: phenomenon, mechanism and applications [J]. *Chem. Commun.*, 2009, 29: 4332-4353.

[47] S. Yao, A. D. Shao, W. R. Zhao, et al. Fabrication of Mesoporous Silica Nanoparticleshybridised with Fluorescent AIE-active Quinoline-malononitrile for Drug Delivery and Bioimaging [J]. *RSC. Adv.*, 2014, 4, 58976-58981.

[48] J. Mei, N. L. C. Leung, R. T. K. Kwok, et al. Aggregation-Induced Emission: Together We Shine, United We Soar! [J]. *Chem. Rev.*, 2015, 115: 11718-11940.

[49] N. Song, Z. Zhang, P. Liu, et al. Nanomaterials with Supramolecular Assembly Based on AIE Luminogens for Theranostic Applications [J]. *Adv. Mater.*, 2020, 32: 2004208.

[50] C. Y. Y. Yu, R. T. K. Kwok, J. Mei, et al. A tetraphenylethene-based caged compound: synthesis, properties and applications [J]. *Chem. Commun.*, 2014, 50: 8134-8136.

[51] N. L. C. Leung, N. Xie, W. Yuan, et al. Restriction of Intramolecular Motions: The General Mechanism behind Aggregation-Induced Emission [J]. *Chem. Eur. J.*, 2014, 20: 15349-15353.

[52] M. Wang, G. Zhang, D. Zhang, et al. Fluorescent bio/chemosensors based on silole and tetraphenylethene luminogens with aggregation-induced emission feature [J]. *J. Mater. Chem.*, 2010, 20: 1858-1867.

[53] S. Lochbrunner, T. Schultz, M. Schmitt, et al. Dynamics of excited-state proton transfer systems via time-resolved photoelectron spectroscopy [J]. *J. Chem. Phys.*, 2001, 114: 2519-2522.

[54] Q. Wang, F. Gao, X. Zhou. Redox-responsive AIE micelles for intracellular paclitaxel delivery [J]. *Colloid Polym. Sci.*, 2020, 298: 1119-1128.

[55] H. W. Liu, K. Li, X. X. Hu, et al. In Situ Localization of Enzyme Activity in Live Cells by a Molecular Probe Releasing a Precipitating Fluorochrome [J]. *Angew. Chem. Int. Ed.*, 2017, 56: 11788-11792.

[56] Z. Guo, C. Yan, W. H. Zhu. High-Performance Quinoline-Malononitrile Core as a Building Block for the Diversity-Oriented Synthesis of AIEgens [J]. *Angew. Chem. Int. Ed.*, 2020, 59: 9812-9825.

[57] A. Shao, Y. Xie, S. Zhu, et al. Far-Red and Near-IR AIE-Active Fluorescent Organic Nanoprobes with Enhanced Tumor-Targeting Efficacy: Shape-Specific Effects [J]. *Angew. Chem. Int. Ed.*, 2015, 54: 7275-7280.

[58] J. Zhang, Q. Wang, Z. Guo, et al. High-Fidelity Trapping of Spatial-Temporal Mitochondria with Rational Design of Aggregation-Induced Emission Probes [J]. *Adv. Funct. Mater.*, 2019, 29: 1808153.

[59] A. Shao, Z. Guo, S. Zhu, et al. Insight into aggregation-induced emission characteristics of red-emissive quinoline-malononitrile by cell tracking and real-time trypsin detection [J]. *Chem. Sci.*, 2014, 5: 1383-1389.

[60] K. Gu, W. Qiu, Z. Guo, et al. An enzyme-activatable probe liberating AIEgens: on-site sensing and long-term tracking of β-galactosidase in ovarian cancer cells [J]. *Chem. Sci.*, 2019, 10: 398-405.

[61] Y. Zhang, C. Yan, C. Wang, et al. A Sequential Dual-Lock Strategy for Photoactivatable Chemiluminescent Probes Enabling Bright Duplex Optical Imaging [J]. *Angew. Chem. Int. Ed.*, 2020, 59: 9059-9066.

[62] M. Wang, N. Yang, Z. Guo, et al. Facile Preparation of AIE-Active Fluorescent Nanoparticles through Flash Nanoprecipitation [J]. *Ind. Eng. Chem. Res.*, 2015, 54: 4683-4688.

[63] G. Sun, Y. C. Wei, Z. Zhang, et al. Diversified Excited-State Relaxation Pathways of Donor-Linker-Acceptor Dyads Controlled by a Bent-to-Planar Motion of the Donor [J]. *Angew. Chem. Int. Ed.*, 2020, 59: 18611-18618.

[64] Q. Gong, W. Qin, P. Xiao, et al. Internal standard fluorogenic probe based on vibration-induced emission for visualizing PTP1B in living cells [J]. *Chem. Commun.*, 2020, 56: 58-61.

[65] H. V. Humeniuk, G. Licari, E. Vauthey, et al. Mechanosensitive membrane probes: push-pull papillons [J]. *Supramol. Chem.*, 2020, 32: 106-111.

[66] A. Kaur, P. Kaur, S. Ahuja. Förster resonance energy transfer (FRET) and applications thereof [J].

Anal. Methods-UK, 2020, 12: 5532-5550.

[67] M. Imani, N. Mohajeri, M. Rastegar, et al. Recent advances in FRET-Based biosensors for biomedical applications [J]. *Anal. Biochem.*, 2021, 630: 114323.

[68] J. Fan, M. Hu, P. Zhan, et al. Energy transfer cassettes based on organic fluorophores: construction and applications in ratiometric sensing [J]. *Chem. Soc. Rev.*, 2013, 42: 29-43.

[69] C. Zhao, X. Zhang, K. Li, et al. Förster Resonance Energy Transfer Switchable Self-Assembled Micellar Nanoprobe: Ratiometric Fluorescent Trapping of Endogenous H_2S Generation via Fluvastatin-Stimulated Upregulation [J]. *J. Am. Chem. Soc.*, 2015, 137: 8490-8498.

[70] R. Yu, U. Lendahl, M. Nistér, et al. Regulation of Mammalian Mitochondrial Dynamics: Opportunities and Challenges [J]. *Front. Endocrinol.*, 2020, 11.

[71] R. Feng, L. Guo, J. Fang, et al. Construction of the FRET Pairs for the Visualization of Mitochondria Membrane Potential in Dual Emission Colors [J]. *Anal. Chem.*, 2019, 91: 3704-3709.

[72] T. Pinkert, D. Furkert, T. Korte, et al. Amplification of a FRET Probe by Lipid-Water Partition for the Detection of Acid Sphingomyelinase in Live Cells [J]. *Angew. Chem. Int. Ed.*, 2017, 56: 2790-2794.

[73] Q. Wu, K. Zhang, P. Dai, et al. Bioorthogonal "Labeling after Recognition" Affording an FRET-Based Luminescent Probe for Detecting and Imaging Caspase-3 via Photoluminescence Lifetime Imaging [J]. *J. Am. Chem. Soc.*, 2020, 142: 1057-1064.

[74] P. Gao, W. Pan, N. Li, et al. Fluorescent probes for organelle-targeted bioactive species imaging [J]. *Chem. Sci.*, 2019, 10: 6035-6071.

[75] D. Chen, Y. Feng. Recent Progress of Glutathione (GSH) Specific Fluorescent Probes: Molecular Design, Photophysical Property, Recognition Mechanism and Bioimaging [J]. *Crit. Rev. Anal. Chem.*, 2020, 52: 1-18.

[76] W. Zhang, F. Huo, F. Cheng, et al. Employing an ICT-FRET Integration Platform for the Real-Time Tracking of SO_2 Metabolism in Cancer Cells and Tumor Models [J]. *J. Am. Chem. Soc.*, 2020, 142: 6324-6331.

[77] S. Zhu, R. Tian, A. L. Antaris, et al. Near-Infrared-II Molecular Dyes for Cancer Imaging and Surgery [J]. *Adv. Mater.*, 2019, 31: 1900321.

[78] M. Zhao, B. Li, Y. Wu, et al. FRET Sensor for NIR-II Luminescence-Lifetime In Situ Imaging of Hepatocellular Carcinoma [J]. *Adv. Mater.*, 2020, 32: 2001172.

[79] G. Krishnamoorthy. Fluorescence spectroscopy for revealing mechanisms in biology: Strengths and pitfalls [J]. *J. Biosci.*, 2018, 43: 1-13.

[80] X. Teng, F. Li, C. Lu. Visualization of materials using the confocal laser scanning microscopy technique [J]. *Chem. Soc. Rev.*, 2020, 49: 2408-2425.

[81] J. Grove. Super-Resolution Microscopy: A Virus′ Eye View of the Cell[J]. *Viruses*, 2014, 6: 1365-1378.

[82] L. Wu, C. Huang, B. P. Emery, et al. Förster resonance energy transfer (FRET)-based small-molecule sensors and imaging agents [J]. *Chem. Soc. Rev.*, 2020, 49: 5110-5139.

[83] D. Borrenberghs, W. Thys, S. Rocha, et al. HIV Virions as Nanoscopic Test Tubes for Probing Oligomerization of the Integrase Enzyme [J]. *ACS Nano*, 2014, 8: 3531-3545.

[84] M. Ge, P. Bai, M. Chen, et al. Utilizing hyaluronic acid as a versatile platform for fluorescence resonance energy transfer-based glucose sensing [J]. *Anal. Bioanal. Chem.*, 2018, 410: 2413-2421.

[85] A. Kaur, S. Dhakal. Recent applications of FRET-based multiplexed techniques [J]. *Trac-Trend Anal. Chem.*, 2020, 123: 115777.

[86] Y. Wang, H. Yu, Y. Zhang, et al. Development and application of several fluorescent probes in near infrared region [J]. *Dyes Pigments*, 2021, 190: 109284.

[87] K. Umezawa, M. Yoshida, M. Kamiya, et al. Rational design of reversible fluorescent probes for live-cell imaging and quantification of fast glutathione dynamics [J]. *Nat. Chem.*, 2017, 9: 279-286.

[88] L. Zhou, X. Zhang, Q. Wang, et al. Molecular Engineering of a TBET-Based Two-Photon Fluorescent Probe for Ratiometric Imaging of Living Cells and Tissues [J]. *J. Am. Chem. Soc.*, 2014, 136:

9838-9841.

[89] K. Gu, Y. Xu, H. Li, et al. Real-Time Tracking and In Vivo Visualization of β-Galactosidase Activity in Colorectal Tumor with a Ratiometric Near-Infrared Fluorescent Probe [J]. *J. Am. Chem. Soc.*, 2016, 138: 5334-5340.

[90] A. C. Sedgwick, W. T. Dou, J. B. Jiao, et al. An ESIPT Probe for the Ratiometric Imaging of Peroxynitrite Facilitated by Binding to Aβ-Aggregates [J]. *J. Am. Chem. Soc.*, 2018, 140: 14267-14271.

[91] G. Xu, Q. Yan, X. Lv, et al. Imaging of Colorectal Cancers Using Activatable Nanoprobes with Second Near-Infrared Window Emission [J]. *Angew. Chem. Int. Ed.*, 2018, 57: 3626-3630.

[92] T. Ma, Y. Hou, J. Zeng, et al. Dual-Ratiometric Target-Triggered Fluorescent Probe for Simultaneous Quantitative Visualization of Tumor Microenvironment Protease Activity and pH in Vivo [J]. *J. Am. Chem. Soc.*, 2018, 140: 211-218.

[93] X. Li, G. Baryshnikov, C. Deng, et al. A three-dimensional ratiometric sensing strategy on unimolecular fluorescence-thermally activated delayed fluorescence dual emission [J]. *Nat. Commun.*, 2019, 10: 731.

[94] S. Wang, K. Gu, Z. Guo, et al. Self-Assembly of a Monochromophore-Based Polymer Enables Unprecedented Ratiometric Tracing of Hypoxia [J]. *Adv. Mater.*, 2019, 31: 1805735.

[95] B. Shi, X. Gu, Z. Wang, et al. Fine Regulation of Porous Architectures of Core-Shell Silica Nanocomposites Offers Robust Nanoprobes with Accelerated Responsiveness [J]. *ACS Appl. Mater. Interfaces*, 2017, 9: 35588-35596.

[96] Q. Fei, M. Li, J. Chen, et al. Design of BODIPY-based near-infrared fluorescent probes for H₂S [J]. *J. Photochem. Photobiol. A*, 2018, 355: 305-310.

[97] F. Wang, G. Xu, X. Gu, et al. Realizing highly chemoselective detection of H₂S in vitro and in vivo with fluorescent probes inside core-shell silica nanoparticles [J]. *Biomaterials*, 2018, 159: 82-90.

[98] T. Wang, S. Wang, Z. Liu, et al. A hybrid erbium(Ⅲ)-bacteriochlorin near-infrared probe for multiplexed biomedical imaging [J]. *Nat. Mater.*, 2021, 20: 1571-1578.

[99] Q. Chen, C. Zhu, D. Huo, et al. Continuous processing of phase-change materials into uniform nanoparticles for near-infrared-triggered drug release [J]. *Nanoscale*, 2018, 10: 22312-22318.

[100] D. C. Hyun, N. S. Levinson, U. Jeong, et al. Emerging Applications of Phase-Change Materials (PCMs): Teaching an Old Dog New Tricks [J]. *Angew. Chem. Int. Ed.*, 2014, 53: 3780-3795.

[101] D. C. Hyun, P. Lu, S. I. Choi, et al. Microscale Polymer Bottles Corked with a Phase-Change Material for Temperature-Controlled Release [J]. *Angew. Chem. Int. Ed.*, 2013, 52: 10468-10471.

[102] B. Shi, N. Ren, L. Gu, et al. Theranostic Nanoplatform with Hydrogen Sulfide Activatable NIR Responsiveness for Imaging-Guided On-Demand Drug Release [J]. *Angew. Chem. Int. Ed.*, 2019, 58: 16826-16830.

[103] Q. Zou, M. Abbas, L. Zhao, et al. Biological Photothermal Nanodots Based on Self-Assembly of Peptide-Porphyrin Conjugates for Antitumor Therapy [J]. *J. Am. Chem. Soc.*, 2017, 139: 1921-1927.

[104] D. Xi, M. Xiao, J. Cao, et al. NIR Light-Driving Barrier-Free Group Rotation in Nanoparticles with an 88.3% Photothermal Conversion Efficiency for Photothermal Therapy [J]. *Adv. Mater.*, 2020, 32: 1907855.

[105] C. Liu, S. Zhang, J. Li, et al. A Water-Soluble, NIR-Absorbing Quaterrylenediimide Chromophore for Photoacoustic Imaging and Efficient Photothermal Cancer Therapy [J]. *Angew. Chem. Int. Ed.*, 2019, 58: 1638-1642.

[106] B. Shi, Q. Yan, J. Tang, et al. Hydrogen Sulfide-Activatable Second Near-Infrared Fluorescent Nanoassemblies for Targeted Photothermal Cancer Therapy [J]. *Nano Lett.*, 2018, 18: 6411-6416.

[107] R. Wang, K. Dong, G. Xu, et al. Activatable near-infrared emission-guided on-demand administration of photodynamic anticancer therapy with a theranostic nanoprobe [J]. *Chem. Sci.*, 2019, 10: 2785-2790.

第**3**章　有机发光材料

3.1　有机发光材料简介

　　光在人类社会发展史上扮演着无法替代的角色。从钻木取火到电力照明，人类在探索获取光的方式上不曾停止过。荧光作为产生一种光的效应，最早由英国科学家斯托克斯（George Gabriel Stokes）在 1852 年对其进行阐述[1]。他发现萤石在紫外线照射下开始发光，并使用了"fluorescence"一词。经过一个多世纪的发展，科学家们通过从自然界中提取或者人工合成的方法，形成了丰富的发光材料分子库，并据此研究发光现象和发展相关的应用技术，从而构建了非常完备的发光机制及经验法则[2-6]。

　　在发展进程中，发光的内涵得到了极大的扩展，根据其激发态进程的不同进一步被分为荧光（fluorescence）、磷光（phosphorescence）以及延迟荧光（delayed fluorescence），具体可以参照雅布隆斯基能级图（图 3-1）进行分析[7]。具有发光能力的分子吸收光子后，根据吸收光的能量不同，基态电子（一般为自旋单线态）会跃迁至不同激发单线态（第

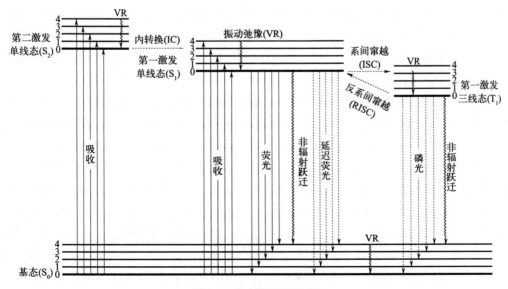

图 3-1　雅布隆斯基能级图

一激发单线态 S_1，第二激发单线态 S_2，第三激发单线态 S_3，……）。当处于较高激发单线态（S_2，S_3，…）上时，电子可以快速地通过内转换（internal conversion，IC）和振动弛豫跃迁至 S_1 的最低振动能级，最后以辐射跃迁的形式回到基态 S_0。这种方式发出的光被称为荧光，它的寿命一般为 $10^{-10} \sim 10^{-8}$s。如果受激发分子的电子通过系间窜越（intersystem crossing，ISC）的方式从 S_1 弛豫到第一激发三线态 T_1，再以辐射跃迁的方式回到基态 S_0，由于 $T_1 \rightarrow S_0$ 跃迁涉及电子自旋方向的翻转，因而是跃迁禁阻的，导致发光寿命较长，可达微秒甚至秒级。因此，这种形式的发光称为磷光。如果处于 T_1 态的电子通过反系间窜越的方式回到 S_1 态，再以辐射跃迁的方式回到基态 S_0，这种发光现象称为延迟荧光。

化学物质一般分为有机物和无机物。同理，发光材料也可分为有机和无机两大类。其中，有机发光分子由于具有良好的生物相容性、结构的多样性以及性质的易调节性等优点备受关注。随着科学技术的日益进步，科学家对有机发光材料的研究越来越广泛、越来越深入，同时也拓展了发光材料的应用范围[8-11]。在传统工业上，发光材料主要作为染料和颜料用于纤维、塑料等日用品的着色[12,13]。随着电子信息技术的发展，人们不仅将发光材料应用于显示和照明[14,15]，更将其用于化学/生物传感器和生物成像[8,16]。例如，点亮细胞和生物体从而监测某种生命演变过程[17,18]。因此，有机发光材料引起了人们的广泛关注，特别是通过对有机发光材料的分子基础、原理和规律的深入探究，从而获得性能优异的发光物质。

3.2　有机荧光发光材料

3.2.1　荧光分子的构筑

一般来讲，具有共轭双键结构的分子才有可能具备激发荧光的性能。分子中的 π 电子共轭度越大，非定域 π 电子越容易被激发，荧光也就越容易产生，发光波长也会随共轭程度的增大而发生红移。图 3-2（a）列出了常见的 π 电子共轭单元，包括碳碳双键、碳碳三键、苯环、吡啶、吡咯、噻吩、呋喃等等。从有机化学课本中，我们还可以找到很多其他的 π 电子共轭单元，这里就不一一列举了。

用类似搭积木的排列组合方式，将这些 π 电子共轭单元通过共价键连接在一块，同时也可以引入相应的助色团［图 3-2（b）］，可以构筑无以计数的 π 共轭分子［图 3-2（c）展示了一些典型的共轭结构］。在自然界中，到处都存在着各种各样的天然荧光色素，比如太阳光下的花朵鲜艳夺目，其中的道理就是花朵中富含花青素以及类胡萝卜素等荧光分子。最有名的天然荧光色素当属 2008 年诺贝尔化学奖成果——绿色荧光蛋白（green fluorescent protein，简称 GFP）[19]。从图 3-2（c）中，可以看出花青素（化合物 **1**）的主体共轭结构由苯环和芳香杂环搭建而成，外围的取代基使得花青素在不同的酸碱度中表现出不同的颜色；α-胡萝卜素（化合物 **2**）的共轭结构由 11 个碳碳双键组成。天然色素的提取已成为人们获得有机发光分子的重要方式，还有一些共轭分子可以从石油和煤矿中提炼出来，但是这已不能满足人们的需求，包括产量、稳定性、种类、价格等因素。得益于有机合成方法

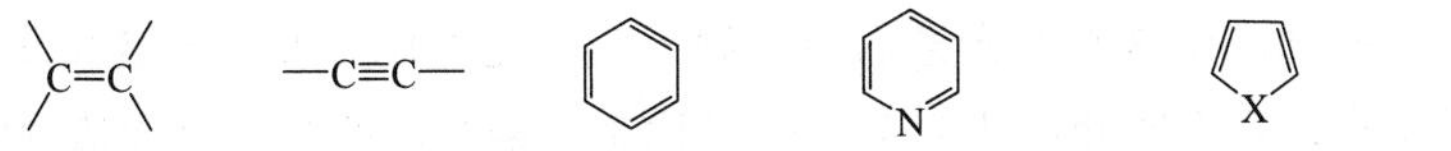

(a) 构筑π共轭发光分子的基本砌块

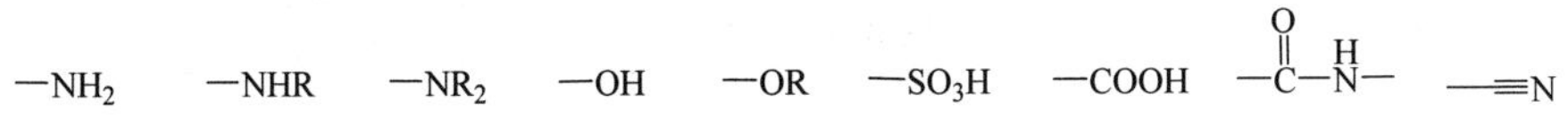

$-NH_2$　$-NHR$　$-NR_2$　$-OH$　$-OR$　$-SO_3H$　$-COOH$　$\overset{O}{\underset{}{C}}-\overset{H}{\underset{}{N}}-$　$-C\equiv N$

(b) 常用的助色团

1(花青素)　　　　　　　　　**2**(α-胡萝卜素)

3　　　　　　**4**　　　　　　**5**

6　　**7**　　**8**　　**9**　　**10**

11　　**12**　　**13**　　**14**

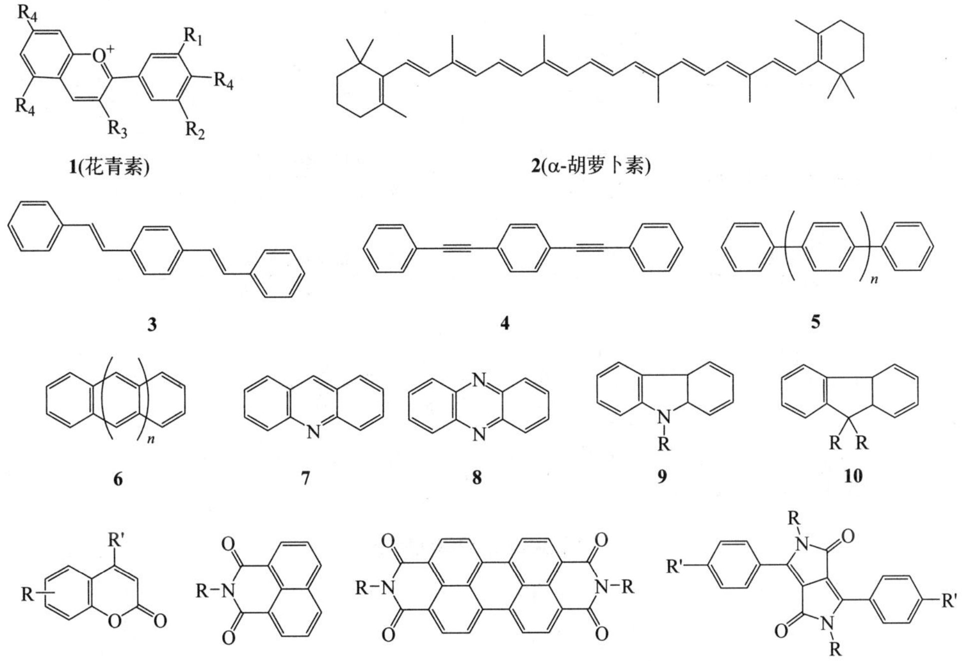

(c) 荧光化合物举例

图 3-2　荧光分子的构筑

学的迅猛发展，人们可以根据需求通过化学合成的方式将不同的 π 电子共轭单元组合在一块。这进一步拓宽了有机发光分子的种类以及相关理论和应用技术的发展。图 3-2 中所举的例子（化合物 **3~14**）都是通过化学合成的方式得到的，比如将苯环和碳碳双键或碳碳三键组合得到化合物 **3** 和 **4**，将苯环键联或并联得到化合物 **5** 和 **6**，将苯环和杂环相并联可以得到化合物 **7~14**。

　　过去一个多世纪，合成方法学的迅猛发展为构建各类有机光电材料提供强有力的工具。下页图 3-3 展示了常用的偶联反应。在金属催化剂的作用下，两个芳环可以通过共价键键联。这些反应都是被某人所发现或加以推广，作为纪念便以他的名字命名，这样命名的反应称为人名反应[20]。同样，我们也可以通过化学反应成环的方式构建芳环，如图 3-4 所示。

3.2.2　荧光分子发光性质的相关参数

　　在我们研究荧光分子的性质时，首先要做的测试就是吸收和荧光光谱图。如图 3-5 所示的光谱曲线，左边是吸收光谱，右边是发射光谱，即荧光光谱。发射光谱中的最高值是最大发射峰，这里需要指出的是吸收光谱中的第一个吸收波段的最高峰才是最大吸收峰，这是很多人容易搞错的一个概念。图 3-5 的光谱示意图做了归一化处理，吸收光谱和发射光谱的真实强度与很多因素有关。下面介绍研究荧光分子稳态光谱性质的几个重要概念[21]。

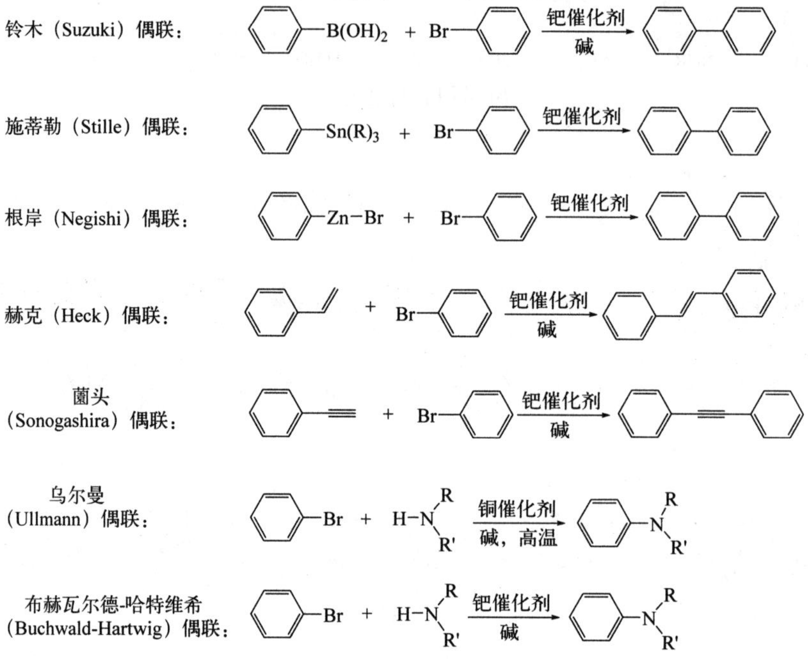

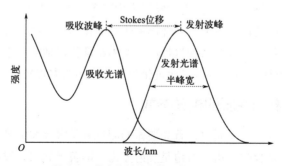

铃木（Suzuki）偶联：

施蒂勒（Stille）偶联：

根岸（Negishi）偶联：

赫克（Heck）偶联：

薗头（Sonogashira）偶联：

乌尔曼（Ullmann）偶联：

布赫瓦尔德-哈特维希（Buchwald-Hartwig）偶联：

图 3-3　常用偶联反应

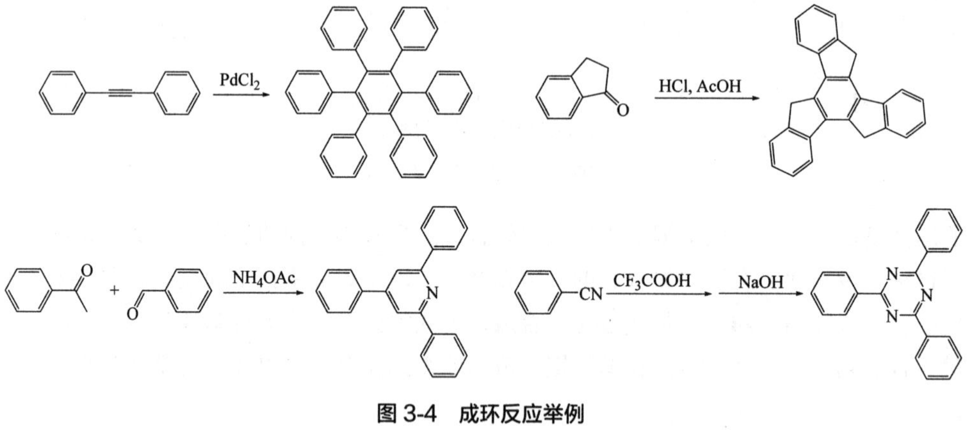

图 3-4　成环反应举例

图 3-5　荧光染料的吸收和荧光光谱图

1. 发射光谱和激发光谱

根据测试模式的不同，荧光光谱除了发射光谱，还有激发光谱。发射光谱是在某一固定波长的激发光源的激发作用下，荧光强度在不同波长处的分布情况，也就是荧光中不同波长的光成分的相对强度；激发光谱则是荧光物质在不同波长激发光源的激发下测得的某一固定波长处的荧光强度的变化情况，也就是不同波长的激发光的相对效率。简而言之，发射光谱就是固定激发波长、改变发射波长，而激发光谱就是改变激发波长、固定监测发射波长。一般情况下，激发光谱的峰型几乎与吸收光谱重合。如果激发光谱和吸收光谱差异很大，说明有两种情况存在的可能性：一是存在其他发光杂质的干扰；二是存在着复杂的激发态过程。

2. 发射半峰宽

在发射光谱中，峰高一半处的峰宽度，又称半峰宽（图 3.5），即通过峰高的中点作平行于峰底的直线，此直线与峰两侧相交两点之间的距离。一般来说，发射半峰宽越窄，发光颜色也就越纯。

3. 斯托克斯位移

斯托克斯位移（Stokes 位移）[1]指的是吸收光谱的第一个波段的波峰与发射光谱波峰之间的峰位差值。名称来源于英国物理学家 George Gabriel Stokes。Stokes 位移的能量差异主要来自共轭分子在基态和激发态的电子结构改变的程度。Stokes 位移小说明吸收光谱和发射光谱会有明显的交叠，这样会导致自吸收。为了避免自吸收带来的弊端，人们发展了大 Stokes 位移的荧光分子。当然，这样可能会牺牲发光强度。产生大 Stokes 位移的发光机制主要有激基缔合物（excimer）[22]、激发态分子内质子转移（excited-state intramolecular proton transfer，ESIPT）[23]、扭曲的分子内电荷转移（twisted intramolecular charge transfer，TICT）[24]等，这里不做展开，感兴趣的同学可以查阅相关文献学习。

4. 摩尔消光系数、量子产率和荧光亮度

摩尔消光系数（molar extinction coefficient）是指物质对某波长的光的吸收能力的量度，以符号"ε"表示。荧光发射效率可以用荧光量子产率（Φ_f）进行评价，具体的定义就是发射光子数量与激发光子数量的比值。因此，最大的 Φ_f 值为 1.0。对应光物理过程的速率常数，Φ_f 值可以用如下公式定义：

$$\Phi_f = \kappa_r / (\kappa_r + \kappa_{nr})$$

式中，κ_r 是辐射跃迁速率常数，κ_{nr} 是非辐射跃迁速率常数。

染料的荧光亮度与消光系数和量子产率都成正比关系。这个很容易理解，消光系数其实反映的是染料在最大激发波长下对光的吸收能力，消光系数越高，吸收能力越强，染料获得能量越高，发射的荧光光子越多，荧光越亮。

5. 卡莎规则[25,26]

卡莎（Kasha）规则是光化学中有关激发态分子的重要原理，名称来源于乌克兰裔美国物理化学家和分子光谱学家 Michael Kasha，是他经过无数次实验的经验总结。卡莎规则[图 3-6（a）]指出，不论以什么能量激发有机发光分子，都会快速地弛豫到最低的激发态，然后以荧光或者磷光的形式辐射发光。因此，绝大多数有机发光分子遵循卡莎规则，发射光的波长和激发光的波长无关。万事无绝对，如图 3-6（b）所示[27]，当第一激发单重态和第

二激发态单重态之间的能量差非常大时，会使得第二激发单重态转换到第一激发单重态的速率变缓，这就使得第二激发态单重态直接回到基态发光，这种现象称为反卡莎规则，最典型例子就是非芳香䓬的发光行为[27]。

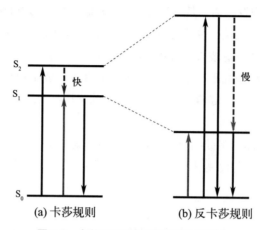

图 3-6   卡莎规则和反卡莎规则图像表述

以上这些概念都是我们在研究荧光分子稳态光谱性质的时候需要重点关注的。进一步深入研究共轭分子的发光机制，还需要测试瞬态光谱性质，也就是不同时间尺度下的光谱行为，对应于荧光分子激发态过程的性质。这里面还有很多其他规则和概念，限于本课程的内容，这里不再展开阐述。

3.2.3   荧光影响因素

结构决定性质，性质决定功能。有机化合物的发光性质与结构、构象和环境效应等因素密切相关。化合物分子结构和其发光行为的关系因机制的复杂，难于从理论上给出定量的关系，但大量实际研究工作的结果给予人们许多经验性的认识。在以前的相关书籍和文献中[3,9,14]，讨论共轭分子的荧光影响因素，主要是从如何获得强荧光性质的经验规则入手的，包括大的 π 共轭结构；增加结构的刚性；给电子生色团作为取代基；$S_0 \rightarrow S_1$ 跃迁为 $\pi \rightarrow \pi^*$ 型。这些经验规则具有一定的普遍适用性，但不具备决定性。接下来，将从增加分子的共轭长度、调节分子的推拉效应以及分子偶极堆积模式等角度，分别简述共轭分子的发光构效关系。

1. 增加分子的共轭长度

增加分子的共轭长度，会使吸收峰和荧光峰向长波长移动。最典型的例子就是将不同数量的苯环相并联（表 3-1），从苯、萘、蒽、并四苯到并五苯，最大激发波长（λ_{ex}）和最大发射波长（λ_{em}）都是逐步红移，体现着很好的规律性。同时，发光量子产率（Φ_f）从苯环的 0.11 逐步提升到并四苯的 0.60。然而并五苯的 Φ_f（0.52）相对于并四苯的 Φ_f（0.60）有了一定的下降。一般来说，对于处于紫外光区域的发色团，增加分子的共轭长度会使离域 π 电子越容易被激发，从而使得荧光较容易产生，发光量子产率 Φ_f 也逐步提升；当增加分子的共轭使得发光到达可见光区域，进一步增加会使得荧光峰红移，但是发光量子产率 Φ_f 会逐步降低。当发射间隙移向深红色和近红外区域时，单线态和三线态的振动弛豫会加速。而快速的非辐射失活途径极大地降低了发射强度，这被称为能隙定律（energy gap law）[28]。

表 3-1　几种芳香族化合物的光物理性质[14]

结构式	λ_{ex}/nm	λ_{em}/nm	Φ_f
	205	278	0.11
	286	321	0.29
	365	400	0.46
	390	480	0.60
	580	640	0.52

共轭路径的改变也会影响到分子的发光性质。对于具有同样共轭数目的蒽和菲，线性的蒽的荧光发射波长比非线性的菲的要长；反式二苯乙烯的荧光发射波长比顺式二苯乙烯的要长；对位三联苯的荧光发射波长比间位三联苯和邻位三联苯的要长。

2．调节分子的推拉效应

在共轭桥连的两端分别引入一个电子给体和电子受体单元，就构筑得到给受体型分子。调节分子的推拉效应可以增加分子内电荷转移，从而使得吸收光谱和发射光谱向长波长移动。通过改变给体或受体单元的给电子和吸电子能力可以促成低能隙，当发射间隙移向深红色和近红外区域时，也会受到能隙定律的束缚。同时，电子给受体型分子的发光性质还会受到溶剂极性的影响，随着溶剂极性增大，发射光谱逐步红移。

3．分子偶极堆积模式

大多数情况下，荧光分子在溶液中单分子状态发光效率 Φ_f 很高，但是在聚集态（固体和薄膜）下 Φ_f 却显著下降，这称为聚集猝灭发光（ACQ）。荧光分子聚集态下的发光行为更为重要，因为实际应用中大多以固体和薄膜的形式存在。分子偶极堆积模式直接影响到了荧光分子聚集态下的发光性质，这同时取决于分子的堆积形式与分子中最低允许跃迁偶极的取向。如图 3-7 所示，对于大多数荧光分子来说，完全平行的分子偶极堆积（H-聚集）会显著地猝灭荧光，而错位平行的偶极堆积（J-聚集）和交叉偶极堆积（X-聚集）是有利于实现高固体发光效率的[29]。

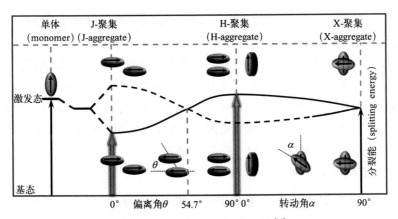

图 3-7　分子二聚体的激子分裂图[29]

3.3 有机磷光发光材料

不同于荧光，磷光是一类特殊的光致发光过程，它是由第一激发三重态 T_1 的最低振动能级跃迁到基态 S_0 的辐射跃迁过程（见图 3-1）。近年来，磷光材料因为其发光寿命长、斯托克斯位移大、发射波长长等优点，受到研究者们的广泛关注。由于磷光产生的过程中 $S_1 \rightarrow T_1$ 和 $T_1 \rightarrow S_0$ 是自旋禁阻过程，因此，大多数磷光材料是无机或含贵金属的有机配合物。例如铱和铂配合物，因为金属配合物中的有着较强的自旋轨道耦合（SOC），可以明显增强体系的系间窜越（ISC）效率从而增强其磷光发射。但是无机或者是含有贵金属的磷光材料一般来说品种少，价格昂贵，生物毒性较大，柔性差，易受损且制备烦琐不适合大面积制备，而有机分子的三重激发态（T_1）易受到高温和振动碰撞等过程的非辐射衰变的影响，对空气中的氧气分子，环境中的水分子极其敏感，使得纯有机化合物合成的磷光材料的应用受到了极大的限制，只能在低温和惰性环境检测到磷光信号。因此，开发新颖的纯有机室温磷光材料是必不可少的，纯有机室温磷光材料有望广泛应用于光动力疗法、光电显示、光学存储、数据加密、防伪、检测、分子传感、生物成像和有机发光二极管（OLED）等领域。

磷光是激发体系中受激发分子的电子在激发态发生自旋反转，当它所处单重态（S_1）的较低振动能级与激发三重态（T_1）的较高能级重叠时，就会发生系间窜越（ISC）过程，到达激发三重态（T_1），通常情况下，ISC 过程是禁阻的，一般通过混合不同状态的单重态和三重态来促进分子轨道构型，自旋轨道耦合可以缓解这种禁阻。电子经过振动弛豫过程到达最低振动能级，然后以辐射形式发射光子跃迁到基态的任一振动能级上，这时发射的光子称为磷光，因此磷光是禁阻辐射失活过程，如图 3.1 所示。当然，磷光也可以说成余辉时间 $\geq 10^{-8} s$ 的发光现象，即激发停止后，发光还要持续一段时间。根据余辉的长短，磷光又可以分为短寿命磷光（余辉时间 $\leq 10^{-4} s$）和长寿命磷光（余辉时间 $\geq 10^{-4} s$）。磷光衰减的强烈受温度影响，温度低，余辉的时间长。

3.3.1 磷光的基本概念与参数

1. 磷光光谱

磷光发射光谱是通过测量磷光体的发光通量（强度）随发射光波长的变化而获得的光谱。一般是固定激发光波长（选取最大激发波长），测得化合物发射的磷光强度与发射光波长的关系曲线。一个分子的磷光光谱一般在其荧光光谱的右侧，即磷光的发射波长一般比荧光要长一些。磷光发射光谱是激发三重态的重要物理性质，可以用于确定第一激发三重态（T_1）的电子组态及其能量。若 T_1 态是（π，π^*）态，则对重原子效应表现敏感；相反，电子组态为（n，π^*）的 T_1 态，其磷光光谱对重原子效应则不敏感。从磷光光谱发射峰的位置（波长或波数）可以确定一个分子的 T_1 态能量。

2. 磷光速率常数及寿命

磷光发射速率常数 k_p 被定义为自然磷光辐射寿命 τ_p^0 的倒数，即 $k_p = 1/\tau_p^0$。根据 $\tau_p^0 = \Phi_{st}(\tau_p/\Phi_p)$ 可计算得到自然磷光辐射寿命 τ_p^0，式中 τ_p 是三重态的寿命，即三重态 T_1

失活到其初始时的 1/e 所需要的时间。

$$\tau_p = 1/k_d$$

即 T_1 态的寿命是其失活速率常数之和 k_d 的倒数。

磷光发射过程是自旋禁阻的过程，自旋禁阻因子通常为 $10^{-8} \sim 10^{-5}$，因此磷光发射速率常数 k_p 远小于荧光速率常数 k_f，k_p 一般为 $10^{-1} \sim 10^3 \mathrm{s}^{-1}$，而磷光的寿命一般也长于荧光的寿命。

3．磷光量子产率

磷光量子产率是被吸收的光子在磷光过程中利用效率的量度，也就是激发态发射的磷光量子数与被吸收的光子数之比。磷光量子产率 Φ_p 的一般表达式为

$$\Phi_p = \Phi_{ISC} k_p^0 (k_p^0 + \Sigma k_d + \Sigma k_q[Q])^{-1} = \Phi_{ISC} k_p^0 \tau_p''$$

式中，Φ_{ISC} 为系间窜越 $S_1 \rightarrow T_1$ 的量子产率；k_p^0 为磷光发射的速率；Σk_d 为 T_1 态的所有单分子的非辐射失活速率常数之和（包括振动、热、光化学反应等失活途径）；$\Sigma k_q[Q]$ 为 T_1 态所有双分子失活速率常数之和（包括碰撞失活、与基态氧的能量传递、光化学反应等）。

3.3.2　有机磷光材料的优势

有机磷光材料区别于传统的无机和贵金属材料，具有柔性好、低毒性、低成本、易修饰等特点，检测简单，设计多样化，制备便携。

1．柔性好

有机分子中，具有柔性的分子结构（例如分子内单键旋转、顺反异构化和构型变化），因此设计、合成具有柔性分子结构的有机磷光材料，使磷光材料柔性化，大大降低生产和运输成本，有利于实现磷光材料全彩色个性化发展，可应用于三维图形、柔性电子和防伪等方面。

2．低毒性

传统的磷光材料大多数采用重金属 Ag、Cu、Mn、Bi、Pb 和稀土金属等毒性较大、生物相容性不好的金属元素，极大地限制了磷光材料的应用，而有机磷光材料采用有机分子合成，毒性低，价格低廉，生物相容性好。

3．易修饰

重金属（铂、铱、铅等）配合物材料可修饰性低，结构单一，稳定性差，制备过程烦琐。而有机小分子可以设计结构，并修饰相应的基团，合成简单，分子设计多样化，易于大规模制备和运输携带。

3.3.3　增强有机室温磷光的策略

对于纯有机化合物，三重态激发态很容易被振动、高温或氧分子猝灭，因此纯有机化合物的磷光发射通常是在低温或惰性气体条件下观察到的。根据磷光的发射机理，一般认为实现室温磷光（RTP）发射有两个关键因素：

第一，促进自旋轨道耦合，提高单重态到三重态的系间窜越效率，促进电子从单重态到三重态的速率以填充三重态，通过增加系统的系间窜越（ISC）效率来增强室温磷光的发射。

第二，抑制三重态到基态的非辐射跃迁过程，最大程度地抑制系统的非辐射弛豫过程，增加 T_1 到 S_0 的辐射效率。要得到超长寿命的 RTP，还要减小 T_1 到 S_0 的辐射速率。

近年来研究者们根据以上两个途径，设计了一系列策略增强室温磷光发射强度，例如将发光体引入聚合物基质，氘代影响，向体系中引入顺磁性分子，结晶诱导，主客体包结，引入卤键（重原子效应）、氢键、芳香族羰基以及形成自由基阴离子对，电荷转移状态等手段[3,30-32]。

3.4　有机电致发光材料

除了光激发，发光材料的激发源还有电激发、力激发和化学激发等。有机电致发光材料是指在电场作用下能够实现蓝、绿、红三基色发光的小分子或高分子有机材料[14,15]。受无机电致发光的启发，人们从 20 世纪 50 年代就开始尝试电激发有机材料发光的研究[33,34]。由于驱动电压高和发光量子效率低等原因，有机电致发光在很长一段时间内未能引起人们的重视，但仍有部分科研工作者坚持着对有机电致发光的研究兴趣。直到 1987 年，美国柯达公司的邓青云（C. W. Tang）等人[35]开创了以有机金属配合物（Alq_3）为发光层和电子传输层，以三苯胺类衍生物为空穴传输层，以镁铝合金为阴极，以 ITO 为阳极的"三明治夹心"结构的有机电致发光二极管（OLED）。该 OLED 器件在 10V 左右的电压驱动下就能达到 $1000cd \cdot m^{-2}$ 的亮度，并且达到了史无前例的 1% 外量子效率（EQE）。这让人们看到了 OLED 的实用价值和商业前景，在学术界和产业界引起了巨大的轰动，从而开启了有机电致发光技术的快速发展阶段。经过 40 多年的发展研究，OLED 已成功实现产业化，市场份额正逐年大幅度增加[36]。

如图 3-8 所示，OLED 器件一般采用三明治式的夹心结构：阳极为具有导电能力的透明 ITO 玻璃基板；有机功能层分别为空穴传输层、发光层和电子传输层；阴极为功函数较低的金属或合金。在外加电压的驱动下，有机电致发光产生的原理主要分为以下 4 个过程。①载流子注入：载流子包括电子和空穴，分别由阳极和阴极注入空穴传输层（HTL）的最高占有轨道（HOMO）和电子传输层（ETL）的最低未占有轨道（LUMO）。②载流子传输：载流子在电场的作用下定向移动至发光层，空穴由阳极注入，电子由阴极注入，二者分别在材料的 HOMO 与 LUMO 上以跳跃的方式沿相反方向移动。③形成激子：在发光层中空穴与电子在库仑力的作用下复合形成激子。④激子辐射：处于激发态的分子辐射衰减失去能量回到基态而发光，其中单线态的激子辐射放光称为荧光，而三线态激子辐射放光称为磷光。其中，HTL 对提高器件效率保持器件的稳定运行至关重要，理想的 HTL 要有比较高的空穴迁移率、良好的热稳定性以便于器件制备与使用，合适的 HOMO 与 LUMO 能级以便于空穴传输及限制激子扩散，三苯胺类化合物因其优秀的表现而被广泛应用于 HTL。ETL 材料需具备较高的电子迁移率以平衡载流子传输，良好的热稳定性与成膜能力，同时具备合适的能级分布以阻挡空穴与激子的扩散。常用的 ETL 材料包含吸电子基团，例如苯并二唑、吡啶、萘环、杂环类噁二唑等。作为 OLED 器件中的关键组成部分，有机电致发光材料的性能很大程度上决定了 OLED 器件的发展及其实用化进程。

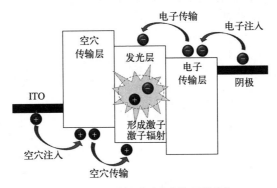

图 3-8　OLED 的发光机制与器件结构

　　根据发光机制（图 3-9），有机电致发光材料可分为荧光材料[37]、磷光材料[38]和热活化延迟荧光（TADF）材料[39]。依据自旋量子数的统计规律，电子与空穴复合后会生成激子，其中 25%是单线态激子，75%是三线态激子。对于荧光材料，单线态激子通过辐射跃迁的方式回到基态并发出荧光，而三线态激子由于自旋禁阻而通过非辐射跃迁失活，因此器件的内量子效率理论上不会超过 25%。对于磷光材料，三重态激子可以经过磷光金属配合物的自旋轨道耦合效应以辐射跃迁的方式发射磷光，因此在理论上可以达到 100%的内量子效率（IQE）。对于 TADF 材料，三线态激子能够通过反向系间窜越（RISC）过程转换为自旋允许的单线态激子而发出荧光，避免了使用贵金属就可以实现 100%的内量子效率。按照发光颜色，有机电致发光材料的研究还可分为蓝光分子、绿光分子和红光分子。

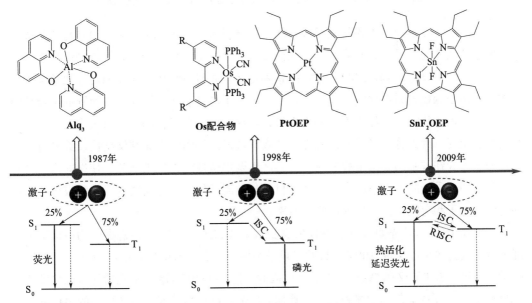

图 3-9　有机电致发光材料的发光机制与发展史

3.4.1 荧光材料

有机荧光材料最先用于电致发光领域，因其材料来源广泛、稳定性好、色纯度高被广泛研究，为有机电致发光技术的发展奠基了坚实的基础[15]。一些典型的红、绿、蓝荧光发光体化学结构式如图 3-10 所示。

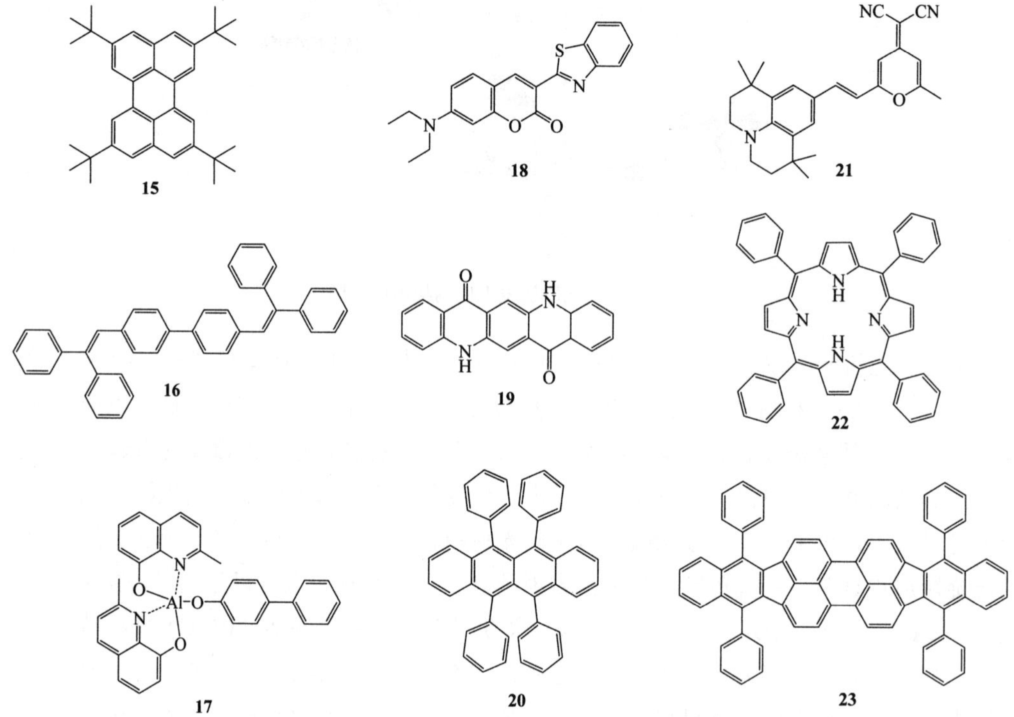

图 3-10　蓝光（15~17）、绿光（18~20）、红光（21~23）荧光发光体

在红、绿、蓝三原色中最早发展成熟的是绿光材料，这主要是大多数绿光材料与载流子传输层能级匹配容易，且具有很高的光致发光量子产率。相比于选择面广的高性能绿光材料，高效率和长寿命的蓝光材料与器件，特别是深蓝光材料与相应器件相对还比较匮乏，这主要是由于深蓝光材料的能隙比较大，让载流子不能顺利注入发光层进而降低了器件的整体性能。而性能优异的红光类材料更为缺乏，这是由红光材料的特性所决定的：①受能隙规律的束缚，大部分红光材料的发光量子效率较低；②由于大 π 共轭结构，红光材料体系在固态下存在较强的 π-π 堆叠效应，容易产生聚集诱导荧光猝灭现象，使得固态荧光发射变得很弱；③能隙差很小，这使得红光材料与载流子传输层之间的能级匹配较困难，从而降低了电子和空穴在发光层内的复合概率。

需要指出的是，荧光 OLED 器件仅依靠 25%单线态激子，75%三线态激子均被浪费掉，即使荧光发光体可以实现 100%光致发光量子产率，那么其内量子效率仅为 25%，对应的外量子效率（EQE）仅在 5%~7.5%之间。因此，能利用 100%激子发光的材料已将替代荧光材料作为 OLED 器件的发光材料。尽管如此，荧光材料的发展为筛选优异的主体材料提供了丰富的素材。

3.4.2　磷光材料

磷光有机发光二极管（Phosphorescent OLED，PhOLED）的发现无疑是一个重大突破，因为磷光发光体可以充分利用所有的激子，从而实现近 100%IQE。因此，PhOLED 可以达到 20%～30%的 EQE。在 PhOLED 中使用的磷光发光体一般是有机重金属配合物，依靠过渡重金属原子的自旋轨道耦合作用，从而促进系间窜越（ISC）过程，促进三重态激子的辐射跃迁。值得提及的是，在 1998 年，吉林大学马於光等人利用三线态金属配合物（Os 配合物，图 3-9 中）在国际上第一次报道了电致磷光[40]。尽管电致发光效率不足 1%，但是证明了具有高三重态光致发光效率的过渡金属材料可以作为有机电致发光器件的发光层，并且开创了重金属磷光电致发光器件的先例。同年，普林斯顿大学的福雷斯特（Forrest）课题组使用铂八乙基卟啉（PtOEP，图 3-9 中）也成功制备了电致磷光器件，外量子效率可高达到 4%[41]。目前常用的磷光发光体主要为 Ir、Os、Pt 等贵金属配合物，一些典型的磷光发光体化学结构如图 3-11 所示。

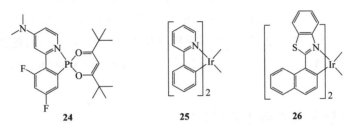

图 3-11　蓝光（24）、绿光（25）、红光（26）磷光发光体

目前，红、绿、蓝三种颜色的磷光金属有机配合物都成功地开发并实现了商业化，但相较于蓝、绿铱金属有机配合物的开发，红光铱金属有机配合物的发展相对滞后。一方面，因红光发射的材料要求分子内共轭程度较高，使得 π-π 键之间的相互作用加强，导致分子易发生聚集使激子猝灭；另一方面，根据能隙规则的影响，随着发射光谱红移发光量子产率会逐渐降低。这些因素制约了红色磷光发光体的色纯度与高效率的协同发展。

3.4.3　热活化延迟荧光材料

如果有机发色团的单线态-三线态能级差（singlet-triplet energy separation，ΔE_{ST}）足够小（在 298K 时 $\Delta E_{ST} < 25.6\text{meV}$），那么在外界的热辐射背景下，三线态激子可以经历反系间窜越（RISC）变为单线态激子，随后以延迟荧光的形式跃迁回基态，这个过程被称为热激活延迟荧光（thermally activated delayed fluorescence，TADF）[42]。早在 1961 年，帕克（Parker）和哈查德（Hatchard）就在四溴荧光素中首次观察到了延迟荧光现象[43]。直到 2009 年，安达（Adachi）课题组才第一次尝试使用 TADF 材料（SnF_2OEP，图 3-9）制备 OLED 器件[44]。当然，驱动电压较高，效率也很低。随后，Adachi 课题组报道了备受人们关注的不含金属的纯有机热活化延迟荧光电致发光器件[45]，从而开启了 TADF OLED 十多年的研究热潮。基于高效率的 TADF 分子制备的 OLED 的器件效率可高达 30%，这完全突破了传统纯有机荧光 OLED 的限制，甚至可以与重金属配合物的 PhOLEDs 相媲美。一些典型的 TADF 发光体化学结构如图 3-12 所示。

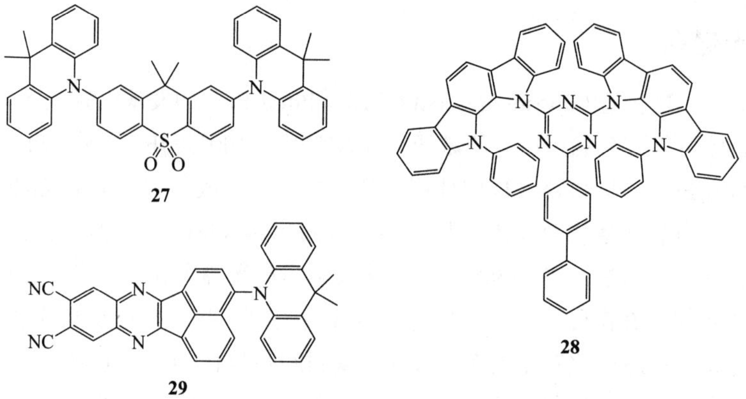

图 3-12 蓝光（27）、绿光（28）、红光（29）TADF 发光体

但是需要注意的是，尽管 TADF 发射光谱的形状、波长都与常规的快速荧光相似，但是由于其经历了三重态到单重态的自旋反转，TADF 发射的寿命也比较长，甚至比常规的磷光发射更长。相比于 PhOLED，TADF OLED 不需要贵金属，其成本显著低于前者。但是由于其较长的激子寿命，更容易受到各种猝灭因素的影响，在较高的亮度下，也就是更大的激子密度下，TADF 的效率滚降非常严重，这也是制约 TADF OLED 商业化应用的一大原因。

3.4.4 主客体掺杂技术与主体材料

目前广受关注的磷光材料与 TADF 材料在其发光过程中都涉及三重激发态，并且由于三重态的寿命明显长于单重激发态，更容易受到诸如浓度猝灭、激子迁移、三重态-三重态湮灭（TTA）等外部因素的干扰。因此，如果在 OLED 中直接使用发光材料薄膜作为发光层，其性能往往较差。为了解决这个问题，发光层一般采用主客体掺杂的结构[14,15]，将发光材料以一定的浓度分散在主体材料中，以抑制不利因素，这样可以大幅度地提高器件性能。

主客体能量传递机制主要包括 Förster 与 Dexter 两种途径[46]。Förster 共振能量转移是一种远距离（100Å 以内，1Å=0.1nm）、非接触式的能量传递机制，要求主体材料的发射光谱与客体材料的吸收光谱有部分重叠，单线态激子主要用这种方式传递能量；Dexter 能量转移是一种短距离（10～15Å）、通过电子交换或多极相互作用式的能量传递机制，要求主体与客体材料的电子云有部分重叠，单线态或三线态激子都可用这种方式传递能量，如图 3-13 所示。

主体材料同客体发光材料一样，也对器件的电致发光性能起着决定性的作用。为了实现高效电致发光，理想的主体材料必须满足以下基本要求[14,15]：①较高三线态能级（E_T），以保证能量从主体材料有效地转移到发光材料；②适当的 HOMO 以及 LUMO 能级，以保证载流子从相邻功能层的有效注入；③高的玻璃化转变温度，以保证器件的稳定性；④平衡的电荷传输性质，以扩大 EML 中空穴和电子的复合区域，降低激子浓度，减少激子猝灭。

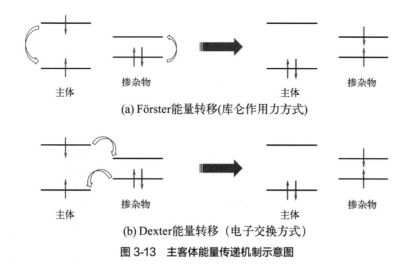

(a) Förster能量转移(库仑作用力方式)

(b) Dexter能量转移（电子交换方式）

图 3-13　主客体能量传递机制示意图

双极性主体材料通过同时引入电子传输单元与空穴传输单元，优化了电荷平衡并减少了电荷注入的能垒，成功地提高了 OLED 的性能。另外，使用双极主体材料可以使发光层中电子与空穴复合的区域扩宽，从而降低高电压下的激子密度来抑制器件的效率滚降。此外，平衡的电荷密度对 TADF 器件和磷光器件的寿命也有所改善。华东理工大学苏建华等人开发了基于[1,2,4]三唑并[1,5-*a*]吡啶的通用型全彩磷光电致发光主体材料（图 3-14）[47,48]。得益于咔唑与三氮唑吡啶（TP）核心之间的大的位阻，这两个分子都呈现高度扭曲的结构，其三重态能级分别为 2.93eV 和 2.92eV。基于这两个主体材料制备的红、绿、蓝光器件都表现出非常出色的性能。在使用 o-CzTP 作为主体材料的器件中，以 FIrpic 为掺杂剂的蓝光器件最大电流效率（CE）可达 52.5cd·A^{-1}，对应的 EQE 为 27.1%；以 Ir(ppy)$_3$ 为掺杂剂的绿光器件 CE 可达 83.4cd·A^{-1}，EQE 可达 25.0%；以 Ir(pq)2acac 为掺杂剂的红光器件 CE 可达 29.9cd·A^{-1}，EQE 可达 15.8%。此外，基于 o-CzTP 的双发光层三原色的白光器件也取得了令人满意的性能，其最大 CE 和 EQE 分别达 44.0cd·A^{-1} 和 17.8%。

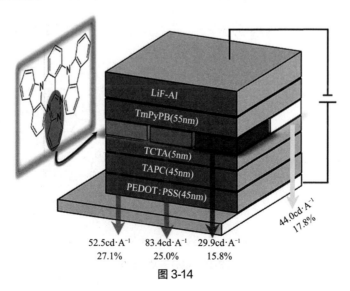

图 3-14

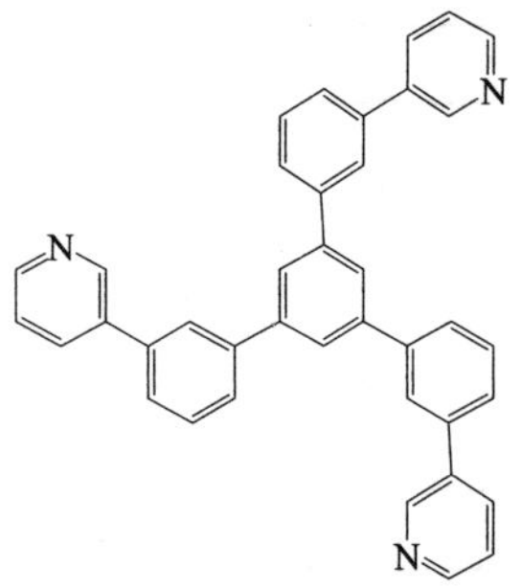

TmPyPB

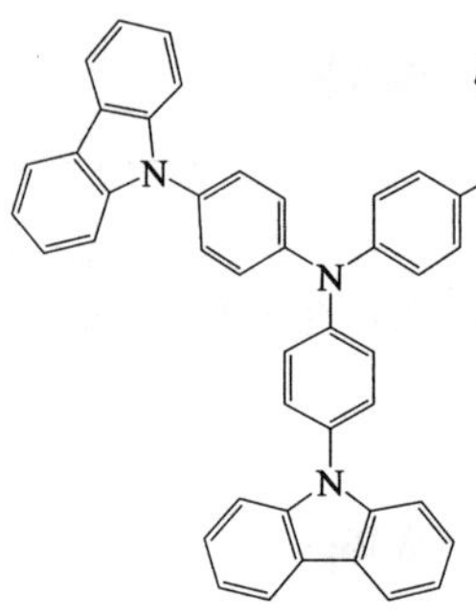

TCTA

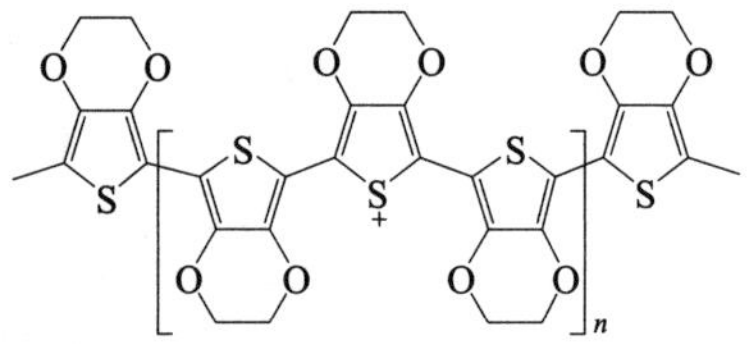

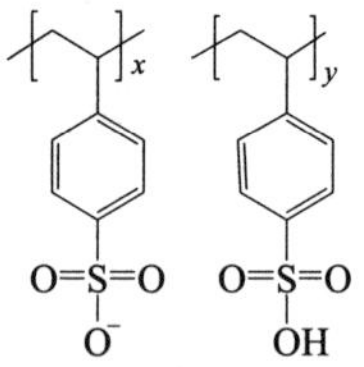

PEDOT:PSS

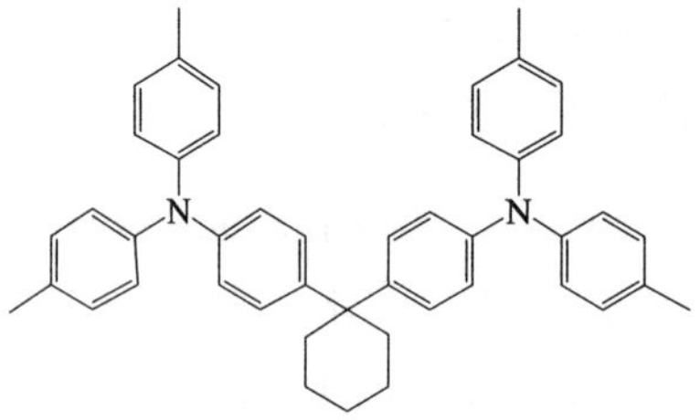

TAPC

图 3-14　基于[1,2,4]三唑并[1,5-*a*]吡啶的通用型全彩磷光电致发光主体材料[47]

3.4.5　聚合物发光材料

根据材料结构可分为有机小分子类、金属有机配合物类与聚合物类。相比于小分子材料，高分子材料具有良好的溶液可加工性。因此，发光高分子适用于制备低成本、大面积发光器件，在显示照明等领域具有很好的应用前景[49]。

如图 3-15 所示，从结构上区分，有机高分子发光材料通常分为三类[14,15]：

① 侧链型　小分子发光基团挂接在高分子侧链上。

② 全共轭主链型　整个分子均为一个大的共轭高分子体系。

侧链型　　　　　　　全共轭主链型　　　　　　　　部分共轭主链型

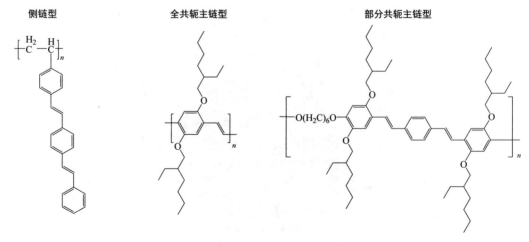

图 3-15　高分子发光材料

③ 部分共轭主链型　发光中心在主链上,但发光中心之间相互隔开没有形成一个共轭体系。

3.5　有机发光材料的一些重要研究进展

3.5.1　振动诱导发光材料

大 Stokes 位移荧光分子受光激发后,激发态相比于基态会发生显著的电子结构和分子构型变化,从而导致荧光光谱相较于吸收光谱发生明显的红移。激发态结构演变过程可受外界微环境影响,因此大 Stokes 位移荧光材料往往具有可调控的双荧光发射性质,可被广泛应用于智能荧光响应材料、比率荧光探针和超分辨荧光成像等领域。新型共轭结构的设计开发及其所展现的大 Stokes 位移及双重甚至多重发光现象,一直是材料化学领域的研究前沿和难点。

二氢吩嗪类化合物由于其富电子特性,一直被用作电子给体和空穴传输材料[50-52]。近年来,华东理工大学田禾课题组发现了 N,N'-二苯基-二氢二苯并[a,c]吩嗪 [DPAC,图 3-16(a)]化合物具有独特的发光性质[53],即大的斯托克位移和环境响应性的双重荧光发射。针对其特有的马鞍形分子结构,提出了"振动诱导发光(vibration-Induced-Emission,VIE)"的共轭分子发光概念,其主要原理为:DPAC 受光激发后 [图 3-16(a)],N-N 轴两侧的苯环与菲环沿着 N-N 轴振动并克服一定的能垒(ΔE)后,分子构型经由 V 形弯曲激发态弛豫到准平面激发态,从而充分延长 π 共轭体系并到达能量最低值,导致了非常大的斯托克斯位移发射。由于显著的激发态分子构型变化,DPAC 分子的荧光光谱表现出敏锐的环境依赖性(例如,温度、黏度),从而导致可调控的双发射甚至多发射性质 [图 3-16(b)];"正常的"蓝色荧光发射波段来自弯曲激发态,而"非正常的"橙红色发射波段来自准平面激发态 [图 3-16(a)和(b)]。进一步地,他们利用化学合成手段将二氢吩嗪化合物进行分子内环化,以此限制激发态结构的弛豫程度[54]。由于环化时引入的烷基链长度不同,对分子平面化运动产生的限制也不同,即烷基链越短,分子内形成的环便越小,分子内振动受到的阻力也越大,分子平面化的概率降低,发射波长蓝移。合成的 8 种具有不同烷基链长度的环状分子,分子荧光颜色成功地由蓝色调控至橙红色,涵盖了整个可见光波段。该工作利用分子内环张力的约束与释放精准调控激发态分子骨架的变化,实现了发光性质随激发态构象变化连续动态改变。除此之外,还进一步利用邻位甲基效应,调控了端基和二氢二苯并吩嗪之间的空间位阻 [图 3-16(d)][55];随着邻位甲基位置的改变和数量的增加,空间位阻的强度也随之增加,从而导致 V 形的二氢二苯并吩嗪骨架逐渐从弯曲调节为准平面结构,模拟了激发态平面化过程。

田禾课题组进一步归纳总结了 DPAC 的分子结构特征及其激发态平面化的理论基础[56]。DPAC 分子的基态构型沿着 N-N 轴发生了极大的扭曲,主要有两个原因:一是,中心桥环为反芳香性的 8 个 π 电子的二氢吡嗪环;二是,分子内位阻进一步加剧了分子骨架沿着二氢吡嗪柔性环发生严重的扭曲。根据 Baird 规则,具有 8 个 π 电子的环状共轭结构在基态

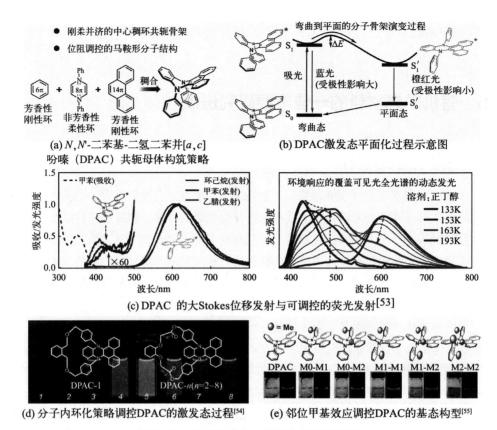

(a) N,N'-二苯基-二氢二苯并[a,c]
吩嗪（DPAC）共轭母体构筑策略

(b) DPAC激发态平面化过程示意图

(c) DPAC 的大Stokes位移发射与可调控的荧光发射[53]

(d) 分子内环化策略调控DPAC的激发态过程[54]

(e) 邻位甲基效应调控DPAC的基态构型[55]

图 3-16   二氢吩嗪类化合物振动诱导发光过程

（S_0）是反芳香性的非平面结构，但是受光激发后在最低电子激发态（S_1）转变为芳香性的平面结构。因此，激发态芳香性翻转是激发态弯曲到平面化的驱动力，而分子内位阻进一步放大了基态与激发态构型的差异性，二者的协同作用导致了二氢吩嗪分子独特的激发态过程和动态发光性质。为了揭示芳香性和立体位阻的协同调控机制，该课题组从 N,N'-二苯基二氢吩嗪（00，图 3-17）入手，在稠环位阻点 1,4,6,9-位引入不同位置和数目的甲基，得到一系列不同构型的衍生物，并表现出吸收显著蓝移和发射显著红移的反常光谱行为[57]。理论计算表明，随着甲基数目增加，立体位阻越大，基态最优化的分子构象越弯曲，使得吸收光谱蓝移，而激发态最优化的分子构象越扭曲使得发射光谱红移。因此，芳香性翻转是二氢吩嗪稠环结构在基态和激发态构象变化的初始驱动力，而分子内位阻进一步放大了基态弯曲与激发态扭曲的构象差异性，二者的协同作用导致了二氢吩嗪分子独特的基态/激发态分子形变和构象依赖光物理性质。该工作从一个全新的角度全面解读了位阻效应与芳香性规则对共轭分子构型和光物理性质的影响。

运用二氢吩嗪类分子在激发态存在着分子构型由弯曲到平面化的过程，田禾课题组进一步将其发展为双通道电子给体[58]。二氢吩嗪分子的激发态从弯曲到平面的过程调节了给体的能隙，而不同受体被赋予了不同的能隙和 HOMO/LUMO 能级，从而设计合成了一系列给体-桥连-受体（D-L-A）型化合物。运用稳态和瞬态光谱，系统地研究了激发态电子传递和能量传递受双通道电子给体的影响（图 3-18），包括从激发给体到受体的弯曲到平面的光致电子转移（PET）（氧化性 PET）、荧光共振能量转移（FRET）、弯曲至平面状态的电子转移（PFET）以及从给体到受激受体的 PET（还原性 PET）。操控这种复杂的激发态动力学过程有望模拟细胞器的细胞膜上的生物传感过程。

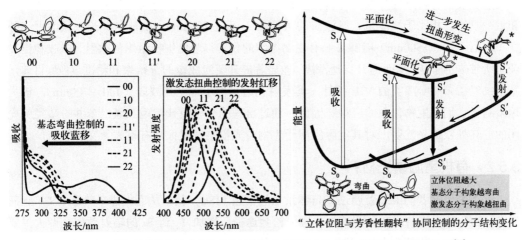

图 3-17　芳香性翻转与立体位阻协同控制的光物理性质与基态/激发态优势构象变化[57]

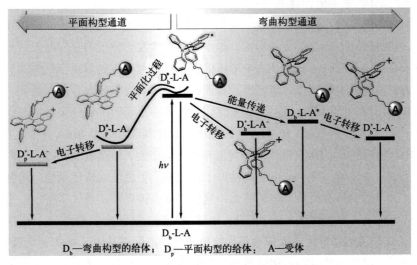

图 3-18　双通道能量/电子过程的调控机制[58]

基于 DPAC 的结构与性能特征，大斯托克斯位移和环境响应性的双重荧光发射性质赋予了该类发色团作为比率型荧光传感器的广阔应用前景。与强度依赖型荧光探针相比，比率型荧光探针在检测方面更具优势，因为它能够利用两个发射峰的比率变化而自动调节校准，从而避免了自身浓度、仪器效率和外界环境等因素干扰导致的数据失真，而且两个发射峰的分辨率越高越能提升检测精确度[59,60]。值得指出的是，如图 3-16（c）所示，DPAC 的两个发射峰间隔约 180nm（约 430nm 处的蓝光与约 610nm 处的红光），优于大多数比率型荧光探针的双发射光谱的分辨率。因此，田禾课题组将 DPAC 修饰成 VIE 探针，与阿尔茨海默病标志物 Aβ1-42 结合，实现了这一纤维状标志物的单分子荧光比率检测[61]。利用二氢吩嗪的黏度调控多彩发光性质，进一步实现了活细胞和组织内微观黏度分别的可视化。近期，瑞士的马蒂勒（Matile）教授将 DPAC 衍生物对黏度响应的可调控双发射性质成功地应用于人工细胞膜张力的探测，这一工作有别于传统的分子转子设计理念，进一步彰显了二氢二苯并吩嗪类荧光团应用于生物检测的潜在价值[62]。随着荧光探针和光学成像技术的飞速发展，有机近红外发光材料在生物荧光成像领域受到了越来越多科研工作者的关注和重视[63-66]。相比于高能量、短波长的可见光（400～700nm），低能量、长波长的近红外光（NIR，700～1500nm）能够降低对生物组织的伤害，避免生物组织的散射、吸收和自发荧光所带来的干扰，从而提升穿透深度，能显著提升荧光成像的分辨率和精准度[67]。目前，基于二氢二苯并吩嗪类的 VIE 探针，其发射光谱仍位于可见光波段（400～700nm），极大地限制了它们在生物体系的应用。因此，通过合理的分子设计实现二氢二苯并吩嗪类荧光团的近红外双荧光发射，对其实际应用于生物荧光检测及成像具有重大意义。

3.5.2　有机室温磷光材料

近年来研究者们围绕着通过提高体系系间窜越（ISC）效率从而促进单线态（S_0）到三线态（T_1）的自旋禁阻转移和抑制非辐射松弛途径，增加 T_1 到 S_0 的辐射效率这两大重要途径设计了一系列策略去提高纯有机室温磷光材料的量子产量和寿命。具体策略如下。

1. 基于晶体的室温磷光体系

晶体机制能够有效地为发光体分子提供一个刚性的环境，通过分子间的相互作用限制发光体分子内的振动、转动等运动形式，最小化三重激发态分子的非辐射失活过程，提高磷光发射效率，与此同时，晶体基质中形成的有序晶格可以有效阻止空气中的氧气分子和水分子等的扩散进入引起的体系磷光发光猝灭。2010 年袁望章等人合成一系列二苯甲酮及其衍生物和 4-溴苯甲酸甲酯、4,4′-二溴联苯，并通过实验证明了这些化合物形成的晶体可以在室温下发射磷光[68]。2011 年 Kim 等人利用该设计原理合成了 Br6A 分子。在 Br6A 形成的晶体中，较短的 O—Br 卤键作用能促进三重态的产生，羰基氧上的激发态电子可以离域到重原子溴的外轨道，使这些电子离溴原子核更近，促进自旋轨道耦合，增强了单重态到三重态、三重态到基态的系间窜越能力，这样短的卤键也可能通过紧密堆积来阻止羰基的振动，从而阻止三重态的热失活，因此，能够观测到明亮的室温磷光[69]，如图 3-19（a）所示。2018 年，唐本忠等人选取羰基作为有效的三线态促进基团（提供 n 轨道），结合二苯并噻吩单元（提供 π 轨道），调节得到跃迁允许的单线态和三线态电子组态分子结构，实现高效的系间窜越，从而获取充分的三线态，实现有机室温磷光发射[70]，具体分子式如图 3-19（b）所示。2019 年，唐本忠等人以（溴）二苯并呋喃或（溴）二苯并噻吩与咔唑单元为分子整体[71]，如图 3-19（c）所示。首先咔唑吸收激发光源到达激发单线态（S_1），而（溴）二苯并呋喃或（溴）二苯并噻吩可以有效促进分子内激发单线态（S_1）到三线态（T_n）的系间窜越过程获得较高的磷光量子产率，再利用分子内三重态-三重态能量转移（intramolecular triplet-triplet energy transfer，TTET）策略，使得（溴）二苯并呋喃或（溴）二苯并噻吩从三线态（T_n）到达低能级的咔唑三线态（T_1），由于咔唑具有纯的 $^3(\pi, \pi^*)$ 激发态特征而发射出长寿命的磷光。TTET 成功分离高效系间窜越产生的 T_n 中心和用于长寿命发光的 T_1 中心，使得该分子具有高达 41% 的磷光量子产率，寿命也达 540ms。2018 年，黄维和安众福等人通过三聚氰胺（MA）和芳香羧酸（IPA）在水溶液中的自组装制备了超长有机磷光材料[72]，如图 3-19（d）所示。通过多种分子间相互作用形成的超分子框架，构建了刚性很强的三维网络将原子固定在其中，有效减少三线态电子非辐射跃迁的同时，促进单线态（S_1）到三线态（T_n）的系间窜越过程。最终获得超分子有机框架，可实现长达 1.91s 的发光寿命和 24.3% 的磷光量子效率。

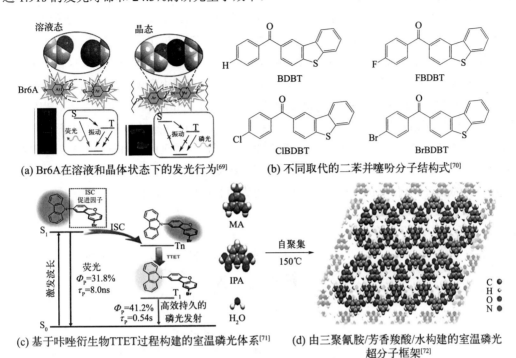

(a) Br6A在溶液和晶体状态下的发光行为[69]　　(b) 不同取代的二苯并噻吩分子结构式[70]

(c) 基于咔唑衍生物TTET过程构建的室温磷光体系[71]　　(d) 由三聚氰胺/芳香羧酸/水构建的室温磷光超分子框架[72]

图 3-19　基于晶体构建的室温磷光体系

2. 基于主客体的室温磷光体系

在超分子系统中，主体分子具有一定的疏水腔。由于尺寸，形状和极性腔中，主体分子可以特异性地包裹客体分子。大多数主体分子是一些大环分子如葫芦脲（CB[n]）、环糊精（CD）、杯芳烃、柱芳烃、冠醚等。大环分子的空腔使其能够与分子或者离子形成稳定的配合物，主体分子提供的刚性环境也可以限制客体分子的振动，抑制了分子的非辐射跃迁，同时有效保护磷光分子的三重态（T_1）免受空气中的氧气分子和水分子的猝灭，从而产生强的室温磷光。1982 年，塔罗（Turro）等人首次报道了环糊精诱发的室温磷光（CD-RTP），1-溴萘和1-氯萘在含 β-CD 的氮气吹扫的溶液中可以明显观察到磷光[73]。2007 年，陶朱等人报道了葫芦脲诱导的喹啉衍生物在溶液中发出室温磷光（CB-RTP）[74]。2014 年，马骧等人在水溶液中构建了由偶氮苯修饰的 β-CD（β-CD-Azo）和 α-溴萘（α-BrNp）组成的光驱类轮烷二元体系。在这个 β-CD-Azo-α-BrNp 体系中，β-CD-Azo 上的光引发能够可逆地控制其异构化作用以及与 α-BrNp 的配合作用，这个方法将室温磷光强度作为输出结果，在某种程度上能够实现抑制性逻辑运算[75]，如图 3-20（a）所示。2016 年，马骧等人成功合成了一个基于 4-溴-1,8-萘酐衍生物的聚合物（poly-BrNpA），根据该聚合物构建的 poly-BrNpA/γ-CD 体系可以发射出室温磷光信号，成功构建了基于 poly-BrNpA/γ-CD 体系的纯有机室温磷光水凝胶，如图 3-20（b）所示。由于主客体包结作用可以固定 BrNpA 磷光体，并且在一定程度上隔绝氧气，从而引起整个体系的室温磷光发射，而且磷光信号具有非常好的可逆性和重复性[76]。同年，马骧等人还在水溶液中成功构建了葫芦脲[7]与溴取代异喹啉的主客体作用体系，该体系可通过调节溶液的 pH 来调控磷光发射信号的强弱。在客体分子的烷基链末端连接有羧酸，羧酸在去质子化作用后可与葫芦脲两侧的电子云产生强烈的排斥作用。因此可以通过调节 pH 来控制葫芦脲包结在客体分子上的位置，从而改变体系的磷光信号强弱。此外，在水溶液中存在 CB [7] 的情况下，还可以实现 4-溴-1,8-萘二甲酰亚胺的室温磷光发射[77]，如图 3-20（c）所示。2020 年，马骧等人报告了另一个基于 CB [8] 和三嗪衍生物 TBP 的室温磷光体系，这是水溶液中第一个可见光激发的纯有机 RTP，如图 3-20（d）所示。CB [8] 和 TBP 形成 2：2 的四元配合物。主体大环 CB [8] 可以有效地抑制无辐射的松弛并保护客体分子免受空气中的氧气分子和水分子的干扰，以及 TBP 二聚体的电荷转移，导致体系的黄色 RTP 发射。该材料已成功用于制造多色水凝胶和细胞成像[78]。在这些主客体系统中，RTP 量子产率受主体大环与客体磷光分子客体之间的结合常数的显著影响。强烈的主客体相互作用为磷光体提供了刚性环境，限制客体小分子的振动并将其与氧分子隔离。

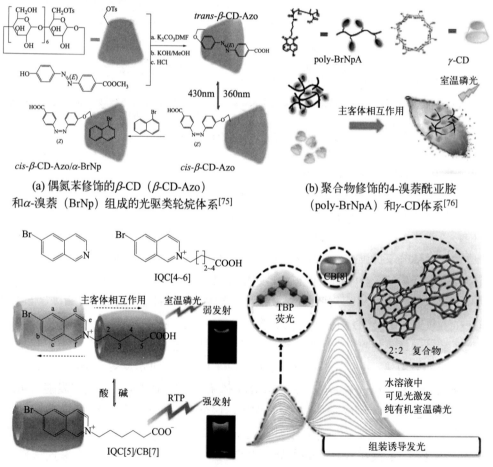

(a) 偶氮苯修饰的 β-CD（β-CD-Azo）和 α-溴萘（BrNp）组成的光驱类轮烷体系[75]

(b) 聚合物修饰的 4-溴萘酰亚胺（poly-BrNpA）和 γ-CD 体系[76]

(c) 溴取代异喹啉和 CB[7] 组成的可逆包结体系[77]

(d) CB[8] 和三嗪衍生物 TBP 的四元配合物体系[78]

图 3-20　基于主客体构建的室温磷光体系

3．基于共聚物的室温磷光体系

将磷光体共价连接到聚合物基质中，通过分子间的相互作用将磷光分子嵌入聚合物基质的刚性矩阵中并产生室温磷光发射。包括自由基共聚、开环聚合和共价交联的反应都是获得具有 RTP 发射的无定形聚合物的简便方法。2015 年，Kim 等人利用了狄尔斯-阿尔得反应（Diels-Alder 反应）作为一种交联方法，将纯有机二烯反应性磷光体（DA1）共价连接到反应性聚合物基体上[79]。由于有效减少了非辐射弛豫路径，因此实现了具有高达 28%的磷光量子产率的室温磷光。该方法已被证明是在各种无定形聚合物体系中实现高效 RTP 的通用设计策略。马骧等人使用了六种卤素取代的磷光体，包括 2-溴-5-羟基苯甲醛、溴萘、4-溴-1,8-萘酐、2-溴咔唑、2-碘-BODIPY（1IBDP）和 2,6-二碘-BODIPY（2IBDP），用作单体与丙烯酰胺共聚生成六种无定形聚合物。这些无定形聚合物在不同环境条件下均表现出RTP 发射，最高的磷光量子产率达到 11.4%。特别是 BODIPY 聚合物（p-1IBDP 和 p-2IBDP）在可见光中具有强吸收区域和近红外区域的 RTP 发射，表现出 250nm 的大斯托克斯位移。丙烯酰胺聚合物仅溶于水，这些聚合物被证明对水敏感，使其成为潜在的湿度检测材料和加密应用程序[80]，如图 3-21（a）所示。通常引入重原子以促进 ISC 并有助于磷光量子产率，但是由于三重态激发态的辐射和非辐射衰变速率加快，它们将导致磷光寿命缩短。考虑到这一事实，马骧等人设计了一系列不含重原子的单体与丙烯酰胺共聚，已获得超长室温磷光。这些无重原子的单体都含有一个苯环和一个氧原子，可以促进单重态到三重态的系间窜越并填充三重态激子。在这些聚合物中，具有适度的 RTP，最长的磷光寿命达到 0.53s，量子产率为 15.3%。这是首次报道的非晶态不含重原子的 RTP 材料[81]，如图 3-21（b）所示。无定形 RTP 发射共聚物不是简单地限于丙烯酰胺聚合物，两个无氢键的聚（*N*-乙烯基吡咯烷酮）和聚（*N*-乙烯基己内酰胺）聚合物是比较好的刚性聚合物基质。当己内酰胺单体与芳香族磷光体共聚时，由于刚性环境和受限制的热运动，实现了显著的 RTP 信号。有趣的是，一些非芳香族化合物（例如乙烯基吡咯烷酮和 *N*-乙烯基己内酰胺）在与 6-溴-1-己烯共聚时也可得到室温磷光。关于非晶态非芳香族 RTP 材料，还有其他一些报道，它们对未来发现和制造新型发光剂具有指导意义[82-84]。2020 年黄维、安众福与赵彦利等人提出了一种通过自由基多组分交联共聚合的策略[85]，将丙烯酸（AA）、乙烯基官能化萘（MND）和苯（MDP）通过自由基交联共聚，在聚合物中实现了颜色可调的超长纯有机室温磷光（UOP）。通过改变激发波长从 254 到 370nm，这些聚合物显示出从蓝色到黄色的多色发光，寿命长达 1.2 s，最大磷光量子产率为 37.5%，如图 3-21（c）所示。此外，他们还探索了这些基于颜色可调 UOP 聚合物在多级信息加密中的应用。这一策略为开发多色生物标签和室温长寿命发光材料铺平了道路。吕超等人通过在硼酸修饰的磷光分子和多羟基聚合物基体之间进行简单的 B—O 点击（click）反应的策略，引入一个简便、无催化的点击反应，制备共价连接磷光分子-聚合物 RTP 材料[86]。通过双硼酸基团修饰的四苯基乙烯（TPEDB）和聚乙烯醇（PVA）分子之间在环境条件下 20s 内形成强的 B—O 共价键来构建高效的 RTP材料，如图 3-21（d）所示。

4．基于无定形小分子的室温磷光体系

目前，室温磷光发射的有机小分子是晶体形态，因为晶体内部的聚集结构，可以形成刚性的环境，削弱分子运动，抑制非辐射跃迁从而促进室温磷光发射。在无定形小分子中很少

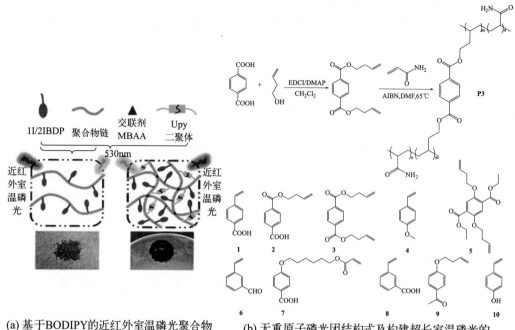

(a) 基于BODIPY的近红外室温磷光聚合物

(b) 无重原子磷光团结构式及构建超长室温磷光的
通用性策略[81]

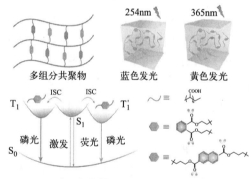

(c) 利用自由基交联共聚构建的颜色
可调超长室温磷光体系[85]

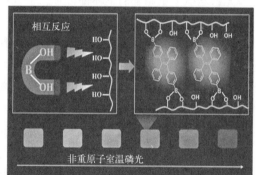

(d) 四苯基乙烯通过B—O click反应
构建的室温磷光聚合物[86]

图 3-21　基于共聚物的室温磷光体系的构建

观察到室温磷光发射现象，主要是由于分子间比较弱的堆叠作用力。最近，一些非晶态小分子体系具有氢键相互作用或特殊的分子结构，可以形成自组装并发射出室温磷光现象。这种氢键体系主要包括具有羟基、酰胺或羧基等基团的化合物。具有多个羟基的多环化合物是比较好的氢键给体。马骧等人将不同的磷光体与 β-CD 相连以获得具有室温磷光发射的不同颜色的无定形材料。环糊精主体之间的强分子间的氢键限制了磷光体的振动，抑制非辐射弛豫过程，改善磷光量子产率。此外，他们还使用了环糊精衍生物（BrNp-β-CD）和荧光客体分子 AC（香豆素衍生物）构建宿主-客体系统，具有出色的荧光-室温磷光多色发射特性，包括白光发射[87,88]，如图 3-22（a）所示。与普通氢键相比，四重氢键由于其更强的关联常数而具有出色的性能。马骧等人通过连接两个磷光体（BrNpA 和 BrBA）与嘧啶酮（UPy）单元获得 BrNpA-bisUPy 和 BrBA-bisUPy。UPy 部分可通过四重氢键形成稳定的二聚体，强的四重氢键可以有效地将磷光体与氧气分子隔离开，获得了对水和氧不敏感的室温磷光发射。具有多个羧基的化合物也可以在非晶态下形成强氢键[89]，如图 3-22（b）所示。朱亮亮等人研发了具有六个羧基的含氢键的六硫代苯分子，在水性介质中不会以单体状态释放室温磷光，但是在光激发下，该化合物的分子构象和疏水性发生了变化，从而导致聚集并导致增强的室温磷光现象。单体状态和聚集状态之间的反向转化导致在光辐射下强烈的动态闪烁。朱亮亮等人也使用这种材料作为一种发光探针来动态增强生物成像的可视化[90]，如图 3-22（c）所示。

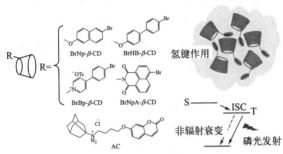

(a) 具有室温磷光发射的环糊精衍生物及
磷光-荧光双发射的主客体

(b) 通过 UPy 的四重氢键构建的室温磷光二聚体

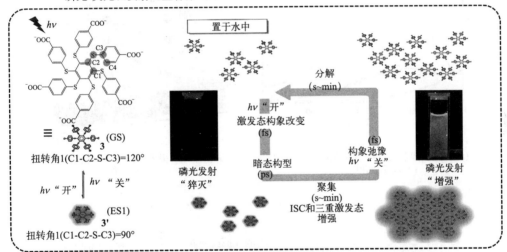

(c) 六硫代苯在水介质中的光激活聚集诱导室温磷光和自恢复循环过程[90]

图 3-22　基于无定形小分子的室温磷光体系的构建

5．基于掺杂的室温磷光体系

将发光体掺杂到非晶态刚性聚合物中如聚甲基丙烯酸甲酯（PMMA）、聚乙烯醇（PVA）甚至某些甾族化合物的基质中，是一种有前途且简便的固定发光体的方法。同时基于掺杂的策略可以抑制它们的分子间运动和分子间碰撞来减少能量耗散，抑制非辐射跃迁，因此可以通过将磷光体掺杂到这种非晶态聚合物中，产生刚性矩阵网络，提高体系的室温磷光发射。2013 年，Kim 等人将纯有机三重态小分子 Br6A 嵌入 PMMA，并利用非晶态材料实现了有效的室温磷光发射，如图 3-23（a）所示。PMMA 作为刚性基质可以有效减少分子间的碰撞和三重态失活[91]。2013 年，平田（Hirata）等人建议使用不含重金属和卤素的芳烃（仲氨基取代的氘代碳原子）作为客体，无定形羟基甾体作为主体分子。非晶态刚性甾体化合物不仅可以作为主体分子减少非辐射跃迁，也可以减少氧气分子对其三线态激子的猝灭。这种主客体掺杂形成的非晶态薄膜成功实现了室温磷光发射，有着长寿命和高的发光效率[92]，如图3-23（b）所示。在2017年，Hirata等人选择了 β-雌二醇和2,5,8,11,14,17-六(4-(2-乙基己基))-六环六苯并戊烯（6EhHBC）分别作为主客体分子。将0.3%的6EhHBC客体分子掺杂注入 β-雌二醇主体中，发出蓝绿色的热激活延迟荧光（TADF）和红色磷光，在空气中室温下的寿命为3.9s[93]，如图3-23（c）所示。2018年，赵彦利等人将具有六个延伸的苯甲酸臂的六（4-羧基苯氧基）环三磷腈衍生物设计为客体分子，并选择PVA作为无定形主体基质。六个扩展的芳族羧基单元可提供足以触发ISC过程的 n 个轨道，以及—COOH能够与PVA基质形成氢键。客体分子之间的分子间氢键被认为可以促进ISC进程并限制分子振动，而分子间的氢键可以阻碍分子的碰撞，减少非辐射跃迁[94]，如图3-23（d）所示。

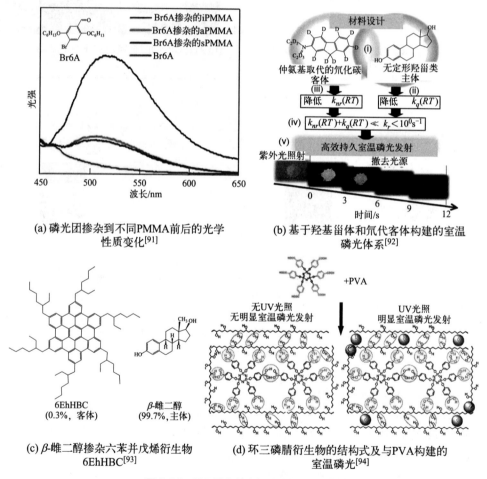

(a) 磷光团掺杂到不同PMMA前后的光学性质变化[91]

(b) 基于羟基甾体和氘代客体构建的室温磷光体系[92]

(c) β-雌二醇掺杂六苯并戊烯衍生物6EhHBC[93]

(d) 环三磷腈衍生物的结构式及与PVA构建的室温磷光[94]

图3-23　基于掺杂的室温磷光体系的构建

具有室温磷光发射的纯有机材料引起了人们的极大兴趣，与传统的无机或金属配合物形成的磷光材料相比，纯有机室温磷光材料在材料科学方面具有更大的竞争性和吸引力，因为它们可以避免使用昂贵和有毒的金属，并在很大程度上简化了制备过程。考虑未来的设计和开发，研究者们还需要付出更多的努力来优化现有系统。首先，磷光量子产率和寿命应保持平衡，因为它们总是相互影响。需要更高的磷光量子产率以在 OLED 器件和有机激光器中更好地应用，并且持久性 RTP 材料也有望成为防伪和生物成像的候选材料。高效的 ISC 效率和减少的非辐射失活都是合成高效的纯有机室温磷光材料的关键因素。其次，现有的有机磷光体仍然有限，并且很少是无金属磷光体引起的红色或近红外磷光。因此，有希望设计具有更长波长磷光发射的纯有机磷光体，用于生物成像中的进一步应用。最后，由于缺乏确定的结构，某些无定形的室温磷光材料的发光机理仍然不是很清楚。因此，更多的研究应该去详细地探究其内在的机制并消除猜测。非晶态无金属 RTP 材料的系统研究至关重要且具有挑战性。对这些材料的深入研究将有助于拓宽我们对光致发光的理解，并促进智能材料的发展。

3.6　展望

高性能的有机发光材料一直是化学和材料领域的研究热点，其被广泛地应用于各类生物荧光探针和光活性器件等领域。目前，有机 π-共轭分子的发光机制，即结构与发光性质之间的构效关系的建立，已成为有机发光材料开发与应用研究的重要基础。经过一个多世纪的发展，科学家们已构建了非常完备的有机共轭分子的发光机制及经验法则，例如光致电子转移（PET）[95]、荧光共振能量转移（FRET）[96]、激基缔合物（excimer）[97]、反卡莎规则（anti-kasha rule）[98]、三重态-三重态湮灭（TTA）[99]、扭曲的分子内电荷转移（TICT）[100]、激发态分子内质子转移（ESIPT）[101]等。以上这些发光机制已被成功应用于各类功能性发光分子的开发。发展新型共轭分子，完善发光机制，二者相辅相成，从而促进了有机发光材料的分子基础、原理和规律的深入探究。

一些特殊有机分子结构或体系所展现的反常光物理现象，一直是发光机制研究中的热点及难点。进入 21 世纪以来，国内外科学家在开发新型共轭结构的过程中，发现了一些反常且有趣的光物理现象，并运用实验和理论相结合的手段深入研究了这些现象产生的内在原因。例如，聚集诱导发光（AIE）[64,102]、热激活延迟荧光（TADF）[44,45,103]、双线态激子发光[62,104]、杂化局域-电荷转移激发态发光（HLCT）[105]等。以上的工作，大多都是在开发新型共轭分子的过程中偶然发现的，而后科学家们苦心孤诣地探究相应结构发光性质的内在原因，从而系统总结出该分子体系的激发态过程和发光机制，使得偶然发现的现象变成了可持续实现的结果。特别值得一提的是，通过合理的分子设计，越来越多的有机发光材料具有 AIE 或 TADF 发光性质，已经覆盖了整个可见光区及近红外光区；AIE 分子克服了传统材料的聚集荧光猝灭效应（ACQ），而 TADF 材料可充分利用单线态和三线态激子发光，这都让它们突破了传统发光材料在高科技领域上的应用限制，从而成为近十年来有机发光材料领域的两大研究热点。因此，特殊共轭体系及其发光机制是亟需深入研究的，这不仅丰富了光物理和光化学基础理论，更为发展新的 π-共轭结构和突破传统材料的应用瓶颈提供了新的思路。

在 20 世纪及以前，科学工作者主要聚焦于分子科学的研究，即研究分子结构对发光行为的影响，通过改变原子的种类或共价键的连接方式来调节化合物的发光性质。在此过程中，总会发现有些发光行为很难用分子科学的原理予以解释，例如具有相同分子结构的同质多晶经常表现出完全不同的发光行为等。进入 21 世纪，科学家们将他们的目光开始转向分子堆积，也就是分子在聚集态下的非共价相互作用对其发光行为的影响[106]。同时，大数据时代的到来为高通量筛选新型有机发光材料带来了新的机遇[107]。有机发光材料与数据驱动相结合，机器学习替代人工分析进而筛选出更具潜力的新型有机发光材料。

（张志云、马骧）

参考文献

[1] G. G. Stokes. On the change of refrangibility of light[J]. *Philos. Trans. Royal Soc.* 1852, 142: 463-562.

[2] 巴尔扎尼，切罗尼，朱里斯. 光化学和光物理——概念、研究和应用[M]. 马骧，田禾，译. 上海：华东理工大学出版社，2017.

[3] 樊美公，姚建年，佟振合，等. 分子光化学与光功能材料科学[M]. 北京：科学出版社，2009.

[4] 图美，拉马穆尔蒂，斯卡约诺. 现代分子光化学（1）原理篇[M]. 吴骊珠，佟振合，吴世康，等译. 北京：化学工业出版社，2015.

[5] N. J. Turro, V. Ramamurthy, J. C. Scaiano. Modern molecular photochemistry of organic molecules[M]. Sausalito: University Science Books, 2010.

[6] V. Balzani, P. Ceroni, A. Juris. Photochemistry and photophysics: concepts, research, applications[M]. Hoboken: John Wiley & Sons, 2014.

[7] A. Jablonski. Efficiency of Anti-Stokes Fluorescence in Dyes[J]. *Nature*, 1933, 131: 839-840.

[8] 王树，刘礼兵，吕凤婷. 功能有机共轭分子体系的生物应用基础[M]. 北京：科学出版社，2020.

[9] 黄维，密保秀，高志强. 有机电子学[M]. 北京：科学出版社，2011.

[10] 唐本忠，董宇平，秦安军，等. 聚集诱导发光[M]. 北京：科学出版社 2020.

[11] 陈孔常，田禾，苏建华，等. 功能性色素在高新技术中的应用[M]. 北京：化学工业出版社，2000.

[12] 沈永嘉. 有机颜料——品种与应用[M]. 北京：化学工业出版社，2007.

[13] 高树珍. 染料化学及染色[M]. 北京：中国纺织出版社，2019.

[14] 黄春辉，李富友，黄维. 有机电致发光材料与器件导论[M]. 上海：复旦大学出版社，2005.

[15] 陈金鑫，黄孝文. OLED 有机电致发光材料与器件[M]. 北京：清华大学出版社，2007.

[16] 范曲立，黄维，刘兴奋. 有机光电子材料在生物医学中的应用[M]. 北京：科学出版社，2019.

[17] B. F. Fosque, Y. Sun, H. Dana, et al. Labeling of active neural circuits in vivo with designed calcium integrators[J]. *Science*, 2015, 347: 755-760.

[18] X. Chen, D. Zhang, N. Su, et al. Visualizing RNA dynamics in live cells with bright and stable fluorescent RNAs[J]. *Nat. Biotechnol.*, 2019, 37: 1287-1293.

[19] M. Ormö, A. B. Cubitt, K. Kallio, et al. Crystal Structure of the Aequorea victoria Green Fluorescent Protein[J]. *Science*, 1996, 273: 1392-1395.

[20] 李杰. 有机人名反应——机理及合成应用[M]. 荣国斌，译. 北京：科学出版社 2020.

[21] B. Valeur, M. N. Berberan-Santos. Molecular fluorescence: principles and applications[M]. Hoboken: John Wiley & Sons, 2012.

[22] O. P. Dimitriev, Y. P. Piryatinski, Y. L. Slominskii. Excimer Emission in J-Aggregates[J]. *J. Phys. Chem. Lett.*, 2018, 9: 2138-2143.

[23] C. L. Chen, Y. T. Chen, A. P. Demchenko, et al. Amino proton donors in excited-state intramolecular proton-transfer reactions[J]. *Nat. Rev. Chem.*, 2018, 2: 131-143.

[24] Z. Szakács, S. Rousseva, M. Bojtár, et al. Experimental evidence of TICT state in 4-piperidinyl-1,8-naphthalimide-a kinetic and mechanistic study[J]. *Phys. Chem. Chem. Phys.*, 2018, 20: 10155-10164.

[25] S. E. Braslavsky. Glossary of terms used in photochemistry[J]. *Pure Appl. Chem.*, 2007, 79: 293-465.

[26] M. Kasha. Characterization of electronic transitions in complex molecules[J]. *Discuss. Faraday Soc.*, 1950, 9: 14-19.

[27] H. Xin, B. Hou, X. Gao. Azulene-Based π-Functional Materials: Design, Synthesis, and Applications [J]. *Acc. Chem. Res.*, 2021, 54: 1737-1753.

[28] Y. C. Wei, S. F. Wang, Y. Hu, et al. Overcoming the energy gap law in near-infrared OLEDs by exciton-vibration decoupling[J]. *Nat. Photon.*, 2020, 14: 570-577.

[29] E. Sebastian, A. M. Philip, A. Benny, et al. Null Exciton Splitting in Chromophoric Greek Cross (+) Aggregate[J]. *Angew. Chem. Int. Ed.*, 2018, 57: 15696-15701.

[30] X. Ma, J. Wang, H. Tian. Assembling-Induced Emission: An Efficient Approach for Amorphous Metal-Free Organic Emitting Materials with Room-Temperature Phosphorescence[J]. *Acc. Chem. Res.*, 2019, 52: 738-748.

[31] T. Zhang, X. Ma, H. Wu, et al. Molecular Engineering for Metal-Free Amorphous Materials with Room-Temperature Phosphorescence[J]. *Angew. Chem. Int. Ed.*, 2020, 59: 11206-11216.

[32] 樊姜公, 佟振合. 分子光化学[M]. 北京: 科学出版社, 2013.

[33] A. Bernanose, M. Comte, P. J. J. C. P. Vouaux. Sur un nouveau mode d'émission lumineuse chez certains composés organiques[J]. *J. Chim. Phys.*, 1953, 50: 64-68.

[34] H. Kallmann, M. Pope. Bulk Conductivity in Organic Crystals[J]. *Nature*, 1960, 186: 31-33.

[35] C. W. Tang, S. A. VanSlyke. Organic electroluminescent diodes[J]. *Appl. Phys. Lett.*, 1987, 51: 913-915.

[36] Hong G, Gan X, Leonhardt C, et al. A brief history of OLEDs─emitter development and industry milestones[J]. *Adv. Mater.*, 2021, 33: 2005630.

[37] Z. Xu, B. Z. Tang, Y. Wang, et al. Recent advances in high performance blue organic light-emitting diodes based on fluorescence emitters[J]. *J. Mater. Chem. C*, 2020, 8: 2614-2642.

[38] J. P. Duan, P. P. Sun, C. H. Cheng. New Iridium Complexes as Highly Efficient Orange–Red Emitters in Organic Light-Emitting Diodes[J]. *Adv. Mater.*, 2003, 15: 224-228.

[39] Z. Yang, Z. Mao, Z. Xie, et al. Recent advances in organic thermally activated delayed fluorescence materials[J]. *Chem. Soc. Rev.*, 2017, 46: 915-1016.

[40] Y. Ma, H. Zhang, J. Shen, et al. Electroluminescence from triplet metal─ligand charge-transfer excited state of transition metal complexes[J]. *Synth. Met.*, 1998, 94: 245-248.

[41] M. A. Baldo, D. F. O'Brien, Y. You, et al. Highly efficient phosphorescent emission from organic electroluminescent devices[J]. *Nature*, 1998, 395: 151-154.

[42] 卢伶, 张祥, 赵青华. 热激活延迟荧光材料在有机电致发光器件中的研究进展[J]. 材料导报, 2019, 33: 2589-2601.

[43] C. A. Parker, C. G. Hatchard. Triplet-singlet emission in fluid solutions. Phosphorescence of eosin[J]. *Trans. Faraday Soc.*, 1961, 57: 1894-1904.

[44] A. Endo, M. Ogasawara, A. Takahashi, et al. Thermally Activated Delayed Fluorescence from Sn⁴⁺-Porphyrin Complexes and Their Application to Organic Light Emitting Diodes─A Novel Mechanism for Electroluminescence[J]. *Adv. Mater.*, 2009, 21: 4802-4806.

[45] H. Uoyama, K. Goushi, K. Shizu, et al. Highly efficient organic light-emitting diodes from delayed fluorescence[J]. *Nature*, 2012, 492: 234-238.

[46] C. B. Murphy, Y. Zhang, T. Troxler, et al. Probing Förster and Dexter Energy-Transfer Mechanisms in Fluorescent Conjugated Polymer Chemosensors[J]. *J. Phys. Chem. B*, 2004, 108: 1537-1543.

[47] W. Song, L. Shi, L. Gao, et al. [1,2,4]Triazolo[1,5-*a*]pyridine as Building Blocks for Universal Host Materials for High-Performance Red, Green, Blue and White Phosphorescent Organic Light-Emitting Devices[J]. *ACS Appl. Mater. Interfaces*, 2018, 10: 5714-5722.

[48] 宋文轩. 基于新型电子传输单元的有机电致发光双极主体材料[D]. 上海: 华东理工大学, 2020.

[49] J. H. Burroughes, D. D. C. Bradley, A. R. Brown, et al. Light-emitting diodes based on conjugated

polymers[J]. *Nature*, 1990, 347: 539-541.

[50] T. Okamoto, E. Terada, M. Kozaki, et al. Facile Synthesis of 5,10-Diaryl-5,10-dihydrophenazines and Application to EL Devices[J]. *Org. Lett.*, 2003, 5: 373-376.

[51] S. Suzuki, T. Takeda, M. Kuratsu, et al. Pyrene-Dihydrophenazine Bis(Radical Cation) in a Singlet Ground State[J]. *Org. Lett.*, 2009, 11: 2816-2818.

[52] E. Terada, T. Okamoto, M. Kozaki, et al. Exchange Interaction of 5,5′-(*m*- and *p*-Phenylene)bis(10-phenyl-5,10-dihydrophenazine) Dications and Related Analogues[J]. *J. Org. Chem.*, 2005, 70: 10073-10081.

[53] Z. Zhang, Y. S. Wu, K. C. Tang, et al. Excited-State Conformational/Electronic Responses of Saddle-Shaped *N,N′*-Disubstituted-Dihydrodibenzo[*a,c*]phenazines: Wide-Tuning Emission from Red to Deep Blue and White Light Combination[J]. *J. Am. Chem. Soc.*, 2015, 137: 8509-8520.

[54] W. Chen, C. L. Chen, Z. Zhang, et al. Snapshotting the Excited-State Planarization of Chemically Locked *N,N′*-Disubstituted Dihydrodibenzo[*a,c*]phenazines[J]. *J. Am. Chem. Soc.*, 2017, 139: 1636-1644.

[55] Z. Zhang, C. L. Chen, Y. A. Chen, et al. Tuning the Conformation and Color of Conjugated Polyheterocyclic Skeletons by Installing ortho-Methyl Groups[J]. *Angew. Chem. Int. Ed.*, 2018, 57: 9880-9884.

[56] Z. Zhang, G. Sun, W. Chen, et al. The endeavor of vibration-induced emission (VIE) for dynamic emissions[J]. *Chem. Sci.*, 2020, 11: 7525-7537.

[57] X. Jin, S. Li, L. Guo, et al. Interplay of Steric Effects and Aromaticity Reversals to Expand the Structural/Electronic Responses of Dihydrophenazines[J]. *J. Am. Chem. Soc.*, 2022, 144: 4883-4896.

[58] G. Sun, Y. C. Wei, Z. Zhang, et al. Diversified Excited-State Relaxation Pathways of Donor-Linker-Acceptor Dyads Controlled by a Bent-to-Planar Motion of the Donor[J]. *Angew. Chem. Int. Ed.*, 2020, 59: 18611-18618.

[59] A. P. Demchenko. Introduction to fluorescence sensing[M]. Berlin: Springer Science & Business Media, 2008.

[60] Z. Yang, Y. He, J. H. Lee, et al. A Self-Calibrating Bipartite Viscosity Sensor for Mitochondria[J]. *J. Am. Chem. Soc.*, 2013, 135: 9181-9185.

[61] W. T. Dou, W. Chen, X. P. He, et al. Vibration-Induced-Emission (VIE) for imaging amyloid β fibrils[J]. *Faraday Discuss.*, 2017, 196: 395-402.

[62] H. V. Humeniuk, A. Rosspeintner, G. Licari, et al. White-Fluorescent Dual-Emission Mechanosensitive Membrane Probes that Function by Bending Rather than Twisting[J]. *Angew. Chem. Int. Ed.*, 2018, 57: 10559-10563.

[63] A. L. Antaris, H. Chen, K. Cheng, et al. A small-molecule dye for NIR-Ⅱ imaging[J]. *Nat. Mater.*, 2016, 15: 235-242.

[64] J. Mei, N. L. C. Leung, R. T. K. Kwok, et al. Aggregation-Induced Emission: Together We Shine, United We Soar![J]. *Chem. Rev.*, 2015, 115: 11718-11940.

[65] E. A. Owens, M. Henary, G. El Fakhri, et al. Tissue-Specific Near-Infrared Fluorescence Imaging[J]. *Acc. Chem. Res.*, 2016, 49: 1731-1740.

[66] A. L. Vahrmeijer, M. Hutteman, J. R. van der Vorst, et al. Image-guided cancer surgery using near-infrared fluorescence[J]. *Nat. Rev. Clin. Oncol.*, 2013, 10: 507-518.

[67] G. Hong, A. L. Antaris, H. Dai. Near-infrared fluorophores for biomedical imaging[J]. *Nat. Biomed. Eng.*, 2017, 1: 0010.

[68] W. Z. Yuan, X. Y. Shen, H. Zhao, et al. Crystallization-Induced Phosphorescence of Pure Organic Luminogens at Room Temperature[J]. *J. Phys. Chem. C*, 2010, 114: 6090-6099.

[69] O. Bolton, K. Lee, H. J. Kim, et al. Activating efficient phosphorescence from purely organic materials by crystal design[J]. *Nat. Chem.*, 2011, 3: 205-210.

[70] Z. He, W. Zhao, J. W. Y. Lam, et al. White light emission from a single organic molecule with dual

phosphorescence at room temperature[J]. *Nat. Commun.*, 2017, 8: 416.

[71] W. Zhao, T. S. Cheung, N. Jiang, et al. Boosting the efficiency of organic persistent room-temperature phosphorescence by intramolecular triplet-triplet energy transfer[J]. *Nat. Commun.*, 2019, 10: 1595.

[72] L. Bian, H. Shi, X. Wang, et al. Simultaneously Enhancing Efficiency and Lifetime of Ultralong Organic Phosphorescence Materials by Molecular Self-Assembly[J]. *J. Am. Chem. Soc.*, 2018, 140: 10734-10739.

[73] N. J. Turro, J. D. Bolt, Y. Kuroda, et al. A study of the kinetics of inclusion of halonaphthalenes with *β*-cyclodextrin via time correlated phosphorescence[J]. *Photochem. Photobiol.*, 1982, 35: 69-72.

[74] L. Mu, X. B. Yang, S. F. Xue, et al. Cucurbit[*n*]urils-induced room temperature phosphorescence of quinoline derivatives[J]. *Anal. Chim. Acta*, 2007, 597: 90-96.

[75] J. Cao, X. Ma, M. Min, et al. INHIBIT logic operations based on light-driven *β*-cyclodextrin pseudo[1]rotaxane with room temperature phosphorescence addresses[J]. *Chem. Commun.*, 2014, 50: 3224-3226.

[76] H. Chen, L. Xu, X. Ma, et al. Room temperature phosphorescence of 4-bromo-1,8-naphthalic anhydride derivative-based polyacrylamide copolymer with photo-stimulated responsiveness[J]. *Polym. Chem.*, 2016, 7: 3989-3992.

[77] Y. Gong, H. Chen, X. Ma, et al. A Cucurbit[7]uril Based Molecular Shuttle Encoded by Visible Room-Temperature Phosphorescence[J]. *Chem.Phys.Chem*, 2016, 17: 1934-1938.

[78] J. Wang, Z. Huang, X. Ma, et al. Visible-Light-Excited Room-Temperature Phosphorescence in Water by Cucurbit[8]uril-Mediated Supramolecular Assembly[J]. *Angew. Chem. Int. Ed.*, 2020, 59: 9928-9933.

[79] M. S. Kwon, Y. Yu, C. Coburn, et al. Suppressing molecular motions for enhanced room-temperature phosphorescence of metal-free organic materials[J]. *Nat. Commun.*, 2015, 6: 8947.

[80] T. Zhang, X. Ma, H. Tian. A facile way to obtain near-infrared room-temperature phosphorescent soft materials based on Bodipy dyes[J]. *Chem. Sci.*, 2020, 11: 482-487.

[81] X. Ma, C. Xu, J. Wang, et al. Inside Cover: Amorphous Pure Organic Polymers for Heavy-Atom-Free Efficient Room-Temperature Phosphorescence Emission[J]. *Angew. Chem. Int. Ed.*, 2018, 57: 10774-10774.

[82] D. Wang, Z. Yan, M. Shi, et al. Employing Lactam Copolymerization Strategy to Effectively Achieve Pure Organic Room-Temperature Phosphorescence in Amorphous State[J]. *Adv. Opt. Mater.*, 2019, 7: 1901277.

[83] Q. Zhou, Z. Wang, X. Dou, et al. Emission mechanism understanding and tunable persistent room temperature phosphorescence of amorphous nonaromatic polymers[J]. *Mater. Chem. Front.*, 2019, 3: 257-264.

[84] Q. Wang, X. Dou, X. Chen, et al. Reevaluating Protein Photoluminescence: Remarkable Visible Luminescence upon Concentration and Insight into the Emission Mechanism[J]. *Angew. Chem. Int. Ed.*, 2019, 58: 12667-12673.

[85] L. Gu, H. Wu, H. Ma, et al. Color-tunable ultralong organic room temperature phosphorescence from a multicomponent copolymer[J]. *Nat. Commun.*, 2020, 11: 944.

[86] R. Tian, S. M. Xu, Q. Xu, et al. Large-scale preparation for efficient polymer-based room-temperature phosphorescence via click chemistry[J]. *Sci. Adv.*, 2020, 6: eaaz6107.

[87] C. Zhao, Y. Jin, J. Wang, et al. Heavy-atom-free amorphous materials with facile preparation and efficient room-temperature phosphorescence emission[J]. *Chem. Commun.*, 2019, 55: 5355-5358.

[88] D. Li, F. Lu, J. Wang, et al. Amorphous Metal-Free Room-Temperature Phosphorescent Small Molecules with Multicolor Photoluminescence via a Host-Guest and Dual-Emission Strategy[J]. *J. Am. Chem. Soc.*, 2018, 140: 1916-1923.

[89] T. Zhang, C. Wang, X. Ma. Metal-Free Room-Temperature Phosphorescent Systems for Pure White-Light Emission and Latent Fingerprint Visualization[J]. *Ind. Eng. Chem. Res.*, 2019, 58: 7778-7785.

[90] X. Jia, C. Shao, X. Bai, et al. Photoexcitation-controlled self-recoverable molecular aggregation for flicker phosphorescence[J]. *Proc. Natl. Acad. Sci.*, 2019, 116: 4816-4821.

[91] D. Lee, O. Bolton, B. C. Kim, et al. Room Temperature Phosphorescence of Metal-Free Organic Materials in Amorphous Polymer Matrices[J]. *J. Am. Chem. Soc.*, 2013, 135: 6325-6329.

[92] S. Hirata, K. Totani, J. Zhang, et al. Efficient Persistent Room Temperature Phosphorescence in Organic Amorphous Materials under Ambient Conditions[J]. *Adv. Funct. Mater.*, 2013, 23: 3386-3397.

[93] S. Hirata, M. Vacha. White Afterglow Room-Temperature Emission from an Isolated Single Aromatic Unit under Ambient Condition[J]. *Adv. Opt. Mater.*, 2017, 5: 1600996.

[94] Y. Su, S. Z. F. Phua, Y. Li, et al. Ultralong room temperature phosphorescence from amorphous organic materials toward confidential information encryption and decryption[J]. *Sci. Adv.*, 2018, 4: eaas9732.

[95] T. Kowalczyk, Z. Lin, T. V. Voorhis. Fluorescence Quenching by Photoinduced Electron Transfer in the Zn^{2+} Sensor Zinpyr-1: A Computational Investigation[J]. *J. Phys. Chem. A*, 2010, 114: 10427-10434.

[96] N. Melnychuk, A. S. Klymchenko. DNA-Functionalized Dye-Loaded Polymeric Nanoparticles: Ultrabright FRET Platform for Amplified Detection of Nucleic Acids[J]. *J. Am. Chem. Soc.*, 2018, 140: 10856-10865.

[97] Y. Shen, H. Liu, S. Zhang, et al. Discrete face-to-face stacking of anthracene inducing high-efficiency excimer fluorescence in solids via a thermally activated phase transition[J]. *J. Mater. Chem. C*, 2017, 5: 10061-10067.

[98] H. Qian, M. E. Cousins, E. H. Horak, et al. Suppression of Kasha's rule as a mechanism for fluorescent molecular rotors and aggregation-induced emission[J]. *Nat. Chem.*, 2017, 9: 83-87.

[99] C. Fan, W. Wu, J. J. Chruma, et al. Enhanced Triplet-Triplet Energy Transfer and Upconversion Fluorescence through Host-Guest Complexation[J]. *J. Am. Chem. Soc.*, 2016, 138: 15405-15412.

[100] S. Sasaki, G. P. C. Drummen, G. i. Konishi. Recent advances in twisted intramolecular charge transfer (TICT) fluorescence and related phenomena in materials chemistry[J]. *J. Mater. Chem. C*, 2016, 4: 2731-2743.

[101] A. P. Demchenko, K. C. Tang, P. T. Chou. Excited-state proton coupled charge transfer modulated by molecular structure and media polarization[J]. *Chem. Soc. Rev.*, 2013, 42: 1379-1408.

[102] J. Luo, Z. Xie, J. W. Y. Lam, et al. Aggregation-induced emission of 1-methyl-1,2,3,4,5-pentaphenyl-silole. *Chem. Commun.*, 2001, 18: 1740-1741.

[103] X. K. Chen, D. Kim, J. L. Brédas. Thermally Activated Delayed Fluorescence (TADF) Path toward Efficient Electroluminescence in Purely Organic Materials: Molecular Level Insight[J]. *Acc. Chem. Res.*, 2018, 51: 2215-2224.

[104] Q. Peng, A. Obolda, M. Zhang, et al. Organic Light-Emitting Diodes Using a Neutral π Radical as Emitter: The Emission from a Doublet[J]. *Angew. Chem. Int. Ed.*, 2015, 54: 7091-7095.

[105] W. Li, Y. Pan, R. Xiao, et al. Employing ~100% Excitons in OLEDs by Utilizing a Fluorescent Molecule with Hybridized Local and Charge-Transfer Excited State[J]. *Adv. Funct. Mater.*, 2014, 24: 1609-1614.

[106] B. Z. Tang. Aggregology: Exploration and innovation at aggregate level[J]. *Aggregate*, 2020, 1: 4-5.

[107] R. Gómez-Bombarelli, J. Aguilera-Iparraguirre, T. D. Hirzel, et al. Aspuru-Guzik. Design of efficient molecular organic light-emitting diodes by a high-throughput virtual screening and experimental approach[J]. *Nat. Mater.*, 2016, 15: 1120-1127.

第4章　有机光致变色材料

4.1　光致变色染料简介

光是色彩的源泉，五彩缤纷的颜色构成了我们所看到的整个世界。从中国传统的"青、赤、黄、白、黑"五色学说到西方以亚里士多德为代表的哲学家所创建的色彩视觉等原始学说，人类一直在探索关于色彩的奥秘。直到牛顿研究光的色散实验之后，光与颜色之间的对应以及与人类视觉间的联系才逐渐被我们所理解。物质的颜色固然是其重要的物理特性，自然界中章鱼通过改变细胞中的色素含量变换出不同的颜色，鸟类羽毛由于蛋白质的微观排列不同而展现出绚丽的色彩，体现出了物质的宏观颜色与其微观分子结构间的联系。

在研究物质结构及其变化的化学学科中，通过研究外界刺激改变物质的分子结构进而产生宏观可见的颜色变化，衍生出了一系列的研究领域，如热致变色、电致变色、力致变色等[1-4]。其中，利用光刺激实现物质分子结构变化的光致变色[5]（photochromism）领域则由于光的非侵入性、高效、时空可控等优势得到了迅速的发展。从研究光照下物质的颜色改变入手，深入探究颜色变化背后分子结构的可逆性互变，发挥出分子的光开关性能，使其在光调控相关应用领域中占据了举足轻重的地位。

1867年弗里切（Fritzsche）[6]首次观察到并四苯的溶液在日光光照下会变成橘红色，而置于暗处则会自发地褪色为初始的无色状态。20世纪中叶赫斯博格（Hirshberg）和费希尔（Fischer）等[7]开始开展螺吡喃类有机化合物的光化学研究，正式地提出了"photochromism"（光致变色）这个学术名词，确立了近代光致变色的系统研究的序幕。经过几十年的发展，光致变色现象已成为光化学的一个重要分支，享有独特的地位。

狭义上，光致变色现象指的是某些物质在光的激发下，可逆地改变自身颜色的现象。以图4-1为例，无色的化合物A在受到一定波长的光（例如紫外光）激发下，会发生特定的化学反应，得到另一结构不同的化合物B，体系的吸收谱图发生改变，从而引起颜色的改变（红色），化合物B在另一束光（例如可见光）激发或加热等条件下可以发生逆反应，最终将恢复到无色的化合物A，这样的可逆的变色过程就属于典型的光致变色现象。广义上，光致变色是所有可逆的光化学反应的统称，属于分子开关中的光控开关子类别，例如有的化合物虽然在光照前后颜色并没有发生改变，但其结构确实发生了变化，物理和化学性质在这些过程中也会发生变化。

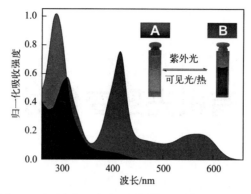

图 4-1   光致变色反应过程中紫外-可见光吸收谱图变化

光致变色化合物在可逆性的异构化过程中，除了发生颜色改变外，其他重要的物化性能，如荧光发射、折射率、介电常数、偶极性、电导率以及几何构型同样能够通过光照调节[8,9]。独特的光响应性能使得光致变色体系在工业与学术研究中得到了广泛的应用，如生活中常见的变色眼镜、防伪墨水、光变色纺织品等，以及在利用光刺激实现对特定分子功能的调控研究工作中，光致变色体系都起到了关键性的作用。以下我们将对光致变色染料的工作原理、合成方法及应用进行详细介绍。

4.2   光致变色染料的工作原理

4.2.1   光致变色机理的类型

4.2.1.1   质子转移

基于质子转移机理的常见的光致变色化合物为亚水杨醛基类化合物[3]。亚水杨醛化合物的光致变色现象可以追溯到 20 世纪[10]，然而对其系统的研究始于 20 世纪 60 年代。亚水杨醛的光致变色现象可以发生在溶液、密封胶囊等各种介质中，甚至有时在固态条件下同样可以发生。

如图 4-2 所示，在紫外光光照下，亚水杨醛化合物由基态跃迁至激发态，接着发生分子内质子转移过程，初始的烯醇（enol）构型转变为顺式酮类（cis-keto）构型，该过程被称为激发态分子内质子转移（ESIPT）。顺式酮类构型经光致互变异构（phototautomerism）转变为反式构型。在溶液状态下，上述过程在皮秒时间尺度即可完成，所得酮式构型热稳定性不好，在加热条件下可以快速转化为初始烯醇构型[11]。

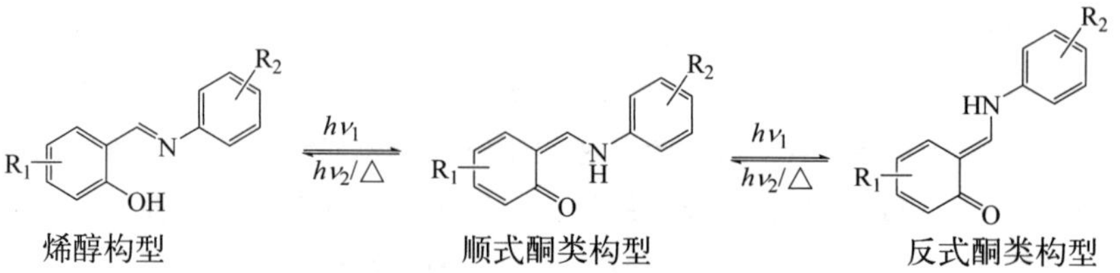

烯醇构型　　　　　　　　　　　顺式酮类构型　　　　　　　　　　反式酮类构型

图 4-2   亚水杨醛类分子光致变色过程示意图

4.2.1.2 顺反异构

顺反异构是最常见的异构化类型之一。基于顺反异构最常见的光致变色分子是二苯乙烯和偶氮苯类分子（图 4-3）。偶氮苯类分子最早用作染料，如今已经发展成为主要的光致变色分子之一[12,13]。偶氮苯类光致变色分子通常为黄色，修饰后的偶氮苯分子通常会发生一定程度红移，呈现出橘色或红色。偶氮苯分子顺、反异构体均存在两个特征吸收带：π-π* 和 n-π*。n-π*吸收带能量较低，位于可见光区。π-π*吸收带则能量较高，位于紫外区。由于电子离域程度极其相似，偶氮苯顺反异构体的吸收谱图变化程度有限，通常情况下肉眼很难观察到相应的颜色变化。相反，偶氮苯顺反异构化过程导致空间体积发生显著变化，因此被广泛用于构建光电功能材料及新型生物材料[14,15]。

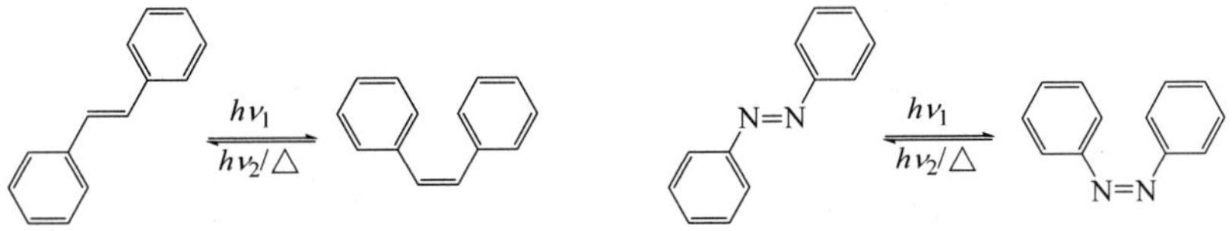

反式二苯乙烯　　顺式二苯乙烯　　反式偶氮苯　　顺式偶氮苯

图 4-3　二苯乙烯、偶氮苯类分子的顺反异构化过程

4.2.1.3 均裂反应

六芳基双咪唑（HABI）及其衍生物是该类光致变色分子的典型代表。HABI 最早是由 Hayashi 和 Maeda 于 20 世纪 60 年代发现的[16]。在热、光或者力的作用下，咪唑二聚体（TPID）间的 C—N 键发生均裂反应，形成两个三苯基咪唑自由基（TPIR），如图 4-4 所示，溶液由初始的有色态变为无色态。咪唑自由基在加热的条件下可以逐渐恢复至初始的二聚体状态。

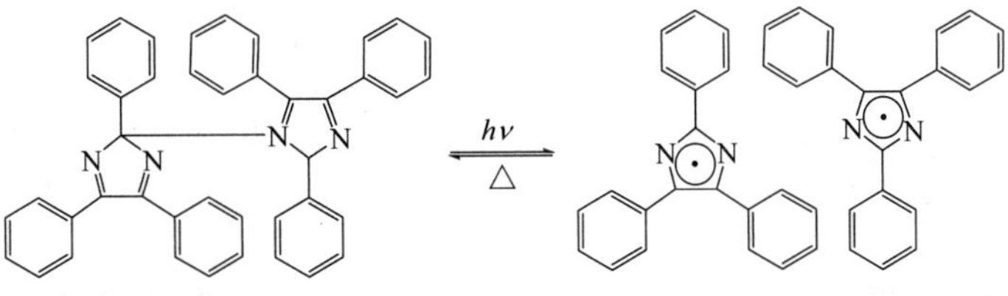

三苯基咪唑二聚体（TPID）　　三苯基咪唑自由基（TPIR）

图 4-4　六芳基双咪唑均裂/二聚过程

4.2.1.4 环化反应

环化反应涉及离域在 6 个不同原子上的 6 个 π 电子，是螺吡喃、俘精酸酐、二芳基乙烯类及其相关光致变色分子的主要变色机理，近年来在光致变色领域受到广泛关注。

螺吡喃是由两个芳杂环（其中一个含有吡喃环）通过 sp^3 杂化的碳原子连接而成的一类光致变色化合物的通称[17,18]。螺吡喃分子中两个环系相互正交，不存在共轭，因此大多数的螺吡喃类化合物的吸收在紫外光谱区，呈无色状态。在受到紫外光激发后，分子中的 C—O 键发生异裂，继而分子的结构以及电子的组态发生异构化和重排，两个体系由正交变为平面，整个分子形成一个大的共轭体系，吸收也发生了很大的红移，在 500～600nm 区间呈现出明显吸收（图 4-5）。螺吡喃属于典型的 T 型光致变色分子，在可见光或热作用下，可以恢复至初始无色闭环态，但螺吡喃的抗疲劳性较差，易被氧化降解。

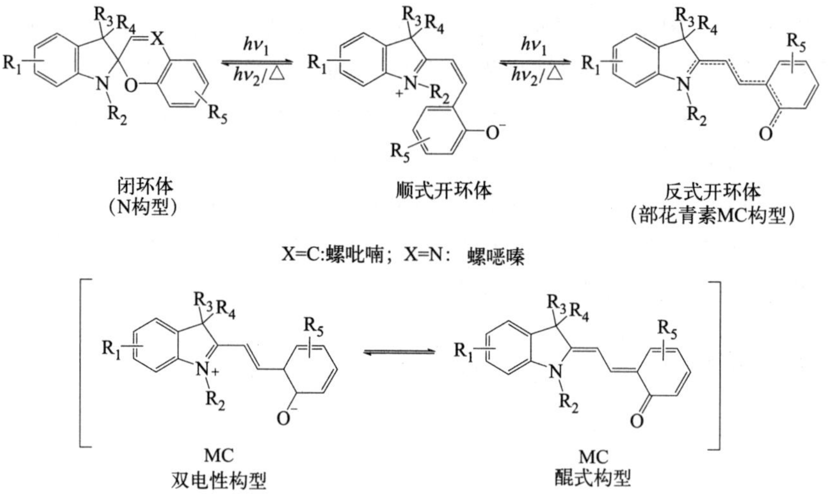

图 4-5　螺吡喃分子光致变色过程示意图

俘精酸酐类（fulgide）化合物是基于 π 键-σ 键相互转化的一类环化反应光致变色分子。与上述螺吡喃不同的是，俘精酸酐分子开环体呈无色状态，闭环体为有色态。俘精酸酐由施托贝（Stobbe）于 1905 年首次发现[19]。早期俘精酸酐分子大多属于 T 型光致变色分子，闭环体在黑暗条件下可以热力学恢复至初始无色状态。引入杂环芳基（呋喃、吲哚等）后，所得俘精酸酐衍生物闭环体热力学稳定性大幅提升，呈现出 P 型光致变色特性[20]。俘精酸酐衍生物不仅广泛应用于可擦写光学信息存储设备，同时还是一类性能优越的化学光量剂，代表分子为使用广泛的 Aberchrome 540[21]（如图 4-6 所示）。

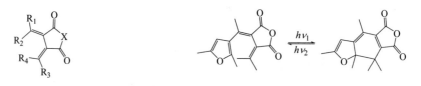

图 4-6　俘精酸酐类分子结构通式及 Aberchrome 540 的光致变色过程

二芳基乙烯化合物由 Irie 于 1988 年首次报道[22]。因其优越的抗疲劳性及其双稳态特性，二芳基乙烯类化合物已经被广泛应用于光电功能材料[23]。时至今日，结构修饰提升二芳基乙烯化合物光致变色性能，仍然是光致变色领域研究热点之一。二芳基乙烯一般都具有己三烯母体结构，其结构和俘精酸酐类似，变色过程基于分子内周环反应，杂环二芳基乙烯类化合物的光致变色反应过程如图 4-7 所示，按照伍德沃德-霍夫曼（Woodward-Hoffmann）规则[24]，对于轨道对称的 1,3,5-己三烯，在光照条件下，对旋是禁阻的，而顺旋是允许的，因此图中的开环体在光照条件下，发生顺旋关环反应，进而生成共轭增大的闭环体，共轭程度的增大导致一系列物理和化学性质上的改变，闭环体在可见光照射下又能恢复到初始开环体。

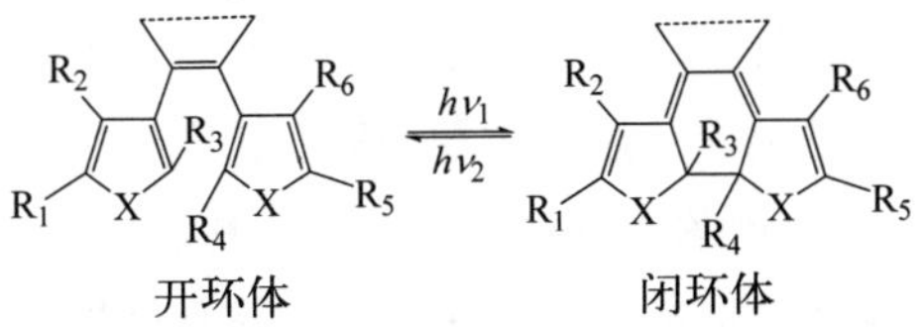

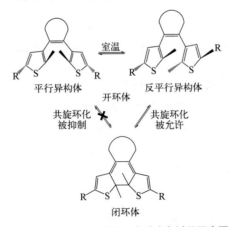

图 4-7　二芳基乙烯类分子光致变色过程示意图

　　二芳基乙烯的功能化主要基于芳杂环体系的改变以及烯桥体系的创新[25]。杂环体系从最初的噻吩，拓展到呋喃、噻唑、苯并噻吩、二氧化噻吩等。通过引入不同的杂环芳烃，二芳基乙烯在荧光、闭环量子产率等性能上得到了显著的提升。此外，二芳基乙烯新型烯桥的开发同样引人注目。早期 Irie 课题组采用全氟环戊烯作为烯桥，大大提升了二芳基乙烯的抗疲劳度[26]。近年来，多种烯桥功能化的二芳基乙烯不断涌现，比如咪唑、噻唑、萘酰亚胺、苯并噻唑、二苯并噻唑等[27-29]。新型烯桥的引入，实现了二芳基乙烯在催化、金属配合磷光等新性能方面的突破以及稳定性的进一步提升[25]。

4.2.2　光致变色相关参数及术语

4.2.2.1　光量子产率

　　光反应量子产率是衡量光致变色体系光反应动力学的重要指标，能够体现分子对入射光的利用率[30,31]，主要采用相对法进行测定[32]。光反应量子产率主要受到光反应激发态能垒的影响，对于具有不同结构、发生不同类型光反应的光致变色体系，其数值存在一定的差异性[33]。此外基于光环化反应的量子效率还受到其分子构型的影响。以二芳基乙烯类化合物为例，由于开环体中的两个噻吩基团可以处于镜面对称或 C_2 对称两种状态，分别对应平行构型与反平行构型（图 4-8），根据 Woodward-Horffmann 规则，只有反平行构型符合电环化反应的要求，因此具有光反应活性，而平行构型则表现出光惰性。由于平行构型与反平行构型在室温下快速互变共同存在于体系中，因而二芳基乙烯类光致变色分子发生光环化反应的量子效率一般不超过其反平行构型在体系中所占比例值（一般在 50%）。

图 4-8　二芳基乙烯类分子光致变色过程示意图

4.2.2.2　转化率

　　光致变色转化率是指光致变色分子在光照下达到稳定状态时，新生成的异构体所占比例，是光致变色化合物光开关性能的一个重要表征参数。光致变色化合物在特定波长下的转化率可以通过高效液相及核磁滴定进行定量计算[34]。在已知两个异构体的摩尔消光系数前提下，通过紫外-可见光吸收谱图也可对其进行快速测定。

　　实现光致变色体系异构体之间的定量转化对于构建功能性光致变色染料具有重要意义。然而光反应的转化率受到分子热力学性能及光反应条件等因素的限制，通常难以实现100%的光反应转化率。例如基于顺反异构（E/Z）机理的偶氮苯类分子开关，获得定量的光异构转化依然具有挑战性[35,36]。由于偶氮苯分子中氮氮双键的顺反异构化并不影响分子整体的π-共轭长度，因此偶氮苯分子 E、Z 构型的吸收光谱往往存在非常明显的重叠，以图 4-9（a）所示的化合物为例[37,38]，光致变色反应产生的两异构体最大吸收波长仅相距 69nm，导致在进行光异构化反应时，所用的激发光容易被两异构体同时吸收，$E{\rightarrow}Z$ 异构化发生的同时，$Z{\rightarrow}E$ 的转化在光激发和热效应的作用下同样发生，因而偶氮苯类光致变色体系普遍难以获得非常高的光反应转化率。

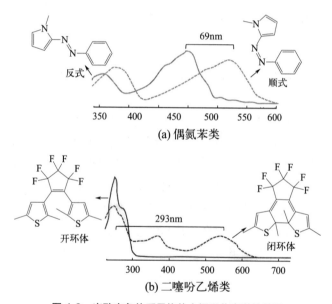

图 4-9　光致变色体系异构体之间吸收光谱的差异

　　对于二芳基乙烯光致变色染料，其开环与闭环异构体之间的π-共轭长度随着电环化反应发生显著变化，闭环异构体由于π-共轭长度显著增加，在可见光区产生吸收，体系颜色发生明显变化，而开环异构体往往只在紫外区具有吸收峰，因而二芳基乙烯各异构体间的吸收光谱差异非常明显 [图 4-9（b）]，图中所示的二芳基分子开环体在紫外区的最大吸收波长与闭环体在可见光区的最大吸收波长存在近 300nm 的差异，二芳基乙烯开环反应与闭环反应可以选择不同波长的光去激发，使光环化与光裂环反应互不干扰。一般而言，选择大于 450nm 的可见光引发光裂环反应，可以达到几乎定量的转化率，选择小于 380nm 的紫外光引发光环化反应，同样可以获得非常高的转化率[22]。

4.2.2.3　抗疲劳性

　　抗疲劳性是反映光致变色染料实际应用性能的重要指标，虽然目前报道的光致变色分子数量非常可观，但能够经历光染色/光漂白循环超过 1000 次而性能未发生明显降低的体系却十分有限。在光致变色大家庭中，二芳基乙烯类分子在抗疲劳度性能方面表现优异，某些分子在溶液中或单晶态下能够承受上万次的光反应循环过程[39]。

Irie 等充分研究了二芳基乙烯体系光致变色反应过程及相关副产物产生的机理[40-43]。使用 254nm 紫外光照射后，初始的开环体构型发生环化反应转变为闭环体结构，相应地无色溶液逐渐转变为红色溶液，可见光照射后所得闭环体逐渐恢复至初始状态，溶液红色褪去。然而延长紫外光照射时间，可产生部分可见光照射下无法回到初始状态的副产物。经研究该副产物通过以下路径生成：闭环体吸收紫外光能量达到激发态，其环己二烯部分重排生成五元环自由基结构，该自由基通过共轭体系迁移，并经过相应化学键的断裂和生成最终得到具有稠环结构的副产物（图 4-10）。

图 4-10　二芳基乙烯体系光致变色反应副产物产生机理示意图

通过精密分子设计，抑制副反应发生，可以有效提高二芳基乙烯的抗疲劳性。例如在噻吩基团上引入相应基团取代氢原子[44]，限制重排反应的发生；选择吸电子能力强的烯桥改变分子内电荷分布，抑制副反应的活性[45,46]。另外，将二芳基乙烯发生光环化反应所需的激发波长延伸至能量更低的可见光区，抑制高能紫外光照射下闭环体激发态的产生对提高光致变色体系抗疲劳度也具有显著效果[47]。

4.2.2.4　热稳定性

光致变色化合物热稳定性通常指光致变色分子经光照后所得异构体的稳定性，可由半衰期（half-life）对其进行表征。半衰期则可通过拟合异构体的动力学衰减曲线得到。光致变色分子根据其异构体热稳定性可以分为 T 型分子和 P 型分子。常见的偶氮苯、二苯乙烯、螺吡喃等光致变色分子均属于 T 型分子，其异构体热稳定性通常较差，半衰期较短。例如，新型生物窗口偶氮苯分子顺式构型半衰期通常只有数秒[48]。P 型光致变色分子种类较少，常见的有俘精酸酐类和二芳基乙烯类分子。特别地，当两个异构体都具备优异的热稳定性时，称之为双稳态光致变色分子。近年来二芳基乙烯分子在众多的有机光致变体系中备受关注，其中重要的原因之一就是其有色态闭环体的罕见稳定性，它是典型的双稳态分子。

二芳基乙烯的开环体通常是热力学最稳定的异构体，闭环体要比开环体的能量高，闭环体总是倾向于自发地生成更稳定的开环体（图 4-11）。但二芳基乙烯体系的特殊之处正是在于：某些精心设计的结构的开环反应的活化能相当高，致使褪色反应速率非常慢，以至于在室温下难以察觉这样的衰减。精心设计的某些二噻唑乙烯的闭环体活化能高达 $142kJ·mol^{-1}$，据此推算得到的室温下的半衰期长达 $4.7×10^5$ 年[49]。如此缓慢的衰减，无疑可以满足实际应用（例如信息存储）的高稳定性的需要，故完全可以认为二芳基乙烯的闭环体是热稳定的。

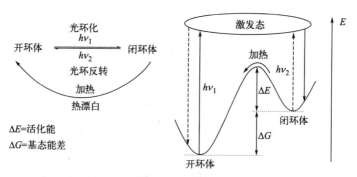

图 4-11　二芳基乙烯热致开环反应机理示意图

二芳基乙烯分子闭环体热稳定性受许多因素影响。以下两个因素最为显著：芳香化稳定性和取代基效应。采用弱或无芳香性的烯桥、侧链芳环通常有助于提升闭环体分子的热稳定性。由开环体经紫外光照射生成闭环体的反应，可以认为是打破原有芳基和烯桥的结构，生成另一类大 π 离域体系的过程，开环体中若存在具有高芳香化稳定能的基团，会抬升开闭环体间的基态能级差、降低热开环反应的活化能。通常当芳基为噻吩、噻唑和呋喃及其衍生物时，闭环体是热稳定的，其他的苯、吡咯等芳香性强的芳基会致使闭环体的热稳定性大幅降低[7,50]。对于烯桥，也存在类似规律，通常强芳香性的基团是不利于闭环体热稳定性的，只有选用弱或无芳香性的烯桥才能构建热双稳定的体系。

4.2.2.5　等吸收点

化学反应或物理变化过程中，随着反应或者变化的进行，某一波长下的总吸光度始终保持不变，该波长被称为等吸收点。等吸收点是紫外吸收谱图的重要参数之一。通过等消光点的形成及个数，可以对化学反应所涉及的组分进行初步判断。

光致变色化合物涉及异构体之间的相互转化，随着光致变色现象的发生，通常会形成清晰的等吸收点。以二芳基乙烯类光致变色分子为例[51]（图 4-12），紫外光照射下，无色

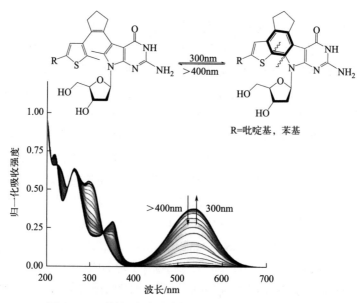

图 4-12　二芳基乙烯光致变色吸收谱图及等吸收点示意图

的开环体逐渐变为有色的闭环体,305nm 处吸收峰逐渐下降,545nm 处逐渐形成新的吸收峰,谱图在 225nm、230nm、258nm、330nm 处呈现出清晰的等吸收点,证明光致变色过程只发生在开环体与闭环体之间,并没有明显的副产物生成。

4.3　光致变色染料的种类及合成方法

对于光致变色体系在光异构化过程中所表现出的性能差异,有一个重要的性能指标值得关注,即光反应中热力学更不稳定的异构体(通常是有色态异构体)的热稳定性。从热稳定性上分类,光致变色有机化合物可分为热不稳定的化合物(T-type)如偶氮苯、螺噁嗪、螺吡喃、萘并吡喃等,此类化合物在发生变色后,在暗处即能发生热致变色回到最初的热稳定状态;另外一类化合物是热稳定的化合物(P-type),需在另一波长光照射下才能回到初始态,如二芳基乙烯和俘精酸酐。值得注意的是,上述分类并不绝对,例如通过对二芳基乙烯进行一定的修饰,改变其热稳定性,便可以使其由 P 型变为 T 型。

目前,对有机光致变色化合物的研究主要集中在偶氮苯、螺吡喃、螺噁嗪、二芳基乙烯以及相关的杂环化合物上,同时也在探索和发现新的光致变色体系。

4.3.1　偶氮苯类

偶氮苯(azobenzene)类化合物是一类受到广泛关注的光致变色化合物,其光致变色性基于分子中的—N=N—的顺-反异构化,如图 4-13 所示。顺-反异构体都有不同的吸收峰,虽两者差值不大,但摩尔消光系数相差很大,其主要原因是较长波长处的吸收主要来自—N=N—基团的 n-π* 跃迁。另外,偶氮化合物还有明显的光偏振效应,即 Δn 的变化与光的偏振态有关,这种非线性响应与分子的激发态寿命以及分子的光异构化有关。用一束偏振光就可通过双折射将信息写入、读出、擦去、重写。偶氮苯类化合物的主要缺点是顺式异构体是热不稳定的,热可逆反应的活化能约 100kJ·mol⁻¹。

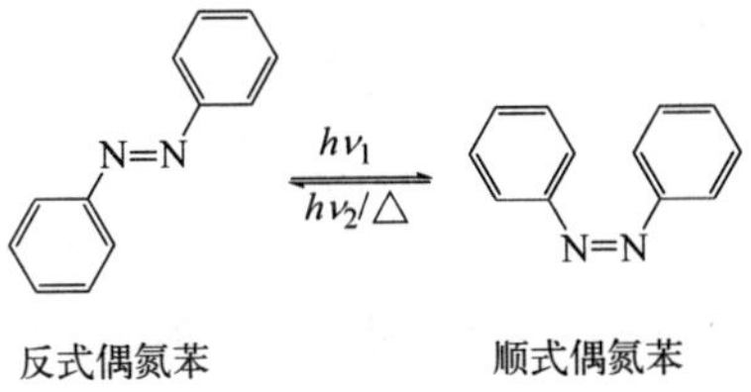

图 4-13　偶氮苯顺-反异构互变示意图

偶氮苯的合成主要有两种方法(图 4-14)。第一种方法是缩合法,在酸性条件下,芳香胺与芳香亚硝基化合物可以发生缩合反应,从而得到对称或不对称的偶氮苯类化合物。第二种方法是还原法。在特定的条件下,将强还原性的金属加入硝基苯类化合物的甲醇溶液中时,硝基被还原从而得到偶氮苯类化合物。还原法合成简单,产率较高,但往往只能合成对称的偶氮苯类化合物,限制了其应用。

NH2
NO
H+
R1
R2
NO2
Zn/NaOH
CH3OH
R

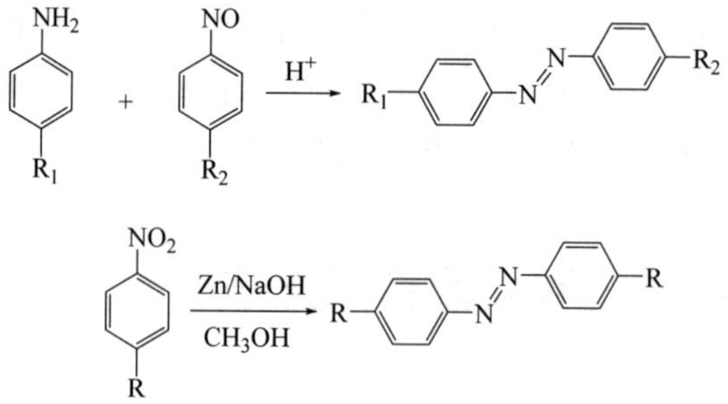

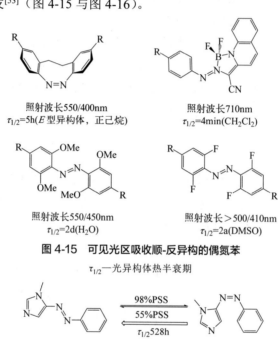

图 4-14 偶氮苯类化合物的合成

近年来，针对偶氮苯吸收在紫外光区以及其热不稳定的缺点，人们对偶氮苯的结构进行了一定的修饰，相继实现了长波长可见光区吸收[52]以及超长热可逆半衰期的新型偶氮苯化合物的设计与开发[53]（图 4-15 与图 4-16）。

照射波长550/400nm
τ1/2=5h(E型异构体，正己烷)
照射波长710nm
τ1/2=4min(CH2Cl2)
照射波长550/450nm
τ1/2=2d(H2O)
照射波长＞500/410nm
τ1/2=2a(DMSO)

图 4-15 可见光区吸收顺-反异构的偶氮苯

$\tau_{1/2}$—光异构体热半衰期

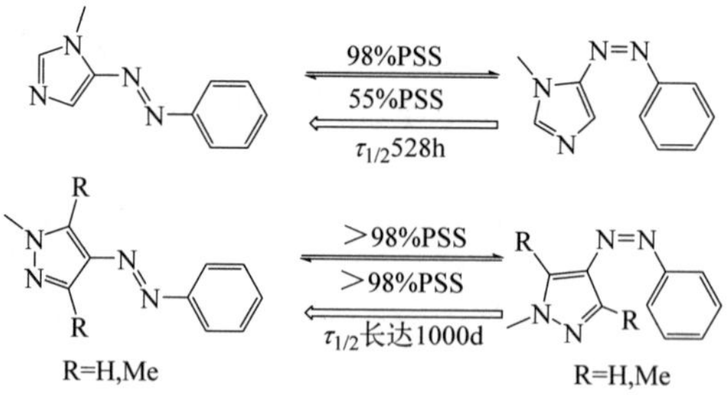

98%PSS
55%PSS
τ1/2528h
＞98%PSS
＞98%PSS
τ1/2长达1000d
R=H,Me
R=H,Me

图 4-16 超长热可逆半衰期的偶氮苯

PSS—photostationary state，即光稳态

4.3.2 螺吡喃/螺噁嗪类

螺吡喃（spiropyran）是有机光致变色染料中研究最早最广泛的体系之一[1]。它的具体性质在本书 4.2.1.4 节已做介绍，此处不再赘述。

螺吡喃类化合物制备简便易得。如图 4-17 所示，将水杨醛衍生物与吲哚衍生物混合，加入催化量哌啶，无水乙醇中回流数小时，冷却至室温，经重结晶或者硅胶柱层析，即可得到目标产物。

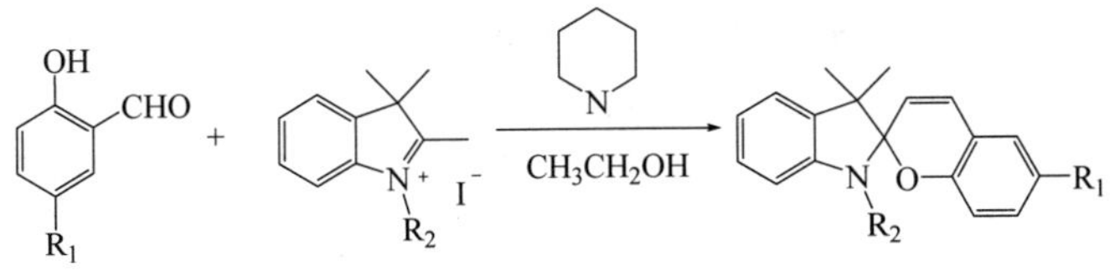

图 4-17　螺吡喃类化合物合成

螺噁嗪（spirooxazine）的化学结构和螺吡喃非常相似，结构如图 4-18 所示，所以它的合成和光谱性质以及光致变色反应和螺吡喃也是很相似的。其光致变色产物是各种异构体的混合物[54]，螺噁嗪的开环体以醌式结构占优势，这被认为是杂原子参与了电子离域的结果。与螺吡喃相比，它的抗疲劳性大大提高。尽管螺噁嗪类光致变色化合物由于其良好的光稳定性和耐疲劳性而在许多光学领域得到应用，但是其开环体热稳定性差的缺陷却使其在光学信息存储领域的应用受到极大限制。

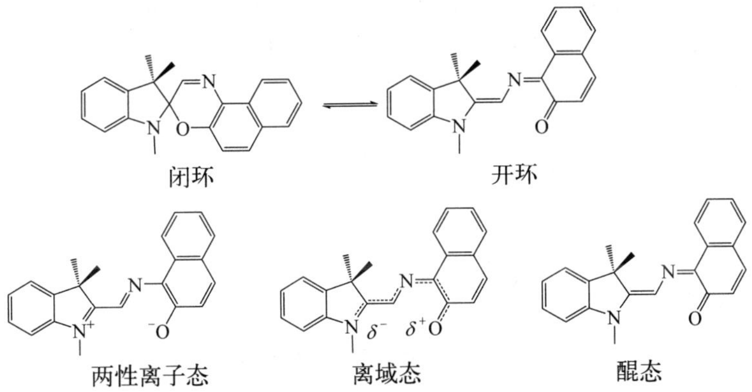

闭环　　　　　　　　开环

两性离子态　　　　离域态　　　　醌态

图 4-18　螺噁嗪化合物光致变色反应

螺噁嗪的合成方法与螺吡喃类似。如图 4-19 所示，将 1-亚硝基-2-萘酚与无水乙醇混合，加热微沸，直至完全溶解成透明状。向上述溶液中缓慢加入等物质的量的 1,3,3-三甲基-2-亚甲基吲哚啉，回流数小时，静置析出固体，进一步纯化，即可得到目标螺噁嗪化合物。

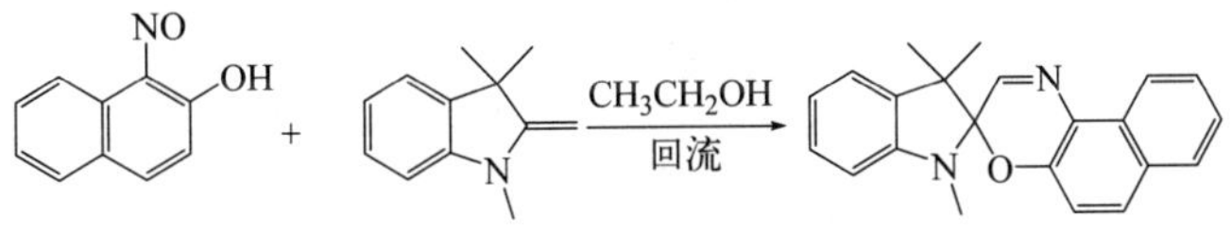

图 4-19　螺噁嗪化合物合成

4.3.3　二芳基乙烯类

芳杂环取代的二芳基乙烯一般都具有一个共轭的六电子己三烯母体结构，其结构和俘精酸酐类似，它的变色过程也是基于分子内的周环反应。其具体的变色过程详见 4.2.1.4 节。

不同种类的二噻吩乙烯合成路线不尽相同。具有优异抗疲劳性的全氟环戊烯二噻吩乙烯可以由噻吩的锂盐和全氟环戊烯偶联得到（图 4-20）。控制丁基锂的用量可以得到一和二取代的化合物，一取代的全氟环戊烯又可以和相同或不同的噻吩衍生物合成对称或不对称的光致变色化合物[55]。

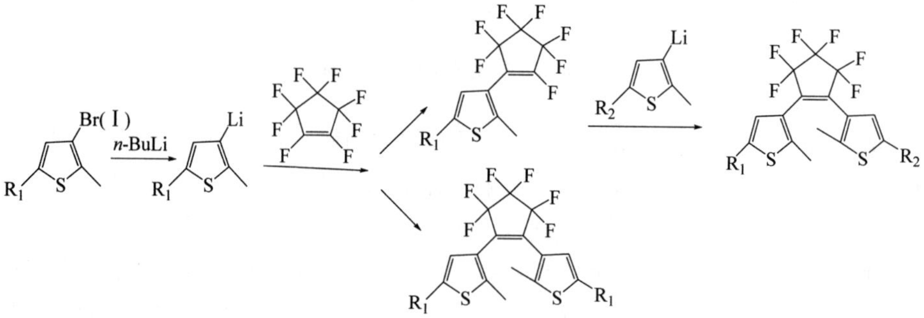

图 4-20　全氟二噻吩乙烯的合成

全氢二噻吩乙烯与全氟二噻吩乙烯合成路线并不相同（图 4-21）。戊二酰氯在无水三氯化铝的作用下，与 2-甲基噻吩发生傅-克（Friedel-Crafts）反应，进而通过麦克默里（McMurry）偶联反应，将两个羰基合环，从而制备全氢二噻吩乙烯。

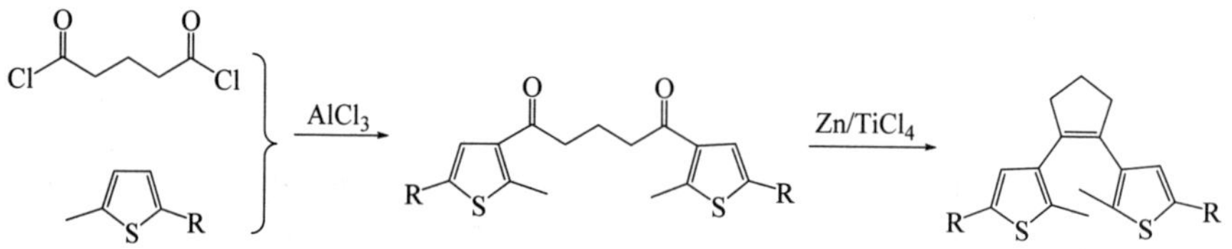

图 4-21　全氢二噻吩乙烯的合成

4.3.4　其他种类

1. 二苯乙烯类

二苯乙烯（stilbene）类化合物与偶氮苯类发生相似的顺反异构反应，如图 4-22 所示。与偶氮苯一样，二苯乙烯的主要缺点是顺式异构体热不稳定，易热可逆回到最初的热稳定反式结构。不同点在于，相较偶氮苯，二苯乙烯显示出一定的蓝色荧光。

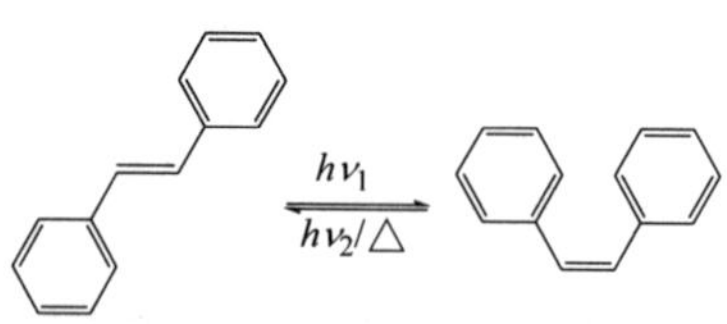

反式二苯乙烯　　　　顺式二苯乙烯

图 4-22　二苯乙烯顺反异构互变示意图

2. 俘精酸酐类

俘精酸酐类（fulgide）光致变色化合物是取代的琥珀酸酐衍生物（图 4-6），近年来获得了广泛、深入的研究，已有一些相关的综述发表[56]。鉴于其光异构体热稳定的性质，俘精酸酐类化合物在光学电子应用方面也具有应用价值，虽然它们的抗疲劳性较螺吡喃有所提高，但是没有二噻吩乙烯类化合物的抗疲劳性好。

3．苯并二氢芘类

苯并二氢芘类光致变色化合物是一类较少关注的周环反应体系之一（图 4-23），它发生的是逆光致变色反应，热稳定态（闭环体）是有色的，用光激发，该类化合物变成开环体的无色状态。且光稳态具有 100%光转换效率[57]。

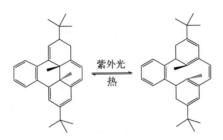

图 4-23　苯并二氢芘化合物光致变色反应

4．六芳基二咪唑类

六芳基二咪唑类（HABI）的光致变色主要基于二咪唑 C—N 键的光致均裂，生成了三芳基咪唑自由基（TPRI，triphenylimidazolyl radical），从而实现了化合物颜色的变化[58]（图 4-4）。从六芳基二咪唑生成光致自由基异构体是一个极快的光化学反应过程，仅需 100 fs，而其热致逆反应在室温下也仅需几分钟。因此，六芳基二咪唑类光致变色化合物被认为可以用于快速闪回光致变色（flash-photochormism）材料的应用。

5．给体-受体斯坦豪斯加合物类

给体-受体斯坦豪斯加合物（donor-acceptor stenhouse adduct，简称 DASA）类光致变色化合物是一种 T 型反向光致变色（negative photochromism）化合物，其热稳定态是有色的，经由光激发后，变为无色[59]（图 4-24）。DASA 包含一个电子给体（donor）与一个电子受体（acceptor），中间通过三烯醇相连接，在光照射下，三烯醇进行 Z-E 异构化，然后进行 4π 电环化，最终生成无色的环戊烯酮，该环戊烯酮在热作用下可以回到初始态。DASA 类化合物由于其模块化的特点，可以通过改变电子给体/受体来实现特定的功能化。

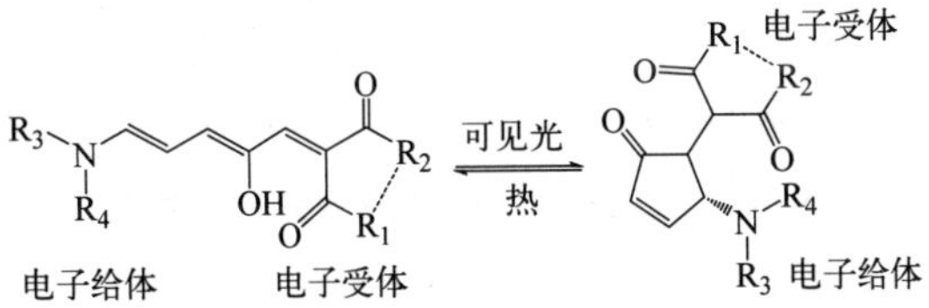

图 4-24　DASA 类化合物的光致变色反应

6．靛蓝类

靛蓝类（indigo）光致变色化合物是一种转子类型化合物，其光致变色原理与偶氮苯类似，都是基于光诱导的 E-Z 顺反异构化[60]（图 4-25）。值得注意的是，未发生 N,N'-二取代的母体靛蓝分子，是不能发生光诱导的 E-Z 顺反异构化的，这是由于其激发态经由激发态分子内质子转移（ESIPT）过程失活。靛蓝类光致变色化合物在可见光区具有较好的吸收，使得它在生物医疗领域具有良好的潜在应用价值。

图 4-25　靛蓝类化合物的光致变色反应

7. 分子马达类

分子马达是一种特殊的分子，它可以吸收光/化学能，通过可控制的方式移动其部分分子结构，从而产生机械功。然而，在纳米尺度上产生机械功和控制运动是非常困难的。在这个尺度上，分子马达需要克服布朗运动来保证分子处于平衡状态。分子马达主要分为平动类与转动类，转动类分子马达与偶氮苯类似，可以吸收光/热的能量转动，图 4-26 为第一例光激活转子类分子马达[61]，该马达经历四个异构态——(P,P)-trans, (M,M)-cis, (P,P)-cis 和(M,M)-trans，完成一次循环。目前，人们已经设计合成了多种转动/平动分子马达，并实现了一定的应用[62,63]。

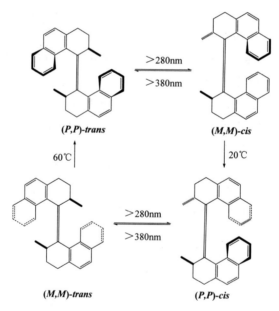

图 4-26　第一例光激活转子类分子马达[61]

4.4　光致变色染料的研究及应用进展

4.4.1　分子存储与逻辑运算

人类历史进入 21 世纪后，随着电子信息学、生命医药科学等领域的飞速发展，一些微型化的工具器件已逐步在实际应用中崭露头角。然而对宏观器件的微型化却很难突破物理尺度的极限，例如当今依靠硅基芯片的电脑技术，随着光刻法的线性极限尺寸小于100nm，其物理容量已几近极限。近年来，将超分子化学、光电功能化学染料等化学领域的概念与物理器件相结合的新思路为人们提供了"积小化大"，从微观层面构建分子、原子尺度器件的崭新方法。积小化大的方法让化学家们可以直接操作分子与原子，构造纳米尺度的分子元器件，这便使得未来的电子元器件突破物理尺度的极限成为可能。光致变色化合物在光激发条件下的两种异构体可以被视作信息处理中"0"与"1"两个二进制状态，因此被视作分子逻辑计算构建中的主要材料之一。此外，进一步将光致变色化合物与其他功能性分子相结合，可使其相应的外界响应从单一的光响应拓展为多种响应（比如，pH和离子配合等），多响应分子器件的构筑便成为可能，这也为今后构建更为复杂的分子元器件提供了基础。2003年华东理工大学田禾院士课题组首次将二噻吩乙烯光致变色化合物运用于分子存储，为光致变色应用于分子计算领域的研究打开了新的大门[64]。

4.4.1.1　光致变色分子逻辑门

简单的分子逻辑门主要为双输入单输出系统，比如 AND、OR、INHIBIT 逻辑门等。基于光致变色的双输入单输出分子逻辑门研究较早，且大多数基于光致变色的单一逻辑门体系以"光致变色基团+荧光团"形式构建。华东理工大学朱为宏教授课题组将传统 1,8-萘酰亚胺作为二噻吩乙烯光致变色化合物的新型烯桥，运用二噻吩乙烯光致变色性能以及1,8-萘酰亚胺溶剂化效应相结合，可逆调控化合物的荧光性能，从而成功构建了光致变色/荧光团分子一体的 INHIBIT 分子逻辑门（图4-27）[65]。

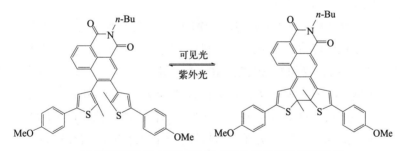

(a) 萘酰亚胺桥-二噻吩乙烯二元体系的光致变色机理

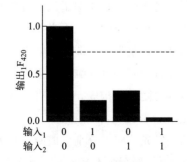

(b) 不同波长光照下二元体系在420nm处的荧光强度

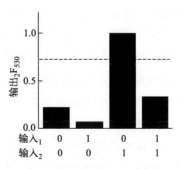

(c) 不同波长光照下二元体系在530nm处的荧光强度

图 4-27

输入$_1$	输入$_2$	输出
UV	溶剂	F_{420}
0	0	1
1	0	0
0	1	0
1	1	0

输入$_1$	输入$_2$	输出
UV	溶剂	F_{530}
0	0	0
1	0	0
0	1	1
1	1	0

(d) 不同输入条件下二元体系在420nm　(e) 不同输入条件下二元体系在530nm

处荧光输出的真值表　　　　　　处荧光输出的真值表

图 4-27　光致变色/荧光团分子一体化的分子逻辑门[65]

4.4.1.2　光致变色复合逻辑门

复合逻辑门即多输入多输出体系，包括半加法/减法器、全加法/减法器、编码器/解码器以及键盘锁等。

简单的逻辑门只执行基本的逻辑操作，考虑到光致变色化合物潜在的多寻址功能，基于光致变色的复杂逻辑操作体系及简单分子电路近来成了分子电子学领域的研究重点之一。分子级的计算关键要求是执行算术加减法的操作，这就需要将几个基本逻辑门单元组合成更杂的系统，比如加/减法器。华东理工大学朱为宏教授课题组基于新型苯并氧化噻吩烯桥的二噻吩乙烯光致变色化合物，结合汞离子、铜离子以及 pH 变化，构建了如图 4-28 所示的与（AND）、异或（XOR）、半加法/减法以及 INHIBIT 逻辑体系。此光致变色体系同样可被运用于分子编码/解码器的构筑[66]。

华东理工大学朱为宏教授课题组发现，二噻唑乙烯光致变色化合物具有出色的光致变色性能：100%光致变色闭环与开环转化率、良好的热稳定性、出色的抗疲劳性。将其制成光致变色薄膜，同样具有优异的变色性能。在光信号编码器中，二噻唑乙烯光致变色化合物可以作为光响应单元，采用紫外激光（375nm）与可见激光（561nm）作为调制光，能够成功地将不含信息的白光高效、完美地调制为表示信息的光脉冲，可用于光纤远程传送。由此所发展的光致变色染料可实现光调制等多方面的优势，对光敏材料设计具有特别的意义[27]。

有意思的是，大多数基于光致变色体系的复合逻辑门都存在除了光信号以外的其他输入信号，比如离子。而将离子作为输入信号，势必会在操作中引入不必要的“操作垃圾”，比如盐类。因此，全光控的复合逻辑门变得尤为重要。全光控，即所有输入信号都为光信号，这就要求光致变色化合物必须对多种波长的光有响应，且其响应效果不同。通常全光控的复合逻辑门系统由多个不同波长响应的光致变色团组建构成。瑞典查尔默斯工学院的Andreasson 教授课题组开发了一种基于二噻吩乙烯（DTE）-俘精酸酐（FG）的双光致变色体系。二噻吩乙烯与俘精酸酐对于不同波长的激发光响应，分别生成两者开关环交替的四种状态，从而构建了全光控的光致变色半加法/减法器（图 4-29）[67]。虽然半加法/减法器的工作已经层出不穷，然而到目前为止，基于光致变色体系的全加法/减法器的工作仍未有报道。

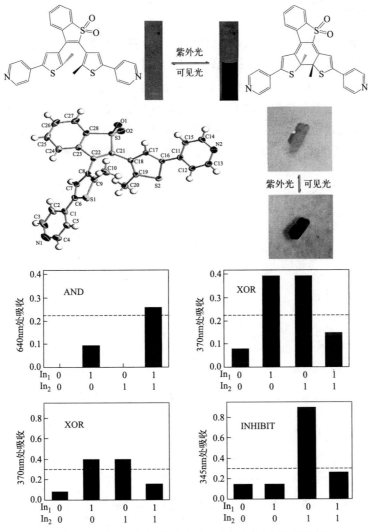

图 4-28　基于二噻吩乙烯的光/离子多响应半加法/减法器[66]

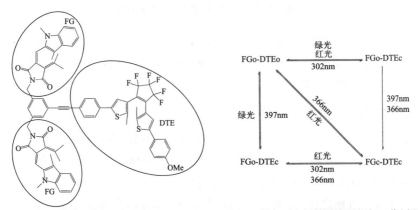

(a) 二噻吩乙烯-俘精酸酐逻辑门分子结构　　　(b) 二噻吩乙烯-俘精酸酐逻辑门工作原理

图 4-29　基于二噻吩乙烯-俘精酸酐的全光控半加法/减法器[67]

FGo—俘精酸酐初始态（开环体）；FGc—俘精酸酐光异构体（闭环体）；
DTEo—二噻吩乙烯初始态（开环体）；DTEc—二噻吩乙烯光异构体（闭环体）

4.4.1.3　分子键盘锁

分子键盘锁能够授权密码输入，从而保护分子计算/存储的输入信息。分子键盘锁的特性是，只有当以正确的顺序给出正确的输入时，它才给出输出信号。即，只有依照一定顺序对分子体系施加信号时，才能得到所需的输出信号。在这方面，国内华东理工大学田禾院士课题组与朱为宏教授课题组做了一系列相关的工作。在二噻吩乙烯-席夫碱（图 4-30）以及苯并氧化噻吩烯桥二噻吩乙烯-二苯基咪唑体系（图 4-31）光调控基础上，利用其与不同金属离子及 pH 影响性能，构建了三字母输入的分子键盘锁系统[68]。

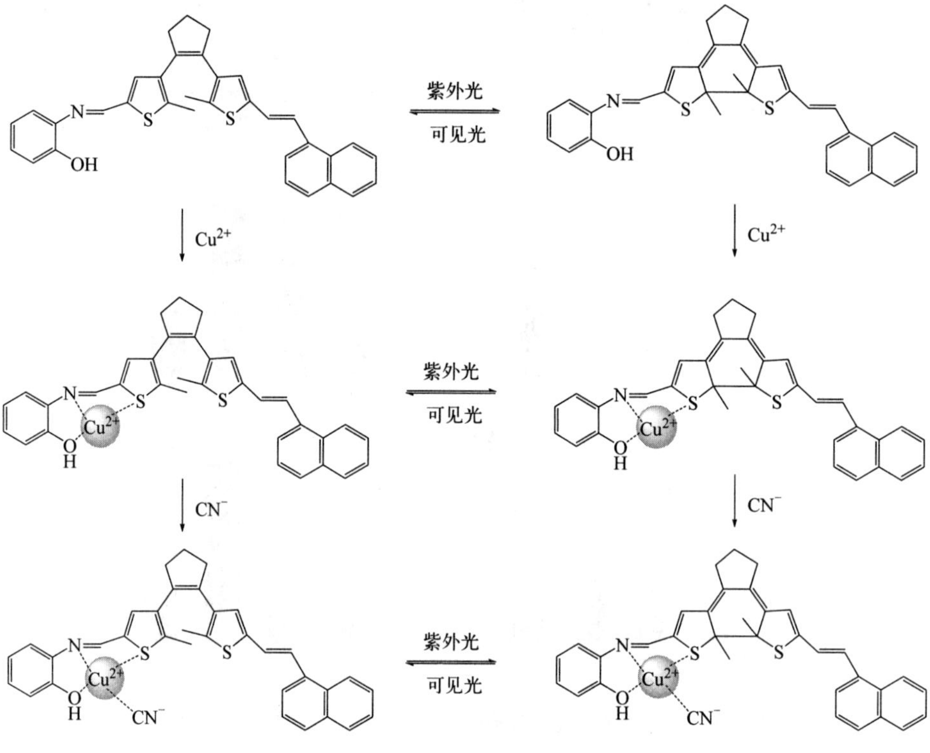

图 4-30　二噻吩乙烯–席夫碱分子密码锁

国际上，瑞典查尔默斯工学院的 Andreasson 教授基于二噻吩乙烯-俘精酸酐-卟啉的三元体系（双光致变色-荧光团），报道了首个全光控分子键盘锁体系，有效避免了分子计算操作过程中的"废弃物"问题[69]（图 4-32）。

4.4.1.4　光致变色分子存储与记忆

用于分子存储与记忆的光致变色分子显然需要具备异构体热稳定的性能，换句话说只有热稳定的光致变色化合物（P-type）才适合构建分子存储和记忆体系。俘精酸酐与二芳基乙烯化合物是典型的 P 型光致变色体系，特别是二噻吩乙烯体系，其光抗疲劳度达到了 10^4 次循环，突显其性能之优越。除了热稳定性之外，非破坏性读数也是构建分子存储器中极为重要的一环。通常对于光致变色记忆材料，通过紫外-可见分光光度计的常见读取信息不可避免地诱导分子光激发，导致在一定时间积累后的数据损失或报错。这意味着读取进程具有潜在的破坏性，因此我们应该寻求其他检测方法以避免对存储状态的干扰。

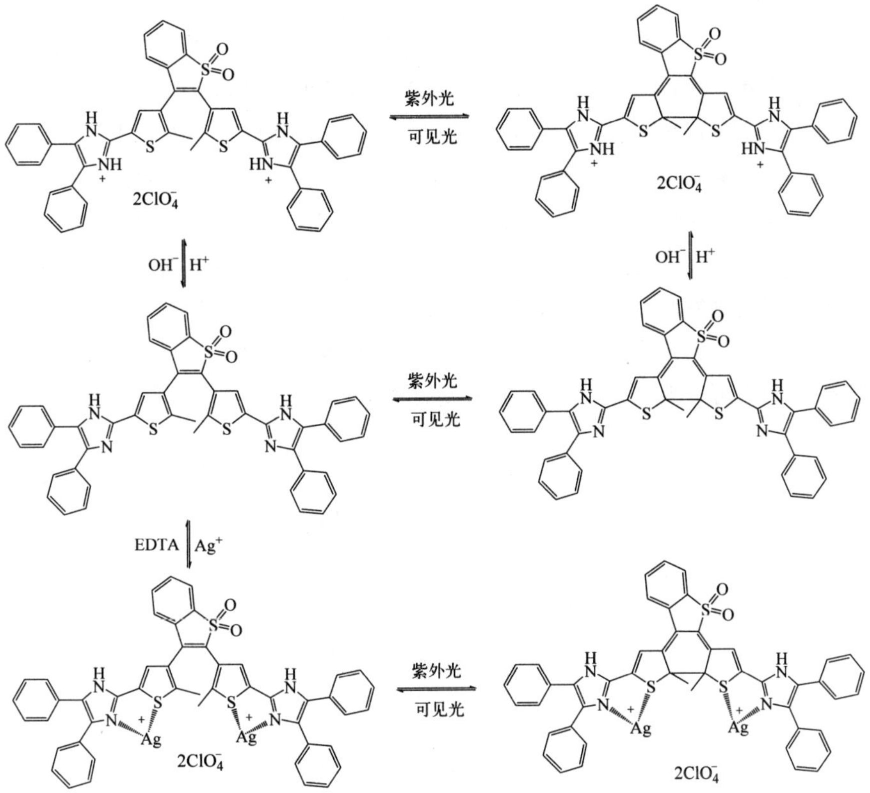

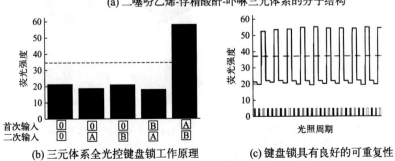

图 4-31　苯并氧化噻吩烯桥二噻吩乙烯–二苯基咪唑分子密码锁[68]

(a) 二噻吩乙烯-俘精酸酐-卟啉三元体系的分子结构

(b) 三元体系全光控键盘锁工作原理

(c) 键盘锁具有良好的可重复性

图 4-32　基于二噻吩乙烯-俘精酸酐-卟啉的三元全光控键盘锁体系[69]

1. 荧光光谱法

荧光信号可以被灵敏识别，而激发荧光信号的光源（即激发光）强度较弱，在荧光读出过程中几乎不擦除记录的信号。因此，具有荧光性能的二芳基乙烯光致变色化合物有希望实现具有高对比度荧光记录和信号的非破坏性读出的可擦除光学存储器的制造。

由于二芳基乙烯在结构上是非荧光的，早期的工作主要集中在向系统引入荧光团。荧光可以通过 Föster 共振能量转移（FRET）从荧光团调节到封闭形式。图 4-33 显示了由光致变色二芳基乙烯单元-金刚烷-荧光双（苯基乙炔基）蒽发色团组成的代表性分子。当蒽通过 488nm 的照射激发时，激发态倾向于将能量转移到二芳基乙烯的闭环体，导致荧光猝灭[70]。然而，开环体则不发生任何的能量转移，因此该分子显示强的绿色发射。这种荧光二芳基乙烯衍生物可以潜在地用于超高密度可擦除光学数据存储。国内华东理工大学田

开环体

R=OMe

| DAE | 间隔基 | 蒽 |

(a) 二噻吩乙烯-金刚烷-蒽三元体系的分子结构

DAEo
（约300nm）

蒽
（488nm）

能量转移

DAEc
（约600nm）

荧光

(b) 蒽与二噻吩乙烯开环体/闭环体之间的能量转移

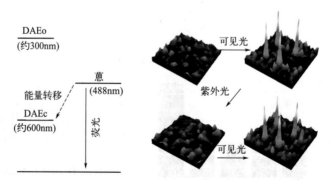

可见光

紫外光

可见光

(c) 三元体系光存储器件的可重复性擦写过程

图 4-33 基于 FRET 的非破坏性光致变色分子存储[70]

DAEo—二芳基乙烯初始态（开环体）；DAEc—二芳基乙烯光异构体（闭环体）

禾[71]院士课题组与中国科学院化学研究所朱道本院士课题组合作设计合成了高荧光对比度的二噻吩乙烯-萘酰亚胺荧光双体光致变色化合物，光致反应前后表现出高的荧光对比度，荧光共聚焦两维光存储测试表明：可以利用二噻吩乙烯桥萘酰亚胺荧光双体光致变色反应前后高的荧光对比度及荧光发射波长作为信息读出，耐疲劳实验进一步表明这类化合物在超高密度全光子型可擦、读、写光信息存储材料中具有潜在的应用价值。

　　虽然可以使用 FRET 实现高对比度荧光调制，但是能量转移到二芳基乙烯的闭环体，将潜在地导致在读出步骤期间的光环化，并因此破坏记忆存储。如果光致变色部分的开/闭环体具有不同的氧化还原性质，则可以使用光诱导电子转移（PET）效应来替代 FRET 效应进行高对比度荧光调控[72,73]。电子转移涉及苝二酰亚胺（perylene bisimides）荧光染料（Dye）基团的氧化电位和二芳基乙烯单元的还原电位（如图 4-34 所示）。此外，二芳基乙烯两种异构体的吸收带应短于染料的荧光光谱。当选择具有特定极性的某些溶液时，可以根据这种机制控制开/闭环体的荧光，构建非破坏性读出光学存储器。

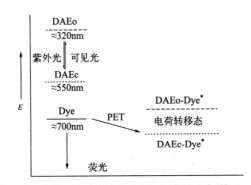

(a) 苝二酰亚胺-二噻吩乙烯二元体系的分子结构

(b) 苝二酰亚胺与二噻吩乙烯开环体/闭环体之间的PET过程

图 4-34　基于 PET 的非破坏性光致变色分子存储

DAEo—二芳基乙烯初始态（开环体）；DAEc—二芳基乙烯光异构体（闭环体）

　　安德烈亚松（Andréasson）等人[74]组建了基于二噻吩乙烯-锌卟啉的超分子化合物。如图 4-35 所示，紫外/可见光照射前后，化合物 **5** 的两个异构体与锌卟啉形成结构不同的两个配合物。由于两者之间主要的特征吸收峰在近红外区变化，与光致变色反应的吸收波带没有交叠，异构化产生的作为输出信号的波长变化与荧光发射变化可以在近红外区被检测到，从而不会影响光致变色反应的发生。也就是说，在读取存储的数据时，检测光不会破坏已存储的数据。

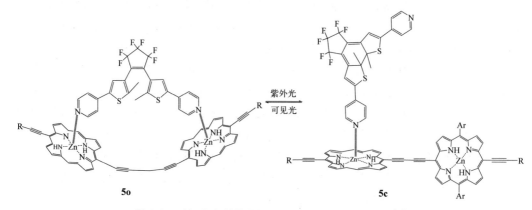

图 4-35　基于近红外荧光的非破坏性光致变色分子存储[70]

非破坏性读出的另一个实现方式便是双光子技术。宋延林与田禾等人[75]报道了一类具有双光子性能的二茂铁-螺噁嗪分子 **6**（图 4-36），开创了基于光致变色分子的双光子 3D 高密度存储的先河。化合物具有良好的光致变色性能以及高抗疲劳度，为未来可重复光信息存储提供了潜在的应用价值。

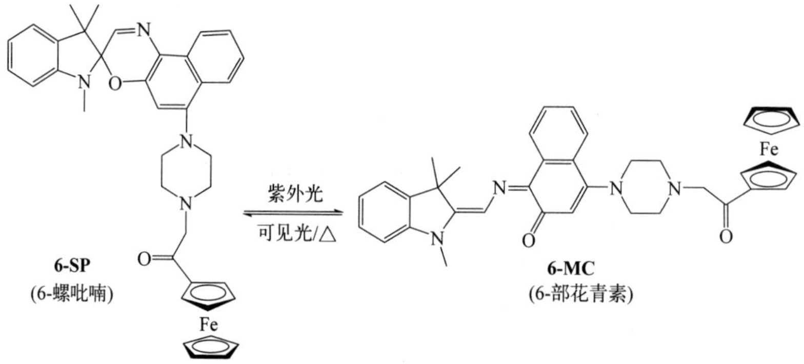

图 4-36　基于双光子读出的非破坏性光致变色分子存储[75]

此外，运用荧光光谱实现非破坏性读写还可以通过引入镧系、锕系过渡金属离子配合的方式。在配合物中，二芳基乙烯的吸收与过渡金属离子中心的吸收完全分离。这意味着在其自身的吸收区域激发复合物将不影响二芳基乙烯核。这有助于使用三种不同波长的光源进行写入，擦除和读取数据而无破坏性读出。

2．红外光谱法

红外光谱利用分子吸收其结构特征的特定频率。这些吸收是谐振频率，即吸收的辐射的频率应该与振动的键或基团的跃迁能相匹配。实际上，激发这样的振动能量不会引起电子的重新排列，因此限制了在读取过程中的结构变化。

对于图 4-37 中的二芳基乙烯，闭环体在 IR 区域 1500～1700cm⁻¹ 处的红外强度比开环体的红外强度更强。这种 IR 光谱变化可以用于读出写在包含二芳基乙烯衍生物的聚合物膜上的图像。如图 4-37 所示，IR 图像可以分辨字母和背景之间的差异。此外，即使在使用 IR 光长时间读出图像之后，也未观察到信噪比（S/N）的降低，这表明存储材料具有非破坏性读出能力的潜力[76]。

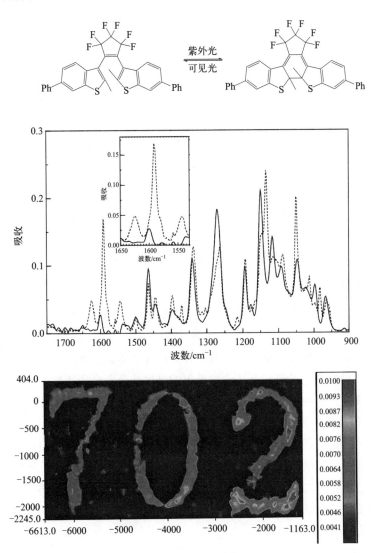

图 4-37　基于红外光谱的光致变色非破坏性读出[76]

3. 旋光度法

检测旋光度不影响电子跃迁的吸收带，从而在信号读出的过程中消除了分子的光激发。因此，它是实现非破坏性读出的可靠方法之一。为了实现该目的，必须向系统诱导不对称（手性）结构以引起光偏振。而二芳基乙烯化合物正具备了这一点优势。

华东理工大学朱为宏教授课题组通过对二噻吩乙烯衍生物 BBTE 的开闭环体进行 HPLC 手性拆分，首次分离得到了二噻吩乙烯的 5 个热稳定的异构体：反平行的 M-ap-BBTE 和 P-ap-BBTE、非手性的 p-BBTE、闭环体(S,S)-c-BBTE 和(R,R)-c-BBTE（图 4-38）。所有异构体经过 X 射线单晶衍射，确定了各自的绝对构型。反平行和闭环异构体的对映异构体间，可以发生对映专一性的光致变色反应，解决了二噻吩乙烯内在自发消旋的问题。通过掺杂于聚合物基质中，BBTE 的内源性的手性响应可以应用于光手性信号调控和构建非破坏性读出的光存储材料。鉴于 BBTE 优异的结构拓展性，未来通过结构上的进一步修饰将可以构建一系列手性光开关，极大地拓展传统二噻吩乙烯的应用范畴[77]。

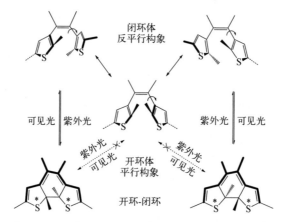

图 4-38　二噻吩乙烯光致变色过程中的手性构象变化[77]

4.4.1.5　门控光致变色

虽然在二芳基乙烯体系中已经取得了很大的进展，但具有门控性质的二芳基乙烯在非破坏性读出中作为重要的发展，在文献中报道较少。在门控光致变色中，由于一些物理/化学因素，光不引发光致变色反应，直到有外界信号去除门控效应。到目前为止，有两个原则来实现门控光致变色。第一个是构象受限的光致变色。众所周知，具有五元杂环的二芳基乙烯在溶液中具有两种构象，其中两个环呈镜面对称平行构象或 C_2 对称反平行构象。然而，仅 C_2 对称是光活性的，并且光致变色环化仅可以从这种构象进行。因此，获得门控性质的第一种方式是将杂环固定为平行构象。实际上，已经基于该策略通过引入一些外部刺激如分子内氢键、配位和特异性反应构建了几种新的门控光致变色。不同于诱导门控光致变色的第一种方式，抑制光致变色活性的第二种方式是猝灭开放异构体的激发态。实际上，尽管必须提供一些特殊条件如相当低的温度，但激发态可以被抑制或更容易被其他特定方法而不是光环化反应猝灭。

1．氢键作用

河南师范大学李晓川课题组通过选择氧化/还原二噻吩乙烯化合物中的硫原子获得门控分子开关系统（图 4-39）。在氧化之前，分子显示良好的光致变色性质。然而，在氧化状态下，光致变色性能被完全阻断，这被认为是 S,S-二氧化物部分中的氧原子和相应的氢原子之间更强的分子内相互作用的贡献。通过还原 S,S-二氧化物部分获得反应活性的光致变色反应性[78]。

2．金属离子配合

除了氢键相互作用之外，华东理工大学田禾院士课题组设计并合成了具有新的门控光致变色性能的 1,8-萘酰亚胺-哌嗪-二噻吩乙烯体系[79]。当将 Cu^{2+} 加入游离的二噻吩乙烯溶液中时，由于平行构型的生成，光致变色反应完全被禁止（图 4-40）。这里，Cu^{2+} 作为分子

"锁"起作用，从而将体系转变成光无活性状态。乙二胺四乙酸（EDTA）可以用作分子"解锁"，通过从光致变色配体中提取 Cu^{2+} 来恢复光致变色性能。

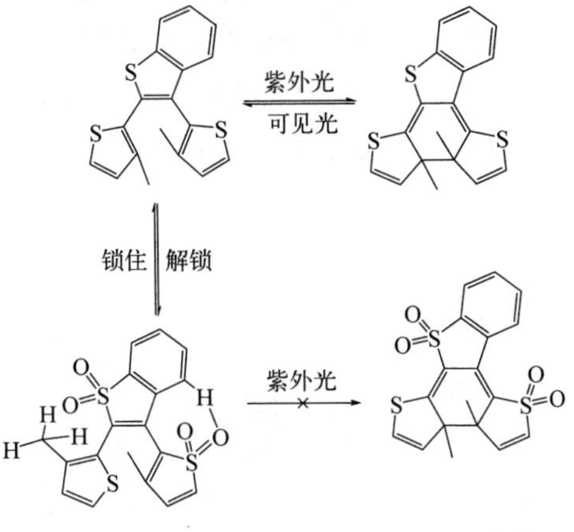

图 4-39　通过氢键作用进行门控的光致变色体系

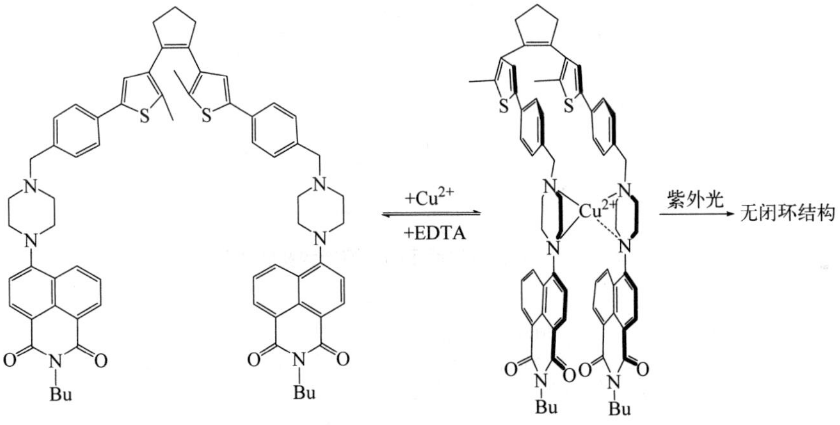

图 4-40　通过金属离子配合作用进行门控的光致变色体系

3．化学反应门控体系

闭环异构体的激发态可以通过分子内质子转移而有效地猝灭。日本九州大学的 Irie 教授课题组设计合成了基于琥珀酰亚胺烯桥的二噻吩乙烯分子。如图 4-41 所示，在非极性环己烷溶液中，在苯酚基团中的氢原子和酰亚胺羰基中的氧原子之间容易产生分子内氢键，分子内质子传递引起激发态的猝灭。当在 405nm 光照射期间加入乙酸酐时，由于羟基的酯化，不再具备质子转移能力，光致变色活性恢复[80]。

香港大学任咏华教授课题组提供了一种通过产生具有电荷转移特性的高发射激发态来设计门控光致变色染料的新方法[81]。为了构建高荧光化合物，将具有高荧光量子产率的二基硼烷-二噻吩核心引入框架的光致变色二噻吩乙烯体系，产生两种三配位的硼化物。这两种化合物在用 UV 光照射时在不同的溶液中不显示光致变色行为，而它们在 465nm 和 520nm 下显示具有高荧光量子产率的发射光谱。密度泛函理论（DFT）和时间依赖 DFT（TD-DFT）密度泛函理论计算表明高发射状态是由硼 p-π 轨道和二噻吩 π 系统之间的良好共轭导致的，导致 HOMO-LUMO 分离的减少。因此，光致变色被来自激发态的自发发射抑制。通过添加氟离子（四丁基氟化铵 TBAF）观察到光致变色体系的发射强度的显著降低，作为通过形成相应的氟硼酸盐而延伸通过硼 p 轨道的 π 共轭的破坏的结果（图 4-42）。此外，在 UV 照射下观察到两种化合物的典型光致变色反应。在氟离子结合时的剧烈的光物理变化可以归因于 π-π 共轭的破坏，并因此阻断激发态的电荷转移特性。通过加入过量的甲醇或更强的路易斯酸如 B(C₆F₅)₃ 来解离氟离子可以再次锁定光致变色体系。

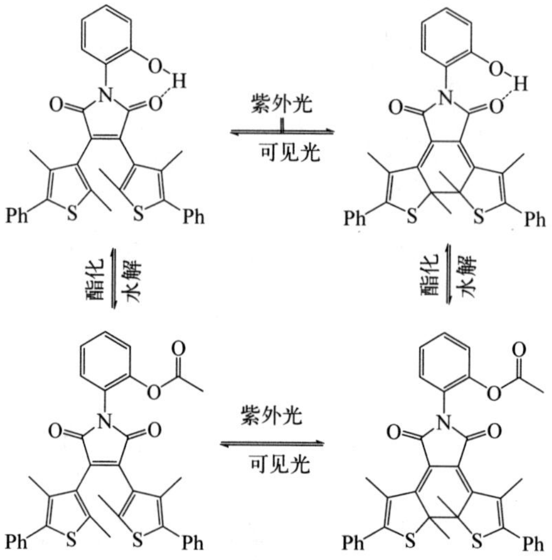

图 4-41　基于酯化反应的门控光致变色体系

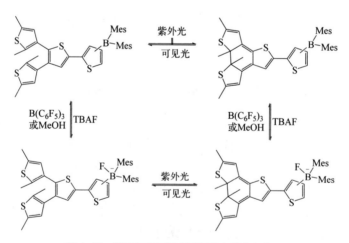

图 4-42　基于氟离子反应型门控光致变色体系

4.4.2　光致变色光电器件

4.4.2.1　光致变色单分子导线/电极材料

　　作为开发光电子器件的前体，光致变色功能表面的研究引起了许多材料科学家和化学家的兴趣。尽管如此，在这个新兴领域仍然存在许多挑战。主要挑战之一是观察电导的光调节开关，特别是在类似于那些实际分子器件的工作条件下，作为分子中的电荷传输，随机构象变化与电导变化，单层或单分子桥在工作电位下的稳定性的重要问题，在纳米电极（单分子结）之间形成单分子桥作为从表面获得光切换行为的数据的方法。目前最常用的测量这些单分子纳米电极的技术是扫描隧道显微镜（STM）、导电原子力显微镜（c-AFM）、机械控制断点结（MCBJ）等。

　　Feringa 课题组构建了基于二噻吩乙烯的 MCBJ 体系[82]。在紫外光/可见光的交替照射下，实现了该固态分子电子器件中的电流的光可逆宏观改变（ON/OFF 比为 16）。除了平面电极，日本九州大学的 Irie 等人[83]将二噻吩乙烯修饰到金纳米颗粒表面，形成具有交叉指型的光致变色纳米颗粒器件。在紫外光照射下，闭环二噻吩乙烯显示出较高的电导，而可见光诱导的开环异构体显示相对较低的电导（ON/OFF 为 16）。Nishihara 等人[84]将二噻吩乙烯通过乙烯键修饰到硅电极表面，如图 4-43 所示。此体系在紫外-可见光照射下发生可逆的电流变化，他们通过导电原子力显微镜来观测在硅电极表面发生的电流变化。从以上实验结果来看，闭环体比开环体具有更高的导通电流，这一现象可以通过共轭体系大小来解释。闭环体具有大共轭结构，因此具有较强的导电性，而开环体共轭结构被打断，导电性减弱。深入理解分子结构与开关性能之间的相互作用和联系将为进一步设计与创造光电分子器件提供坚实的理论基础。

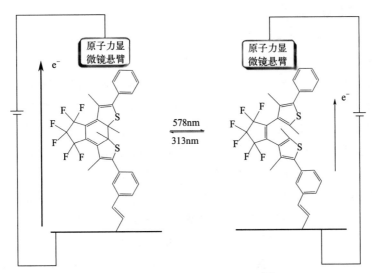

图 4-43　光致变色纳米电极体系[84]

　　北京大学郭雪峰课题组在单分子光电子器件研究领域，在国内处于领先地位。2007年，郭雪峰课题组利用碳纳米管电极与二噻吩乙烯分子构建出了具有从关态到开态单向开关功能的单分子光开关器件[85]。2012 年，为进一步完善单分子器件的制备方法，发展了利用石墨烯为电极的第二代碳基单分子器件的突破性制备方法[86-89]。然而，以上这些工作仍然只实现了从关态到开态单向光开关功能。理论分析揭示，在这些前期的体系中，分子和电极之间存在着强的耦合，从而导致分子激发态的猝灭，将功能分子锁在了闭环构象。通过理论模拟预测和分子工程设计在二芳基乙烯功能中心和石墨烯电极之间进一步引入关键性的亚甲基基团，所得实验和理论研究结果一致表明新体系成功地实现了分子和电极间优化的界面耦合作用，突破性地构建了一类全可逆的光诱导和电场诱导的双模式单分子光电子器件（图 4-44）。石墨烯电极和二芳烯分子稳定的碳骨架以及牢固的分子/电极间共价键连接方式使这些单分子开关器件具有空前的开关精度、稳定性和可重现性，在未来高度集成的信息处理器、分子计算机和精准分子诊断技术等方面具有巨大的应用前景。

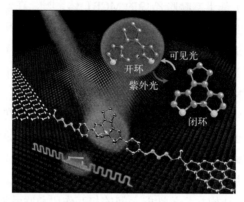

图 4-44   二噻吩乙烯-石墨烯单分子光电子开关器件

4.4.2.2   光致变色固体器件

有机半导体得益于可印刷、柔性、大面积电子（large-area electronics）的特性，具有非常广阔的应用前景。除了提高器件性能，加入有机分子逻辑门赋予材料更多的功能也是非常重要的发展方向。2012 年，Norbert 科赫（Koch）、赫克特（Stefan Hecht）、萨莫里（Paolo Samori）等合作在 *Nature Chemistry* 上报道了两种有机分子混合制成的半导体薄膜[90]，其中一种是可光致变色的二芳基乙烯，另外一种则是 3-己基聚噻吩［poly(3-hexylthiophene)，P3HT］，成功实现了可光调谐和双稳态的 P3HT 空穴传输。在特定波长下，利用二芳基乙烯可逆的两种电子状态，成功实现对输出电流的调谐，器件的光响应可以到达毫米级。这种分子混合的方法为各种分子器件合并为一个器件提供了方便，开创了多功能器件和电流逻辑门的新方向。图 4-45 中，金作为输入和输出电极，光致变色 DAE 和 P3HT 混合物作为传输薄膜。其中 3-己基聚噻吩是很好的电子传输介质，当二芳基乙烯处于闭环状态时，电荷能得到很好的传输；反之，当二芳基乙烯处于开环状态时，电荷无法很好地传输。

2012 年北京大学郭雪峰课题组采用光触发的半导体聚合物基质中螺吡喃的构象变化来调节 OFET 中的通道电导[91]。螺吡喃两种光异构体呈现出极大的偶极矩变化，将显著改变对 3-己基聚噻吩（P3HT）层内电荷传输性能。如图 4-46 所示，在紫外光照射约 3min 时，当记录输出电流的增加时，FET 沟道的低电导状态逐渐改变为更高的电导状态。逆反应在白光下进行，并且器件需要约 8min 以恢复初始漏极电流值。重要的是，所述装置显示出长期稳定性，并且它们可在空气中测试达 3h 而没有明显的降解。他们提出 P3HT 骨架和螺吡喃的酚盐单元之间可能存在电荷转移，螺吡喃开环体的光生酚氧基团可以充当产生迁移率降低的电荷陷阱。

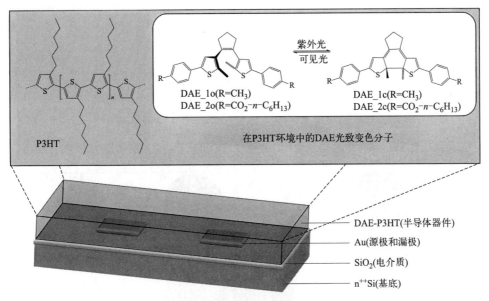

(a) 光致变色薄膜场效应晶体管构造

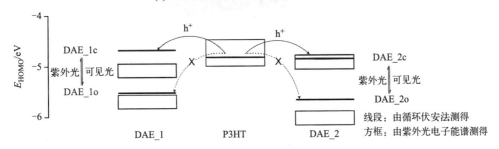

(b) 光致变色薄膜场效应晶体管工作原理

图 4-45　光致变色薄膜场效应晶体管[90]

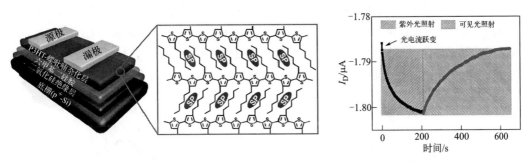

图 4-46　螺吡喃掺杂的 P3HT 场效应晶体管及其光调控作用[91]

　　2012 年 Marcel Mayor、Paolo Samorì 等在 *PNAS* 上报道（图 4-47）[92]，他们用偶氮苯取代传统 *S*-[4-[4-(苯乙炔基)苯基]-乙炔基丁苯硫醇，通过巯基修饰在纳米金上，再与 3-己基聚噻吩混合，其中偶氮苯负责俘获电荷。光诱导纳米金上的偶氮苯在顺式和反式构型间互变，可以演变成俘获电荷调控器。当偶氮苯处于反式结构时，整个纳米颗粒直径较长，而经光照后转变为顺式结构，粒径变短（Δh），通过这个原理可以顺利地控制纳米粒子在半导体膜中电荷捕获/释放过程的效率，是目前唯一电信号与光信号二维控制场效应晶体管的方法。

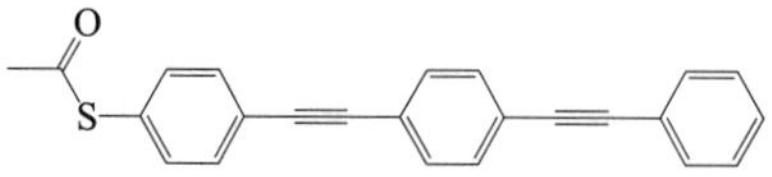

(a) 传统场效应晶体管材料的分子结构   (b) 偶氮苯场效应晶体管材料的分子结构

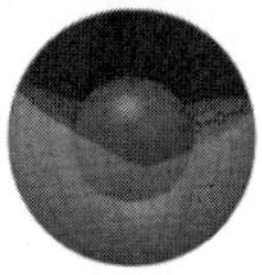

(c) 偶氮苯光致变色材料修饰的纳米金   (d) 修饰纳米金的光致变径行为

(e) 基于光致变色材料修饰纳米金的场效应晶体管构造

图 4-47   偶氮苯光致变色化合物与纳米金颗粒形成可光调控的场效应晶体管[92]

4.4.3   光致变色晶体/液晶材料

4.4.3.1   光致变色晶体材料

日本的 Akagi 以及美国的李全等人[93-94]将手性分子联萘酚修饰到二噻吩乙烯分子的两端（图 4-48），使其作为手性分子掺杂到液晶材料中，通过光控来调节手性向列型液晶材料（N*-LCs）。二噻吩乙烯基团的光致变色反应可逆地改变了联萘胺的二面角，含有(*R*)-23a 和(*S*)-23a 的 N*-LCs 显现出可逆的螺旋型变化。含有(*R*)-23b 和(*R*)-23c 的 N*-LCs 则在 N*-LCs 与 N-LC 形式之间进行光控可逆变化。而含有(*R*)-23d 和(*R*)-23e 的 N*-LCs 则在螺旋形形貌的螺距上伴随着光致变色反应发生光控可逆的变化。

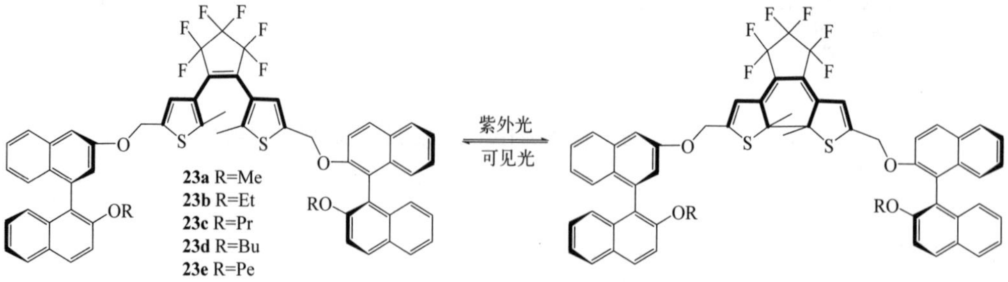

23a R=Me
23b R=Et
23c R=Pr
23d R=Bu
23e R=Pe

图 4-48   二噻吩乙烯液晶材料

具有光刺激响应性能的天然分子或人工合成材料因其独具特色的性能在技术应用中发挥着重要的作用[95]。李全教授等将具有全可见光光致变色性能的偶氮苯分子掺杂入以胆固醇类化合物为基底的液晶材料中，使液晶材料的性能受到可见光的调控作用。他们首先将具有轴手性的联萘与偶氮苯基团连接，得到的目标体系在可见光的激发下发生 *trans→cis* 异构化反应，不仅伴随体系吸收光谱的改变，还增强了目标体系的螺旋扭转力（helical twisting power，HTP）。基于该特性，掺杂有偶氮苯的液晶材料在绿光照射及电场的作用下，可诱导胆固醇基底的液晶相通过不同的机制形成条纹图案，并且产生的条纹可以作为衍射光栅，在光通过时产生衍射效果[96]（图 4-49）。该工作对利用全可见光驱动的手性分子开关构建基于主客体作用的先进光学材料具有重要的参考意义[97]。

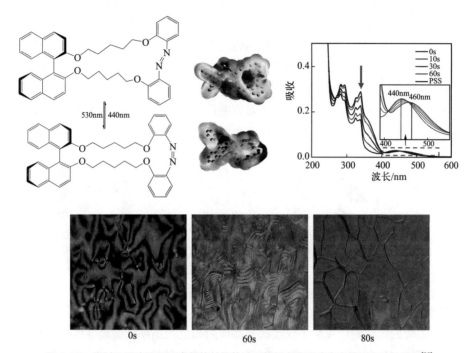

图 4-49　通过可见光诱导具有螺旋结构的液晶材料自发形成定向排列有序的结构[96]

　　鉴于其特殊的光调控性能，光致变色分子在光子晶体领域的发展同样受到人们的广泛关注。通过研究在光子晶体表面含有二噻吩乙烯以及香豆素荧光团的聚甲基丙烯酸甲酯（PMMA）膜，宋延林等人[98]提出了将光子晶体引入光存储材料，并进一步提高光开关前后荧光强度对比的巧妙方法。如图 4-50 所示，光子晶体表面的 PMMA 膜中，香豆素荧光团作为能量的给体，二噻吩乙烯（闭环体）作为能量的受体，在光调控下通过分子间 FRET 效应进行荧光的开/关操作。由于光子晶体大的比表面积以及对光的高提取率，荧光开/关

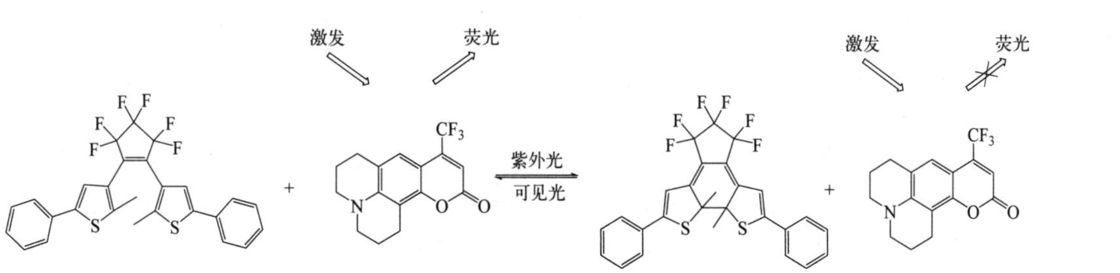

图 4-50　二噻吩乙烯光子晶体材料

前后的强度对比值达 40∶1，远远超过一般玻璃作为载体时的 7∶1。光致变色分子在光子晶体领域的应用为提高光控器件的灵敏度与分辨率提供了良方。

4.4.3.2　光致变色单晶材料

大多数光致变色体系在固态，特别是单晶状态，通常无法发生光致变色反应。例如常见的螺吡喃开闭环异构体的几何构型差异明显，在分子紧密堆积的晶格中，二者的转换通常是不可能的（或极低转化率）。而二芳基乙烯正是少数可以发生单晶的光致变色体系，目前已报道的二芳基乙烯中，有很大一部分的单晶（开环态）在紫外光下都可发生明显的颜色改变（生成闭环体），并且在可见光照下可以可逆地恢复到初始无色（或浅色）状态。通常二芳基乙烯的单晶的变色后的颜色根据结构的不同而异，仅仅表现为一种类型的颜色，而将多种二芳基乙烯混合后培养得到的混晶可以在不同波长的光激发下生成多种颜色。以图 4-51 中左侧的混晶为例[99]，其含有的 3 类二芳基乙烯的闭环体各自表现为黄、红、蓝色，通过不同的激发光照可以配比出一些其他复合颜色如橘黄、紫、绿和黑色等，这样的多彩体系在多频三维信息存储和全彩显示方面有着潜在的应用。

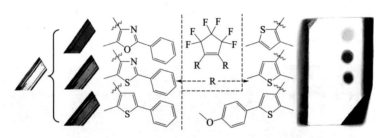

图 4-51　多种二芳基乙烯混晶在光照下颜色的变化[99]

二芳基乙烯的光致变色反应不仅能改变晶体的颜色，还可以引起晶体形态上的变化。2001 年 Irie 等在 *Nature* 杂志上报道了 R1.7 开环体的单晶的表面（100 面）在紫外光照射下会产生一定的收缩，并且可见光照射下可以恢复初始的平整状态（图 4-52）[100]。收缩过程以（1.0±0.1）nm 为一个进步，逐步进行，这源于闭环体 *c*-R1.7 和开环体 *o*-R1.7 芳基间的空间体积差异（0.1nm），闭环反应后生成的闭环体的体积减小，可以引起单晶表面的收缩。基于可逆表面形态改变的机理，Uchida 等设计一系列易于制备微晶的二芳基乙烯，这些微晶的表面的形态可以使用紫外光和可见光可逆地改变。以图 4-53 中的 R1.38 形成的微晶为例[101]，初始的开环态 *o*-R1.38 表现为絮状纤维结构，因而具有较大的疏水性（接触角为 150°）；在紫外光下生成闭环体后，这些絮状结构逐渐消失，表面变得比较平滑规整，表现出一定的亲水性（接触角为 80°）；再通过可见光照射又能恢复初始的纤维状形态，重新表现出疏水性。

不同于传统的分子机器（如分子梭、分子电梯、分子马达等），二芳基乙烯的单晶变色过程可以将微观的分子结构改变放大到宏观层面上的机械运动，从而构建现实生活中的晶体执行器。所谓执行器，指的是一种将能源转换成机械动能并输出的装置，通过执行器可以控制、驱使物体进行各类预期动作。Irie 课题组近十年在此领域取得突破性的进展（图 4-54）：*o*-R1.39 的单晶可以在光照下可逆地改变其晶体的形状（从长方形到平行四边形）；*o*-R1.40 的单晶可以在光照下可逆地扭曲（左旋和右旋扭曲的单晶数目均等）；*o*-R1.41 和全氟代萘的片状混晶（1：2）[102]可以在紫外光下发生弯曲，可以举起自身重量 275 倍的铅球，在此光照过程中共做了 0.43μJ 的功。这些过程皆源于光致变色反应后生成的闭环体改变了原有晶格中的堆积方式，引起分子间相互作用，进而放大到宏观层面上的机械运动。总体而言这类晶体执行器具有以下显著的特点：快速响应（<5μs）、工作温度范围较广（可低至 4.6K）、机械抗疲劳性高（对于某些混晶可达 1000 次）、移除光源后可以稳定保持形态。

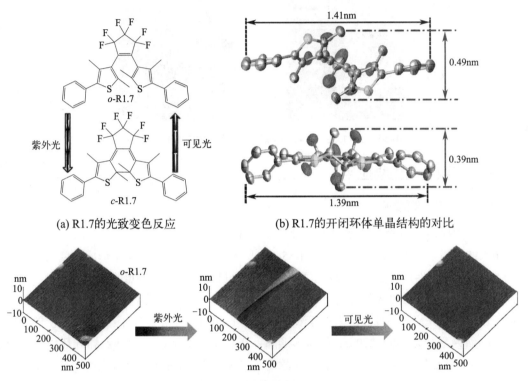

(a) R1.7的光致变色反应   (b) R1.7的开闭环体单晶结构的对比

(c) *o*-R1.7的单晶的表面在光照下的变化（100面，AFM图像）

图 4-52 R1.7 开环体光致变色后单晶的变化[100]

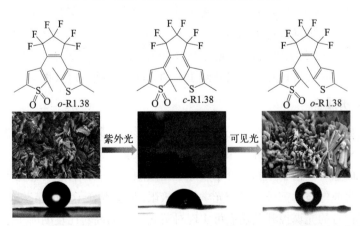

图 4-53 R1.38 的微晶表面在光照下的变化（SEM 图）及其引起的接触角的变化（水）[101]

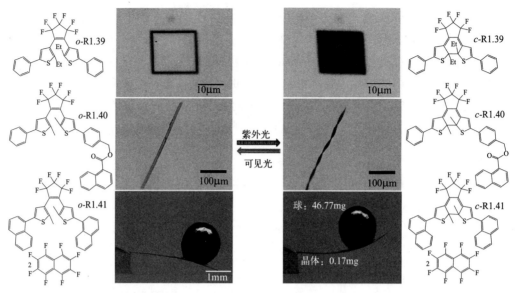

图4-54　*o*-R1.39~1.41 的单晶光致变色过程中的形态的改变[102]

4.4.4　光致变色生物应用

4.4.4.1　光控细胞成像

　　复旦大学的易涛教授课题组最近设计和合成了在刚性二芳基乙烯核心两端具有疏水和亲水链的两亲二芳基乙烯分子［图 4-55（a）][103]。二芳基乙烯在水中形成浓度大于 $1.2×10^{-6}mol \cdot L^{-1}$（临界聚集浓度）的稳定囊泡，与其有机溶液相比具有增强的绿色发射。水溶性囊泡在紫外光和可见光的交替照射下在开环和闭环状态下表现出明显不同的荧光。扫描电子显微镜（SEM）图像显示来自低浓度水溶液［$1.0×10^{-5}mol \cdot L^{-1}$，图 4-55（b）]的冷冻干燥样品为直径为 50~200nm 的球形形态。在玻璃基板上，二芳基乙烯开环体水溶液（$1.0×10^{-5}mol \cdot L^{-1}$）的共聚焦激光扫描显微镜（CLSM）图像显示良好分散的微米大小的荧光圈［图 4-55（c）]，表明疏水相互作用和分子之间的亲水排斥决定了分子到囊泡的排列［图 4-55（d）]。这些荧光囊泡可以以低细胞毒性进入活细胞，在用 405nm 和 633nm 光交替照射时实现这些细胞中的荧光开关，揭示其作为细胞标记或荧光开关在具有高比率信号变化和优异的抗疲劳的活细胞中的潜在效用。

　　2009 年，Branda 等人[104]将二噻吩乙烯光开关应用于活组织中，当单一波长光照射得到某一异构体时，可以实现在秀丽隐杆线虫中的光响应麻痹作用（图 4-56）。

4.4.4.2　超分辨成像

　　常规光学显微镜的分辨率由于受到衍射极限的影响，其成像极限约为 200nm，无法用于精准观测尺寸在 200nm 以内的生物结构及行为（诸如，对 β-半乳糖苷酶（β-gal）这类生物大分子进行成像时，由于生物大分子尺寸远比细胞小得多，普通传感器无法精确地确定其位置）。超分辨成像技术突破了传统光学衍射极限，是实现分子尺度精准成像的有力工具。光致变色染料特有的光调控开关功能可实现对荧光信号的高对比度明/暗调控，为实现超分辨成像提供了必要手段。如图 4-57 所示，华东理工大学田禾院士课题组基于此原理，设计

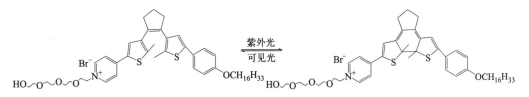

(a) 二噻吩乙烯两亲分子的光致异构机理

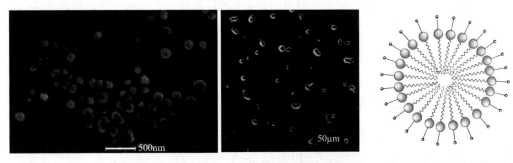

(b) 噻吩乙烯两亲分子囊泡的SEM图像　(c) 噻吩乙烯两亲分子囊泡的　(d) 噻吩乙烯两亲分子囊泡
　　　　　　　　　　　　　　　　　共聚焦激光扫描显微镜图像　　　示意图

图 4-55　二芳基乙烯细胞成像[103]

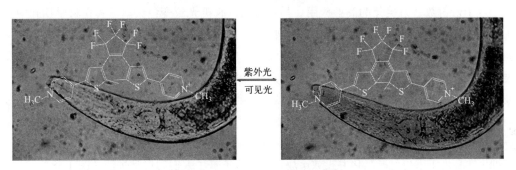

图 4-56　光控单细胞生物行为[104]

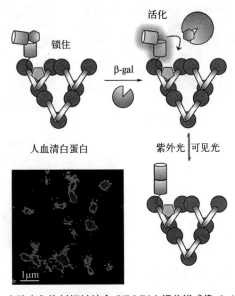

图 4-57　光致变色染料探针结合 STORM 超分辨成像 β-半乳糖苷酶

合成了用于生物酶超分辨成像的螺吡喃光致变色传感器，通过随机光学重建显微镜（STORM）超分辨技术将成像分辨率提升了 13 倍（80nm），成功观测到疾病标志物 β-gal 在衰老细胞中的溶酶体聚集现象和分布特征，为发展高时空分辨染料分子探针提供了新的思路[105]。

　　Irie、Belov 和 Hell 等人将二芳基乙烯化合物进行 4～8 个羧基修饰后，用于标记生物体内的抗体。将大量自由旋转的羧基引入高度对称的体系，可大幅提升二芳基乙烯光致变色分子的水溶性，降低分子在水相环境中的聚集程度，从而提升光致变色活性和效率。该结果证明了光致变色染料能够在纯水溶液中具有很好的热稳定性，并能很好地用于基于可逆饱和线性荧光跃迁原理（RESOLFT）和光激活定位显微镜技术（PALM）的超高分辨率显微镜成像[106-107]。

4.4.5　光致变色日用品

　　在 19 世纪中叶，光致变色现象开始引起了科学家们的兴趣，而对于有机光致变色分子的系统研究，则在将近一个世纪后的 20 世纪 50 年代才开始。1966 年，康宁公司（美国）开始销售光致变色眼镜片[108]，镜片中捕获的卤化银晶体可以让光致变色眼镜片在阳光下可逆地变黑[109]。从那以后，便生产出了数百万副使用这种技术的无机光致变色眼镜，光致变色创造了价值数百万美元的商业应用。另一方面，有机光致变色染料尽管在科学期刊中占主导地位，但在早期商业工业应用中较少出现。然而，随着聚合物工业（例如塑料）的快速发展，有机光致变色染料可塑性强、重量轻、成本低，其在过去的二十年中成为蓬勃发展的精细化工行业之一。国内光致变色产品起步较晚，但发展迅猛。作为国内光致变色产业代表，上海甘田光学材料有限公司发展的萘并吡喃类光致变色树脂单体，终端可制造超过 4800 万片变色镜片基片，定制化服务企业 20 余家，其产品的国内占有率达 85%以上，并在国际市场具有重要主导地位[110]。除光致变色镜片外，基于光致变色染料的化妆品、变色玻璃等精细化学品近年来也已产品化并投放市场，进一步丰富了人们的日常生活（图 4-58）。

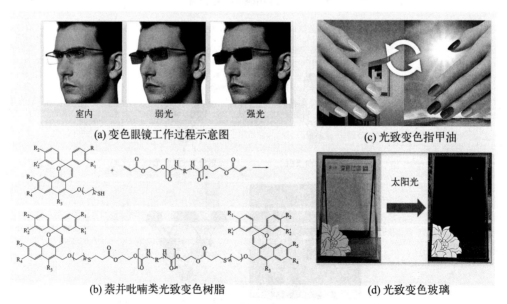

(a) 变色眼镜工作过程示意图　　　　(c) 光致变色指甲油

(b) 萘并吡喃类光致变色树脂　　　　(d) 光致变色玻璃

图 4-58　光致变色日用品

除了日常生活的普通太阳眼镜以外，还出现了针对驾驶员的商用光致变色太阳眼镜[111]。眼镜片会根据在自然阳光下或是通过车窗玻璃过滤的光线下，变为不同的颜色。这种两阶段的光致变色是通过结合具有不同的光谱敏感度的光致变色化合物实现的。

与此同时，为进一步提升光致变色精细化学品的功能与效用，科学家们通过不断优化光致变色分子结构与性能来创制功能强化的光致变色染料。Momoda[112]等人在萘并吡喃的骨架上引入给电子基团，可以导致 MC（部花青素）形式的吸收带向更长波长的红移。将甲氧基进一步引入 C3 上的苯基的对位会导致 MC 形态更快地脱色（图 4-59）。对分子合成和设计的全面而详细的研究将为新型光致变色分子的开发提供进一步的指导，这对于工业化而言是有利的。

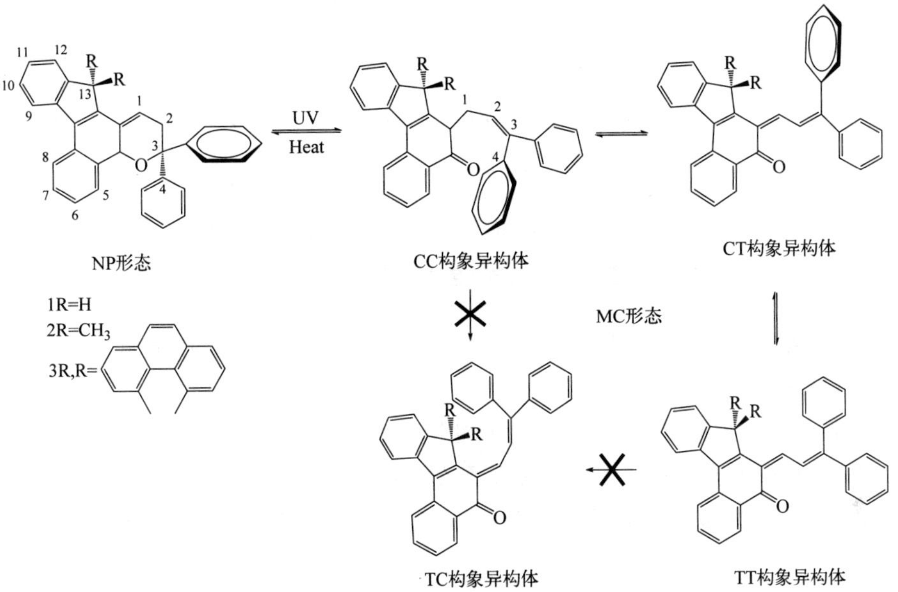

(a) 2H-茚(2,3-f)石脑油(1,2-b)吡喃的光致变色行为

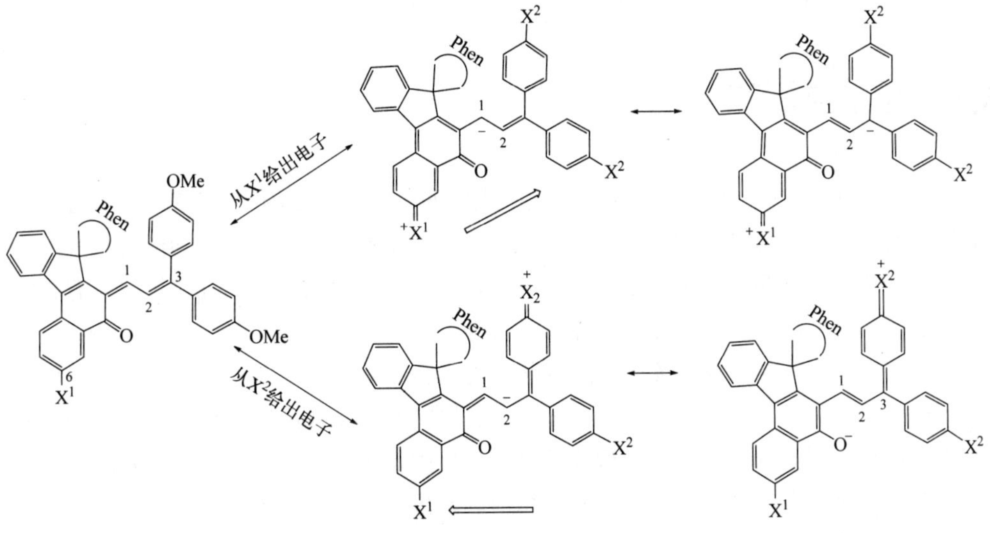

(b) C6 上的甲氧基对共振结构的影响

图 4-59

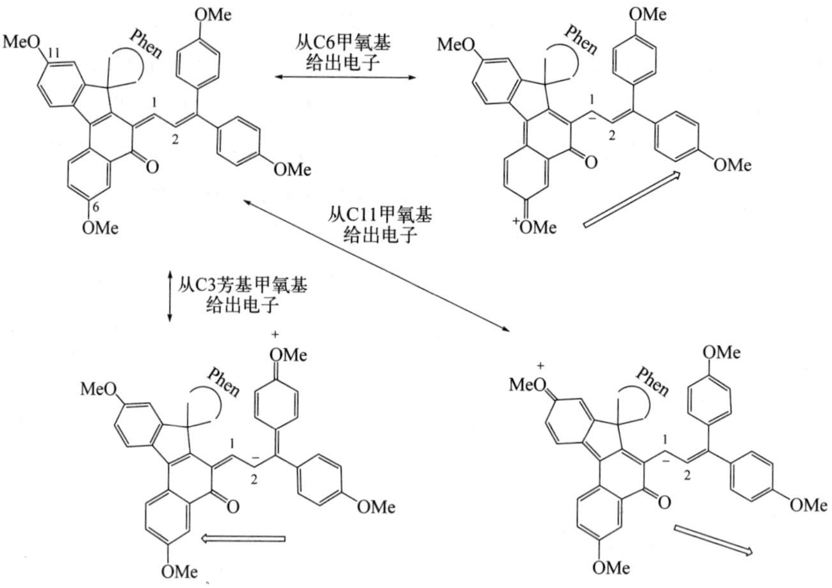

(c) C3、C6和C11上的苯基甲氧基对共振结构的影响

图 4-59　光致变色染料分子的优化[112]

目前，商业 T 型光致变色眼镜片在光致变色工业中使用量最大。通常，有四种制造光致变色镜片的制造技术[113]：

① 批量生产　将染料注射成型在热塑性塑料中或溶解在单体或树脂体系中，然后将其加热或 UV 固化成半成品镜片，再将其研磨成所需的处方。

② 涂层　通过旋涂或浸涂等技术，将着色剂与树脂在溶液中一起涂覆在镜片的正面或背面。

③ 吸收　通过使染料扩散到聚合物基质中，在镜片表面形成约 0.2mm 厚的光致变色层。

④ 层压　将包含光致变色染料的薄膜夹在镜片的两侧之间。

4.5　总结与展望

在 Hirshberg 先生 20 世纪 50 年代提出"光致变色"一词后的 70 多年的发展过程中，光致变色材料已经从传统染料工业领域拓展到前沿学术研究和新型先进功能材料等广泛领域中。除了不断有新型光致变色的分子问世外，光致变色的应用、研究领域也随着科学技术的发展不断"扩军"，成为光化学材料、光化学研究领域不可或缺的一支中坚力量。经典的偶氮苯、螺吡喃、二芳基乙烯、俘精酸酐以及"过拥挤烯烃"（即分子马达）虽然已经广泛应用于各个研究领域，但其自身仍存在着一定的局限，虽然近期通过更多化学/物理的方法不断在改进、提升性能，新型光致变色分子仍然亟待进一步开发。此外，新的光致变色机制研究同样是提升和开发新型光致变色材料的基础。

传统的光致变色聚合物可能是最为工业化的光致变色材料，如光致变色玻璃、光凝胶、涂层、光波导、全息记录介质、UV 传感器、非线性光学等。这些光致变色产品已经成为我们日常生活中的"常客"。对于仍处于基础研究阶段的应用，近十年来得到了飞速的发展。

就如生命始于海洋，光致变色分子的最初研究也是始于溶液相。溶液相为游离分子提供均匀的环境，这是提出和证明新概念以及更复杂的模型构建和研究的基础。光致变色体系在溶液中的应用主要集中在光控催化、光控生物过程靶向定位、光控逻辑门等研究领域。光具有高时空分辨率、低侵入性、可控定性/定量调节（通过波长和强度调节）等特性，被认为是能够精准调控和干涉生物过程、并同时对生理环境影响较小的刺激响应源。但目前的光致变色体系仍有很多不足。由于低透过率、生物有害性和背景荧光激发，光致变色传统的紫外激发是生物学首先要解决的问题。

随着表面/界面科学和装置技术的发展，光致变色分子开始逐渐向表界面以及器件化发展。表面和界面上的光致变色材料的二维构造提供了操纵纳米/微米甚至宏观尺度表面上的化学和物理性质开关的机会。到目前为止，光致变色表面材料在润湿性控制、光图案化、光电子布线、可逆功能目标捕获、逻辑操作、货物装载和释放、光触发电导操纵等方面的应用及研究已经层出不穷。从大规模 SAM 到微尺度颗粒，甚至单分子尺度分子结，光致变色表面材料已经向多个尺度、多个维度拓展。由于表面约束，分子的自由度相比在溶液中大大减少，因此分子在表面上的组装程度和质量决定了表面材料的效率。具有低密度分子的表面肯定是低效的，而过度密集的组装也会由于每个分子之间的空间位阻而损害分子的性能。因此，如何控制改性过程以获得最佳的表面密度是主要的先决条件之一。光致变色表面材料的另一个基本问题是光致变色分子和支持表面之间的相互作用以及光触发界面传质/传能的机理。当附着到表面时，光致变色分子和表面之间的相互作用将对受限分子具有不同的影响（增强或减弱）。为了避免负面影响，已经设计了不同的连接基团（柔性非共轭锚、刚性共轭锚、多莱锚等）。然而，系统设计和分子-表面相互作用与机制的研究仍然很少。

将光致变色化合物集成到三维结构就产生了另一种新型的光致变色材料——光致变色晶体材料。这是一种在光激发下发生晶体-晶体化学转化从而改变其形状的有序晶体，如单晶、液晶、有机-金属框架（MOF）等。晶体材料的有序组装提供了用于扩大微/纳米级单个分子诱导大规模机械性能的行为的策略。到目前为止，光致变色晶体已经用于光触发的分子致动器、表面润湿性等多个领域。

微制造工艺与互补金属的兼容性氧化物半导体（CMOS）技术的发展，为光致变色材料应用于未来的电子信息处理和集成电路提供了良好的契机。尽管如此，在光致变色器件实现真正的工业化之前，仍然需要解决几个关键挑战。首先，被认为是有机电子器件的基本和核心的电子/电荷分离和转移过程需要进一步研究其机制。如在光致变色电子器件中，光电转换赋予不同的光异构体不同的电子状态。因此，分子如何转换电荷/电子转移过程以及注入的电荷或电子是否会影响异构化仍然是不明确的。反之，光电开关所需的光激发也可能干扰半导体器件。第二，由于有机电子器件的性能显著依赖于分子对接的表面和界面，光致变色分子与表面/界面的组装和相互作用以及表面材料的固有性质应该是另一个研究重点。此外，对于一些金属表面，由光致变色激发光激发的等离子体激元共振将是不可忽略的副作用（无论有害或有帮助）。第三，在器件制造过程中分子组装对性能的影响仍需要深入研究。在光致变色有机电子器件研究中，特别是在光开关晶体管中，有序的分子间组装被认为是器件效率、可逆性和稳定性的决定性因素之一。精细的分子设计和器件制作将提供最优化的器件。因此，精细设计与合成的光致变色分子不仅将改善分子固有性能，同时也要优化分子在器件制作时的组装性能。

在过去三十年中，光致变色材料从一维（溶液相）到二维（表面/界面）、三维（块状晶体、聚合物、凝胶）发展到更为复杂的电子器件。使用清洁能源光作为驱动力，光致变色材料具有环境友好性、高空间和时间分辨率、可逆调节、遥控、无废物等优点。着眼世界科技发展前沿，立足解决国民经济发展面临的瓶颈问题，光致变色领域今后需在如下几个方面取得突破。

① 开发具有新颖结构和特性的新型光致变色分子，进一步丰富光致变色功能染料体系。

② 研究新的光致变色机制，从最基础的光化学原理层面突破现有的瓶颈、提升光致变色材料的性能。

③ 研究光致变色分子的表界面特性。光控器件设计开发的过程中界面作用是非常重要的一环，光致变色分子在表面的行为、排布以及与表面介质之间的作用（能量传递、电荷转移等）对器件性能有着决定性的作用。从单分子界面到微纳界面以及宏观界面的光控分子研究需要得到足够的重视。

④ 随着理论和计算化学的快速发展，建立更准确和通用的计算方法和模型，为光致变色分子设计与性能预判提供更有力的保障。

⑤ 最大限度地发挥现有光致变色分子的潜力，并将其真正应用于实际国民经济生产中。

（张隽佶）

参考文献

[1] V. I. Minkin. Photo-, thermo-, solvato-, and electrochromic spiroheterocyclic compounds [J]. *Chem. Rev.*, 2004, 104: 2751-2776.

[2] P. M. Beaujuge, J. R. Reynolds. Color control in π-conjugated organic polymers for use in electrochromic devices [J]. *Chem. Rev.*, 2010, 110: 268-320.

[3] E. Hadjoudis, I. M. Mavridis. Photochromism and thermochromism of schiff bases in the solid state: structural aspects [J]. *Chem. Soc*. Rev., 2004, 33: 579-588.

[4] G. Zhang, J. Lu, M. Sabat, et al. Polymorphism and reversible mechanochromic luminescence for solid-state fluoroboric avobenzone [J]. *J. Am. Chem. Soc.*, 2010, 132: 2160-2162.

[5] M. Irie. Photochromism: memories and switches-introduction [J]. *Chem. Rev.*, 2000, 100: 1683-1684.

[6] G. H. Brown, A. Zweig. Techniques of chemistry: photochromism [M]. Stamford: Elsevier, 1973.

[7] Y. Hirshberg. Reversible formation and eradication of colors by irradiation at low temperatures. A photochemical memory model [J]. *J. Am. Chem. Soc.*, 1956, 78: 2304-2312.

[8] J. Zhang, H. Tian. The endeavor of diarylethenes: new structures, high performance, and bright future [J]. *Adv. Opt. Mater.*, 2018, 6: 1701278.

[9] J. C. Crano, R. J. Guglielmetti. Organic photochromic and thermochromic compounds: physicochemical studies, biological applications, and thermochromism [M]. Boston: Springer, 1999.

[10] M. D. Cohen, G. M. J. Schmidt, S. Flavian. 388. Topochemistry. Part Ⅵ. Experiments on photochromy and thermochromy of crystalline anils of salicylaldehydes [J]. *J. Chem. Soc.*, 1964: 2041-2051.

[11] M. Sliwa, N. Mouton, C. Ruckebusch, et al. Comparative investigation of ultrafast photoinduced processes in salicylidene-aminopyridine in solution and solid state [J]. *J. Phys. Chem. C.*, 2009, 113:

11959-11968.

[12] J. F. Rabek. Photochemistry and photophysics [M]. Boca Raton: CRC Press, 1990.

[13] H. M. D. Bandarab, S. C. Burdette. Photoisomerization in different classes of azobenzene [J]. *Chem. Soc. Rev.*, 2012, 41: 1809-1825.

[14] J. A. Delaire, K. Nakatani. Linear and nonlinear optical properties of photochromic molecules and materials [J]. *Chem. Rev.*, 2000, 100: 1817-1846.

[15] K. Ichimura. Photoalignment of liquid-crystal systems [J]. *Chem. Rev.*, 2000, 100: 1847-1874.

[16] H.Taro, M. Koko. Preparation of a new phototropic substance [J]. *Bull. Chem. Soc. Jpn.*, 1960, 33: 565-566.

[17] J. C. Crano, R. J. Guglielmetti. Organic photochromic and thermochromic compounds [M]. New York: Kluwer Academic Publishers, 2002.

[18] E. Fischer, Y. Hirshberg. Formation of coloured forms of spirans by low-temperature irradiation [J]. *J. Chem. Soc.*, 1952, 11: 4522-4524.

[19] Stobbe H. The colour of the 'fulgenic acid' and 'fulgide' [J]. *Ber Dtsch. Chem. Ges.*, 1905, 38: 3673-3682.

[20] H. G. Heller, J. R. Langan. Photochromic heterocyclic fulgides. 3. the use of (*e*)-alpha-(2,5-dimethyl-3-furylethylidene) (isopropylene) succinic anhydride as a simple convenient chemical actinometer [J]. *J. Chem. Soc.*, 1981, 2: 341-343.

[21] P. J. Darcy, H. G. Heller, P. J. Strydom, et al. Photochromic heterocyclic fulgides. 2. Electrocyclic reactions of (*e*)-alpha-2,5-dimethyl-3-furylethylidene (alkyl-substituted methylene)-succinic anhydrides [J]. *J. Chem. Soc.*, 1981, 1: 202-205.

[22] M. Irie, M. Mohri. Thermally irreversible photochromic systems-reversible photocyclization of diarylethene derivatives [J]. *J. Org. Chem.*, 1988, 53: 803-808.

[23] S. Nakamura, M. Irie. Thermally irreversible photochromic systems-a theoretical study [J]. *J. Org. Chem.*, 1988, 53: 6136-6138.

[24] M. Irie. Diarylethenes for memories and switches [J]. *Chem. Rev.*, 2000, 100: 1685-1716.

[25] M. Irie, T. Fukaminat, K. Matsuda, et al. Photochromism of diarylethene molecules and crystals: memories, switches, and actuators [J]. *Chem. Rev.*, 2014, 114: 12174-12277.

[26] M. Irie, O. Miyatake, K. Uchida, et al. Photochromic diarylethenes with intralocking arms [J]. *J. Am. Chem. Soc.*, 1994, 116: 9894-9900.

[27] Y. Wu, Y. Xie, Q. Zhang, et al. Quantitative photoswitching in bis(dithiazole)ethene enables modulation of light for encoding optical signals [J]. *Angew. Chem. Int. Ed.*, 2014, 53: 2090-2094.

[28] W. Li, C. Jiao, X. Li, et al. Separation of photoactive conformers based on hindered diarylethenes: efficient modulation in photocyclization quantum yields [J]. *Angew. Chem. Int. Ed.*, 2014, 53: 4603-4607.

[29] Y. Yang, Y. Xie, Q. Zhang, et al. Aromaticity-controlled thermal stability of photochromic systems based on a six-membered ring as ethene bridges: photochemical and kinetic studies [J]. *Chem. Eur. J.*, 2012, 18: 11685-11694.

[30] Y. Asano, A. Murakami, T. Kobayashi, et al. Theoretical study on the photochromic cycloreversion reactions of dithienylethenes on the role of the conical intersections [J]. *J. Am. Chem. Soc.*, 2004, 126: 12112-12120.

[31] K. Shibata, K. Muto, S. Kobatake, et al. Photocyclization/cycloreversion quantum yields of diarylethenes in single crystals [J]. *J. Phys. Chem. A.*, 2002, 106: 209-214.

[32] Z. Zhang, J. Zhang, B. Wu, et al. Diarylethenes with a narrow singlet-triplet energy gap sensitizer: a simple strategy for efficient visible-light photochromism [J]. *Adv. Opt. Mater.*, 2018, 6: 1700847.

[33] S. Pu, C. Zheng, Z. Le, et al. Substituent effects on the properties of photochromic diarylethenes [J].

Tetrahedron., 2008, 64: 2576-2585.

[34] Z. Zhang, W. Wang, P. Jin, et al. A building-block design for enhanced visible-light switching of diarylethenes [J]. *Nat. Commun.*, 2019, 10: 4232.

[35] C. García-Iriepa, M. Marazzi, L. M. Frutos, et al. E/Z photochemical switches: syntheses, properties and applications [J]. *Rsc Adv.*, 2013, 3: 6241-6266.

[36] J. E. Zweig, T. R. Newhouse. Isomer-specific hydrogen bonding as a design principle for bidirectionally quantitative and redshifted hemithioindigo photoswitches [J]. *J. Am. Chem. Soc.*, 2017, 139: 10956-10959.

[37] C. Wiebeler, S. Schumacher. Quantum yields and reaction times of photochromic diarylethenes: nonadiabatic ab initio molecular dynamics for normal- and inverse-type [J]. *J. Phys. Chem. A.*, 2014, 118: 7816-7823.

[38] M. Blanco-Lomas, P. J. Campos, D. Sampedro. Synthesis and photoisomerization of rhodopsin-based molecular switches [J]. *Eur. J. Org. Chem.*, 2012: 6328-6334.

[39] M. Hanazawa, R. Sumiya, Y. Horikawa, et al. Thermally irreversible photochromic systems. Reversible photocyclization of 1,2-bis(2-methylbenzothiophen-3-yl) perfluorocyclocoalkene derivatives [J]. *J. Chem. Soc.*, 1992: 206-207.

[40] H. Kenji, M. Kenji, K. Seiya, et al. Fatigue mechanism of photochromic 1,2-bis(2,5-dimethyl-3-thienyl) perfluorocyclopentene [J]. *B. Chem. Soc. Jpn.*, 2000, 73: 2389-2394.

[41] P. Celani, S. Ottani, M. Olivucci, et al. What happens during the picosecond lifetime of 2a1 cyclohexa-1,3-diene? A CAS-SCF study of the cyclohexadiene/hexatriene photochemical interconversion [J]. *J. Am. Chem. Soc.*, 1994, 116: 10141-10151.

[42] M. Irie, T. Lifka, K. Uchida, et al. Fatigue resistant properties of photochromic dithienylethenes: by-product formation [J]. *Chem. Commun.*, 1999: 747-750.

[43] P. D. Patel, I. A. Mikhailov, K. D. Belfield, et al. Theoretical study of photochromic compounds, Part 2: Thermal mechanism for byproduct formation and fatigue resistance of diarylethenes used as data storage materials [J]. *Int. J. Quantum Chem.*, 2009, 109: 3711-3722.

[44] K. Uchida, T. Ishikawa, M. Takeshita, et al. Thermally irreversible photochromic systems. Reversible photocyclization of 1,2-bis(thiazolyl)perfluorocyclopentenes [J]. *Tetrahedron.*, 1998, 54: 6627-6638.

[45] J. J. D. de Jong, L. N. Lucas, R. Hania, et al. Photochromic properties of perhydro- and perfluoro-dithienylcyclopentene molecular switches [J]. *Eur. J. Org. Chem.*, 2003: 1887-1893.

[46] L. N. Lucas, J. J. D. de Jong, J. H. van Esch, et al. Syntheses of dithienylcyclopentene optical molecular switches [J]. *Eur. J. Org. Chem.*, 2003: 155-166.

[47] S. Fredrich, R. Göstl, M. Herder, et al. Switching diarylethenes reliably in both directions with visible light [J]. *Angew. Chem. Int. Ed.*, 2016, 55: 1208-1212.

[48] M. Dong, A. Babalhavaeji, C. V. Collins, et al. Near-infrared photoswitching of azobenzenes under physiological conditions [J]. *J. Am. Chem. Soc.*, 2017, 139: 13483-13486.

[49] T. Shizuka, K. Seiya, K. Tsuyoshi, et al. Extraordinarily high thermal stability of the closed-ring isomer of 1,2-bis(5-methyl-2-phenylthiazol-4-yl)perfluorocyclopentene [J]. *Chem. Lett.*, 2003, 32: 892-893.

[50] K. Daichi, S. Kyohei, K. Seiya. Correlation between steric substituent constants and thermal cycloreversion reactivity of diarylethene closed-ring isomers [J]. *Bull. Chem. Soc. Jpn.*, 2011, 84: 141-147.

[51] M. Singer, A. Nierth, A. Jäschke. Photochromism of diarylethene-functionalized 7-deazaguanosines [J]. *Eur. J. Org. Chem.*, 2013: 2766-2769.

[52] D. Bléger, S. Hecht. Visible-light-activated molecular switches [J]. *Angew. Chem. Int. Ed.*, 2015, 54: 11338-11349.

[53] C. E. Weston, R. D. Richardson, P. R. Haycock, et al. Arylazopyrazoles: azoheteroarene photos-

witches offering quantitative isomerization and long thermal half-lives [J]. *J. Am. Chem. Soc.*, 2014, 136: 11878-11881.

[54] V. A. Lokshin, A. Samata, A. V. Metelitsab. Spirooxazines: synthesis, structure, spectral and photo-chromic properties [J]. *Russ. Chem. Rev.*, 2002, 71: 893-916.

[55] H. Xi, Z. Zhang, W. Zhang, et al. All-visible-light-activated dithienylethenes induced by intramo-lecular proton transfer [J]. *J. Am. Chem. Soc.*, 2019, 141: 18467-18474.

[56] Y. Yokoyama. Fulgides for memories and switches [J]. *Chem. Rev.*, 2000, 100: 1717-1740.

[57] K. Klaue, W. Han, P. Liesfeld, et al. Donor-acceptor dihydropyrenes switchable with near-infrared light [J]. *J. Am. Chem. Soc.*, 2020, 142: 11857-11864.

[58] H. Miyasaka, Y. Satoh, Y. Ishibashi, et al. Ultrafast photodissociation dynamics of a hexaarylbiimi-dazole derivative with pyrenyl groups: dispersive reaction from femtosecond to 10 ns time regions [J]. *J. Am. Chem. Soc.*, 2009, 131: 7256-7263.

[59] J. R. Hemmer, Z. A. Page, K. D. Clark, et al. Controlling dark equilibria and enhancing donor-acceptor stenhouse adduct photoswitching properties through carbon acid design [J]. *J. Am. Chem. Soc.*, 2018, 140: 10425-10429.

[60] C. Y. Huang, A. Bonasera, L. Hristov, et al *N,N'*-disubstituted indigos as readily available red-light photoswitches with tunable thermal half-lives [J]. *J. Am. Chem. Soc.*, 2017, 139: 15205-15211.

[61] N. Koumura, R. W. J. Zijlstra, R. A. van Delden, et al. Light-driven monodirectional molecular rotor [J]. *Nature*, 1999, 401: 152-155.

[62] V. García-López, D. Liu, J. M. Tour. Light-activated organic molecular motors and their applications [J]. *Chem. Rev.*, 2020, 120: 79-124.

[63] S. Kassem, T. van Leeuwen, A. S. Lubbe, et al. Artificial molecular motors [J]. *Chem. Soc. Rev.*, 2017, 46: 2592-2621.

[64] H. Tian, B. Qin, R. Yao, et al. A single photochromic molecular switch with four optical outputs probing four inputs [J]. *Adv. Mater.*, 2003, 15: 2104-2107.

[65] X. Meng, W. Zhu, Q. Zhang, et al. Novel bisthienylethenes containing naphthalimide as the center ethene bridge: photochromism and solvatochromism for combined NOR and INHIBIT logic gates [J]. *J. Phys. Chem. B.*, 2008, 112: 15636-15645.

[66] S. Chen, Y. Yang, Y. Wu, et al. Multi-addressable photochromic terarylene containing benzo[*b*]thio-phene-1,1-dioxide unit as ethane bridge: multifunctional molecular logic gates on unimolecular platform [J]. *J. Mater. Chem.*, 2012, 22: 5486-5494.

[67] J. Andréasson, U. Pischel, S. D. Straight, et al. All-photonic multifunctional molecular logic device [J]. *J. Am. Chem. Soc.*, 2011, 133: 11641-11648.

[68] Q. Zou, X. Li, J. Zhang, et al. Unsymmetrical diarylethenes as molecular keypad locks with tunable photochromism and fluorescence via Cu^{2+} and CN^- coordinations [J]. *Chem. Commun.*, 2012, 48: 2095-2097.

[69] M. Bälter, S. Li, J. R. Nilsson, et al. An all-photonic molecule-based parity generator/checker for error detection in data transmission [J]. *J. Am. Chem. Soc.*, 2013, 135: 10230-10233.

[70] T. Fukaminato, T. Sasaki, T. Kawai, et al. Digital photoswitching of fluorescence based on the photochromism of diarylethene derivatives at a single-molecule level [J]. *J. Am. Chem. Soc.*, 2004, 126: 14843-14849.

[71] G. Jiang, S. Wang, W. Yuan, et al. Highly fluorescent contrast for rewritable optical storage based on photochromic bisthienylethene-bridged naphthalimide dimmer [J]. *Chem. Mater.*, 2006, 18: 235-237.

[72] S. Lim, J. Seo, S.Y. Park. Photochromic switching of excited-state intramolecular proton-transfer (ESIPT) fluorescence: a unique route to high-contrast memory switching and nondestructive readout [J]. *J. Am. Chem. Soc.*, 2006, 128: 14542-14547.

[73] M. Berberich, A. Krause, M. Orlandi, et al. Toward fluorescent memories with nondestructive readout: photoswitching of fluorescence by intramolecular electron transfer in a diaryl ethene-perylene bisimide photochromic system [J]. *Angew. Chem. Int. Ed.*, 2008, 47: 6616-6619.

[74] J. Kärnbratt, M. Hammarson, S. Li, et al. Photochromic supramolecular memory with nondestructive readout [J]. *Angew. Chem. Int. Ed.*, 2010, 49: 1854-1857.

[75] W. Yuan, L. Sun, H. Tang, et al. A novel thermally stable spironaphthoxazine and its application in rewritable high density optical data storage [J]. *Adv. Mater.*, 2005, 17: 156-160.

[76] T. Fukaminato, T. Doi, N. Tamaoki, et al. Sing-molecule fluorescence photoswitching of a diarylethene-perylenebisimide dyad: non-destructive fluorescence readout [J]. *J. Am. Chem. Soc.*, 2011, 133: 4984-4990.

[77] W. Li, X. Li, Y. Xie, et al. Enantiospecific photoresponse of sterically hindered diarylethenes for chiroptical switches and photomemories [J]. *Sci. Rep.*, 2015, 5: 9186.

[78] X. Li, Y. Ma, B. Wang, et al. "Lock and key control" of photochromic reactivity by controlling the oxidation/reduction state [J]. *Org. Lett.*, 2008, 10: 3639-3642.

[79] J. Zhang, W. Tan, X. Menga, et al. Soft mimic gear-shift with a multi-stimulus modified diarylethene [J]. *J. Mater. Chem.*, 2009, 19: 5726-5729.

[80] M. Murakami, H. Miyasaka, T. Okada, et al. Dynamics and mechanisms of the multiphoton gated photochromic reaction of diarylethene derivatives [J]. *J. Am. Chem. Soc.*, 2004, 126: 14764-14772.

[81] C. Poon, W. H. Lam, V. W. Yam. Gated photochromism in triarylborane-containing dithienylethenes: a new approach to a "lock-unlock" system [J]. *J. Am. Chem. Soc.*, 2011, 133: 19622-19625.

[82] A. J. Kronemeijer, H. B. Akkerman, T. Kudernac, et al. Reversible conductance switching in molecular devices [J]. *Adv. Mater.*, 2008, 20: 1467-1473.

[83] M. Ikeda, N. Tanifuji, H. Yamaguchi, et al. Photoswitching of conductance of diarylethene-Au nanoparticle network [J]. *Chem. Commun.*, 2007: 1355-1357.

[84] K. Uchida, Y. Yamanoi, T. Yonezawa, et al. Reversible on/off conductance switching of single diarylethene immobilized on a silicon surface [J]. *J. Am. Chem. Soc.*, 2011, 133: 9239-9241.

[85] A. C. Whalley, M. L. Steigerwald, X. Guo, et al. Reversible switching in molecular electronic devices [J]. *J. Am. Chem. Soc.*, 2007, 129: 12590-12591.

[86] Y. Cao, S. Dong, S. Liu, et al. Building High-Throughput Molecular Junctions Using Indented Graphene Point Contacts [J]. *Angew. Chem. Int. Ed.*, 2012, 51: 12228-12232.

[87] C. Jia, B. Ma, N. Xin, et al. Carbon Electrode-Molecule Junctions: A Relia ble Platform for Molecular Electronics [J]. *Acc. Chem. Res.*, 2015, 48: 2565-2575.

[88] C. Jia, J. Wang, C. Yao, et al. Conductance Switching and Mechanisms in Single-Molecule Junctions [J]. *Angew. Chem. Int. Ed.*, 2013, 52: 8666-8670.

[89] C. Jia, A. Migliore, N. Xin, et al. Covalently bonded single-molecule junctions with stable and reversible photoswitched conductivity [J]. *Science*, 2016, 352: 1443-1445.

[90] E. Orgiu, N. Crivillers, M. Herder, et al. Optically switchable transistor via energy-level phototuning in a bicomponent organic semiconductor [J]. *Nature Chemistry*, 2012, 4: 675-679.

[91] Y. Li, H. Zhang, C. Qi, et al. Light-driven photochromism-induced reversible switching in P3HT-spiropyran hybrid transistors [J]. *J. Mater. Chem.*, 2012, 22: 4261-4265.

[92] C. Raimondo, N. Crivillers, F. Reinders, et al. Optically switchable organic field-effect transistors based on photoresponsive gold nanoparticles blended with poly(3-hexylthiophene) [J]. *Proc. Nat. Acad. Sci.*, 2012, 109: 12375-12380.

[93] H. Hayasaka, T. Miyashita, M. Nakayama, et al. Dynamic Photoswitching of Helical Inversion in Liquid Crystals Containing Photoresponsive Axially Chiral Dopants [J]. *J. Am. Chem. Soc.*, 2012, 134: 3758-3765.

[94] Y. Wang, A. Urbas, Q. Li. Reversible Visible-Light Tuning of Self-Organized Helical Superstructures Enabled by Unprecedented Light-Driven Axially Chiral Molecular Switches [J]. *J. Am. Chem. Soc.*, 2012, 134: 3342-3345.

[95] L. Wang, Q. Li. Photochromism into Nanosystems: towards Lighting up The Future Nanoworld [J]. *Chem. Soc. Rev.*, 2018, 47: 1044-1097.

[96] H. Wang, H. K. Bisoyi, M. E. McConney, et al. Visible-Light-Induced Self-Organized Helical Super-structure in Orientationally Ordered Fluids [J]. *Adv. Mater.*, 2019, 31: 1902958.

[97] D. Qu, Q. Wang, Q. Zhang, et al. Photoresponsive host-guest functional systems [J]. *Chem. Rev.*, 2015, 115: 7543-7588.

[98] H. Li, J. Wang, H. Lin, et al. Amplification of fluorescent contrast by photonic crystals in optical storage [J]. *Adv. Mater.*, 2010, 22: 1237-1241.

[99] M. Morimoto, S. Kobatake, M. Irie. Multicolor photochromism of two- and three-component diarylethene crystals [J]. *J. Am. Chem. Soc.*, 2003, 125: 11080-11087.

[100] S. Kobatake, S. Takami, H. Muto, et al. Rapid and reversible shape changes of molecular crystals on photoirradiation [J]. *Nature.*, 2007, 446: 778-781.

[101] K. Uchida, N. Nishikawa, N. Izumi, et al. Phototunable diarylethene microcrystalline surfaces: lotus and petal effects upon wetting [J]. *Angew. Chem. Int. Ed.*, 2010, 49: 5942-5944.

[102] M. Morimoto, M. Irie. A diarylethene cocrystal that converts light into mechanical work [J]. *J. Am. Chem. Soc.*, 2010, 132: 14172-14178.

[103] Y. Zou, T. Yi, S. Xiao, F. Li, C. Li, X. Gao, J. Wu, M. Yu and C. Huang. Amphiphilic Diarylethene as a Photoswitchable Probe for Imaging Living Cells [J]. *J. Am. Chem. Soc.*, 2008, 130: 15750-15751.

[104] U. Al-Atar, R. Fernandes, B. Johnsen, et al. A photocontrolled molecular switch regulates paralysis in a living organism [J]. *J. Am. Chem. Soc.*, 2009, 131: 15966-15967.

[105] X. Chai, H. Han, A. C. Sedgwick, et al. Photochromic fluorescent probe strategy for the super-resolution imaging of biologically important biomarkers [J]. *J. Am. Chem. Soc.*, 2020, 142: 18005-18013.

[106] B. Roubinet, M. L. Bossi, D. B. P. Alt, et al. Carboxylated photoswitchable diarylethenes for biolabeling and super-resolution resolft microscopy [J]. *Angew. Chem. Int. Ed.*, 2016, 55: 15429-15433.

[107] B. Roubinet, M. Weber, H. Shojaei, et al. Fluorescent photoswitchable diarylethenes for biolabeling and single-molecule localization microscopies with optical superresolution [J]. *J. Am. Chem. Soc.*, 2017, 139: 6611-6620.

[108] B. Van Gemert, D. G. Kish. ChemiChromics USA '99: Conference and Exhibition on High-Tech Colors & Functional Materials, Conference Proceedings [C]. New Orleans: [s.n.], 1999.

[109] H. J. Hoffmann. Organic photochromic and thermochromic compounds [M]. New York: Plenum, 1999.

[110] 北京中经视野信息咨询有限公司.中国变色镜片行业市场前景分析预测报告 [R]. 2024.

[111] D. M. Ambler, T. A. Balch, N. L. S. Yamasaki. Lens which provides active response to light in ultraviolet-visible spectral region, for eyewear e.g. sunglasses, has at least two photochromic materials being activated by ultraviolet light and visible light, respectively: US, 6926405-B2 [P]. 2005-08-09.

[112] J. Momoda, S. Izumi, Y. Yokoyama. Substituent effects on the photochromic properties of 3,3-di-phenyspiro[benzofluorenopyran-cyclopentaphenanthrene]s [J]. *Dyes Pigm.*, 2015, 119: 95-107.

[113] C. B. McArdle. Applied Photochromic Polymer Systems [M]. Glasgow: Blackie Academic, 1992.

第5章　有机薄膜太阳能电池材料

5.1　有机薄膜太阳能电池简介

　　能源是发展国民经济和提高人类生活水平的重要物质基础。目前，我国的能源组成主要还是煤炭、石油、天然气等传统化石能源。由于化石能源资源有限，并在使用中造成环境污染问题，已严重制约了人类的可持续发展，寻找可替代化石能源的清洁可再生能源非常紧迫。当前研究的新能源包括风能、水电、地热能、潮汐能和太阳能等，其中太阳能作为清洁可再生能源，取之不尽、用之不竭，完全可以满足人类活动全部的能源消耗需求。在所有的太阳能技术中，能够将太阳能直接转换为电能的太阳能电池受到科学研究者的广泛关注，目前各国政府和科研单位正投入大量人力和物力发展低成本和高效率的太阳能电池。

　　光生伏特效应是由法国物理学家贝克勒尔（A. E. Becquerel）于1839年首次发现的。之后人们在光电转换领域开始了不断的探索。1883年，人类历史上第一块太阳能电池诞生，但由于其能量转换效率（PCE）太低，不具有实用价值。1950年，美国的贝尔实验室开发了基于单晶硅材料的太阳能电池。1960年开始，人类探索太空发射的人造卫星已经开始使用太阳能电池为其提供能量。之后太阳能电池技术不仅在航空航天领域继续发展，在民生用途上也渐渐被推广。迄今为止，开发低成本、高效率的太阳能电池技术仍然是各国科学界研究的热点和产业界开发的重点。

　　太阳能电池技术可以根据其吸光材料的不同简单分成两类[1]：晶片型和薄膜型（图5-1）。晶片型电池是在半导体晶片上加工，不需要基底材料，但通常为了提高稳定性会覆盖一层玻璃盖板。晶片型电池厚度较大，刚性强且无法弯折，晶片型电池包括：晶硅、砷化镓（GaAs）和Ⅲ-Ⅴ MJ多结太阳能电池等。另一种类型的太阳能电池是薄膜型，其吸光层很薄，具有可柔性的发展潜力，制作工艺通常是将半导体薄膜沉积在玻璃、塑料或者金属的基底上。薄膜型太阳能电池包括：无定形硅（α-Si:H）、碲化镉（CdTe）、铜铟镓硒（CIGS）、铜锌锡硫硒（CZTS）、钙钛矿（perovskite）、有机聚合物（oganic polymer）、染料敏化（DSSC）和量子点（quantum dot）太阳能电池等。美国国家可再生能源实验室（NERL）经常公布各类太阳能电池经具有资质的认证机构认证过的近期最高能量转换效率[2]。

　　以上的太阳能技术已经较为成熟，但是或多或少都存在成本高、效率低、元素毒性或稀缺性以及无法柔性等问题。如硅电池虽然是目前国际光伏市场上的主流产品，占世界光伏

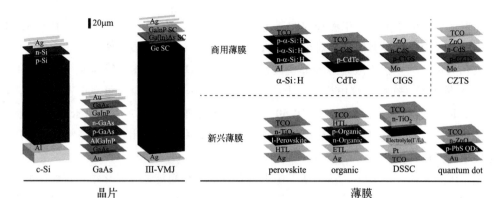

图 5-1　不同类型的太阳能电池结构[1]

电池产量的 80%以上，但是还存在着制作过程耗费能源和环境污染的问题；另外，CdTe、GaAs、CIGS 等多元化合物电池含有的镉元素具有较严重的污染性，铟和硒等均属于稀有元素，因此原材料来源受到限制。为此，发展新型的太阳能电池具有重要意义。目前实验室重点开发的薄膜太阳能电池包括染料敏化太阳能电池、有机太阳能电池和钙钛矿太阳能电池，这些有机太阳能电池具有成本低、重量轻、制作工艺简单、可制备成柔性器件等突出优点。因此，有机薄膜太阳能电池在便携式、柔性电池、光伏建筑供能等领域具有广阔的应用前景。

5.2　染料敏化太阳能电池

染料敏化太阳能电池（dye-sensitized solar cells，简称 DSSCs）具有制造工艺简单、材料来源丰富、绿色环保及价格低廉等优势，DSSCs 被认为具有巨大的应用前景。此外，DSSCs 还具有一些目前硅电池所不具有的特点：①可以做成用于门窗的透明性电池，在给房屋供电的同时，还可以制作出装饰性较强的各种颜色和图案。②可以做成便于携带和安装的柔性可弯曲电池。柔性太阳电池质量轻，可以折叠、卷曲，甚至粘贴在其他物体的表面，如汽车玻璃、衣服等，特别适用在便携设备上。③DSSCs 的光伏性能对光入射角不敏感，电池可安装在建筑物的墙上，不占用太多空间（图 5-2）；另外这类电池对弱光有明显响应，在早晚和阴天尤其能够体现出相对于硅电池的应用优势，这为光伏领域创造了新的市场需求。

(a) 瑞士洛桑市科技会展中心　　　(b) 奥地利格拉茨市科学塔

图 5-2　DSSCs 幕墙

5.2.1　染料敏化太阳能电池的发展历程

自 1839 年法国科学家 A. E. Becquerel 等人发现光生伏特效应（简称光伏现象）以来，

太阳能电池已经历了 180 多年漫长的发展历史。1873 年，德国化学家沃格尔（H. Vogel）发现染料处理卤化银极大扩展其对可见光的反应能力，甚至可扩展到红光、红外光区域。该研究结果成为"全色"胶片以及彩色胶片发展的重要基础。1887 年维也纳大学莫斯特（Moster）等人发现在卤化银电极上涂上赤藓红（erythrosine）染料后可产生光电现象，但当时未引起人们的注意。直到 20 世纪 60 年代德国科学家特里布奇（Tributsch）等人提出染料敏化半导体产生电流的机理后，该发现才引起广泛关注。从此以后，染料被广泛用于光电化学电池研究中[3]。

宽带隙半导体（如 TiO_2、SnO_2 等）由于具有较好的热稳定性和光化学稳定性，是光电器件中的理想材料，由于半导体是宽带隙材料，只对紫外线敏感，对光的利用率低。为了提高光的利用效率，通常需要加入染料进行敏化，通过染料敏化宽禁带半导体提供了扩展电池吸收光谱至长波长区域的解决方案。20 世纪 70 年代，为了量化染料敏化剂的光谱增感现象，在摄影技术中首次研究了染料基于氧化物半导体的光谱吸收，如果在此基础上引入电极提取光电流到外部电路，就可以构建出一种具有光伏效应的光电化学器件。1976 年，日本大阪大学的坪村太郎（Tsubomura）等[4]使用氧化锌作为染料载体，开发了世界上第一块 DSSCs，该电池基于两个电极之间的电动势进行光电流提取，并获得了 2.5%的能量转换效率，但是染料的负载量、对光的捕获能力以及电池的稳定性都比较差。直到 1991 年，瑞士洛桑联邦理工学院的格雷策尔（Grätzel）等[5]经过多年努力，发明了一种全新的 DSSCs，将其转换效率提高到了 7.12%。与之前的研究相比，这种新型 DSSCs 主要有以下几个特点：①将多孔二氧化钛纳米晶薄膜作为染料载体，此举大大提升了染料的负载量，从而增强了对光的捕获能力；②以金属钌配合物染料作为光敏剂，金属钌染料具有良好的光稳定性和较高的摩尔消光系数；③引入基于碘和碘化锂的液态电解质，使得染料再生变快，促进了整个体系的电子循环过程。之后，人们研究的 DSSCs 都是以此作为原型。

经过近三十年的发展，研究者们进行了大量新材料的开发和器件结构的优化工作，使得 DSSCs 的效率不断地得到提升[6-8]。1993 年，Grätzel 等[9]已将 DSSCs 的光电转换效率提高至 10%。2011 年，Grätzel 团队将卟啉类染料和有机染料进行共敏化，在基于钴配合物电解质体系中电池效率达到了 12.3%[10]，并在两年后将该体系的效率优化到了 13.0%[11]。2015 年，花谷（Hanaya）等[12]同样基于钴配合物电解质体系，通过两种有机染料 ADEKA-1 和 LEG4 共敏化的方式获得了 14.5%的效率，这是目前 DSSCs 的最高报道效率。2021 年，瑞士洛桑联邦理工大学的 Grätzel 团队将有机染料 MS5 与宽光谱响应的染料 XY1b 共敏化制备的 DSSCs，在铜电解质下取得了经认证的最高光电转换效率，高达 13.5%[13]。

5.2.2　染料敏化太阳能电池结构与工作原理

5.2.2.1　液态染料敏化太阳能电池的结构与工作原理

染料敏化太阳能电池通常采用液态电解质，其结构如图 5-3 所示，一个典型的 DSSCs 具有五个重要的组成部分[14]：①透明导电氧化物（TCO）或透明导电玻璃，对于 DSSCs，通常采用掺氟氧化锡（FTO）导电玻璃作为基底，因为 FTO 具有良好的化学惰性和抗高温性；②介孔半导体薄膜，通常为 TiO_2；③用于光捕获和产生光电子的染料敏化剂；④用于染料再生的氧化还原电解质；⑤对电极。染料敏化太阳能电池的总效率取决于这些组分之间的优化和兼容。这种典型的 DSSCs 是由光阳极/电解质/对电极组成的夹心"三明治"结构。光阳极是在导电玻璃上制备一层多孔纳米晶 TiO_2，起到光敏染料的吸附载体和转移光生电子的作用；对电极通常是金属铂或镀铂的导电玻璃，主要是催化电解质中的氧化还原反应；两个电极之间填充着含有氧化还原电对的电解质，最常用的氧化还原电对是碘电对（I^-/I_3^-）。

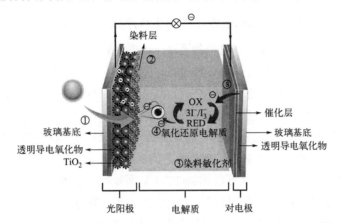

图 5-3　染料敏化太阳能电池器件结构示意图（以碘电解质为例）[14]

和传统的 p-n 结太阳能电池不同，在 DSSCs 中，光的捕获与电荷的传输是分开进行的[15]，工作机理如图 5-4 所示。

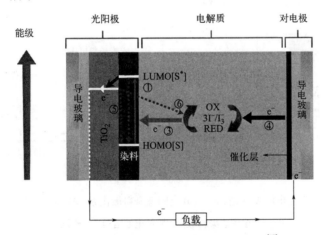

图 5-4　典型染料敏化太阳能电池的工作机理[15]

① 染料捕获太阳光，从基态跃迁到激发态，产生光电子。

② 激发态的染料将电子注入 TiO_2 导带中，并通过导电玻璃（光阳极和对电极）和外电路转移到对电极，产生光电流。

③ 失去电子的氧化态染料从电解质中获得电子，被还原到基态。

④ 失去电子的氧化态电解质扩散到对电极，与到达对电极的电子发生还原反应，得到再生。

除了上述反应外，还发生了另外两个电子回传反应，这些反应被称为复合反应或暗反应，会制约 DSSCs 的性能：

⑤ 注入 TiO_2 导带中的电子回传给氧化态染料，发生复合反应；

⑥ 注入 TiO_2 导带中的电子回传给氧化态电解质，发生复合反应。

相比前面几个反应，这两个暗反应的速率更慢，因而 DSSCs 可以作为相对高效的光伏设备。但是这两个电子复合过程依然会增加 DSSCs 的电流和电压的损失，降低其光电转化效率。因此，如何强化电子传输循环的每个过程，同时有效抑制电荷复合反应，已成为DSSCs 研究工作的重点之一。

5.2.2.2　全固态染料敏化太阳能电池结构与工作原理

考虑到长期稳定性和工业生产过程的要求，液态电解质中挥发性溶剂泄漏和腐蚀的问题应该设法避免。因而，代替液体电解质的固态空穴传输材料（HTM）也已经被广泛开发和研究[16]。含有 HTM 的全固态 n-DSSCs（all-solid-state DSSCs，ssDSSCs）的基本结构如图 5-5（a）所示，与液态电解质 n-DSSCs 相比，其显示出以下几点差异：①ssDSSCs 通常是整体式的单极板结构，这与三明治型的夹层结构完全不同；②抑制透明导电薄膜（TCO）的部分导电层需要被刻蚀，以避免两个电极之间的直接接触而引起短路；③应该在 TCO表面上沉积一层 TiO₂致密层，这可以抑制 TCO 界面处的电荷复合；④固态 HTM 代替液体电解质；⑤ssDSSCs 采用的是金属背接触式电极（通常为金或银）[17,18]。如图 5-5（b）所示，除了 ssDSSCs 中染料的再生过程是空穴跃迁到 HTM 之外，ssDSSCs 系统与液态电解质 n-DSSCs 有着几乎相同的电荷转移过程。从理论上讲，染料再生效率主要由染料与 HTM两者的 HOMO 能级间的电位差所决定。同时，有效的界面接触也有利于降低界面电荷复合并促进染料和 HTM 之间的电荷转移[19]。

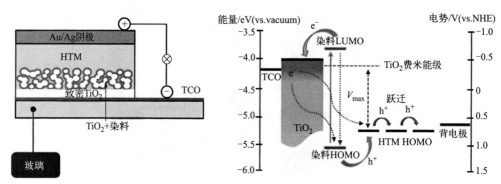

(a) 全固态染料敏化太阳能电池器件结构　(b) 全固态染料敏化太阳能电池工作状态下的电子动力学

图 5-5　全固态染料敏化太阳能电池结构及工作原理[16]

5.2.3　染料敏化太阳能电池的性能评价

为了评估太阳能电池的性能，通常是测量器件的电流密度-电压（J-V）特性曲线进行评价分析（图 5-6）。通过分析 J-V 曲线得到的太阳能电池性能有四个主要参数，包括开路电压（V_{oc}）、短路电流密度（J_{sc}）、填充因子（FF）和光电转换效率（PCE，η）[20,21]。它们的关系如式（5-1）所示：

$$\eta = \frac{V_{oc}J_{sc}FF}{P_{in}} \tag{5-1}$$

式中，P_{in} 是器件表面单位面积的入射光功率，在标准条件下（AM 1.5G）P_{in}=100mW·cm⁻²。V_{oc} 是开路条件下的电压测量值，主要取决于半导体氧化物的准费米能级和电解质氧化还原电势之间的差异[22]，以基于半导体 TiO$_2$ 的 DSSCs 为例：

$$V_{oc} = \frac{E_{CB}}{q} + \frac{kT}{q} \ln\left(\frac{n}{N_{CB}}\right) - \frac{E_{redox}}{q} \qquad (5\text{-}2)$$

式中，E_{CB} 是 TiO$_2$ 的导带（CB）位置；k 是玻尔兹曼常数；n 是 TiO$_2$ 中的电子数；N_{CB} 是 TiO$_2$ 中的有效态密度；E_{redox} 是电解质的电势值；q 是单位电量。因此，通过 E_{CB} 的增加或 E_{redox} 的降低可以提高 V_{oc}，往往向电解质中加入添加剂就可以改变 E_{CB} 的值，如 4-叔丁基吡啶（TBP）、锂盐等。此外，电解质的电势位置应尽可能接近染料的 HOMO 位置，同时确保有足够的驱动力来完成染料的再生。在减少势能损失的情况下，V_{oc} 可以最大程度地提高（图 5-7）[23,24]。同时，氧化还原电对在电解质中应具有良好的溶解性和离子迁移率，或者 HTM 应该有良好的空穴迁移率，以减少电荷复合带来的能量损失。

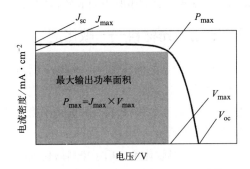

图 5-6　染料敏化太阳能电池的 J-V 曲线

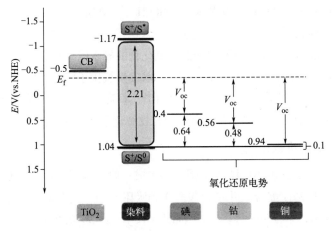

图 5-7　关于光阳极、染料 LEG4 与不同氧化还原对 I$^-$/I$_3^-$、[Co(bpy)$_3$]$^{2+/3+}$和[Cu(dpm)$_2$]$^{1+/2+}$能级示意图[23,24]

J_{sc} 是在短路条件下测量的光电流密度，主要受染料的光捕获能力与能级匹配的影响。通过减小染料 HOMO 和 LUMO 之间的带隙并增加摩尔消光系数，可以改善染料的光捕获能力。然而，为了保持适当的能级匹配，染料的 HOMO 位置应足够低于 E_{redox} 的位置以确保热力学上有利于染料的再生，并且不应该将染料的 LUMO 位置降低太多，以保证电子有效注入 TiO$_2$ 的导带中。此外，单色光子电子转换效率（IPCE）光谱也是用来综合分析 J_{sc} 的常用测量方法，可以根据单色光下外部电路中产生的光电流密度[$J_{sc}(\lambda)$]除以入射光子通量（Φ）来计算[25]。为了更好地理解和分析产生的光电流，IPCE 通常也表示为器件内不同电荷转移过程的效率：

$$IPCE(\lambda) = \frac{J_{sc}(\lambda)}{e\Phi(\lambda)} = LHE(\lambda) \times \eta_{inj}(\lambda) \times \eta_{col}(\lambda) \tag{5-3}$$

式中，e 是基本电荷；$\eta_{inj}(\lambda)$ 是电子注入效率；$\eta_{col}(\lambda)$ 是电荷收集效率；$LHE(\lambda)$ 是光捕获效率，可以从吸附在 TiO_2 上染料的吸收光谱获得，其方程为 $LHE=1-10^A$，其中 A 是染料在 TiO_2 膜上最大吸收波长处的吸光度[26]。

FF 被定义为最大输出功率（P_{max}）与 V_{oc} 和 J_{sc} 的乘积之比：

$$FF = \frac{P_{max}}{V_{oc}J_{sc}} = \frac{V_{max}J_{max}}{V_{oc}J_{sc}} \tag{5-4}$$

式中，V_{max} 和 J_{max} 分别是 J-V 曲线中最大输出功率点的相应电压和电流密度值。与 V_{oc} 和 J_{sc} 相比，FF 相对难以理解，通常较小的串联电阻和较低的电荷复合容易导致较大的 FF。

5.2.4 染料敏化太阳能电池吸光材料——敏化剂

敏化剂是 DSSCs 的重要组成部分，是捕获光能的天线。敏化剂与纳米晶半导体的能级匹配（电子注入效率）、与纳米晶半导体的结合力、对可见光的吸收效率、被电解质还原再生的速率等因素都决定着电池性能的优劣。此外，具有良好的光照稳定性也是 DSSCs 应用的一个重要条件。因此，设计并筛选出合适的敏化剂成为 DSSCs 的一个重要课题。近二十年来，世界各课题组设计和合成了众多新的染料敏化剂应用于染料敏化太阳能电池。一般来说，理想的太阳能电池染料敏化剂需要符合以下几个条件[27]：①染料能够吸收波长小于 920nm 的所有光；②染料应当含有羧基（—COOH）、磺酸基（—SO₃H）、磷酸基（—PO₃H₂）等官能团，以便牢固地吸附在氧化物的表面；③染料吸收光子后注入电子到氧化物导带的量子效率要高，理想的量子效率应为 100%；④染料激发态能级与氧化物的导带能级相匹配，以减少电子传递过程中的能量损失；⑤染料氧化态电势要足够高，以接受氧化还原电解质或空穴导体的电子得到再生；⑥染料应该有足够的稳定性，能经受 10^8 次循环（相当于暴露在自然光下 20 年）。目前，应用于 DSSCs 的敏化剂主要有钌金属配合物敏化剂、卟啉类敏化剂和纯有机敏化剂。

5.2.4.1 钌金属配合物敏化剂

钌吡啶配合物在 DSSCs 中很早被应用，其构成一般是以钌金属与联吡啶或者三联吡啶的衍生物结合硫氰根基团配合，并包含羧酸作为吸附基团（图 5-8）。比较常见的钌染料有 N719、N3、black dye 和 Z907 等，其中 black dye 使用三联吡啶配体，光谱响应非常宽，IPCE 截止波长可达到 900nm，在碘基电解质中可以取得超过 $20mA \cdot cm^{-2}$ 的 J_{sc} 值[28]。钌染料不仅吸收光谱较宽，激发态寿命相比纯有机染料更长，其在可见光区的吸收来自金属到配体的电荷转移（MLCT），因此可以通过对吡啶配体进行修饰来调节染料的吸收性质，也可以引入烷基链优化染料在金属半导体表面的组装。另外，钌染料的光稳定性较好，Z907 染料在 80℃和 100%光强下连续老化 1000h，仍然能保持最初效率的 90%[29]。然而，钌元素的稀缺性，使得其很难大规模应用。并且钌配合物与钴电解质存在相互作用，使得钌染料在与钴基电解质联用时 TiO_2 中电子与电解质复合严重，因而钌染料目前只能在碘基电解质中取得高效率，这也在一定程度限制了钌染料能量转换效率的提高。

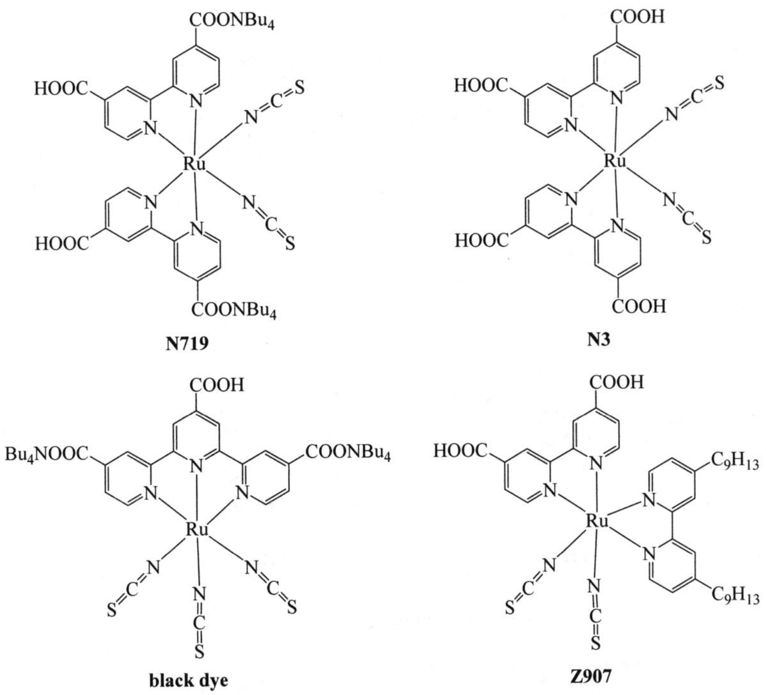

图 5-8 钌染料 N719、N3、black dye 和 Z907 的分子结构

5.2.4.2 锌卟啉敏化剂

锌卟啉染料因为较宽的吸收光谱而被应用于 DSSCs 中作为光敏剂。卟啉染料在可见光和近红外区有两个明显的吸收带，分别是 400~450nm 的 S 带以及 500~700nm 的 Q 带。在很长一段时间内，卟啉敏化剂的能量转换效率较低，主要原因有两点：一个是激发态染料电子流向分散，无法有效注入 TiO$_2$ 中；另一个原因是卟啉染料平面性较好，容易发生聚集。直到 2010 年，Grätzel 等报道了推拉电子型染料 YD2[30]（图 5-9），在卟啉一侧修饰二苯胺给体，使用炔键连接卟啉和苯甲酸受体,在碘基电解质中取得了 11% 的 PCE。2011 年，Grätzel 以 YD2 为基础，在卟啉的 meso 位引入烷氧基链进一步增加染料的抗聚集能力，设计合成了 YD2-o-C8 染料，使用钴基电解质作为还原介质获得了 11.9% 的 PCE。使用非金属染料 Y123 作为共敏化剂进一步弥补了卟啉染料在可见光区的吸收缺陷，提高 J_{sc} 值，最终共敏化电池获得了 12.3% 的 PCE,这也是当时 DSSCs 的效率最高纪录[10]。2014 年,Grätzel 等在 YD2-o-C8 的分子结构中将吸电子的苯并噻二唑引入炔基和苯甲酸之间，同时增大了二苯胺给体，设计合成了 SM315 染料（图 5-9）。SM315 的 IPCE 响应范围更宽，截止响应波长达到了 800nm，在 100% 光强下的 PCE 为 13%，这也是到目前为止卟啉 DSSCs 的最高效率[11]。2015 年，华东理工大学解永树教授课题组报道了卟啉染料 XW11[31],该染料使用吩噻嗪衍生物取代了 SM315 中的二苯胺给体（图 5-9），在碘基电解质中 PCE 达到 11.5%。最近该课题组又提出一种新颖的共敏化方式，将锌卟啉染料 XW51 与有机小分子染料 Z2 用柔性链共价连接（图 5-10），得到的染料 XW61 与 CDCA 共吸附下光电转换效率高达 12.4%，再次刷新了卟啉染料在碘电解质中的效率纪录[32]。

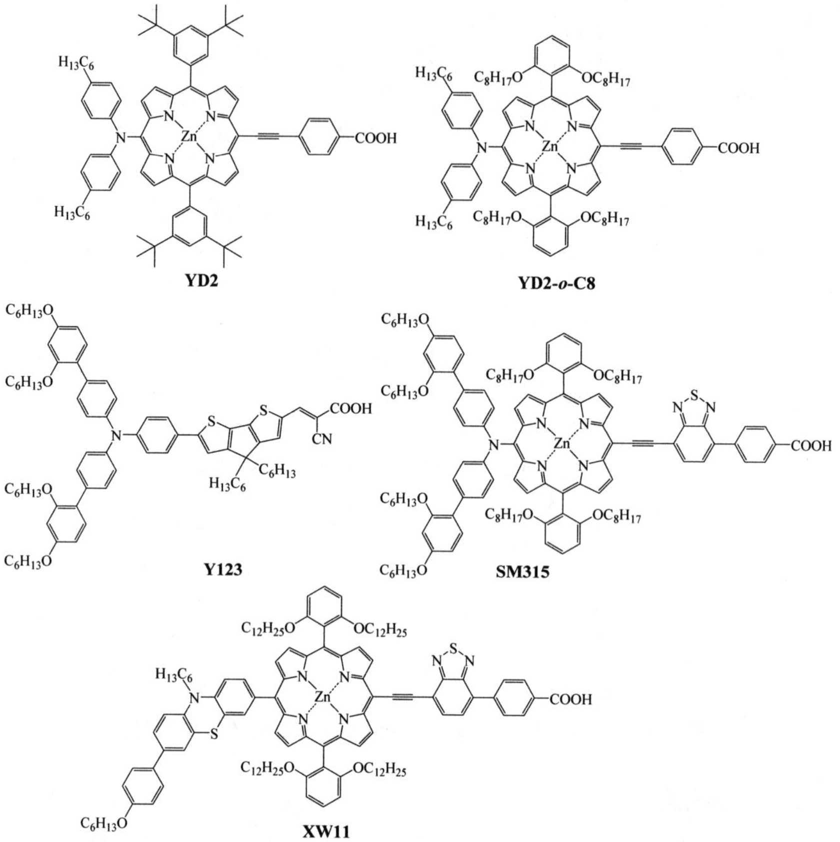

图 5-9　染料 YD2、YD2-*o*-C8、Y123、SM315 和 XW11 的分子结构

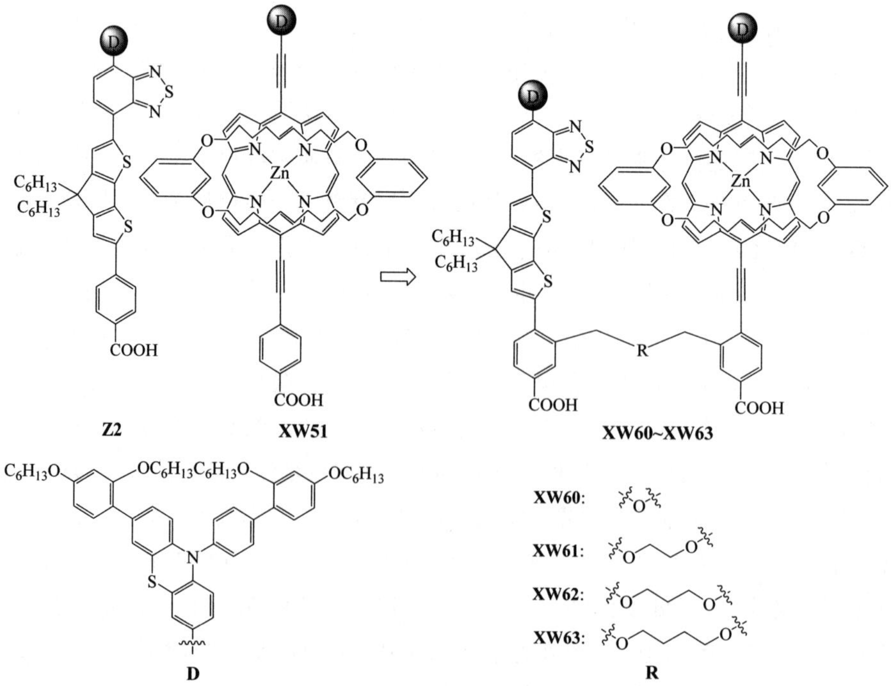

图 5-10　染料 Z2、XW51 和协同染料 XW60～XW63 的分子结构[32]

5.2.4.3 纯有机染料敏化剂

钌染料和卟啉染料虽然在 DSSCs 中取得了比较理想的光电性能,但是钌染料存在钌金属价格昂贵和染料摩尔消光系数低的问题,而卟啉染料也存在着稳定性差和合成及提纯难度高的问题,限制了它们的大规模生产应用。相比之下,纯有机染料敏化剂具有合成成本低、分子结构容易修饰、合成分离过程简单和摩尔消光系数高等优点,并且在近几年效率有了很大的提升,是一种可以替代钌染料和卟啉染料的高效染料敏化剂。

1. D-π-A 有机染料敏化剂

纯有机染料敏化剂的典型结构通常是电子给体-π-桥-电子受体(D-π-A)构型(图 5-11)。D-π-A 结构可以促进染料中 D 和 A 两部分之间的电荷转移或分离,使得电子从激态染料通过受体部分(羧基)有效注入 TiO_2 的 CB。另一个值得注意的结构特征是,D-π-A 染料的 HOMO 在多数情况下位于给体部分,或部分离域在 π-共轭体系上,而 LUMO 主要离域在染料的受体和锚定基团部分。通过扩展染料结构中 π-共轭体系,以及在染料中引入给电子或吸电子功能的取代基就会使 HOMO 和 LUMO 的能级发生转移,从而调节染料的光物理和电化学性质。在 D-π-A 的概念中,分别增加染料中 D 和 A 的给电子和吸电子能力就减小了 HOMO 和 LUMO 之间的带隙,从而导致染料吸收峰的红移。以给体单元的结构特征区分,这些 D-π-A 染料大致可分为烷基胺类、香豆素类、吲哚啉类、三苯胺类、咔唑类、吩噻嗪类等几大类,比较适合 DSSCs 应用的受体结构有羧基、氰基乙酸、绕丹宁酸、苯甲酸等。为了拓宽 D-π-A 染料的吸收光谱,有多种共轭单元被用来延长给体与受体之间的共轭链长度,如双键甲川链、噻吩、呋喃、苯基等,它们通常以组合的方式构成 D-π-A 染料的 π-桥。

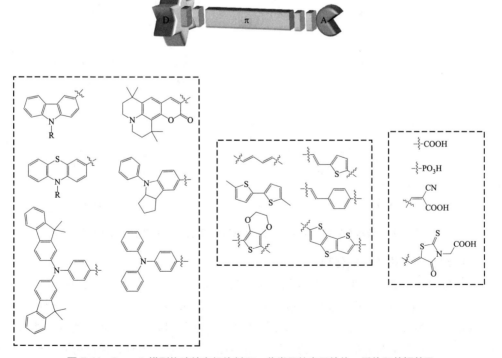

图 5-11　D-π-A 模型构建纯有机染料和一些常见的电子给体、受体和共轭单元

最早的纯有机染料主要是针对碘基电解质设计的（图 5-12），例如王鹏教授课题组设计的 C219 染料[33]，使用烷氧链三苯胺作为电子给体，3,4-乙烯二氧噻吩和硅取代的环戊联噻吩作为桥连，氰基乙酸为受体单元。C219 在碘基电解质中的 PCE 达到 10.1%，创造了当时的纯有机染料的效率纪录。2015 年，马克斯（J. Marks）等设计合成了 TTAR 并四噻吩桥连的 TPA-TTAR-T-A(3)染料[34]，其在碘电解质中也获得了 10.1%的 PCE。然而，由于碘电解质的氧化还原电位与染料的 HOMO 能级之间的带隙较大，碘电解质的 DSSCs 会引起 300～600mV 的势能损失。此外，碘化物对大多数金属和密封材料具有腐蚀性，这也是影响 DSSCs 长期稳定的主要障碍。为此，研究者们发展了一系列新的还原电对，包括钴配合物、铜配合物以及固体空穴传输材料等。相比于碘基电解质，这些还原电对需要的再生驱动力较小，对器件的腐蚀性也较小，但同时对染料的设计提出了新的要求。

Hanaya 课题组设计了以甲氧基硅为吸附基团的染料 ADEKA-1[35]（图 5-12）。甲氧基硅受体与 TiO_2 有着很强的键合能力，并且由于 Si—O—Ti 键的形成，激发态染料的电子注入具有很高的电子迁移效率，因而可以产生比羧基更高的光电压。在以$[Co(Cl-phen)_3]^{3+/2+}$ 为还原电对的钴基电解质中，通过不同羧酸的分层吸附，ADEKA-1 的 V_{oc} 可以达到 1.04 V。2015 年，该课题组使用 ADEKA-1 与 LEG4 共敏化[12]，在$[Co(phen)_3]^{3+/2+}$电解质中取得了 14.3%的 PCE（100%光强），J_{sc} 为 18.27mA·cm^{-2}，V_{oc} 为 1.01，FF 为 0.77，这是目前为止报道 DSSCs 的最高效率，电池在 50%光强下的 PCE 能够达到 14.7%。

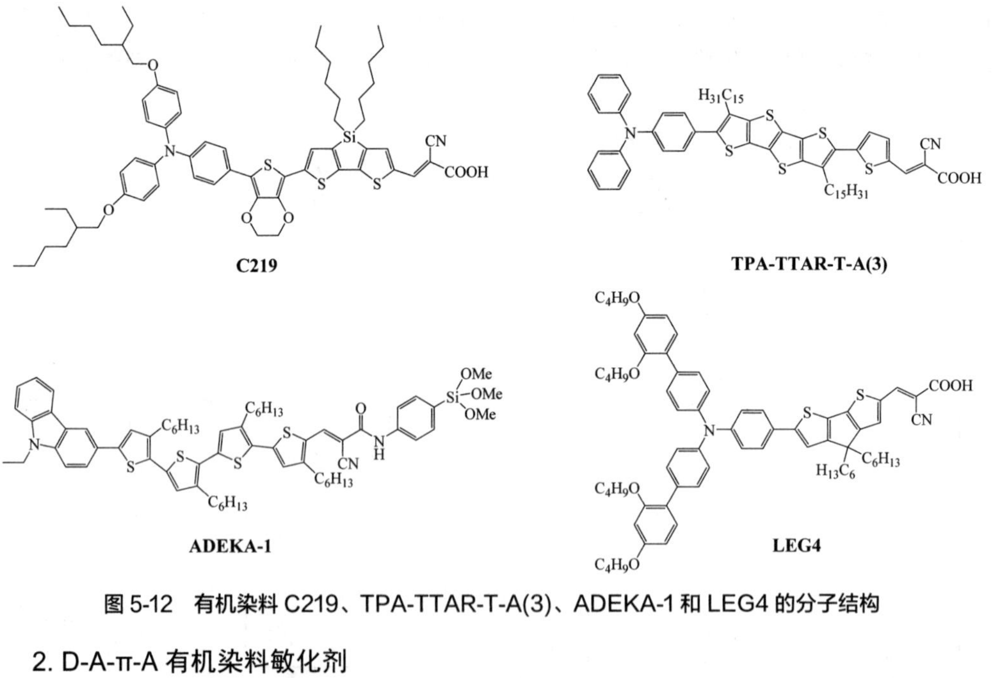

C219　　　　　　　　　　　TPA-TTAR-T-A(3)

ADEKA-1　　　　　　　　　　LEG4

图 5-12　有机染料 C219、TPA-TTAR-T-A(3)、ADEKA-1 和 LEG4 的分子结构

2. D-A-π-A 有机染料敏化剂

大多数 D-π-A 结构的染料吸收波长较窄，且受光激发后容易自身氧化和解吸附，电池稳定性差，大大限制纯有机染料的发展潜力。2011 年，朱为宏团队在 D-π-A 结构染料的基础上提出了一种 D-A-π-A 结构概念，即在给体与 π-桥之间引入一个额外的吸电子基团作为辅助受体，并起到电荷分离"阱"的作用（图 5-13）[36]。研究发现，通过引入额外的吸电子基团，可以拓宽染料吸收光谱，增强染料的光稳定性和电化学稳定性。至今，许多额外

的吸电子基团已经被应用在了纯有机染料中，最具代表性的有苯并噻二唑、苯并三氮唑、喹喔啉、吡啶并[3,4-*b*]吡嗪等。显然，这些辅助受体的结构式有着相似之处，即它们都含有不饱和 C═N 双键，这也是其具有良好吸电子能力的重要原因之一。

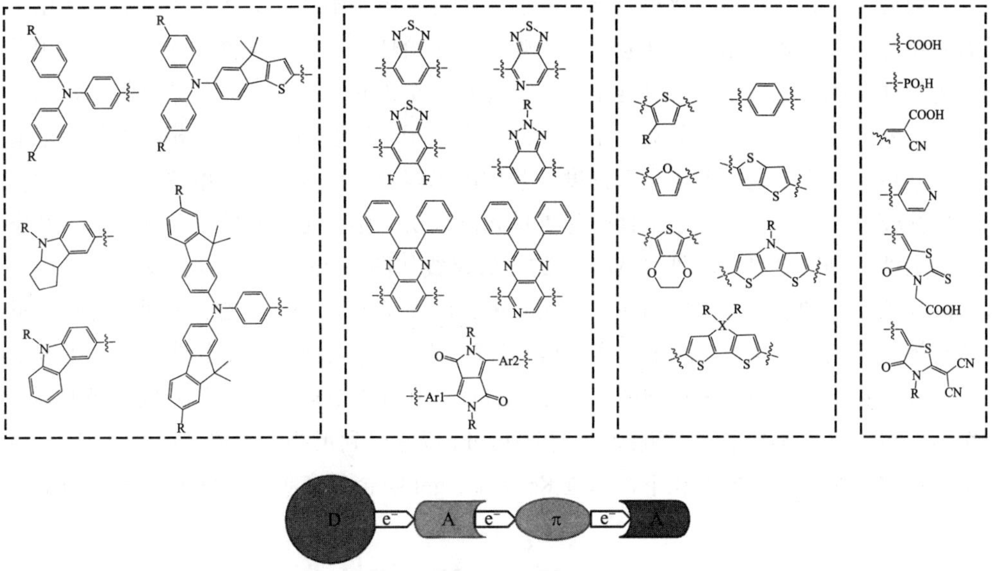

图 5-13　染料分子中常见的电子给体、额外受体、共轭桥连和电子受体单元

在众多辅助受体中，苯并噻二唑单元因为具有较强的吸电子能力而被广泛应用于 D-A-π-A 构型的有机染料中（图 5-14）。2011 年，朱为宏团队报道了以吲哚啉为给体、苯并噻二唑为辅助受体、噻吩为桥连、氰基乙酸为吸附基团的 WS-2 染料[37]。该染料在碘电解质中的 PCE 达到 8.7%。利用呋喃基取代 WS-2 结构中的噻吩单元得到染料 WS-19，基于 WS-19 的 DSSCs 获得了 9.36%的能量转换效率，其原因可能是呋喃基团对碘的亲和性相对较弱，电子回传损失相对较少。此外，王鹏课题组发展了一系列基于氮杂苝给体的 D-A-π-A 有机染料并取得了良好的光电性能（图 5-14）。C278 染料将噻吩环并入给体单元中[38]，明显增强了给体的给电子能力，在钴基电解质中 J_{sc} 为 19.55mA·cm^{-2}，PCE 达到 12.0%。

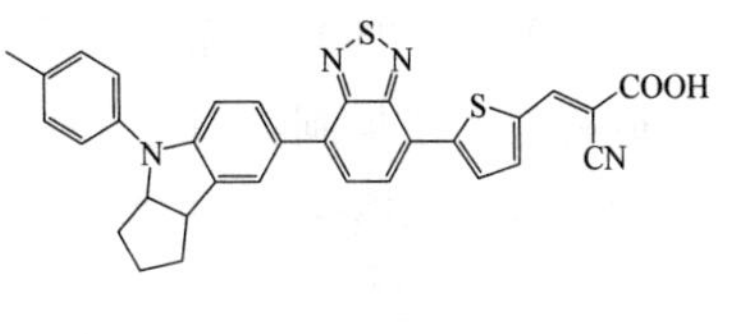

WS-2

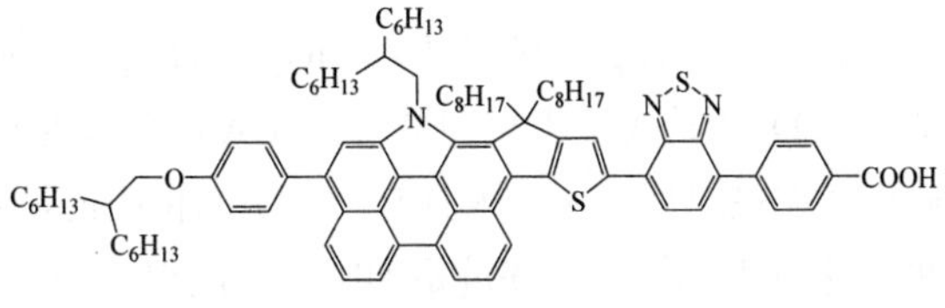

C278

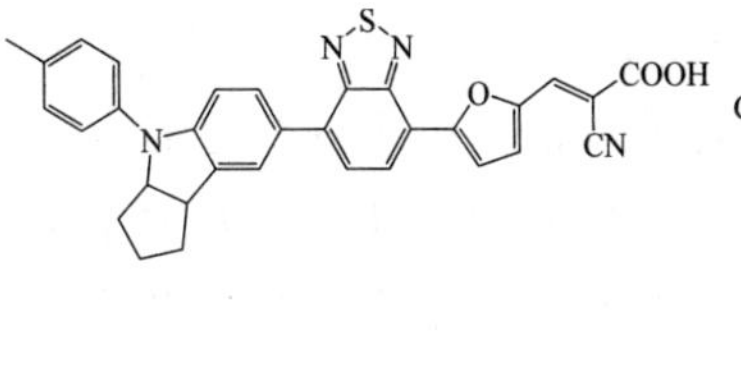

WS-19

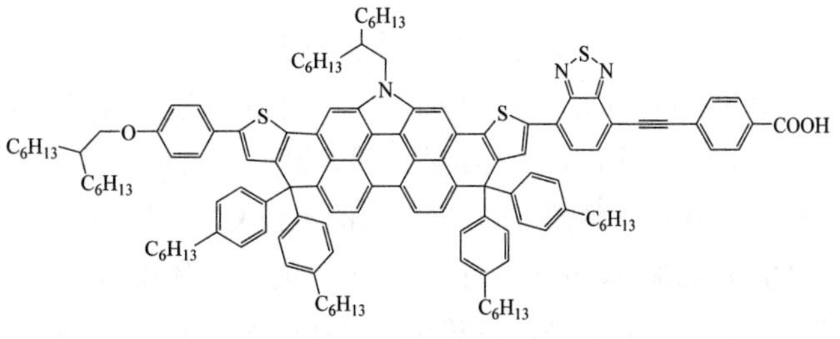

C281

图 5-14　纯有机染料 WS-2、WS-19、C278 和 C281 的分子结构

随后，该课题组又进一步在苝单元的另一侧并入噻吩环，并且在苯并噻二唑和噻吩之间引入炔键增加共轭[39]，C281 的最大吸收波长超过 600nm，IPCE 的截止波长达到 850nm，J_{sc} 更是达到 21.32mA·cm^{-2}，PCE 为 13%。

一般而言，设计有机敏化染料都需要引入适当的电子给体。大多数染料的给体由一些芳香胺单元构成，如三苯胺、咔唑、吲哚啉等电子给体。为了增强推电子能力，使用吲哚啉作为给体基团，氮原子直接键连了两个苯环和一个饱和五元环，与三苯胺相比，吲哚啉少了一个苯环分散氮原子的孤对电子，因此氮上电子云密度相对较大，相应地供电子能力也较强。然而，正是这种高电子云密度、强供电子能力，造成其氧化电位比较低，因而其光稳定性较差。当在强的电子给体吲哚啉单元附近引入强吸电子基团苯并噻二唑，其染料的光稳定性得到明显提高。染料 WS-2 的合成路线如图 5-15 所示，该染料敏化剂由两步 Suzuki 偶联反应和一步克脑文盖尔（Knoevenagel）缩合反应得到。首先，现制的吲哚啉硼酸酯与等物质的量的 4,7-二溴苯并噻二唑（BTD）在四（三苯基膦）钯的催化下发生 Suzuki 偶联反应，获得鲜红色粉末单取代产物 ID-BTD，中间体 ID-BTD 中苯并噻二唑上剩余的一个溴可与市售的 4-醛基噻吩硼酸进一步 Suzuki 偶联得到重要中间体 ID-BTDCHO，将其与氰基乙酸在少量哌啶的催化下，通过 Knoevenagel 缩合反应制备目标染料敏化剂 WS-2。

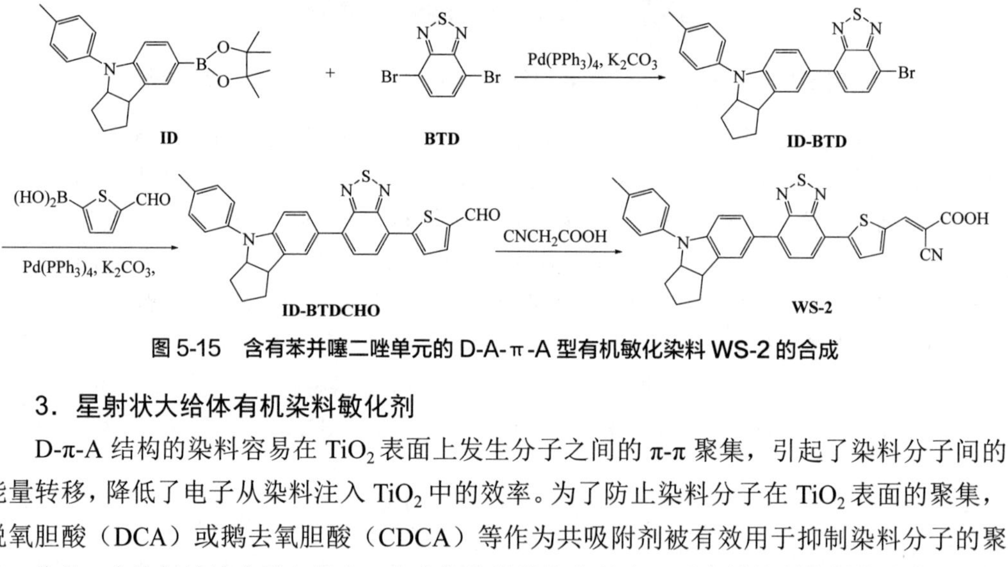

图 5-15   含有苯并噻二唑单元的 D-A-π-A 型有机敏化染料 WS-2 的合成

3. 星射状大给体有机染料敏化剂

D-π-A 结构的染料容易在 TiO$_2$ 表面上发生分子之间的 π-π 聚集，引起了染料分子间的能量转移，降低了电子从染料注入 TiO$_2$ 中的效率。为了防止染料分子在 TiO$_2$ 表面的聚集，脱氧胆酸（DCA）或鹅去氧胆酸（CDCA）等作为共吸附剂被有效用于抑制染料分子的聚集。此外，在染料结构中引入具有一定空间位阻的取代基也可以有效抑制染料的聚集。一般在有机敏化剂上添加长烷基链是抑制分子间聚集的一种重要策略，并且已经广泛地证实烷基链的引入可以明显改善 V_{oc} 和 PCE[40,41]。具有星射状结构的给体单元构成的纯有机染料，由于其自身具有树干-树冠结构，也比较容易形成密实的染料层。为了防止染料分子在 TiO$_2$ 表面的聚集，自 2008 年起，华东理工大学田禾院士课题组合成了一系列基于星射状三苯胺大给体的有机敏化剂，该大给体的引入既能够抑制分子的聚集也能阻碍电解质靠近 TiO$_2$ 表面，又能有效降低电解质/TiO$_2$ 界面间的电荷复合[42]。近年来，一种基于邻、对位二烷氧基链苯环（o,p-dialkoxyphenyl，DAP）单元的大给体染料可以在具有严重电荷复合问题的系统中获得高效率，尤其是钴电解质的 DSSCs[43,44]和 ssDSSCs[45]。这种大给体的结构特征可以归纳为两点：通过扩展给体部分的共轭尺寸，有利于在 TiO$_2$ 表面上形成致密的敏化剂层；另外,通过引入长的烷基或烷氧基链增强空间位阻,有助于防止电解质/HTM 接近 TiO$_2$ 表面。

2010 年,哈格费尔特(Hagfeldt)等对 D29 和 D35 两种染料在不同还原体系中进行对比研究发现(图 5-16)[46],给体上含邻、对位二烷氧基链苯环(DAP)的结构对于阻止钴配合物与 TiO$_2$ 接触有着明显的效果,D35 在钴基电解质中的 V_{oc} 甚至比 D29 高 200mV,该发现对于钴电解质的研究具有重要意义,而这种包含邻、对位二烷氧基链苯环的给体设计被称为"Hagfeldt 给体"。从此科研人员对于钴电解质有了新的认识和探索,发现很多还原电对如铜配合物等,这些新的还原电对都需要较大体积的染料给体来阻挡其与 TiO$_2$ 中电子的复合。Grätzel 等报道的 Y123 染料采用了共轭性更好的环戊联噻吩单元作为桥连[47],该染料可以广泛应用于各种还原体系,在钴基电解质中使用聚(3,4-亚乙二氧基噻吩)(PEDOT)作为对电极可以产生 10.3% 的 PCE[48],在铜基电解质中的 PCE 接近 11%[49],在以 Spiro-OMeTAD 为 HTM 的固态 DSSCs 体系中也可以达到 7.2% 的效率[50]。2013 年,Grätzel 课题组把这种"Hagfelt 给体"设计从三苯胺基团引入吲哚啉基团,再把得到的大吲哚啉给体引入不对称吡咯并吡咯二酮(DPP)中,大大拓宽了染料分子的吸收光谱,DPP17 在钴电解质中的电流达到了 17.9mA·cm^{-2},效率高达 10.1%[51]。

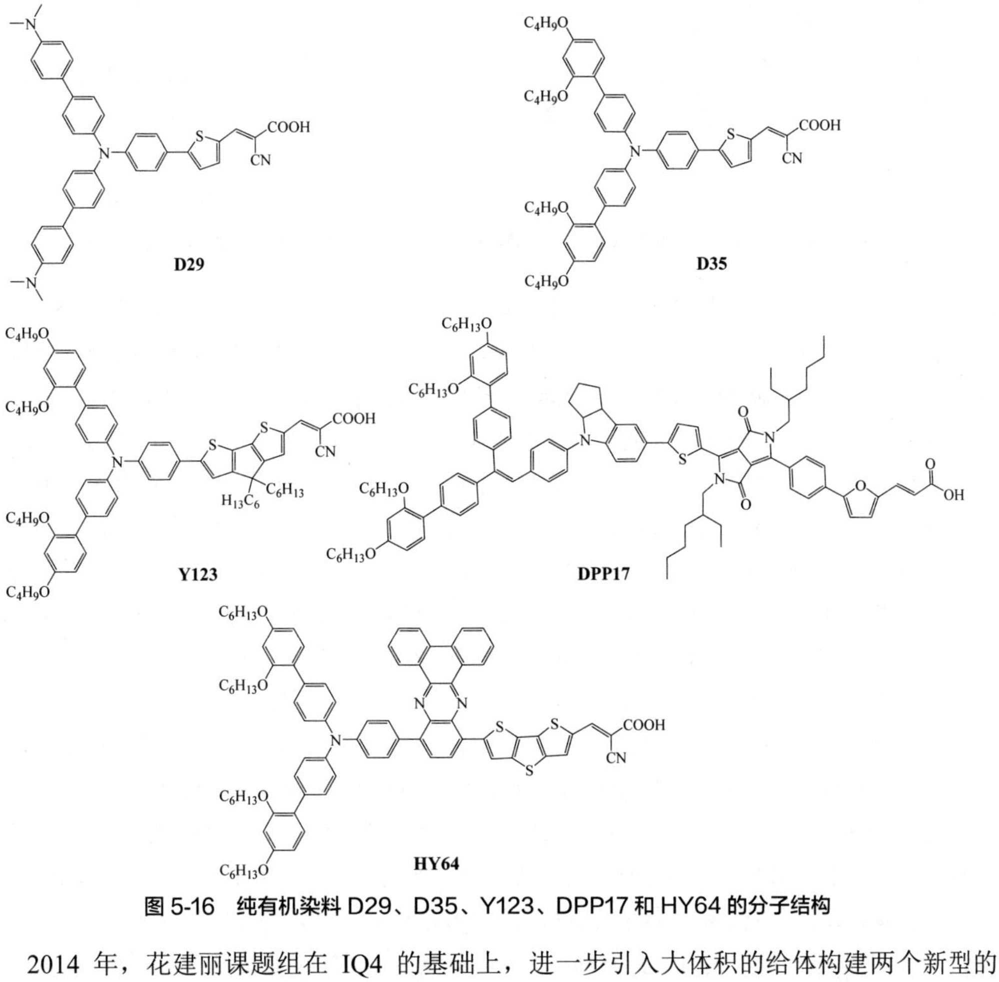

图 5-16　纯有机染料 D29、D35、Y123、DPP17 和 HY64 的分子结构

2014 年,花建丽课题组在 IQ4 的基础上,进一步引入大体积的给体构建两个新型的 D-A-π-A 吲哚啉染料 YA421 和 YA422(图 5-17)。大给体基团的引入不仅作为有效电子给

体降低染料聚集，同时通过尺寸效应抑制电子回传、电荷复合，提高了电子寿命，实现了2014 年最高的光电转换效率 10.65%[52]。2020 年朱为宏课题组采用大给体设计策略合成了染料 HY64，其在液态 $Cu(dmp)_2^{+/2+}$ 电解质的 V_{oc} 达到 1.03V，光电转换效率高达 12.5%，是当年单个有机染料在铜电解质下的纪录值[53]。2021 年，Grätzel 团队进一步延长三苯胺大给体的烷基链长至正十二烷，合成的染料 MS5 能有效减少电荷复合，降低电压损失，其 V_{oc} 高达 1.24V，且与宽光谱响应的大给体染料 XY1b 共敏化后，在铜电解质下取得了最高的 DSSCs 经认证光电转换效率 13.5%[13]。这些结果表明星射状大给体能有效地阻挡 TiO_2 导带电子与电解质之间的回传，降低电荷复合。

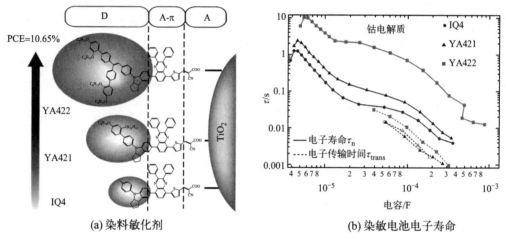

(a) 染料敏化剂　　　　　　　(b) 染敏电池电子寿命

图 5-17　基于大体积吲哚啉给体的染料敏化剂及其染敏电池电子寿命示意图[52]

此外，全固态 DSSCs 同样因为严重的电荷复合问题，其性能与液态电解质 DSSCs 还存在着明显的差距。全固态 DSSCs 最大的特征是用固态空穴传输材料替代液体电解质，从而可以避免液体电解质的挥发性溶剂泄漏和金属电极被腐蚀的问题。2016 年花建丽课题组[54]设计合成了一系列含 DAP 单元的大给体有机染料（图 5-18），并对其全固态 DSSCs 的性能进行了系统的研究。实验结果显示，通过与环戊二噻吩（CPDT）单元相邻的 π-桥键合获得两种有机染料（XY-1 和 XY-2），其中 XY-2 在最大吸收波长处（λ=578nm）展现了 $6.66×10^4 L·mol^{-1}·cm^{-1}$ 的高摩尔消光系数，并在只有 1.3μm 厚的 TiO_2 介孔层，取得了 7.51% 的光电转换效率；值得一提的是将 XY-1 与经典染料 D35 共敏化应用于液态铜电解质后，在弱光条件下实现了室内白色日光灯模拟照明的 28.9%的光电转换效率[55]，为便携式电子器件供电提供了极具发展潜力的技术和方法。

2017 年，他们设计合成了两个以喹喔啉为辅助受体，以 3,4-乙烯二氧噻吩和 CPDT 分别为 π-桥的有机染料（AQ309 和 AQ310）[56]。在标准 AM 1.5G、$100mW·cm^{-2}$ 模拟太阳光下，其全固态 DSSCs 分别展现了 6.8%和 8.0%的光电转换效率，而在 50 %的模拟太阳光强度下，AQ310 的光电转化效率可达到 8.6%。在此基础上，他们引入了给电子能力更强的茚并[1,2-b]噻吩型给体，设计合成了两个蓝色的有机染料（S4 和 S5）[44]，并在给体上额外增加了一个 DAP 单元，以进一步减缓全固态 DSSCs 中的电荷复合。研究结果表明，含喹喔啉单元的 S5 在 600nm 处呈现出 $6.3×10^4 L·mol^{-1}·cm^{-1}$ 的高摩尔消光系数，且基于 S5 的全固态 DSSCs 获得

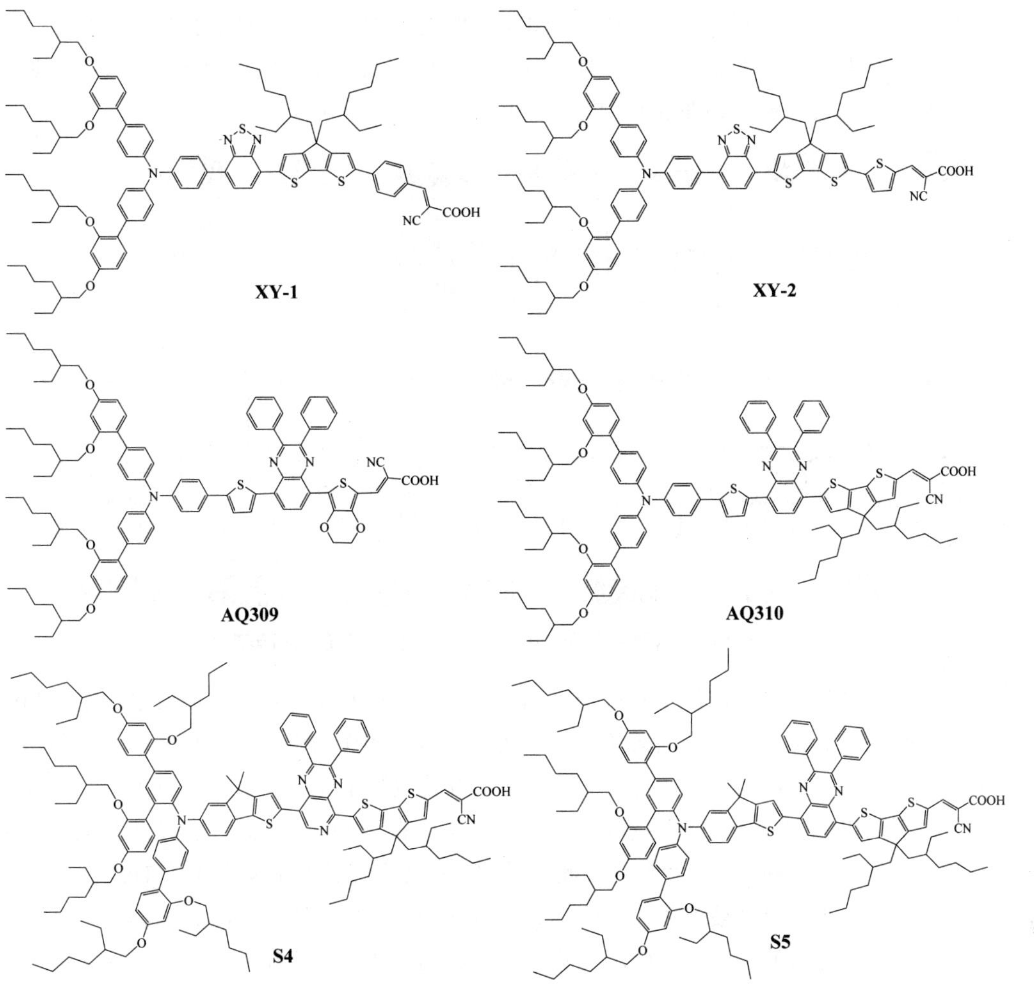

图 5-18 染料 XY-1、XY-2、AQ309、AQ310、S4 和 S5 的分子结构式

了 7.81% 的光电转换效率,明显高于基于吡啶并[2,3-*b*]吡嗪为辅助受体的 S4 染料（4.71%）。以上实验结果显示,基于 DAP 单元的大给体染料是进行高效全固态 DSSCs 有机敏化剂开发的一个有效策略,同时开辟了与传统黄色、红色等有机敏化剂相结合的新途径。

5.2.5 总结与展望

自从 1991 年瑞士科学家 Grätzel 将 TiO$_2$ 纳米颗粒引入染料敏化太阳能电池之后,电池的光电转化效率大大提高,这引起了各国科学界的广泛关注,并形成了研究的热潮。在 DSSCs 的结构组成中,染料敏化剂起着捕获入射光子和激子分离的作用,其光谱和能级的性质很大程度上影响着电池的光电性能。因而,设计开发出高性能的有机染料依旧是科研工作者的重要任务之一。在过去的 30 年里,对染料敏化剂结构的设计和优化已经使得染料敏化太阳能电池有了长足的发展和进步,引入新型的低带隙分子基团如苯并噻二唑、喹喔啉、吡咯并吡咯二酮、联二噻唑等作为 π 共轭桥,以及引入强的电子给体如芳香胺、吲哚啉、茚并噻吩或设计 D-A-π-A 的结构,能有效地拓宽染料的吸收光谱,提高电池的短路电流。同时,在染料分子中引入长烷基链,设计大体积三苯胺、吲哚啉、茚并[1,2-*b*]噻吩给体染料分子等，使得染料敏化剂吸附在 TiO$_2$ 表面能形成一层致密的阻挡层，避免了注入 TiO$_2$ 中的电子与电解质的复合，有效地提高了电池的开路电压。染料敏化太阳能电池领域部分重要工作的大事年表如图 5-19 所示[5,10,13,32,46,49,52,53,54,57-60]。

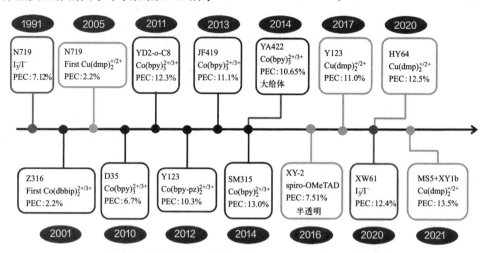

图 5-19　染料敏化太阳能电池领域部分重要工作的大事年表

目前关于染料分子设计都是着重于优化改变电子给体和 π 共轭桥，而对电子受体却鲜有深入的研究，仍主要为氰基乙酸和饶丹宁酸。氰基乙酸作为电子受体吸电子能力强，分子结构简单易得，且氰基的存在也有助于染料更好地吸附于 TiO$_2$。但是，单个氰基的吸电子性能还不足以强大，其敏化剂的吸收谱带大都集中在 400～650nm，近红外乃至红外区域的太阳光利用率不高。而且经稳定性测试发现，目前仍然存在染料容易从 TiO$_2$ 上脱附并且氰基基团在光照下容易被氧化等问题，导致电池的稳定性下降，这极大地影响了染料敏化太阳能电池在将来的工业化应用。因此，除了继续寻找更加匹配的电子给体或共轭传输体外，设计并开发出稳定性好，与 TiO$_2$ 键合牢固并且有着较强吸电子能力的电子受体的新型近红外敏化染料迫在眉睫。

5.3　有机太阳能电池

目前研究和开发的太阳能电池有单晶硅、多晶硅、非晶硅、碲化镉和砷化镓薄膜无机半导体，二氧化钛有机染料敏化太阳能电池和有机/聚合物太阳能电池等。前几种无机半导体太阳能电池经过多年的发展，在大规模应用和工业化生产中占据主导地位，其能量转换效率为 8%～18%。但是，提纯硅工艺复杂，成本高，造成在制造硅太阳能电池过程中能耗大、污染高等问题，同时制备工艺复杂且生产设备昂贵，因而这类材料的发展也必然受限。近年兴起的有机/聚合物薄膜太阳能电池具有成本低、重量轻、制作工艺简单、可制备成柔性器件等突出优点，尤其是薄、轻、柔是无机半导体太阳能电池不可替代的优点。另外，有机/聚合物材料种类繁多，可设计性强，有希望通过结构和材料的改性来提高太阳能电池的性能。因此，有机太阳能电池在便携式、柔性电池、光伏建筑供能等领域具有广阔的应用前景（图 5-20 和图 5-21）。

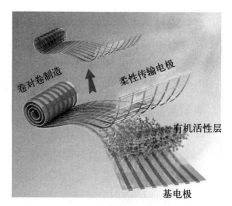

图 5-20 柔性透明电极与柔性有机太阳能
电池的示意图

图 5-21 太阳能电池的广阔应用

5.3.1 有机太阳能电池的发展历程

1958 年美国加利福尼亚大学伯克利分校卡恩斯（Kearns）和卡尔文（Calvin）将酞菁镁夹在两个功函数不同的电极之间，检测到了 200 mV 的开路电压，表现出光伏效应，成功制备出第一个有机太阳能电池（organic solar cells，简称 OSCs），但是能量转换效率（power conversion efficiency，简称 PCE）非常低。科学家们也一直在尝试不同的有机半导体材料，但是所得到的 PCE 都很低。直到 1986 年，柯达公司邓青云博士使用酞菁铜为给体（D）、菲为受体（A）制备了具有 D/A 异质结双层结构的有机光伏器件[61]，在模拟太阳光下能量转换效率接近 1%，激发了研究者对有机太阳能电池的研究兴趣。1992 年，美国加利福尼亚大学圣芭芭拉分校黑格（Alan J. Heeger）研究组的萨里奇夫蒂（Sariciftci）等发现共轭聚合物/C_{60} 之间光诱导超快电荷转移（转移速度 50 fs）的现象[62]，在此基础上 1993 年制备了以共轭聚合物聚（对亚苯基亚乙烯基）（PPV）衍生物为给体、C_{60} 为受体的 D/A 异质结双层结构的聚合物光伏器件[63]，这拉开了聚合物太阳能电池的研究序幕。为解决共轭聚合物中的激子扩散长度比较短造成的电荷分离效率低的问题，1995 年 Heeger 研究组的余钢等又发明了可溶液加工的共轭聚合物/可溶性 C_{60} 衍生物共混型"本体异质结"（bulk heterojunction，BHJ）聚合物太阳能电池[64]。本体异质结型太阳能电池简化了制备工艺，通过扩大给/受体界面面积和缩短激子传输距离，提高了能量转换效率，此后的 20 多年，富勒烯及其衍生物（主要是 $PC_{61}BM$ 和 $PC_{71}BM$）为受体制备的 OSCs 得到了广泛研究。

2003 年，N. S. Sariciftci 等通过聚（3-己基噻吩）（P3HT）和 PCBM 共混，制备的太阳能电池实现了 3.5% 的光电转换效率[65]。在此之后，这个体系成为研究热点，然而，P3HT 是宽带隙聚合物，制备的器件吸收光范围较小，阻碍了光电转换效率的提高。因此研究人员开始着眼于窄带隙给体材料的研发。2007 年，A. J. Heeger 等研究人员通过窄带隙聚合物给体 PCPDTBT 与 PCBM 共混作后电池活性层，P3HT 和 $PC_{70}BM$ 共混作前电池活性层制备了叠层太阳能电池，最大光电能量转换效率达到了 6.7%[66]。2013 年，陈寿安等人报道了一个窄带隙聚合物给体 PTB7-Th，使基于富勒烯衍生物的有机太阳能电池器件效率达到了 9.35%[67]。2016 年，香港科技大学颜河等利用一系列窄带隙聚合物给体与 $PC_{71}BM$ 共混，将基于富勒烯受体的太阳能电池效率提高到 11.7%[68]。

　　然而，富勒烯及其衍生物有许多缺陷，例如能级难以调控、可见光吸收不足、不容易提纯等，限制了这个领域的发展。2015 年，占肖卫研究组合成了一种窄带隙非富勒烯小分子受体 ITIC，并与 PTB7-Th 共混，有机光伏器件的能量转化效率达到了 6.8%[69]。2016 年，中国科学院化学研究所侯剑辉研究组将 ITIC 进行能级调节，与宽带隙给体 PBDB-T 共混制备的有机太阳能电池器件效率超过了 11%[70]。此后，基于非富勒烯受体的有机太阳能电池效率不断取得突破。2019 年，中南大学邹应萍研究组设计合成了一种以缺电子单元苯并噻二唑为核的非富勒烯有机受体光伏材料 Y6，制备了能量转换效率突破 15%的单结有机太阳能电池器件[71]。2020 年，国家纳米科学中心丁黎明课题组设计合成了一个聚合物给体 D18，通过 D18 与 Y6 共混制备的器件实现了 18.2%的光电转换效率[72]。

5.3.2　有机太阳能电池器件结构和分类

　　一个完整的有机太阳能电池通常由玻璃或塑料透明基板、半透明电极、空穴传输层、活性层薄膜、电子传输层、电极这几部分组成。有机太阳能电池根据器件结构和活性层的组成，可以大致分为肖特基型单层电池［图 5-22（a）］、双层异质结电池［图 5-22（b）］、本体异质结电池［图 5-22（c）］和叠层结构电池［图 5-22（d）］。

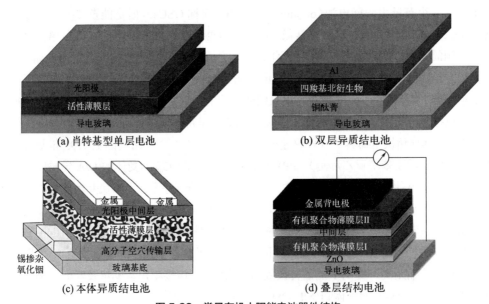

图 5-22　常见有机太阳能电池器件结构

　　材料科学的研究来源于各种各样的组合，不同结构的组合，不同特性材料的组合，以及材料与结构的结合。有机太阳能电池为材料科学的研究注入了新的活力，它拥有众多不同的结构，由最初的单层膜肖特基型器件开始，相继发展出了双层异质结、本体异质结以及基于以上单元结构的级联器件等。特性优异的活性材料可以作为器件的给体和受体，它们的组合纷繁复杂，却又充满了希望，再加强对器件物理特性的研究，这都是提高器件效率的最重要途径。

5.3.2.1　肖特基型有机太阳能电池

　　1975 年，Tang 和 Albrecht 等人报道了第一个有机太阳能电池器件并获得了 0.001%的能量转换效率。该器件采用单层结构，即将单一有机活性层夹在两个具有不同功函数的电极中间。单层结构器件只包含一种有机材料，因此通常称为肖特基结构器件。单层结构器件的主要缺点是电子和空穴在同一种材料中传输，由于载流子的迁移率低，大大增加了其复合概率，这是制约单层结构电池发展的主要原因。

5.3.2.2　双层结构有机太阳能电池

1986 年，邓青云博士开发了第一个基于平面异质结（planar heterojunction，PHJ）结构的器件，PHJ 器件采用 p 型半导体材料作为给体材料，而 n 型半导体材料作为受体材料。在给体和受体的界面处，势能的突然变化会产生足够强大的局域电场，克服了单层结构器件激子分离效率低的缺点。因此，在激子寿命和扩散长度较长的情况下，光照激发所产生的激子就可以在没有复合之前扩散到 D/A 界面处并通过光致电荷转移过程分离，即电子从给体材料的最低未占有分子轨道（LUMO）能级转移到受体材料的 LUMO 能级。为了保证有效的电荷转移过程，给体材料与受体材料的 LUMO 能级之差需大于激子束缚能。此外，理论上给体材料的最高占有分子轨道（HOMO）能级和受体材料的 HOMO 能级之间的能量差决定了器件效率的最大值。由于激子分离后电子在 n 型材料中传输，空穴在 p 型材料中传输，大大降低了自由载流子复合概率，有利于提高器件性能。然而，在平面异质结器件中，由于有机材料的激子扩散长度有限，通常为 10nm 左右，使得只有在距离 D/A 分离界面很小范围内的激子才能被分离，远离 D/A 界面处的激子在未到达分离界面前就通过辐射或非辐射复合损失掉。因此，有限的 D/A 分离界面是限制双层结构器件效率的主要因素。

5.3.2.3　本体异质结有机太阳能电池

为了增加 D/A 分离界面的面积，提高激子分离效率，科学家们将给体材料和受体材料在整个活性层内充分混合形成本体异质结（BHJ）结构。在 BHJ 器件中，混合体异质结的形貌是决定器件性能好坏的关键因素。为了形成尽可能多的 D/A 界面，要求给体材料和受体材料充分混合，相区尺寸越小越好。然而，当给体或受体的相区尺寸过小时无法形成连续通路，影响载流子的传输和收集。为了平衡激子分离效率和载流子传输收集效率之间的矛盾，必须有效地控制本体异质结的形貌。理想情况下，给体材料与受体材料在充分混合的同时能形成连续的互穿网络结构。由于聚合物材料的激子扩散长度在 10~20nm 范围内，因此，最优化的给体和受体材料的相区尺寸为 20~40nm。此时，在给体（或受体）中产生的激子可以有效地到达 D/A 界面而分离。一旦激子分离成自由载流子，电子和空穴将分别在受体材料和给体材料中传输并被相对应的电极所收集。在传输过程中，如果给体材料或者受体材料的载流子迁移率较低，或者两者的载流子迁移率相差较大，那么电子和空穴再次复合的概率就会增大，导致光电流的损失。相对于平面异质结器件，该结构活性层内部给受体材料得到充分混合，形成了纳米级的互穿网络，极大地增加了给受体接触面的面积，从而提高激子分离和电荷传输效率，使器件性能大幅提升，且由于制备工艺简单，已被广泛利用。

5.3.2.4　叠层结构太阳能电池

此结构的设计思想是将几个不同带隙宽度的单结电池串联，有效利用太阳光谱的各个波段，这样就可以减少单一有机材料带隙宽度的限制所导致的器件光谱响应范围过窄的限制。

目前光电转换效率比较高的有机太阳能电池器件均是采用这种叠层结构制作而成。此种结构能够极大改善太阳能电池的光吸收效率,但是因为中间层数的增多,导致载流子迁移率降低,因此得到的器件最终性能并不是底层电池与顶层电池性能简单地叠加,而是有所降低。该结构最明显的优点是提高太阳光的利用率使器件效率得到提升,缺点是制作工艺复杂。

5.3.3 有机太阳能电池工作原理

在光照条件下,当光子的能量足够大,大于半导体材料的带隙宽度,光子就会被半导体材料吸收,并将价电子从价带激发到导带,产生激子(电子-空穴对)[73-75]。现在普遍认为光生激子主要为单重态激子[弗仑克尔(Frenkel)激子],这类激子中的电子与空穴间的库仑力较强,激子之间的结合力较大(0.3~1eV),导致激子半径小(5Å)。由于激子扩散距离的限制,激子需要在很短的时间内,扩散至给体和受体材料的界面处分离,成为自由载流子,否则电子-空穴对会发生复合。不同材料的能级差提供驱动力,电子和空穴分别扩散到电池的阴极和阳极,产生光电压。当电池外部接通负载后,即可形成光电流。光电流的形成过程机理见图5-23。

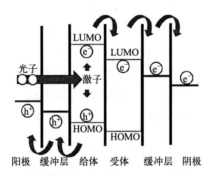

图5-23 有机太阳能电池光电流的形成过程机理

有机太阳能电池中的光电转换过程包含以下几个步骤(图5-24)。

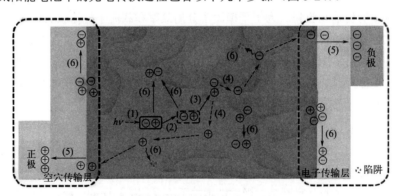

图5-24 基于本体异质结结构的有机太阳能电池工作原理
(1)激子产生;(2)激子扩散;(3)激子解离;(4)电荷移动;(5)电荷提取;(6)电荷复合

1. 激子产生

入射光透过ITO电极照射到活性层上,活性层光伏材料吸收光子,电子从HOMO能级跳跃到LUMO能级,在HOMO能级上产生空穴,LUMO能级上的电子与HOMO能上空穴通过库仑作用束缚在一起形成电子-空穴对，被称为激子。光伏材料的吸收光谱特性决定了器件对太阳光的利用率，这里希望光伏材料的吸收光谱能与太阳光谱相匹配。

2．激子向给体/受体界面扩散和迁移

激子形成后，材料中不同地方的激子浓度必定会有差异，在浓度梯度的驱动下，激子会在材料中扩散，只有到达界面处的激子才有可能被分离成电荷载流子，如果激子在扩散途中发生复合则对光电转换没有贡献。激子存在时间十分短暂，只有大约 1ns，激子的分离概率受激子的寿命以及扩散长度的影响。然而有机聚合物半导体中激子的扩散长度通常只有 10nm 左右，这就要求活性层中给体和受体相分离的尺寸不超过 20nm。因此，在纳米尺度上有效控制活性层形貌以产生更大的给/受体界面，形成给/受体合适相分离尺寸的连续互穿网络是保障有机太阳能电池实现高效率的重要基础[76-79]。

3．激子在给体和受体界面处发生电荷分离

由于在有机太阳能电池内光激发产生的 Frenkel 激子，激子结合能较大，单凭某个给体或者受体材料光照后产生的微弱内建电场无法实现激子的分离，只有当激子扩散至给体与受体材料界面处时，由于给体和受体之间的电子亲和势（electron affinity）的不同实现分离，该能级差就是实现有机太阳能电池激子分离的驱动力。这要求给体的 LUMO 和 HOMO 能级都要高于受体对应的能级，并且其能级差 ΔE_1 和 ΔE_3 应该大于激子结合能，这样才能保证给体中的激子将电子转移到受体的 LUMO 能级上，受体中的激子将空穴转移到给体的 HOMO 能级上，从而实现光生电荷分离。

4．光生电荷载流子向电极的传输

在电池内部势场（其大小正比于正负电极的功函数之差，反比于器件活性层的厚度）的作用下，被分离的空穴沿着共轭聚合物给体形成的通道传输到正极，而电子则沿着 PCBM 受体形成的通道传输到负极。这一过程需要给体和受体能形成纳米相分离的互穿网络结构，并且给体具有高的空穴迁移率，受体具有高的电子迁移率，避免电子和空穴在传输途中的复合，提高电荷载流子的传输效率。

5．空穴和电子分别被正极和负极收集形成光电流和光电压，产生光伏效应

半导体材料和金属材料的接触模式可以分为两大类，肖特基势垒和欧姆接触。肖特基势垒意味着很高的界面电阻，所以需要太阳能电池内部电极处形成欧姆接触，以此来降低载流子的传输阻力，促进载流子传输。为了在电极处形成欧姆接触，科研工作者在活性层和电极之间引入了界面缓冲层，在阴极和阳极两端分别插入不同的材料，分别用以传输电子和空穴。界面缓冲层材料的引入有效地降低了电子和空穴的复合［图 5-24 中步骤（6）］概率，促进电子和空穴向两端电极的传输，同时正极（负极）的电子能级有利于空穴（电子）的传输并且阻挡电子（空穴）的传输。

5.3.4　有机太阳能电池光伏材料的设计要求

有机太阳能电池研究的核心是提高光电转换效率（PCE），太阳能电池的能量转换效率与器件的短路电流密度（J_{sc}）、开路电压（V_{oc}）和填充因子（FF）成正比［式（5-1）］。

提高效率的关键是配备高效有机/高分子给体和受体光伏材料，器件的短路电流、开路电压和填充因子与光伏材料下面 5 个方面的性质密切相关。

1．吸收光谱

太阳能电池应该最大限度地把太阳能转换为电能，要实现高的光电流和高的转换效率，首先需要高的太阳光利用率，这就要求光伏材料的吸收光谱应该与太阳辐射光谱相匹配。如图 5-25 所示，照射到地面上的太阳辐射光谱波长分布范围很广，80%以上分布在波长 300～1200nm 之间，光子流最大能量在波长 550nm 左右（可见光的绿光区）。因此，为了提高太阳光的利用率，希望给体和受体光伏材料在可见-近红外区具有宽和强的吸收。

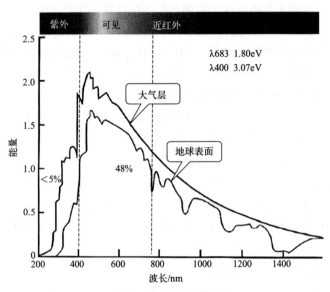

图 5-25　太阳光谱图

2．电荷载流子迁移率

在太阳能电池的光电转换过程中，光生电子和空穴的传输应该是越快越好，因为在传输过程中还有可能发生电子和空穴的复合或者被陷阱所捕获，传输途中经历的时间越长，这种复合或被捕获的概率就会越大，就会降低其电荷载流子的传输效率。因此，为了提高光生载流子的传输效率，给体需要有高的空穴迁移率，受体需要有高的电子迁移率。另外，对于外电路来说，正极上收集的空穴与负极上收集的电子必须相等，如果空穴和电子的传输不平衡，传输快的载流子将在电极附近聚集，这样会减弱电池的内建电场，降低电池的光伏性能。因此，除了要求给体需要有高的空穴迁移率，受体需要有高的电子迁移率之外，还要求给体的空穴迁移率和受体的电子迁移率能够平衡。

3．电子能级

给体和受体的电子能级相匹配，对于构建高效聚合物太阳能电池非常重要。为了保证激子在给/受体界面上的有效电荷分离，给体的 LUMO 和 HOMO 能级需要位于受体的 LUMO 和 HOMO 能级之上，并且由于共轭聚合物等有机半导体的激子结合能一般为 0.3～0.5eV，因此，能级差 ΔE_{LUMO} 和 ΔE_{HOMO} 一般需要大于 0.5eV 就可以保证激子的有效分离。另外，聚合物开路电压（V_{oc}）与受体的 LUMO 能级和给体的 HOMO 能级之差成正比。因此，在设计和寻找给体和受体光伏材料时，就需要调节给体和受体光伏材料的电子能级，使给体和受体的电子能级相匹配，既保证在给/受体界面上激子的有效电荷分离，又具有最高的开路电压。一般来说，在保证较窄带隙和激子的有效电荷分离的前提下，适当降低给体的HOMO能级或适当提高受体的LUMO能级，可以提高聚合物太阳能电池的开路电压，从而提高电池的能量转换效率。

4. 溶解性和成膜性

因为有机太阳能电池的活性层是由给/受体混合溶液涂膜制备的共混膜，因此给体和受体光伏材料都需要有好的溶解性和成膜性，并且需要给体和受体在同一种溶剂中都有好的溶解性，这是溶液加工成膜的前提。

5. 聚集和形貌

有机太阳能电池活性层给体和受体的纳米尺度分相聚集以及给/受体互穿网络结构对器件性能有重要影响。给体和受体的适度聚集可以增强材料对太阳光的吸收以及提高电荷载流子的传输性能，但聚集过度会影响给/受体互穿网络结构的形成，并且聚集尺度超过10nm还会影响激子的有效电荷分离。因此，希望给体和受体光伏材料具有适度聚集并形成优化的互穿网络结构的性能。

总之，对于给体材料，需要拓宽吸收和减小带隙以提高太阳光利用率，同时提高空穴迁移率以提高电荷载流子传输效率，从而提高短路电流和填充因子。还需要适当降低HOMO能级以提高开路电压。为满足这些要求，可以通过使用吸电子基团取代来降低HOMO能级，使用共轭支链来拓宽吸收，提高空穴迁移率，或者通过改善主链平面性和降低支链位阻来增强化合物的链间相互作用以提高空穴迁移率。

5.3.5　有机太阳能电池活性层材料

活性层是有机太阳能电池中的光吸收层，通常由电子给体材料和电子受体材料共混组成本体异质结结构。活性层材料的化学结构和能带结构决定着光伏器件的性能，对 OSCs 性能的提高起到至关重要的作用。电子给体活性层材料主要由共轭聚合物或小分子给体材料组成，聚合物给体材料包括聚（对亚苯基亚乙烯基）、聚（3-己基噻吩）给体和 D-A 共轭聚合物给体，而电子受体包含富勒烯及其衍生物和非富勒烯及其衍生物，在过去的研究中，主要集中在 D-A 共轭聚合物给体材料和富勒烯及其衍生物受体材料，并且这种给受体作为活性层也为 OSCs 的发展做出了突出贡献。近年来，以非富勒烯衍生物为受体材料，与不同种类的、含有较匹配的能级轨道的、显示不同程度吸收的高效率聚合物给体或A-D-A结构小分子给体搭配，OSCs 的能量转换效率得到大幅度提高，已超过 18%。

5.3.5.1　聚合物活性层给体材料

聚［2-甲氧基-5-(2′-乙基己氧基)-对亚苯基亚乙烯基］（MEH-PPV）是 BHJ 太阳能电池的第一个给体。MEH-PPV 具有良好的溶解性、空穴迁移率和发光性能。1995 年，Heeger[64]等人通过混合 MEH-PPV 和富勒烯受体 $PC_{61}BM$ 制备太阳能电池，在 430nm 光照下，太阳能电池显示出约 90%的内部量子效率，远高于纯共轭聚合物器件。然而，由于 PPV 型给体收集光子的能力较差，主要吸收 400～550nm 的光，其太阳能电池几乎不能提供超过 3%的PCE[80]。为了追求更高的效率，研究人员发现了另一种共轭聚合物聚噻吩（P3HT）。P3HT薄膜主要吸收 400～600nm 的太阳光，具有很高的消光系数。2003 年，N. S. Sariciftci 等通过 P3HT 和 PCBM 共混，制备的太阳能电池实现了 3.5%的光电转换效率，这一体系在接下来十年中逐渐成为人们研究的重点体系。尽管 P3HT-PCBM 体系极大地促进了 OSCs 的发展，然而，P3HT 是宽带隙聚合物，制备的器件吸收光范围较小，阻碍了光电转换效率的提高。

基于此，众多材料科学家将目光投向了窄带隙共轭聚合物材料的设计与开发。2010 年，俞陆平课题组[81]合成了一种具有给体（D）单元的 4,8-双［(2-乙基己基）氧基］苯并[1,2-*b*:4,5-*b'*]二噻吩（BDT）和一种受体（A）电子的 2-乙基己基 3-氟噻吩并[3,4-*b*]噻吩-2-羧酸酯（TT）聚合物给体 PTB7，其起始吸收边接近 800nm。PTB7:PC$_{71}$BM 太阳能电池的 PCE 为 7.4%，是当时有机太阳能电池的最高效率。由于 TT 单元可以稳定聚合物主链中的类醌共振结构，因此 PTB7 也被视为类醌聚合物[82]。2012 年，吴宏滨课题组[83]将 PTB7:PC$_{71}$BM 电池的 PCE 提高到了 9.2%，证明了 D-A 共聚物的聚合物给体的巨大潜力。2013 年，陈寿安课题组[67]使用 2D-BDT 单元，构建了目前研究最广泛的低带隙共聚物给体 PTB7-Th。与 PTB7 相比，PTB7-Th 在 OSCs 中表现出更好的性能，其 PCE 为 9.35%。2016 年，黄飞课题组[84]用稠环 A 单元萘并[1,2-*c*:5,6-*c'*]双[1,2,5]噻二唑（NT）构建了高效给体 NT812，其具有良好的空穴迁移率，NT812:PC$_{71}$BM 器件 PCE 达到 10.33%（图 5-26）。

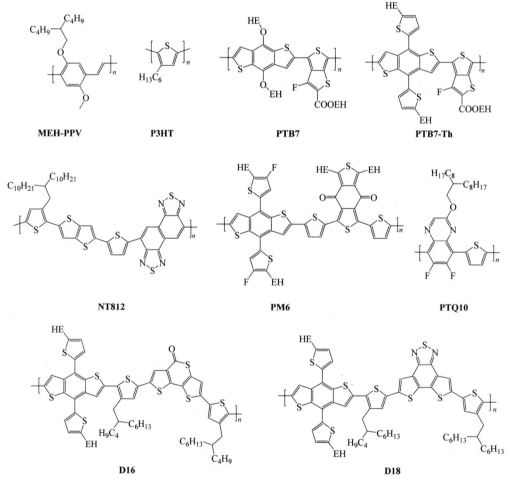

图 5-26　部分聚合物给体材料

与富勒烯电池需要窄带隙和吸光度强的给体不同，非富勒烯电池则需要宽带隙给体[85]。宽带隙给体与窄带隙受体呈现互补吸收，使共混膜能够吸收更多的太阳光。2015 年，侯剑辉课题组[86]用苯并[1,2-*c*:4,5-*c'*]二噻吩-4,8-二酮（BDD）为 A 单元合成了的宽带隙聚合物给体 PM6。PM6:PC$_{71}$BM 太阳能电池的 PCE 为 9.2%。2019 年，PM6 与非富勒烯受体 Y6 的器件 PCE 达到 15.7%[71]。2019 年，李永舫课题组合成了一种高效的宽带隙聚合物给体 PTQ10，基于 PTQ10:Y6 的 PCE 为 16.53%[87]。同年，丁黎明课题组设计合成了另一种宽带隙聚合物给体 D16，以全新的 5*H*-二硫醚[3,2-*b*:2',3'-*d*]噻吡啉-5-酮（DTTP）为 A 单元。D16:Y6 太阳能电池的 PCE 为 16.72%[88]。最近，该课题组再次报道了一种更高效的宽带隙聚合物给体 D18，以二噻吩[3',2':3,4;2',3':5,6]苯并[1,2-*c*][1,2,5]噻二唑（DTBT）为 A 单元。与 DTTP 相比，DTBT 具有更大的分子平面，使 D18 具有更高的空穴迁移率。D18:Y6 太阳能电池的 PCE 高达 18.22%[72]，这是迄今为止有机太阳能电池的最高效率。上述研究结果表明，宽带隙聚合物给体在非富勒烯太阳能电池中具有巨大的应用潜力，通过进一步优化共聚物的分子结构可以获得更高的 PCE。

5.3.5.2　小分子活性层给体材料

尽管聚合物具有良好的成膜能力，但除了其性能调整问题外，一般还会出现不同批次的变异问题。而相比于聚合物给体，小分子给体批次可重复，提纯较容易，同样引起了学者们的广泛关注。2011 年，加利福尼亚大学圣芭芭拉分校的 A. J. Heeger 等人合成了基于二噻吩并噻咯、吡啶噻二唑和联二噻吩的小分子给体 DTS(PTTh$_2$)$_2$，与 PC$_{71}$BM 共混的电池实现了 6.7% 的效率，为当时基于小分子给体电池的最高效率[89]。2012 年，巴赞（G. C. Bazan）等研究人员用单氟取代的苯并噻二唑代替 DTS(PTTh$_2$)$_2$ 中的吡啶噻二唑，合成了 *p*-DTS(PTTh$_2$)$_2$，实现了 7.0% 的器件效率[90]。2015 年，南开大学陈永胜课题组合成了一系列寡聚噻吩与不同端基相连的小分子给体，其中五个噻吩的 DRCN5T 性能最好，效率可达 10.08%[91]。2016 年，国家纳米科学中心邓丹和魏志祥等人用并噻吩联噻吩与 BDT 相连，以氟代茚二酮封端，得到小分子给体 BTID-2F，与 PC$_{71}$BM 为受体共混器件效率达到 11.3%[92]。2017 年，四川大学彭强课题组将苯并二噻吩（BDT）单元、联噻吩单元与萘并噻二唑、罗丹明交叉相连，合成 A1-π-A2-π-D-π-A2-π-A1 结构的小分子 BDTSTNTTR，以 BDTSTNTTR 作给体制备的非卤溶剂器件可以实现 11.53% 的效率[93]。2018 年，侯剑辉等人将三联 BDT 单元与罗丹明相连，得到了 DRTB-T-C4，以 DRTB-T-C4 为给体、非富勒烯 IT-4F 为受体的全小分子器件实现了 11.24% 的光电转换效率[94]。2019 年，中国科学院绿色智能技术研究院陆仕荣等研究人员合成了 BTR-Cl，与非富勒烯受体 Y6 共混实现了 13.6% 的器件效率[95]，随后，他们制备的三元全小分子器件效率可达 15.34%[96]。华南理工大学彭小彬和吴宏滨等研究人员用卟啉分子与 DPP 相连，得到了小分子给体 ZnP-TBO，电池效率为 9.06%[97]。2020 年，A. K. Y. Jen 等人以 ZnP-TBO: 6TIC: 4TIC 制备的三元全小分子太阳能电池光电能量转换效率接近 16%，刷新了全小分子太阳能电池器件效率的记录[98]。部分小分子给体材料见图 5-27。

5.3.5.3　小分子活性层受体材料

在 BHJ 结构的 OSCs 器件中，受体材料一直扮演着同样重要的角色。自 1995 年，PC$_{61}$BM 和 PC$_{71}$BM（图 5-28）引入 BHJ 器件结构发明以来，富勒烯衍生物一直是主要的电子受体。具有各向同性电子转移能力和高电子迁移率的富勒烯衍生物作为有机太阳能电池的受体材料得到了广泛的研究。2012 年，Yang[99]等首次报道了富勒烯作为受体材料制作串联叠层 OSCs 器件，得到 PCE 大于 10%的聚合物太阳能电池。香港理工大学的颜河等在 2016 年报道了一例基于富勒烯衍生物的单层体异质结 OSCs 器件，其 PCE 达到 11.7%[68]。

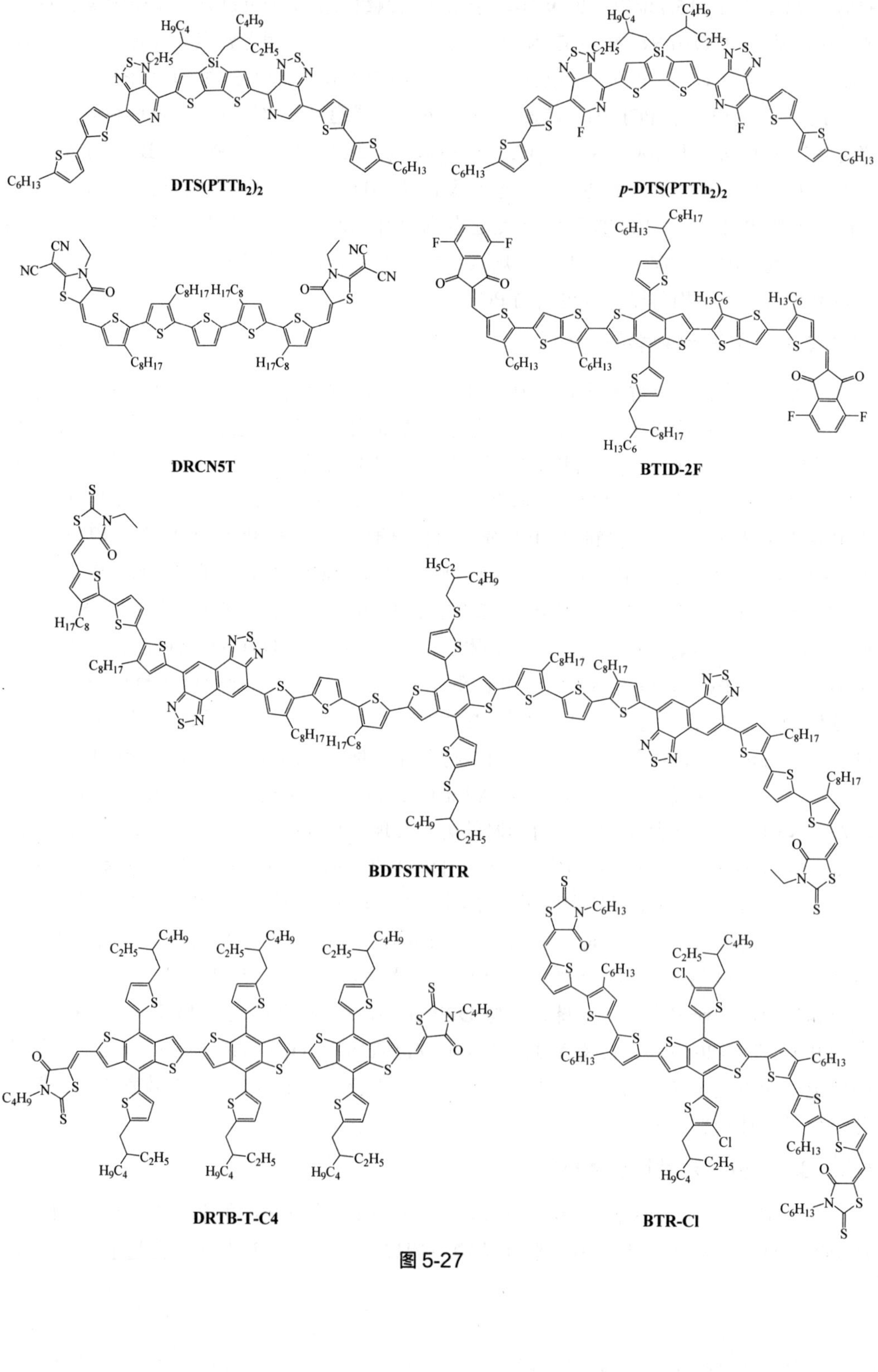

图 5-27

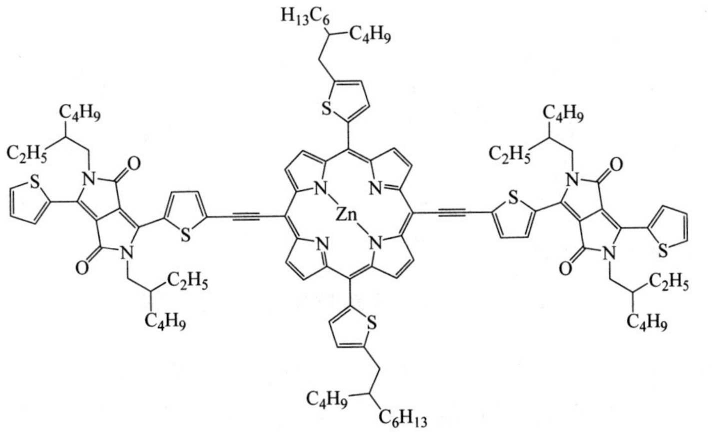

ZnP-TBO

图 5-27　部分小分子给体材料

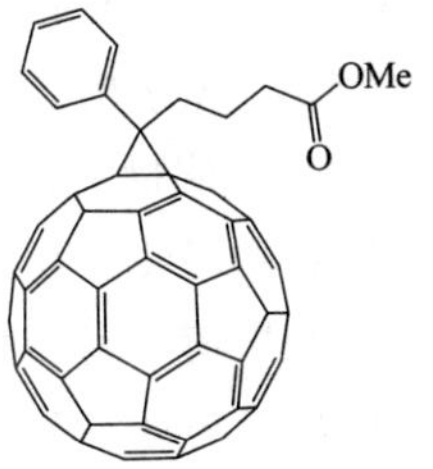

PC₆₁BM

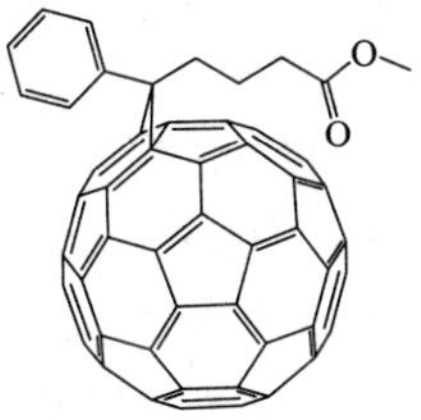

PC₇₁BM

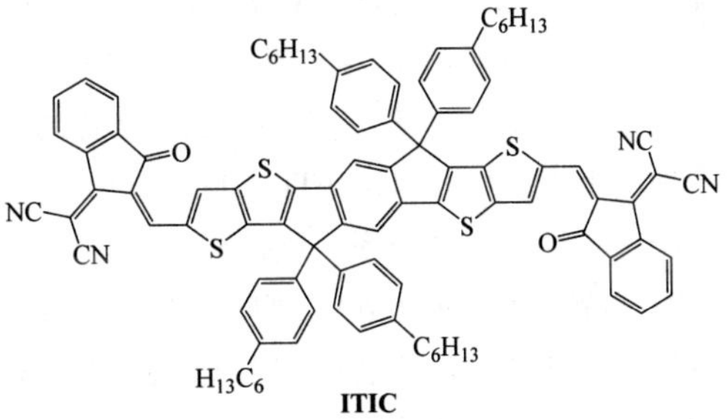

ITIC

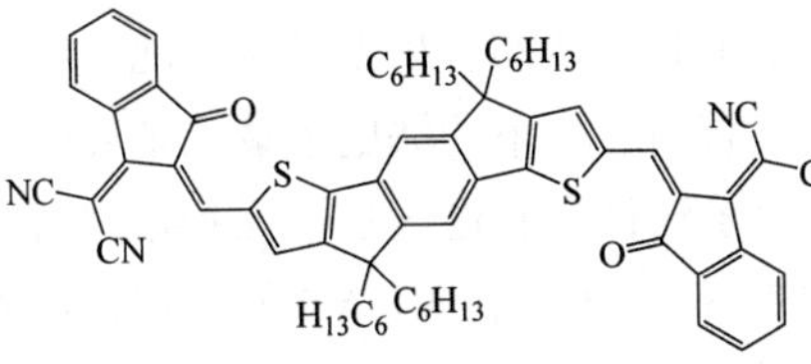

IDIC

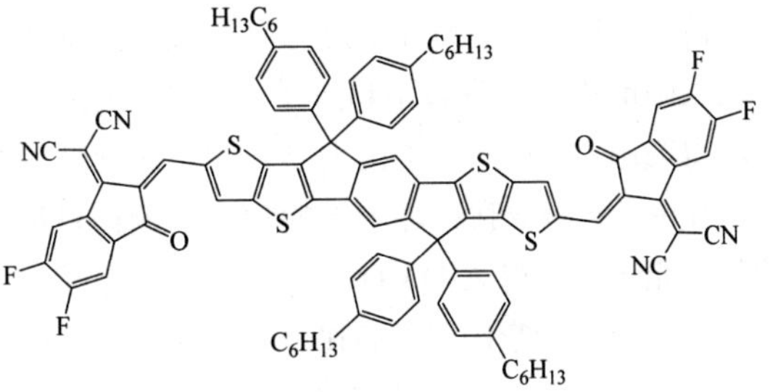

IT-4F

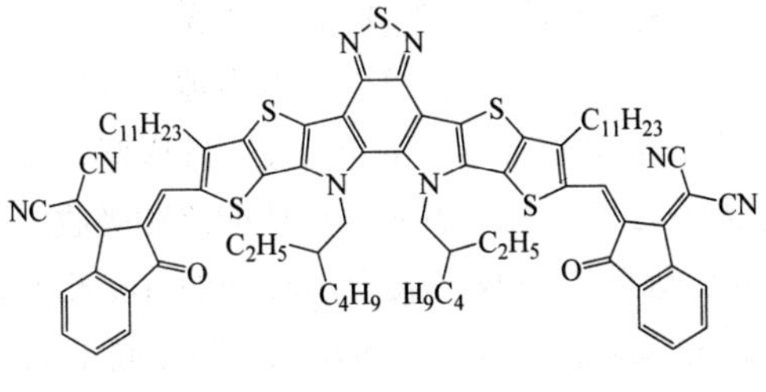

Y5

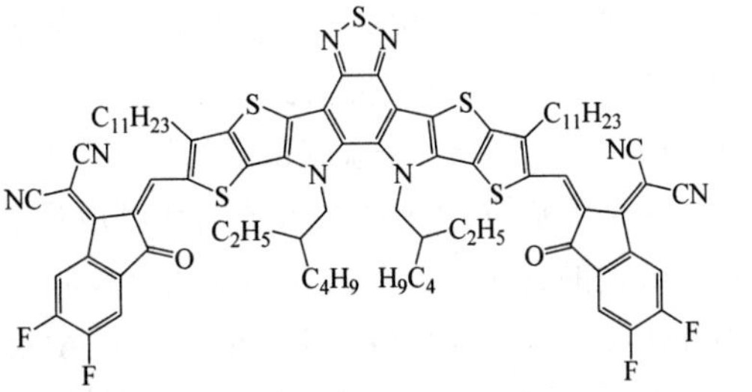

Y6

图 5-28

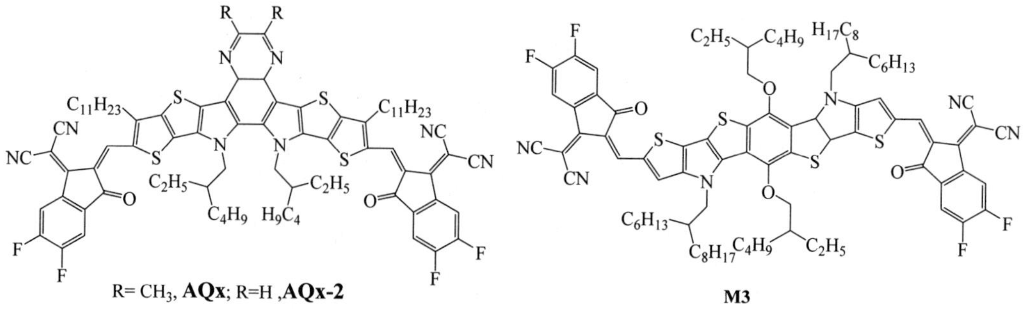

R= CH₃, **AQx**; R=H , **AQx-2**

M3

图 5-28　部分富勒烯及其非富勒烯受体材料分子结构

　　但是富勒烯及其衍生物具有光谱吸收窄、溶解性差、成本高、生产过程中环境不友好等问题，严重制约了有机太阳能电池的进一步发展。因此，发展其他类型的受体材料成为科学家们的目标。为了取得新的突破，要求研究具有富集光能力和对给体材料具有互补吸收作用的非富勒烯受体。近几年来，非富勒烯受体（NFAs）在 OSCs 中得到了广泛的关注。

　　2015 年，北京大学占肖卫课题组[69]首先设计和合成了具有强大的可见/近红外光捕获能力的受体-给体-受体（A-D-A）小分子受体 ITIC，其光学带隙为 1.59eV，在 500～800nm 处具有很强的吸收能力（图 5-28）。中心 D 单元具有多个长烷基链的并噻吩稠环结构，防止了分子的过度聚集，保证了 ITIC 在普通溶剂中的良好溶解性，从而在活性层共混物中具有合适的形态。基于 ITIC:PTB7-Th 太阳能电池的 PCE 为 6.8%，是当时基于非富勒烯受体有机太阳能电池的最高效率，开启了有机太阳能电池领域的新纪元。2016 年，他们报道了另一种具有吲哚并[1,2-*b*:5,6-*b'*]二噻吩（IDT）核心单元的 A-D-A 受体 IDIC[100]。IDIC 能与许多 D-A 共聚物给体匹配，其最佳 PCE 达到了 11.03%。随后，遵循同样的策略，通过对 ITIC 进行精细的化学调制，设计了一系列具有 A-D-A 结构的受体。2017 年，中国科学院化学研究所侯剑辉研究组[101]在 A 单元上进行氟取代得到受体 IT-4F，与宽带隙给体 PBDB-T 共混制备的有机太阳能电池器件效率超过了 13.1%。此后，基于非富勒烯受体的有机太阳能电池效率不断取得突破。2019 年，中南大学邹应萍研究组通过引入具有高迁移率的缺电子单元苯并噻二唑、用并二噻吩取代稠环末端的噻吩来调控目标分子的电子迁移率和进一步增强和拓宽材料的吸收光谱，获得 A-DA'D-A 型有机小分子受体光伏材料 Y5。研究表明，Y5 具有较合适的电化学能级和较窄的光学带隙（1.38eV）以及优异的电子迁移率（$2.11\times10^{-4}cm^2\cdot V^{-1}\cdot s^{-1}$），该分子与 PBDB-T 共混，使聚合物太阳能电池能量转换效率超过 14.1%[102]。随后不久，他们进一步设计合成了一种以缺电子单元苯并噻二唑为核结构稠环的 A-DA'D-A 型非富勒烯有机受体光伏材料 Y6，选取了与其吸收互补能级匹配的聚合物给体材料 PM6（图 5-26）共混，制备了能量转换效率突破 15%的单结有机太阳能电池器件[71]，使有机太阳能电池实现了里程碑式的跨越。同年，朱晓张课题组以喹喔啉单元为分子核心合成了两个分子，喹喔啉单元上带有两个甲基的 AQx[103]以及不含甲基取代基的 AQx-2[104]。如此小的改动使能级和吸收没有发生太大的变化，但在共混物形态上有明显差异。因此，AQx-2 表现出较强的 π-π 相互作用和快速的电子跳跃和电荷分离。基于 AQx-2 的 OSCs 的 PCE 为 16.64%，明显高于 AQx（13.31%）。缺电子核上的烷基链可能对核与 1,1-二氰亚甲基-3-茚满酮（IC）末端或两个缺电子核之间的特殊分子间的相互作用有着不利影响。2020 年，中国科学院福建物构所郑庆东课题组合成了含有吡咯杂环的稠环电子受体 M3，器件效率达到 16.66%[105]。

从器件工艺的角度出发，叠层器件、三元器件等的发展也为有机太阳能电池效率的提升起到了极大的推动作用。侯剑辉研组在 2016 年利用宽带隙给体材料，在富勒烯体系的基础上制备出了效率超过 11% 的叠层器件（图 5-29）。2017 年，该团队又利用非富勒烯型子电池再次制备出了效率接近 14% 的叠层器件[106]。2018 年，密歇根大学福雷斯特（Stephen R. Forrest）研究组制备了新型双结叠层有机太阳电池，具备紫外光到近红外区域的极宽光谱响应范围，使聚合物太阳能电池能量转换效率达到 15%[107]。同年 8 月，南开大学陈永胜研究组以 PBDB-T:F-M 和 PTB7-Th:O6T-4F:PC71BM 分别作为前电池和后电池的活性层材料，由于在可见光和近红外区域具有很好的互补吸收，实现了 17% 的效率[108]（图 5-30）。

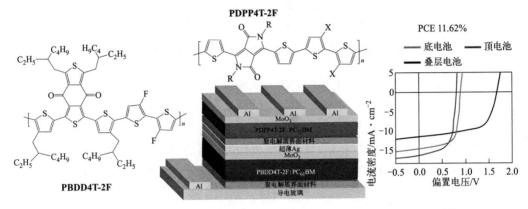

图 5-29　基于 PBDD4T-2F:PC$_{61}$BM 和 PDPP4T-2F:PC$_{71}$BM 的叠层器件[70]

有机太阳能电池与无机太阳能电池相比，具有可加工性强、成本低廉等优势，具有更广阔的应用前景。活性层是有机太阳能电池的关键组成部件，对电池的 PCE 起着决定性的作用。虽然当前对活性层材料的研究已经取得了显著的进步，但是仍然未能进入规模化的

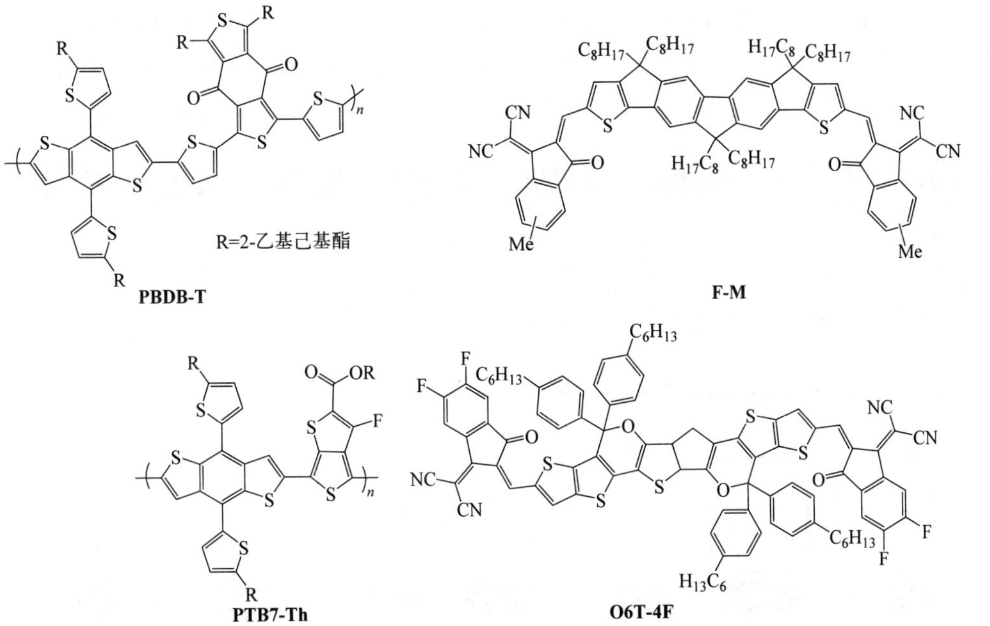

图 5-30

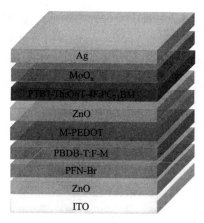

图 5-30　基于 PBDB-T:F-M 和 PTB7-Th:O6T-4F:PC71BM 的叠层器件[108]

生产和应用阶段，原因主要有以下两点：第一，OSCs 与无机太阳能电池相比还有一定的差距，对于太阳能的使用效率还不够理想；第二，加工工艺还需要继续改进，主要包括活性层材料的溶液加工以及印刷厚度控制的问题。虽然当前有机太阳能电池活性层材料仍面临着许多问题和挑战，但是 ITIC 等具有良好可修饰性的材料的出现给予研究者们广阔的创新空间。随着对活性层材料研究的进一步开展，高 PCE、可大规模生产的有机太阳能电池将会应用到日常的生活中。

5.3.6　总结与展望

有机太阳能电池因其具有制备过程简单、成本低、重量轻、可制备成柔性器件等突出优点，近年来受到广泛关注。随着研究的不断深入，文献报道的实验室小面积器件最高光电转换效率在 1986 年邓青云等人首次提出了电子给体/受体体异质结结构太阳能电池时不到 1%，到目前为止，单节有机太阳能电池的效率已超过 18%，在过去的 30 年中，全球科学家，特别是中国研究人员，在溶液加工 OSCs 的关键材料开发方面取得重大的突破的工作（如图 5-31 所示）[72,109,110]，使有机太阳能电池的商业化应用呈现出光明的前景。

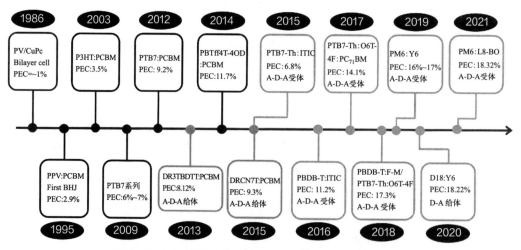

图 5-31　有机太阳能电池活性层关键材料重要工作的大事年表

　　但是，有机太阳能电池的能量转换效率与硅基太阳能电池相比还比较低，主要是由于目前使用的有机/共轭聚合物存在太阳光利用率低和电荷载流子迁移率低的问题，器件也常常存在电荷传输、收集效率低以及填充因子小等缺点，这为今后的研究工作留下了很大的发展空间。从材料的角度讲，制约有机太阳能电池效率的因素依然是有机/共轭聚合物光伏材料对太阳光利用率、电荷载流子的迁移率、给/受体材料能级的匹配性、良好的兼容性（能形成纳米尺度相分离的 D/A 互穿网络结构）、溶解性等。因此，设计和合成在可见-近红外区具有宽吸收和高的吸收系数、给/受体材料能级匹配、具有高的电荷载流子迁移率的有机/共轭聚合物光伏材料是有机光伏材料的研究重点。为实现有机太阳能电池的商业化应用，有机太阳能电池的效率、稳定性和成本是决定其能否走向应用和走向市场的关键。目前有机太阳能电池的效率已经跨过了可以向实用化发展的门槛，但稳定性的研究相对滞后，降低光伏材料和器件制备的成本也是一项艰巨的任务。相信，通过对有机/聚合物光伏材料的优化以及对有机光伏电池器件组成和界面结构的改进，在不远的将来能够实现有机太阳能电池的实际应用和产业化。

5.4　钙钛矿太阳能电池

5.4.1　钙钛矿太阳能电池的发展历史

　　在染料敏化太阳能电池中，负责捕获太阳光的染料一般呈现带状吸收，很难实现全光谱吸收。此外，高性能染料的分子结构较为复杂，需要多步合成才能获得，规模化应用具有挑战。因此，研究者们积极探索并发展了其他类型的光敏剂，包括可溶液加工的半导体量子点和无机化合物超薄膜等，但在电池性能方面没有取得大的突破。2009 年，日本桐荫横滨大学的宫坂（Miyasaka）教授等人首次报道了以有机-无机杂化钙钛矿材料［图 5-32（a）］

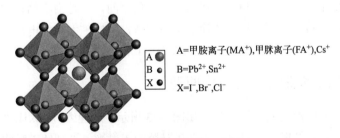

(a) 铅卤钙钛矿晶体结构示意图

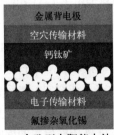

(b) 介孔型太阳能电池
器件结构

(c) n-i-p 平面型太阳能电池
器件结构

(d) p-i-n 平面型太阳能电池
器件结构

图 5-32　钙钛矿晶体结构与不同种钙钛矿太阳能电池

作为光敏剂的新型染料敏化太阳能电池[111]。这种钙钛矿材料制备非常简单，只需将卤化铅（如 PbI_2 或 $PbBr_2$）与有机铵盐（如 CH_3NH_3I 或 CH_3NH_3Br）等比例混合溶于 N,N-二甲基甲酰胺（DMF）配制成前驱体溶液，将此溶液旋涂到介孔 TiO_2 薄膜上并在 100℃ 加热几分钟就完成了吸光材料 $CH_3NH_3PbI_3$ 或 $CH_3NH_3PbBr_3$ 钙钛矿的原位制备，相比传统的染料合成与吸附工艺大大缩减了时间和成本。随后的研究发现这种铅卤钙钛矿材料的消光系数非常大，只需要很薄的吸光层（< 1μm）就可以充分吸收太阳光谱中能量大于其带隙的光子，因此非常有利于发展全固态染料敏化太阳能电池。2012 年韩国成均馆大学的帕克（Park）教授利用 spiro-OMeTAD 空穴传输材料代替液态电解液，不仅解决了铅卤钙钛矿在极性溶剂中的不稳定问题，还获得了效率接近 10% 的全固态钙钛矿敏化太阳能电池 [图 5-32（b）][112]。由于这种钙钛矿材料原料易得、制备简单且性能突出，一时间吸引了全世界范围内大量研究者的关注，正式开启了钙钛矿太阳能电池的研究热潮[113]。

5.4.2   钙钛矿太阳能电池的器件结构

随着研究的深入，人们认识到这种铅卤钙钛矿本质上是一种半导体材料，尽管是通过溶液法在较低的温度下制备的多晶薄膜，其半导体光电性能却异常突出，具体表现为载流子寿命长（微秒级）、迁移率高（电子和空穴都能达到几十 $cm^2 \cdot V \cdot s^{-1}$ 量级）、扩散长度长（微米级）、缺陷容忍度高[114-116]。由于这些特点，钙钛矿自身就可以高效地传输光生电子与空穴，不需要介孔 TiO_2 网络结构来辅助其传输电子，因此介孔 TiO_2 膜的厚度被不断减薄直至完全去除，钙钛矿太阳能电池的器件结构也逐渐由介孔结构转变为平面异质结结构并进一步被发展为平面 n-i-p [图 5-32（c）] 和平面 p-i-n [图 5-32（d）] 两类主流结构，其中 n 代表传输电子的 n 型材料，p 代表传输空穴的 p 型材料，i 意为钙钛矿吸光层，两类结构的电子与空穴传输层位置相互颠倒。这种器件结构的多样化为提升钙钛矿太阳能电池的效率、稳定性等提供了更为广阔的材料筛选与工艺优化空间，正是由于钙钛矿材料组分、制备方法、电荷传输材料、界面修饰等方面的不断创新，钙钛矿太阳能电池的光电转换效率在十年时间内从 3.8% 快速提升到了 25.2%，成为最具潜力的新型光伏技术[117]。

5.4.3   钙钛矿太阳能电池工作原理

钙钛矿太阳电池的光电转化过程如图 5-33 所示。过程（1），太阳光穿过透明电极和电荷传输层后到达钙钛矿，能量大于钙钛矿带隙的入射光将被钙钛矿吸收，由于铅卤钙钛矿材料的激子结合能很低，在室温下吸收光子产生的激子将迅速解离为电子（e^-）和空穴（h^+）；过程（2）光生电子和空穴在钙钛矿中的扩散长度大于钙钛矿薄膜的厚度，因此可分别被电子传输层（ETL）和空穴传输层（HTL）提取；过程（3）电子和空穴分别穿过 ETL 和 HTL 到达负极和正极，通过外电路形成光电压和光电流，完成光电转换。在上述过程中还存在一些不利的电荷复合过程，如过程（4）已进入电荷传输层的电子（或空穴）与钙钛矿内空穴（或电子）发生界面复合；过程（5）钙钛矿内部缺陷导致的复合等。这些电荷复合过程都会造成能量的损失，最终影响器件的性能。因此，提升电荷分离传输效率的同时抑制电荷复合损失，对于获得高效率的钙钛矿电池至关重要。

器件内各功能层材料的能带排布对光生电荷的输运有显著的影响。一般而言，电子传输材料的导带底能级（CB）应略低于钙钛矿的 CB，以便于电子的高效提取，同时价带顶（VB）能级应尽可能深以阻挡空穴，类似地空穴传输材料的 VB 应略高于钙钛矿的 VB 以便于空穴的高效提取，同时 CB 应尽可能浅以阻挡电子。电子与空穴传输材料需要具有较高的电导率，确保在一定厚度下能够有效地传递光生电荷而不造成显著的电压损失。在器件内电场分布、p-n 结的位置及宽带方面有初步的探索工作，但总体上由于钙钛矿材料的稳定性和重现性等问题，对钙钛矿太阳能电池器件的物理认识还不够充分，有待进一步深入研究。

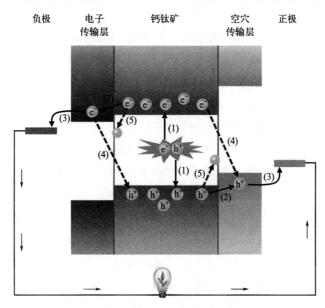

图 5-33　钙钛矿太阳电池中的电荷转移过程

5.4.4　钙钛矿材料的结构、性质与制备

钙钛矿是由特定晶体结构所定义的一种材料类别，一般可以用 ABX$_3$ 的化学通式表示，其中的 A 位和 B 位是离子半径大小不同的阳离子，X 位为阴离子，如图 5-32（a）所示，B 位金属阳离子与六个 X 位阴离子形成 BX$_6$ 八面体单元，BX$_6$ 八面体单元共顶点排列成周期性三维结构，A 位阳离子则嵌于八个八面体的中心位置。该结构最早用于描述天然矿物 CaTiO$_3$ 的晶体结构。目前已经发现了数百种具有钙钛矿结构的材料，从导体、半导体到绝缘体，品种多样、覆盖范围广泛，传统氧化物钙钛矿材料主要用于压电、铁电、超导等领域。在光电领域主要研究的是金属卤化物钙钛矿，即 B 位为 Pb^{2+}、Sn^{2+} 等二价金属阳离子，X 位为 Cl$^-$、Br$^-$、I$^-$ 等卤素阴离子，A 位为甲胺 CH$_3$NH$_3$$^+$（MA$^+$）、甲脒 CH(NH$_2$)$_2$$^+$（FA$^+$）和 Cs$^+$ 等一价阳离子。相比传统无机钙钛矿，铅卤钙钛矿的稳定性普遍较低，在含水汽、极性溶剂氛围中或高温环境下晶体结构很容易被破坏。

形成钙钛矿结构需要 A、B、X 这三种离子的半径满足一定关系，戈尔德施密特（Goldschmidt）提出容差因子 t（Goldschmidt tolerance factor）作为衡量钙钛矿材料结构稳定性和畸变的一个关键指标，其计算公式为 $t = \dfrac{r_A + r_X}{\sqrt{2}(r_B + r_X)}$，其中 r_A，r_B，r_X 分别对应 A 位阳离子、B 位金属阳离子和 X 位卤素离子的离子半径。一般当 t 值处于 0.8～1.0 范围时才有可能形成三维钙钛矿结构。当 A 位阳离子体积过大时，则可能形成二维层状结构[118]。

目前在太阳能电池领域研究较多的是以 $MAPbI_3$、$FAPbI_3$、$CsPbI_3$ 为主要组分的铅卤钙钛矿，他们的光学带隙分别为 1.57eV、1.48eV、1.73eV，对应的吸收截止波长大约为 790nm、840nm、720nm，消光系数可以达到 $10^5 L \cdot g^{-1} \cdot cm^{-1}$。通常而言，钙钛矿带隙随 A 位阳离子的离子半径增大而减小。对于 B 位金属阳离子，将 Pb^{2+} 部分或全部替换为 Sn^{2+} 可以将带隙进一步降低到 $1.1 \sim 1.4eV$，但 Sn^{2+} 很容易被氧化为 Sn^{4+}，稳定性问题较为严峻。对于 X 位卤素离子，通常 Br^- 的掺入会使得带隙增大，例如，$MAPbI_3$ 的带隙为 1.55eV，$MAPbBr_3$ 的带隙为 2.2eV。因此，通过对 A、B、X 位离子比例的协同调控，可实现钙钛矿材料带隙的连续调控。

室温下 $MAPbI_3$ 钙钛矿相的稳定性最好，但甲胺阳离子热稳定性不足，温度高于 80℃ 即可能发生不可逆热分解。$FAPbI_3$ 和 $CsPbI_3$ 热稳定性相对较高，但室温下钙钛矿相不够稳定，经常需要掺杂形成混合阳离子/混合卤素等较为复杂的组分才能稳定钙钛矿晶相，但对材料的带隙会有影响，制备过程也相对更为复杂。

在钙钛矿太阳能电池中，钙钛矿薄膜不仅仅作为吸光层吸收光子产生激子，同时还起到传输空穴和电子的作用，所以钙钛矿薄膜的形貌和结晶质量直接影响电池器件的性能。铅卤钙钛矿的制备方法很多，早期大多采用一步旋涂法，直接将卤化铅与有机铵盐溶于 DMF 等非质子性极性溶剂中，通过旋涂成膜，这种方法对结晶和成膜过程的控制较为困难，因此得到的钙钛矿薄膜普遍较为粗糙，难以获得高性能的太阳能电池器件。研究人员陆续开发了两步法、溶剂工程法、真空热蒸镀法等新的制备工艺，极大地提升了钙钛矿薄膜的形貌与结晶质量。下面以 $MAPbI_3$ 为例简单介绍上述制备方法[119]。

发展初期钙钛矿制备主要采用一步旋涂法，即将 PbI_2 与 MAI 混合溶解于 DMF 等溶剂中直接旋涂成膜［图 5-34（a）］，这种方法获得的钙钛矿薄膜一般比较粗糙，不利于薄膜电池的制备。两步法是指先制备一层 PbI_2 薄膜，然后通过浸泡、旋涂或热蒸发等方法将 MAI 沉积到 PbI_2 薄膜表面，两者在溶剂或加热等驱动下发生插层反应最终生成 $MAPbI_3$ 钙钛矿薄膜［图 5-34（b）］[120,121]。该方法有效控制了 PbI_2 与 MAI 的反应速率，提高了薄膜均匀性和结晶度，但两者的化学计量比不易控制。

真空热蒸镀法［图 5-34（c）］即类似于传统无机化合物半导体的制备，直接在蒸镀机内低压下加热 PbI_2 与 MAI 粉末，控制蒸镀速度与比例就可以获得 $MAPbI_3$ 薄膜。相比于溶液法，该方法制备的钙钛矿薄膜均匀致密、厚度精确可控，在大面积薄膜制备方面上也有一定优势，但化学计量比不易控制。

溶剂工程法［图 5-34（d）］是指在钙钛矿前驱体溶液中引入强配位溶剂[122]，如二甲基亚砜（DMSO）等，形成较稳定的 PbI_2-DSMO-MAI 中间体，并在旋涂过程中滴加反溶剂（如甲苯、氯苯和乙醚等），这些反溶剂可以有效萃取 DMF、DMSO 等溶剂，使钙钛矿前驱体溶液中的 PbI_2-DSMO-MAI 中间体快速进入过饱和状态，进而促发快速、大量且均匀的成核，最后通过加热驱除溶剂分子就可以得到非常均匀的钙钛矿薄膜。该方法有利于控制化学计量比，且薄膜形貌非常均匀，但晶体尺寸一般较小，对膜厚度的控制有一定局限性。

除上述方法外，还有一些其他方法[123-125]，如向钙钛矿前驱体溶液中添加一些功能添加剂，或采用离子液体作为溶剂，以及对含溶剂的前驱体薄膜抽真空和采用甲胺气体对薄

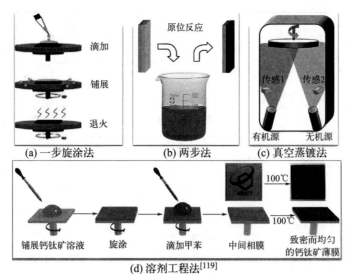

(a) 一步旋涂法　　　　(b) 两步法　　　　(c) 真空蒸镀法

(d) 溶剂工程法[119]

图 5-34　钙钛矿薄膜制备方法

膜实施重结晶等,在大面积钙钛矿薄膜的制备方面发展了刮涂法、喷涂法、软膜覆盖法等,这些方法也都各有优劣,大多还在研究之中。

5.4.5　钙钛矿太阳能电池的电荷传输材料

钙钛矿太阳能电池的电荷传输材料对器件的性能有显著的影响[126,127],除考虑基本的能级匹配、迁移率、电导率、透光性等因素外,还需要充分考虑溶液制备过程中的界面互溶问题,一般需要利用溶剂交叉策略,即制备上一层薄膜所用的溶剂不能溶解下一层材料。

n-i-p 结构钙钛矿太阳能电池的结构可以简单表达为 glass/TCO/ETL/perovskite/HTL/back electrode。其中 TCO 表示透明导电氧化物,典型的如氟掺杂氧化锡 FTO、锡掺杂氧化铟 ITO 等,ETL 和 HTL 分别表示电子传输层和空穴传输层,背电极(back electrode)一般为高功函的金属如金、银等。在这种结构的电池中,电子传输材料主要为无机 n-型氧化物半导体,如 TiO_2 和 SnO_2 等,这些材料 CB 能级与钙钛矿匹配,能够高效地提取钙钛矿中的光生电子,它们的带隙较大,VB 能级较深,能够很好地阻挡空穴,透光性也很好,不会造成寄生吸收。此外,这些无机电子传输材料对钙钛矿前驱体溶液有比较好的稳定性,制备钙钛矿薄膜的过程中不会被损坏,因此被广泛应用。有机 n-型半导体材料在 n-i-p 结构钙钛矿中应用较少,一些带有化学吸附功能的 n-型分子可吸附在 ITO 透明电极上构成超薄电子传输层,但这类器件的效率还不够高。n-i-p 结构电池的空穴传输材料沉积在钙钛矿薄膜上,因此需要满足一些条件,如不能采用极性溶剂和高温处理等,因此有机小分子、聚合物及配合物空穴传输材料比较适合。最常用的有机空穴传输材料 spiro-OMeTAD 分子结构如图 5-35 所示,其核心螺芴单元中两组共轭平面单元相互垂直,有助于抑制分子间聚集提高薄膜质量,但是其空穴迁移率较低,使用时需要添加 LiTFSI 和 TBP 等添加剂促进其氧化掺杂,因此不利于钙钛矿的稳定性。此外,这类螺芴单元合成路线较长,成本较高,因此近年来有大量新的空穴传输分子被报道,主要通过使用一些结构更为简单的核心单元与芳香胺组合,同时精细地调控分子的能级、构象、堆积方式等,进而调控空穴传输层的电荷提取与传输特性。

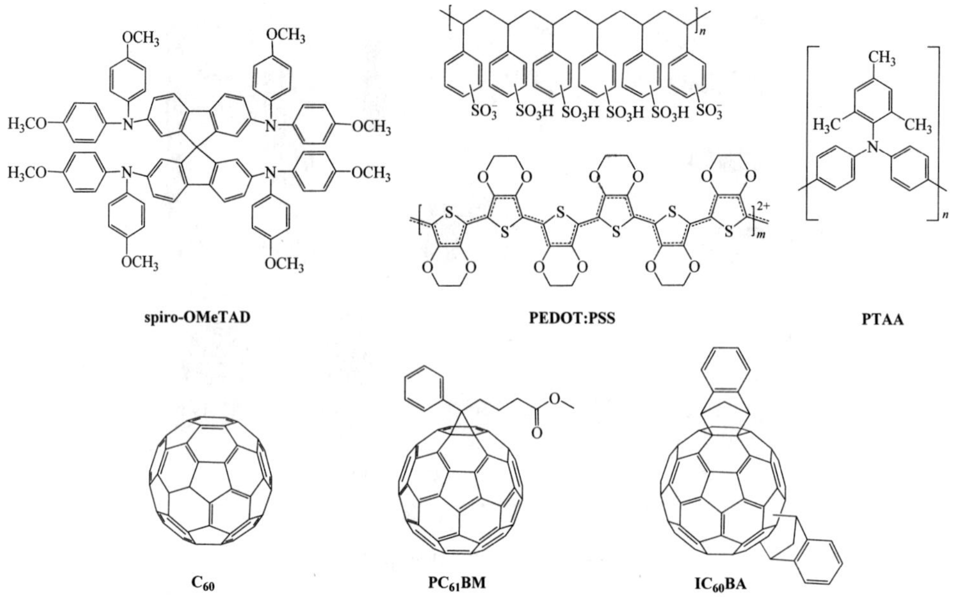

图 5-35　钙钛矿太阳能电池的典型有机电荷传输材料

　　p-i-n 结构钙钛矿太阳能电池的结构可以简单表达为 glass/TCO/HTL/perovskite/ETL/back electrode。这种电池结构是由经典的有机太阳能电池衍生而来，因此其电荷传输层大量借鉴了 OSCs 领域的典型材料，如采用已经商业化的 PEDOT:PSS 作为空穴传输材料，富勒烯 C_{60} 及其衍生物 $PC_{61}BM$ 等作为电子传输材料，它们的分子结构如图 5-35 所示。PEDOT:PSS 由于其 HOMO 能级较浅且具有一定的酸性和吸湿性，不利于钙钛矿太阳能电池的效率和稳定性。一些 HOMO 能级较深的有机空穴传输材料如聚三苯胺（PTAA）等被用于替代 PEDOT:PSS 并取得了较好的效果，但这类材料表面呈疏水性，钙钛矿前驱体溶液不易浸润铺展，因此钙钛矿薄膜的制备具有一定挑战性，往往需要在疏水性的有机空穴传输材料薄膜修饰一层聚电解质（如 PFN-Br）来提高钙钛矿薄膜质量。无机 p-型氧化物半导体如 NiO 等也可作为空穴传输材料用于 p-i-n 结构钙钛矿太阳能电池。总体上该类电池的高性能电荷传输材料种类不多，特别是电子传输材料方面，大多采用富勒烯衍生物。

　　在钙钛矿电池中，空穴传输材料是最重要的有机光电材料，其性能、稳定性和成本直接决定了该类电池的应用前景。下面列举一些典型 HTL 的分子设计思路、关键单元合成路线及合成方法[128]。

1. 螺芴类 HTL

　　"螺芴"的结构特点是以一个 sp^3 杂化的原子作为四面体中心将两个 π-体系连接起来，分子核心呈现出正交构型。这种"螺芴"结构能够提高分子的结构刚性，抑制薄膜结晶，提高薄膜形貌稳定性，同时对分子的电学性质影响较小。9,9′-螺双芴（9,9′-spirobifluorene）的合成最早可以追溯到 1930 年。克拉克森（Clarkson）和冈伯格（Gomberg）从 2-氨基联苯出发合成无取代的 9,9′-螺双芴（图 5-36 中化合物 **3**）。他们先通过桑德迈尔（Sandmeyer）反应将 2-氨基联苯转化为 2-碘联苯（图 5-36 中化合物 **1**），然后将其制成格氏试剂与 9-芴酮反应得到 9-(联苯基-2-基)-9-芴醇（图 5-36 中化合物 **2**）。迄今为止，该路线仍然是合成螺双芴及其衍生物的最常用路线。1990 年，托尔（Tour）等提出一种从 2-碘联苯合成 9-(联苯基-2-基)-9-芴醇的替代路线。他们先将 2-碘联苯与两倍物质的量的 *t*-BuLi 在低温下（−78℃）反应，然后加入 9-芴酮得到 9-(联苯基-2-基)-9-芴醇。芴醇衍生物在醋酸和盐酸混合溶剂中通过关环反应脱水得到 9,9′-螺双芴。最后，通过 9,9′-螺双芴与过量的 Br$_2$ 在 DMF 或 CH$_2$Cl$_2$ 溶剂中反应得到四溴取代的 2,2′,7,7′-四溴-9,9′-螺双芴（图 5-36 中化合物 **4**）。合成路线如图 5-36 所示，整体产率在 45%～83%之间。

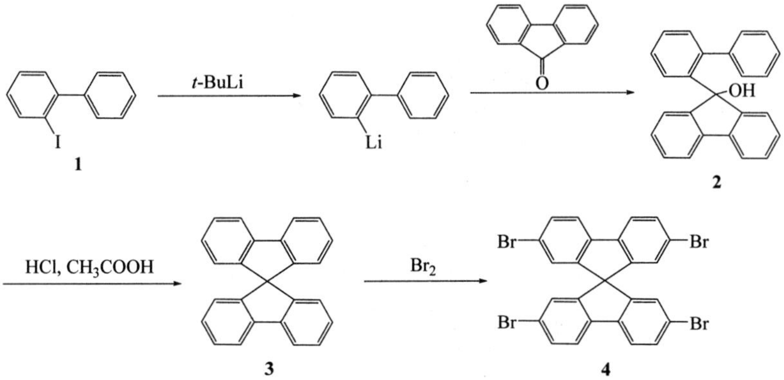

图 5-36　2,2′,7,7′-四溴-9,9′-螺双芴合成路线

Sprio-OMeTAD 是第一个也是目前最常用的以 9,9′-螺双芴为核心的 OSCs 空穴传输材料。通过在螺双芴外围引入二甲氧基二苯胺取代基以提升该分子的热稳定性和溶解度。同时，端基三苯胺上的—OMe 基团具有给电子能力，通过改变其数目和位置能够实现对分子能级的调控。Seok 等设计合成了—OMe 取代位置分别为对位（*p*-）、间位（*m*-）和邻位（*o*-）的三种空穴传输分子[129]。电化学测试表明，对位和邻位取代基具有相似的给电子能力，因此 *p*-与 *o*-的 HOMO 能级均为−5.22eV。而间位取代基具有一定的吸电子能力，导致 *m*-的 HOMO 最低（−5.31eV）。除了取代基的位置，取代基给电子的强度对分子的能级也具有较大影响。Huang 等使用不同取代基（乙基、甲硫基和 *N,N*-二甲基）合成三个 spiro-OMeTAD 衍生物。由于氮原子孤对电子的 p-π 共轭效应，含氮取代基的给电子能力要比—OMe 强。另一方面—SMe 与—OMe 具有相似的给电子能力，但硫原子的诱导效应更大。因此，该系列的 HOMO 能级的大小顺序为 spiro-N<spiro-OMeTAD<spiro-E<spiro-S。其中，基于 spiro-E 和 spiro-S 的反式 OSCs 具有更高的开路电压和光电转化效率。

考虑到 spiro-OMeTAD 优异的空穴传输性能，一些类螺结构也被用于构建空穴传输材料。螺［芴-9,9′-氧杂蒽］（SFX）就是其中一种常用的类螺结构[130]。SFX 的传统合成路线如图 5-37 中路径（a）、路径（b）所示，先将碘代联苯（a-1）或碘代苯醚（b-1）制成格氏试剂，再将格氏试剂与氧杂蒽酮或联苯酮反应得到相应中间体（a-2 或 b-2），最后在酸催化下脱水闭环得到 SFX（1）。这两条反应路径与制备 9,9′-螺双芴的反应路径相似，过程复杂，对反应条件和操作要求高，具有一定挑战性。2006 年，解令海等偶然发现可以从商业化原料芴酮（c-1）经一步反应直接得到 SFX［图 5-37 中路径（c）］，产率可以达到 90%以上。

戈文丹（Venkatesan Govindan）等采用路径（c）合成 SFX 核心，与三苯胺及其衍生物端基构建一系列空穴传输材料（图 5-38）。电化学测试表明，SFX-TPA 的 HOMO 能级较深（−5.57eV）低于 MAPbI$_3$ 的价带能级（−5.4eV），不利于空穴提取。如前所述，在三苯

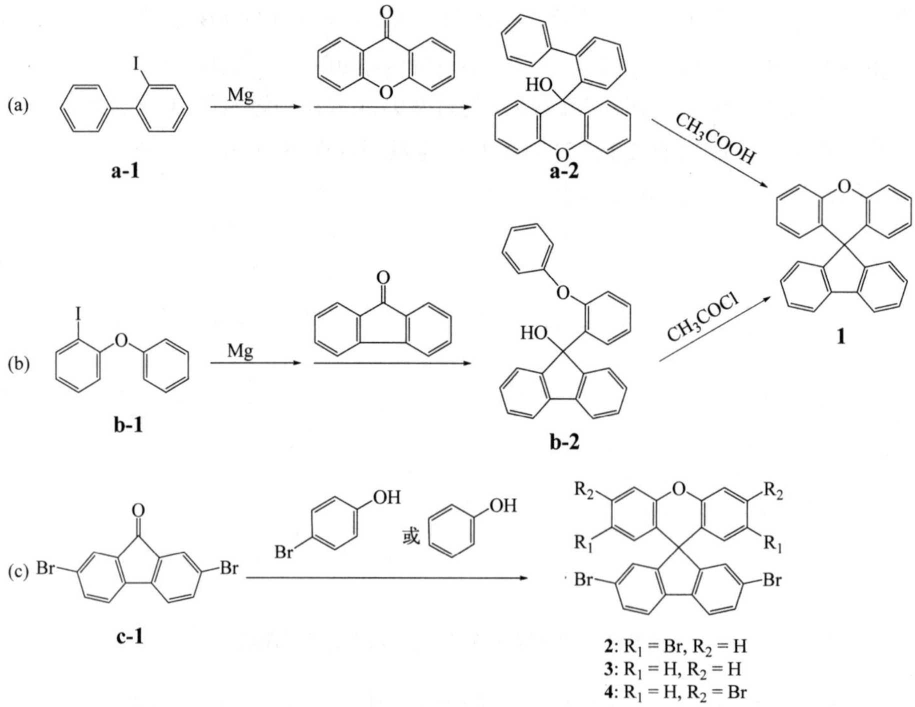

图 5-37   螺（芴-9,9′-氧杂蒽）与溴代螺（芴-9,9′-氧杂蒽）合成路线

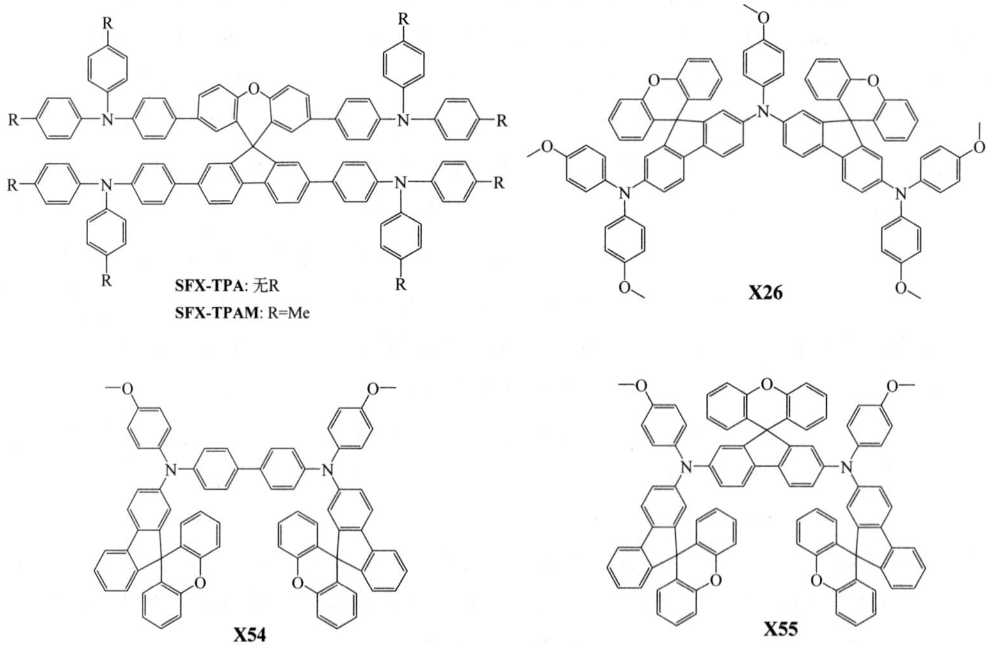

图 5-38   含有螺芴空穴传输材料的分子结构

胺端基对位引入给电子基团能提升分子的 HOMO 能级。因此，含有甲基的 SFX-TPAM 的 HOMO 能级为 $-5.21eV$，与钙钛矿价带能级较匹配。最终，基于 SFX-TPA 和 SFX-TPAM 器件的效率分别为 3.83% 和 10.23%，表面电荷传输材料与钙钛矿吸光材料的能级匹配情况对

器件效率具有较大影响。孙立成课题组将 SFX 结构作为侧基设计合成了空穴传输材料 X26，该分子表现出良好的导电率与成膜性，基于 X26 的器件获得了 20.2% 的光电转化效率。该组又基于 SFX 获得了两个 3D 寡聚物空穴传输分子 X54 和 X55。其中 X55 可以使用对氨基苯甲醚与溴代 SFX 经一步布赫瓦尔德-哈特维希（Buchwald-Hartwig）偶联反应得到。含有三个 SFX 基团的 X55 比常用的 spiro-OMeTAD 具有更好的成膜性，基于该分子的 OSCs 光电转化效率为 20.8%，高于基于 spiro-OMeTAD（18.8%）和 X54（13.6%）的器件。

2. 线性给体-共轭-给体（D-π-D）和给体-受体-给体（D-A-D）结构 HTL

螺环结构尽管性能优异，但合成较复杂，为降低合成成本，简单的线性结构 HTL 分子也被尝试应用于钙钛矿电池中。一般的分子设计策略是将芳胺基团（如二苯胺、三苯胺、咔唑、吩噻嗪和芴衍生物等）与结构简单的核心单元偶联。2014 年，Grätzel 小组设计了一种简单的基于 3,4-乙烯二氧噻吩（EDOT）的空穴传输材料（图 5-39）。EDOT 是制备有机功能材料常用的原料之一，溴化之后无需纯化即可与三苯胺基团进行 Suzuki 偶联，一锅法制备得到 H101，产率为 82%。基于该分子的 OSCs 光电转化效率为 13.8%，可以与 spiro-OMeTAD 相媲美。多坎波（Docampo）小组[128]在此基础上进一步设计了一种基于偶氮甲碱的类似结构 EDOT-OMeTPA，通过席夫碱缩合代替了钯催化的交叉偶联反应。这是一种更加经济高效与环保的反应路线，水是唯一的副产物，同时由于偶氮甲碱键吸电子性能及 π 共轭的拓展，分子的吸收发生明显红移。基于该类 HTL 的钙钛矿电池性能与 spiro-OMeTAD 相比有一定差距。

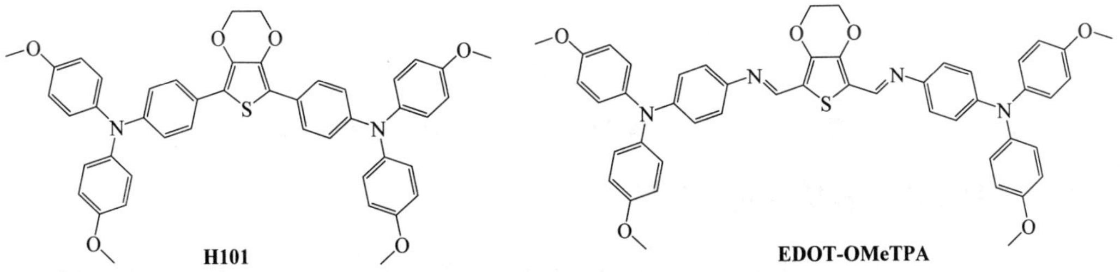

图 5-39　典型 D-π-D 线性结构空穴传输材料

钙钛矿的价带能级普遍较深，引入共轭的富电子单元构建给体-π-桥连-给体（D-π-D）构型的空穴传输材料是不利于分子 HOMO 能级优化的。根据分子轨道杂化理论，富电子单元的引入会抬高共轭芳香体系的 HOMO 能级，增大空穴传输层和钙钛矿的能级差。此外连接富电子单元会使分子氧化电位减小，降低空穴传输材料的本征稳定性。相反，引入吸电子单元能够合理降低空穴传输材料分子的 HOMO 能级，提高末端芳香给体基团的本征稳定性（如光稳定性、热稳定性等）。

朱为宏与吴永真团队以喹喔啉作为核心单元，甲氧基取代的三苯胺单元作为末端基团，依次经过席夫碱（Schiff base）、Suzuki 反应构建了 D-A-D 构型的 HTL 分子 TQ1 和 TQ2（图 5-40）[131]。具有弱吸电子特性的喹喔啉单元能够同时实现以下目标：①适当降低 HOMO 能级，在能级匹配的范围内有效减小能级差，优化界面能带排布；②维持较高的 LUMO 能级以保证足够的电子阻挡能力；③提高 HTL 分子的本征光、热等稳定性。以掺杂的 TQ2 为空穴传输层的电池器件实现了 19.62% 的光电转换效率（面积 0.09cm²），优于参比空穴传输材料 spiro-OMeTAD（18.54%），并且基于 TQ2 的大面积器件（1.02cm²）也能够实现 18.50%

的光电转换效率。进一步将喹喔啉吡嗪环上的噻吩单元稠合扩展共轭可以调控 HTL 的分子堆积与分子间相互作用，获得优异的非掺杂 HTL-TQ4。单晶分析表明相比于噻吩基可旋转的喹喔啉核心，TQ4 分子中的共平面 π 延伸的喹喔啉结构有着明显的 π-π 堆积以及更强的分子间作用力，丰富的空穴传输途径有利于提升材料的本征空穴迁移率。最终基于非掺杂HTL-TQ4 的正式器件效率可以达到 21.03%。当覆盖有掺杂的 HTL 时，钙矿薄膜在室温储存 30 天后出现明显的退化，而非掺杂 HTL 覆盖的钙钛矿薄膜非常稳定，证实了吸湿性掺杂剂的存在额外引入了空气中的水分并加速钙钛矿的降解。

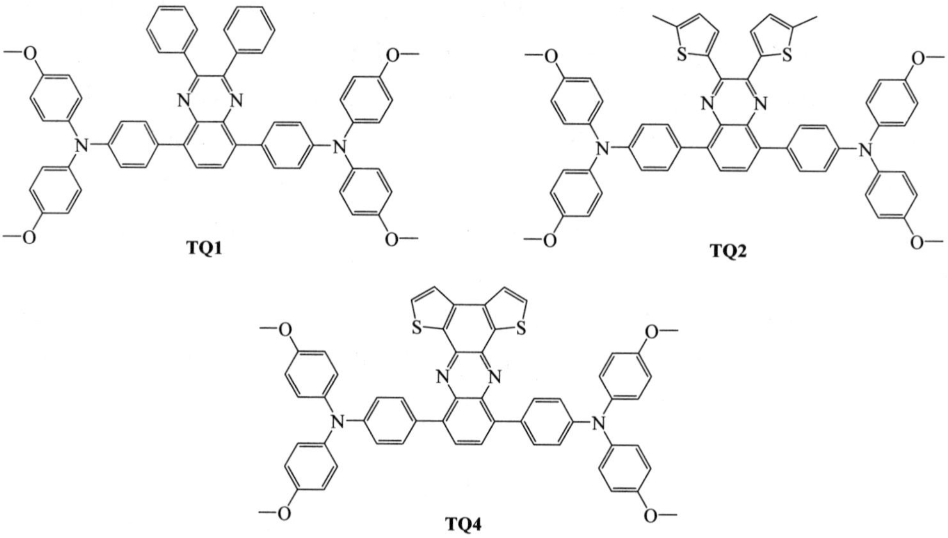

图 5-40   基于喹喔啉核心单元的 D-A-D 型空穴传输材料

5.4.6   钙钛矿太阳能电池稳定性

根据国际光伏组件老化测试标准（IEC 61215-1：2021）规定，光伏器件必须在 85℃ 温度和 85% 湿度的条件下连续工作 1000h 后，保持其初始效率的 90% 以上。尽管钙钛矿太阳能电池在光电转化效率方面取得了惊人的发展，但其长期稳定性还面临巨大挑战。金属卤化物钙钛矿属于离子晶体，对水和极性溶剂异常敏感，有机胺类阳离子很容易与水分子结合造成钙钛矿晶体结构坍塌，另外，有机胺类阳离子的热稳定性也不高，温度较高时容易发生不可逆分解反应。铅卤键的键能也比较弱，在高温、外加电场等条件下，晶体中的化学键容易断裂，也会发生离子迁移或与金属电极发生化学反应。这些因素一起导致了钙钛矿太阳能电池在实际工作时效率的快速衰退。

材料稳定性本质上还是由材料组分与性质所决定的。通过在钙钛矿材料中引入相对热稳定的组分，如 Cs^+ 代替 MA^+ 有望提高材料热稳定性，通过添加剂调控结晶，获得结晶质量高、缺陷浓度低的钙钛矿材料也能在一定程度上提高钙钛矿的稳定性。此外，在钙钛矿晶体的表面进行钝化处理或包覆具有疏水性或稳定性相对较高的材料也能提升其稳定性。例如最新研究表明，引入疏水性的大体积有机胺阳离子形成二维结构的钙钛矿材料，能够有效地提高对水汽的抵御能力，提高了钙钛矿薄膜的稳定性，但是目前二维钙钛矿材料的器件效率较低，仍然需要进一步研究提高其光电转换效率[132]。

界面材料的种类和性质也对钙钛矿太阳能电池稳定性有着显著影响。在钙钛矿太阳能电池的发展初期，钙钛矿材料会被液态电解质中的极性溶剂快速溶解，使得电池的性能迅速衰减。固态有机空穴传输材料对于液态电解质的取代大幅度提升了器件的稳定性，对于钙钛矿电池的发展具有里程碑的意义。目前高效率的有机空穴传输材料如 spiro-OMeTAD 等都需要进行掺杂才能达到最佳性能要求，通常采用双三氟甲烷磺酰亚胺锂（LiTFSI）和 4-叔丁基吡啶（TBP）进行掺杂，可以显著提升 spiro-OMeTAD 的空穴传输能力，提升器件的电荷传输性能和开路电压。但这些掺杂剂会引发钙钛矿电池器件的稳定性降低，TBP 的沸点相对较低（196℃），容易在器件制备和长时间储存过程中挥发，挥发后会在空穴传输层中留下孔道，水汽更容易通过孔道进入器件，锂盐的易吸湿性使得钙钛矿材料快速地分解，造成器件性能迅速衰减，因此开发高迁移率空穴传输材料，降低或避免使用亲水性添加剂将有助于改善器件的稳定性。此外，采用惰性的电极材料以及高效的封装材料和技术也是提升钙钛矿太阳能电池稳定性的有效方法[133-135]。

5.4.7　总结与展望

目前，光电转换效率超过 20% 的单节太阳能电池包括硅、砷化镓（GaAs）、碲化镉（CdTe）、铜铟镓硒（CIGS）以及钙钛矿太阳能电池，其中，前四种都经过了 40 多年的发展历程。而钙钛矿太阳能电池自 2009 年报道以来仅经五六年的发展效率就突破 20%，目前的认证效率更是超过 25%。钙钛矿太阳能电池的快速发展一方面得益于光伏技术、理论的发展积累与相关科研力量的广泛投入。另一方面也得益于金属卤化物钙钛矿材料本身优异的光电性能与电池制备技术和材料的突破（图 5-41）。随着电池效率的不断提升，钙钛矿太阳能电池的发展也随之进入"深水区"，如何进一步提高效率和推向商业化应用是未来钙钛矿太阳能电池研究所亟需攻克的难题。

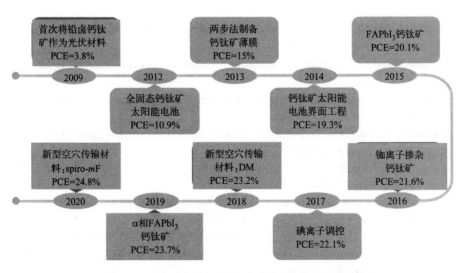

图 5-41　钙钛矿太阳能电池光电转化效率进展大事年表

（1）效率提升　从理论计算［肖克利-奎伊瑟（Shockley-Queisser 理论）］的角度来看，对于带隙为 1.6eV 的半导体吸光材料，其光电转化效率上限为 30%，短路电流密度、开路电压和填充因子分别为 25.47mA·cm^{-2}、1.309 V 和 90.5%。目前光电效率超过 25% 的钙钛矿太阳能电池所使用的铅卤钙钛矿带隙约为 1.56eV，其相应光伏参数为 25.1mA·cm^{-2}、1.19V 和 84.4%。显然，相比于短路电流密度，开路电压和填充因子的提升空间更大，而后两者与器件中的界面复合、串联电阻损失等密切相关。因此，钝化缺陷和抑制复合仍然是提升器件效率的重点。另一方面，可以开发窄带隙的钙钛矿材料以提升短路电流密度。如 GaAs 带隙为 1.41eV，电池短路电流密度高达 28mA·cm^{-2}，采用相同带隙的钙钛矿材料有望将器件效率提升到 28%。此外，针对相应钙钛矿材料的高效电荷传输层开发也有助于器件效率的提升。

（2）稳定性提升 提升钙钛矿电池的稳定性是一个系统工程，需要综合考虑吸光层材料、电荷传输材料以及电极等。目前广泛认为导致电池失效的因素包括光、热、水和氧等，其中水、氧的影响可以通过封装技术很大程度减弱与消除，光与热导致的电池内部组分降解是当前需要解决的重点问题。从钙钛矿组分的角度来说，钙钛矿的热不稳定性主要来自于易挥发性的阳离子，调节钙钛矿的组分，研发混合阳离子和不含易挥发性阳离子钙钛矿是提升其热稳定性的一种有效途径。从电荷传输层方面来看，透明导电电极（ITO 或 FTO）上的电荷传输层对器件光稳定影响较大。无机电荷传输材料在光照条件下对钙钛矿的降解以及有机电荷传输材料本身的光稳定性都是值得探究的课题。

（3）商业化 高效率和高稳定性是钙钛矿太阳能电池能够实现商业化的前提，除此之外，规模化制备、重现性以及投资回报率也是该技术商业化所需要重点关注的问题。如何低成本、高重现地大规模制备钙钛矿太阳能电池需要对钙钛矿溶液化学有更深刻的理解，包括前驱体溶液的胶体结构和性质、溶液老化对效率的影响以及薄膜均匀结晶过程等。此外，与硅或 CIGS 形成叠层器件也是很多研究者考虑的钙钛矿太阳能电池商业化途径之一。

（花建丽、吴永真）

参考文献

[1] J. Jean, P. R. Brown, R. L. Jaffe, et al. Pathways for solar photovoltaics [J]. *Energy Environ. Sci.*, 2015, 8(4): 1200-1219.

[2] NREL. Best Research-Cell Efficiencies Chart [R]. [2023-06-29]. http://www.nrel.gov/pv/cell-efficiency.html.

[3] H. Tributsch. Reaction of excited chlorophyll molecules at electrodes and in photosynthesis [J]. *Photochem. Photobiol.*, 1972, 16(4): 261-269.

[4] H. Tsubomura, M. Matsumura, Y. Nomura, et al. Dye sensitised zinc oxide: aqueous electrolyte: platinum photocell [J]. *Nature*, 1976, 261(5559): 402-403.

[5] B. O'Regan, M. Grätzel. A low-cost, high-efficiency solar cell based on dye-sensitized colloidal TiO$_2$ films [J]. *Nature*, 1991, 353(6346): 737-740.

[6] C. Wu, K. Wang, M. Batmunkh, et al. Multifunctional nanostructured materials for next generation photovoltaics [J]. *Nano Energy*, 2020, 70: 104480-104519.

[7] M. L. Parisi, S. Maranghi, L. Vesce, et al. Prospective life cycle assessment of third-generation photovoltaics at the pre-industrial scale: A long-term scenario approach [J]. *Renew. Sust. Energ. Rev.*, 2020, 121: 109703-109717.

[8] R. Rajeswari, N. Islavath, M. Raghavender, et al. Recent progress and emerging applications of rare earth doped phosphor materials for dye-sensitized and perovskite solar cells: a review [J]. N*at. Rev. Cancer*, 2020, 20(2): 65-88.

[9] M. K. Nazeeruddin, A. Kay, I. Rodicio, et al. Vlachopoulos and M. Graetzel. Conversion of light to

electricity by cis-X$_2$bis(2,2'-bipyridyl-4,4'-dicarboxylate)ruthenium(Ⅱ) charge-transfer sensitizers (X=Cl$^-$, Br$^-$, I$^-$, CN$^-$, and SCN$^-$) on nanocrystalline TiO$_2$ electrodes [J]. *J. Am. Chem. Soc.*, 1993, 115(14): 6382-6390.

[10] A. Yella, H. W. Lee, H. N. Tsao, et al. Porphyrin-sensitized solar cells with cobalt (ii/iii)–based redox electrolyte exceed 12 percent efficiency [J]. *Science*, 2011, 334(6056): 629-636.

[11] S. Mathew, A. Yella, P. Gao, et al. Dye-sensitized solar cells with 13% efficiency achieved through the molecular engineering of porphyrin sensitizers [J]. *Nat. Chem.*, 2014, 6(3): 242-247.

[12] K. Kakiage, Y. Aoyama, T. Yano, et al. Highly-efficient dye-sensitized solar cells with collaborative sensitization by silyl-anchor and carboxy-anchor dyes [J]. *Chem. Commun.*, 2015, 51(88): 15894-15897.

[13] D. Zhang, M. Stojanovic, Y. Ren, et al. A molecular photosensitizer achieves a Voc of 1.24 V enabling highly efficient and stable dye-sensitized solar cells with copper(Ⅱ/Ⅰ)-based electrolyte [J]. *Nat. Commun.*, 2021, 12(1): 1777-1786.

[14] H. Iftikhar, G. G. Sonai, S. G. Hashmi, et al. Progress on electrolytes development in dye-sensitized solar cells [J]. *Materials*, 2019, 12(12): 1998-2065.

[15] L. Chen, W. L. Chen, X. L. Wang, et al. Polyoxometalates in dye-sensitized solar cells [J]. *Chem. Soc. Rev.*, 2019, 48(1): 260-284.

[16] V. Rondán-Gómez, I. Montoya De Los Santos, D. Seuret-Jiménez, et al. Recent advances in dye-sensitized solar cells [J]. *Appl. Phys. A*, 2019, 125(12): 836-859.

[17] B. Li, L. Wang, B. Kang, et al. Review of recent progress in solid-state dye-sensitized solar cells [J]. *Sol. Energy Mater. Sol. Cells*, 2006, 90(5): 549-573.

[18] C. Y. Hsu, Y. C. Chen, R. Y. Y. Lin, et al. Solid-state dye-sensitized solar cells based on spirofluorene (spiro-OMeTAD) and arylamines as hole transporting materials [J]. *Phys. Chem. Chem. Phys.*, 2012, 14(41): 14099-14109.

[19] W. H. Nguyen, C. D. Bailie, J. Burschka, et al. Molecular engineering of organic dyes for improved recombination lifetime in solid-state dye-sensitized solar cells [J]. *Chem. Mater.*, 2013, 25(9): 1519-1525.

[20] A. Hagfeldt, M. Graetzel. Light-induced redox reactions in nanocrystalline systems [J]. *Chem. Rev.*, 1995, 95(1): 49-68.

[21] H. J. Snaith. How should you measure your excitonic solar cells? [J]. *Energy Environ. Sci.*, 2012, 5(4): 6513-6520.

[22] Z. Ning, Y. Fu, H. Tian. Improvement of dye-sensitized solar cells: what we know and what we need to know [J]. *Energy Environ. Sci.*, 2010, 3(9): 1170-1181.

[23] S. C. Pradhan, A. Hagfeldt, S. Soman. Resurgence of DSCs with copper electrolyte: a detailed investigation of interfacial charge dynamics with cobalt and iodine based electrolytes [J]. *J. Mater. Chem. A*, 2018, 6(44): 22204-22214.

[24] T. Daeneke, A. J. Mozer, Y. Uemura, et al. Dye regeneration kinetics in dye-sensitized solar cells [J]. *J. Am. Chem. Soc.*, 2012, 134(41): 16925-16938.

[25] M. Grätzel. Recent advances in sensitized mesoscopic solar cells [J]. *Accounts Chem. Res.*, 2009, 42(11): 1788-1798.

[26] P. Ekanayake, M. R. R. Kooh, N. T. R. N. Kumara, et al. Combined experimental and DFT-TDDFT study of photo-active constituents of canarium odontophyllum for DSSC application [J]. *Chem. Phys. Lett.*, 2013, 585: 121-127.

[27] J. M. Cole, G. Pepe, O. K. Al Bahri, et al. Cosensitization in dye-sensitized solar cells [J]. *Chem. Rev.*, 2019, 119: 7279-7327.

[28] L. Han, A. Islam, H. Chen, et al. High-efficiency dye-sensitized solar cell with a novel co-adsorbent [J]. *Energy Environ. Sci.*, 2012, 5(3): 6057-6060.

[29] P. Wang, S. M. Zakeeruddin, R. Humphry-Baker, et al. Molecular-scale interface engineering of TiO$_2$

nanocrystals: improve the efficiency and stability of dye-sensitized solar cells [J]. *Adv. Mater.*, 2003, 15(24): 2101-2104.

[30] T. Bessho, S. M. Zakeeruddin, C. Y. Yeh, et al. Highly efficient mesoscopic dye-sensitized solar cells based on donor-acceptor-substituted porphyrins [J]. *Angew. Chem. Int. Ed.*, 2010, 49(37): 6646-6649.

[31] Y. Xie, Y. Tang, W. Wu, et al. Porphyrin Cosensitization for a photovoltaic efficiency of 11.5%: a record for non-ruthenium solar cells based on iodine electrolyte [J]. *J. Am. Chem. Soc.* , 2015, 137(44): 14055-14058.

[32] K. Zeng, Y. Chen, W. H. Zhu, et al. Efficient solar cells based on concerted companion dyes containing two complementary components: an alternative approach for cosensitization [J]. *J. Am. Chem. Soc.*, 2020, 142(11): 5154-5161.

[33] W. Zeng, Y. Cao, Y. Bai, et al. Efficient dye-sensitized solar cells with an organic photosensitizer featuring orderly conjugated ethylenedioxythiophene and dithienosilole blocks [J]. *Chem. Mater.*, 2010, 22(5): 1915-1925.

[34] N. Zhou, K. Prabakaran, B. Lee, et al. Metal-free tetrathienoacene sensitizers for high-performance dye-sensitized solar cells [J]. *J. Am. Chem. Soc.*, 2015, 137(13): 4414-4423.

[35] K. Kakiage, Y. Aoyama, T. Yano, et al. An achievement of over 12 percent efficiency in an organic dye-sensitized solar cell [J]. *Chem. Commun.*, 2014, 50(48): 6379-6381.

[36] Y. Wu, W. H. Zhu, S. M. Zakeeruddin, et al. Insight into D-A-π-A structured sensitizers: a promising route to highly efficient and stable dye-sensitized solar cells [J]. *ACS Appl. Mater. Interfaces*, 2015, 7(18): 9307-9318.

[37] W. Zhu, Y. Wu, S. Wang, et al. Organic D-A-π-A solar cell sensitizers with improved stability and spectral response [J]. *Adv. Funct. Mater.*, 2011, 21(4): 756-763.

[38] Z. Yao, M. Zhang, R. Li, et al. A metal-free N-annulated thienocyclopentaperylene dye: power conversion efficiency of 12 % for dye-sensitized solar cells [J]. *Angew. Chem. Int. Ed.*, 2015, 54(20): 5994-5998.

[39] Z. Yao, H. Wu, Y. Li, et al. Dithienopicenocarbazole as the kernel module of low-energy-gap organic dyes for efficient conversion of sunlight to electricity [J]. *Energy Environ. Sci.*, 2015, 8(11): 3192-3197.

[40] Z. S. Wang, N. Koumura, Y. Cui, et al. Hexylthiophene-functionalized carbazole dyes for efficient molecular photovoltaics: tuning of solar-cell performance by structural modification [J]. *Chem. Mater.*, 2008, 20(12): 3993-4003.

[41] D. P. Hagberg, J. H. Yum, H. Lee, et al. Molecular engineering of organic sensitizers for dye-sensitized solar cell applications [J]. *J. Am. Chem. Soc.*, 2008, 130(19): 6259-6266.

[42] Z. Ning, Q. Zhang, W. Wu, et al. Starburst triarylamine based dyes for efficient dye-sensitized solar cells [J]. *J. Org. Chem.*, 2008, 73(10): 3791-3797.

[43] Z. Shen, J. Chen, X. Li, et al. Synthesis and photovoltaic properties of powerful electron-donating indeno[1, 2-*b*]thiophene-based green D-A-π-A sensitizers for dye-sensitized solar cells [J]. *ACS Sustain. Chem. Eng.*, 2016, 4(6): 3518-3525.

[44] Z. Shen, B. Xu, P. Liu, et al. High performance solid-state dye-sensitized solar cells based on organic blue-colored dyes [J]. *J. Mater. Chem. A*, 2017, 5(3): 1242-1247.

[45] A. Hagfeldt, G. Boschloo, L. Sun, et al. Dye-sensitized solar cells [J]. *Chem. Rev.*, 2010, 110(11): 6595-6663.

[46] S. M. Feldt, E. A. Gibson, E. Gabrielsson, et al. Design of organic dyes and cobalt polypyridine redox mediators for high-efficiency dye-sensitized solar cells [J]. *J. Am. Chem. Soc.*, 2010, 132(46): 16714-16724.

[47] H. N. Tsao, C. Yi, T. Moehl, et al. Cyclopentadithiophene bridged donor-acceptor dyes achieve high power conversion efficiencies in dye-sensitized solar cells based on the tris-cobalt bipyridine redox

couple [J]. *ChemSusChem*, 2011, 4(5): 591-594.

[48] H. N. Tsao, J. Burschka, C. Yi, et al. Influence of the interfacial charge-transfer resistance at the counter electrode in dye-sensitized solar cells employing cobalt redox shuttles [J]. *Energy Environ. Sci.*, 2011, 4(12): 4921-4924.

[49] Y. Cao, Y. Saygili, A. Ummadisingu, et al. 11% efficiency solid-state dye-sensitized solar cells with copper (II / I) hole transport materials [J]. *Nat. Commun.*, 2017, 8: 15390-15397.

[50] J. Burschka, A. Dualeh, F. Kessler, et al. Tris(2-(1H-pyrazol-1-yl)pyridine)cobalt(III) as p-type dopant for organic semiconductors and its application in highly efficient solid-state dye-sensitized solar cells [J]. *J. Am. Chem. Soc.*, 2011, 133(45): 18042-18045.

[51] J. H. Yum, T. W. Holcombe, Y. Kim, et al. Blue-coloured highly efficient dye-sensitized solar cells by implementing the diketopyrrolopyrrole chromophore [J]. *Sci. Rep.*, 2013, 3: 2446.

[52] J. Yang, P. Ganesan, J. Teuscher, et al. Influence of the donor size in D-π-A organic dyes for dye-sensitized solar cells [J]. *J. Am. Chem. Soc.*, 2014, 136(15): 5722-5730.

[53] H. Jiang, Y. Ren, W. Zhang, et al. Phenanthrene-fused-quinoxaline as a key building block for highly efficient and stable sensitizers in copper-electrolyte-based dye-sensitized solar cells [J]. *Angew. Chem. Int. Ed.*, 2020, 59(24): 9324-9329.

[54] X. Zhang, Y. Xu, F. Giordano, et al. Molecular engineering of potent sensitizers for very efficient light harvesting in thin-film solid-state dye-sensitized solar cells [J]. *J. Am. Chem. Soc.*, 2016, 138(34): 10742-10745.

[55] M. Freitag, J. Teuscher, Y. Saygili, et al. J.-E. Moser, M. Grätzel and A. Hagfeldt. Dye-sensitized solar cells for efficient power generation under ambient lighting [J]. *Nat. Photonics*, 2017, 11(6): 372-378.

[56] X. Li, B. Xu, P. Liu, et al. Molecular engineering of D-A-π-A sensitizers for highly efficient solid-state dye-sensitized solar cells [J]. *J. Mater. Chem. A*, 2017, 5(7): 3157-3166.

[57] H. Nusbaumer, J. E. Moser, S. M. Zakeeruddin, et al. Co II (dbbip)$_2^{2+}$complex rivals tri-iodide/iodide redox mediator in dye-sensitized photovoltaic cells [J]. *J. Phys. Chem. B*, 2001, 105(43): 10461-10464.

[58] S. Hattori, Y. Wada, S. Yanagida, et al. Blue copper model complexes with distorted tetragonal geometry acting as effective electron-transfer mediators in dye-sensitized solar cells [J]. *J. Am. Chem. Soc.* , 2005, 127(26): 9648-9654.

[59] J. H. Yum, E. Baranoff, F. Kessler, et al. A cobalt complex redox shuttle for dye-sensitized solar cells with high open-circuit potentials [J]. *Nat. Commun.*, 2012, 3(1): 631-638.

[60] A. Yella, R. Humphry-Baker, B. F. E. Curchod, et al. Molecular engineering of a fluorene donor for dye-sensitized solar cells [J]. *Chem. Mater.*, 2013, 25(13): 2733-2739.

[61] C. W. Tang. Two-layer organic photovoltaic cell [J]. *Appl. Phys. Lett.*, 1986, 48(2): 183-185.

[62] N. S. Sariciftci, L. Smilowitz, A. J. Heeger, et al. Photoinduced electron transfer from a conducting polymer to buckminsterfullerene [J]. *Science*, 1992, 258(5087): 1474-1476.

[63] N. S. Sariciftci, D. Braun, C. Zhang, et al. Semiconducting polymer-buckminsterfullerene heterojunctions: diodes, photodiodes, and photovoltaic cells [J]. *Appl. Phys. Lett.*, 1993, 62(6): 585-587.

[64] G. Yu, J. Gao, J. C. Hummelen, et al. Polymer photovoltaic cells: enhanced efficiencies via a network of internal donor-acceptor heterojunctions [J]. *Science*, 1995, 270(5243): 1789-1791.

[65] F. Padinger, R. S. Rittberger, N. S. Sariciftci. Effects of postproduction treatment on plastic solar cells [J]. *Adv. Funct. Mater.*, 2003, 13(1): 85-88.

[66] J. Y. Kim, K. Lee, N. E. Coates, et al. Efficient tandem polymer solar cells fabricated by all-solution processing [J]. *Science*, 2007, 317(5835): 222-225.

[67] S. H. Liao, H. J. Jhuo, Y. S. Cheng, et al. Fullerene derivative-doped zinc oxide nanofilm as the cathode of inverted polymer solar cells with low-bandgap polymer (PTB7-Th) for high performance [J]. *Adv. Mater.*, 2013, 25(34): 4766-4771.

[68] J. Zhao, Y. Li, G. Yang, et al. Efficient organic solar cells processed from hydrocarbon solvents [J]. *Nat. Energy*, 2016, 1(2): 15027-15033.

[69] Y. Lin, J. Wang, Z. G. Zhang, et al. An electron acceptor challenging fullerenes for efficient polymer solar cells [J]. *Adv. Mater.*, 2015, 27(7): 1170-1174.

[70] W. Zhao, D. Qian, S. Zhang, et al. Fullerene-free polymer solar cells with over 11% efficiency and excellent thermal stability [J]. *Adv. Mater.*, 2016, 28(23): 4734-4739.

[71] J. Yuan, Y. Zhang, L. Zhou, et al. Single-junction organic solar cell with over 15% efficiency using fused-ring acceptor with electron-deficient core [J]. *Joule*, 2019, 3(4): 1140-1151.

[72] Q. Liu, Y. Jiang, K. Jin, et al. 18% Efficiency organic solar cells [J]. *Sci. Bull.*, 2020, 65(4): 272-275.

[73] Y. Liu, G. Liu, R. Xie, et al. A rational design and synthesis of cross-conjugated small molecule acceptors approaching high-performance fullerene-free polymer solar cells [J]. *Chem. Mater.*, 2018, 30(13): 4331-4342.

[74] Q. Wang, Y. Xie, F. Soltani-Kordshuli, et al. Progress in emerging solution-processed thin film solar cells—Part Ⅰ: Polymer solar cells [J]. *Renew. Sust. Energ. Rev.*, 2016, 56: 347-361.

[75] R. Ganesamoorthy, G. Sathiyan, P. Sakthivel. Review: Fullerene based acceptors for efficient bulk heterojunction organic solar cell applications [J]. *Sol. Energy Mater. Sol. Cells*, 2017, 161: 102-148.

[76] T. Coffey, A. Seredinski, J. N. Poler, et al. Nanoscale characterization of squaraine-fullerene-based photovoltaic active layers by atomic force microscopy mechanical and electrical property mapping [J]. *Thin Solid Films*, 2019, 669: 120-132.

[77] S. Ghosh, T. Maiyalagan, R. N. Basu. Nanostructured conducting polymers for energy applications: towards a sustainable platform [J]. *Nanoscale*, 2016, 8(13): 6921-6947.

[78] G. W. Kim, G. Kang, J. Kim, et al. Dopant-free polymeric hole transport materials for highly efficient and stable perovskite solar cells [J]. *Energy Environ. Sci.*, 2016, 9(7): 2326-2333.

[79] N. Grossiord, J. M. Kroon, R. Andriessen, et al. Degradation mechanisms in organic photovoltaic devices [J]. *Org. Electron.*, 2012, 13(3): 432-456.

[80] S. E. Shaheen, C. J. Brabec, N. S. Sariciftci, et al. 2.5% efficient organic plastic solar cells [J]. *Appl. Phys. Lett.*, 2001, 78(6): 841-843.

[81] Y. Liang, Z. Xu, J. Xia, et al. For the bright future—bulk heterojunction polymer solar cells with power conversion efficiency of 7.4% [J]. *Adv. Mater.*, 2010, 22(20): E135-E138.

[82] H. J. Son, W. Wang, T. Xu, et al. Synthesis of fluorinated polythienothiophene-co-benzodithiophenes and effect of fluorination on the photovoltaic properties [J]. *J. Am. Chem. Soc.*, 2011, 133(6): 1885-1894.

[83] Z. He, C. Zhong, S. Su, et al. Enhanced power-conversion efficiency in polymer solar cells using an inverted device structure [J]. *Nat. Photonics*, 2012, 6(9): 591-595.

[84] Y. Jin, Z. Chen, S. Dong, et al. A novel naphtho[1,2-c:5,6-c']bis([1,2,5]thiadiazole)-based narrow-bandgap π-conjugated polymer with power conversion efficiency over 10% [J]. *Adv. Mater.*, 2016, 28(44): 9811-9818.

[85] H. Fu, Z. Wang, Y. Sun. Polymer donors for high-performance non-fullerene organic solar cells [J]. *Angew. Chem. Int. Ed.*, 2019, 58(14): 4442-4453.

[86] M. Zhang, X. Guo, W. Ma, et al. A large-bandgap conjugated polymer for versatile photovoltaic applications with high performance [J]. *Adv. Mater.*, 2015, 27(31): 4655-4660.

[87] Y. Wu, Y. Zheng, H. Yang, et al. Rationally pairing photoactive materials for high-performance polymer solar cells with efficiency of 16.53% [J]. *Sci. China Chem.*, 2020, 63(2): 265-271.

[88] J. Xiong, K. Jin, Y. Jiang, et al. Thiolactone copolymer donor gifts organic solar cells a 16.72% efficiency [J]. *Sci. Bull.*, 2019, 64(21): 1573-1576.

[89] Y. Sun, G. C. Welch, W. L. Leong, et al. Solution-processed small-molecule solar cells with 6.7% efficiency [J]. *Nat. Mater.*, 2012, 11(1): 44-48.

[90] T. S. van der Poll, J. A. Love, T. Q. Nguyen, et al. Non-basic high-performance molecules for solution-processed organic solar cells [J]. *Adv. Mater.*, 2012, 24(27): 3646-3649.

[91] B. Kan, M. Li, Q. Zhang, et al. A series of simple oligomer-like small molecules based on oligothiophenes for solution-processed solar cells with high efficiency [J]. *J. Am. Chem. Soc.*, 2015, 137(11): 3886-3893.

[92] D. Deng, Y. Zhang, J. Zhang, et al. Wei. Fluorination-enabled optimal morphology leads to over 11% efficiency for inverted small-molecule organic solar cells [J]. *Nat. Commun.*, 2016, 7(1): 13740-13748.

[93] J. Wan, X. Xu, G. Zhang, et al. Highly efficient halogen-free solvent processed small-molecule organic solar cells enabled by material design and device engineering [J]. *Energy Environ. Sci.*, 2017, 10(8): 1739-1745.

[94] L. Yang, S. Zhang, C. He, et al. Modulating molecular orientation enables efficient nonfullerene small-molecule organic solar cells [J]. *Chem. Mater.*, 2018, 30(6): 2129-2134.

[95] H. Chen, D. Hu, Q. Yang, et al. All-small-molecule organic solar cells with an ordered liquid crystal-line donor [J]. *Joule*, 2019, 3(12): 3034-3047.

[96] D. Hu, Q. Yang, H. Chen, et al. 15.34% efficiency all-small-molecule organic solar cells with an improved fill factor enabled by a fullerene additive [J]. *Energy Environ. Sci.*, 2020, 13(7): 2134-2141.

[97] K. Gao, S. B. Jo, X. Shi, et al. Over 12% efficiency nonfullerene all-small-molecule organic solar cells with sequentially evolved multilength scale morphologies [J]. *Adv. Mater.*, 2019, 31(12): 1807842.

[98] L. Nian, Y. Kan, K. Gao, et al. Approaching 16% efficiency in all-small-molecule organic solar cells based on ternary strategy with a highly crystalline acceptor [J]. *Joule*, 2020, 4(10): 2223-2236.

[99] J. You, L. Dou, K. Yoshimura, et al. A polymer tandem solar cell with 10.6% power conversion efficiency [J]. *Nat. Commun.*, 2013, 4(1): 1446-1455.

[100] Y. Lin, Q. He, F. Zhao, et al. A facile planar fused-ring electron acceptor for as-cast polymer solar cells with 8.71% efficiency [J]. *J. Am. Chem. Soc.*, 2016, 138(9): 2973-2976.

[101] W. Zhao, S. Li, H. Yao, et al. Molecular optimization enables over 13% efficiency in organic solar cells [J]. *J. Am. Chem. Soc.*, 2017, 139(21): 7148-7151.

[102] J. Yuan, T. Huang, P. Cheng, et al. Enabling low voltage losses and high photocurrent in fullerene-free organic photovoltaics [J]. *Nat. Commun.*, 2019, 10(1): 570-577.

[103] W. Liu, J. Zhang, S. Xu, et al. Efficient organic solar cells achieved at a low energy loss [J]. *Sci. Bull.*, 2019, 64(16): 1144-1147.

[104] Z. Zhou, W. Liu, G. Zhou, et al. Subtle molecular tailoring induces significant morphology optimization enabling over 16% efficiency organic solar cells with efficient charge generation [J]. *Adv. Mater.*, 2020, 32(4): 1906324-1906331.

[105] Y. Ma, M. Zhang, S. Wan, et al. Efficient organic solar cells from molecular orientation control of m-series acceptors [J]. *Joule*, 2021, 5(1): 197-209.

[106] Y. Cui, H. Yao, B. Gao, et al. Fine-tuned photoactive and interconnection layers for achieving over 13% efficiency in a fullerene-free tandem organic solar cell [J]. *J. Am. Chem. Soc.*, 2017, 139(21): 7302-7309.

[107] F. Khan. Mitigating photovoltaic investment risks [J]. *Nat. Energy*, 2018, 3(1): 5.

[108] L. Meng, Y. Zhang, X. Wan, et al. Yip, Y. Cao and Y. Chen. Organic and solution-processed tandem solar cells with 17.3% efficiency [J]. *Science*, 2018, 361(6407): 1094-1098.

[109] X. Wan, C. Li, M. Zhang, et al. Acceptor-donor-acceptor type molecules for high performance organic photovoltaics-chemistry and mechanism [J]. *Chem. Soc. Rev.*, 2020, 49 (9): 2828-2842.

[110] C. Li, J. Zhou, J. Song, et al. Non-fullerene acceptors with branched side chains and improved molecular packing to exceed 18% efficiency in organic solar cells [J]. *Nat. Energy*, 2021, 6: 605-613.

[111] Kojima, K. Teshima, Y. Shirai, et al. Organometal halide perovskites as visible-light sensitizers for photovoltaic cells[J]. *J. Am. Chem. Soc.*, 2009, 131: 6050-6051.

[112] H. Kim, C. Lee, J. Im, et al. Lead iodide perovskite sensitized all-solid-state submicron thin film me-soscopic solar cell with efficiency exceeding 9%[J]. *Sci. Rep.*, 2012, 2: 591-597.

[113] M. A. Green, A. Ho-Baillie, H. J. Snaith. The emergence of perovskite solar cells [J]. *Nat. Photon*, 2014, 8: 506-514.

[114] M. Liu, M. B. Johnston, H. J. Snaith. Efficient planar heterojunction perovskite solar cells by vapour deposition[J]. *Nature*, 2013, 501: 395-398.

[115] S. D. Stranks, G. E. Eperon, G. Grancini, et al. Electron-hole diffusion lengths exceeding 1 micrometer in an organometal trihalide perovskite absorber[J]. *Science*, 2013, 342: 341-344.

[116] J. S. Manser, J. A. Christians, P. V. Kamat. Intriguing optoelectronic properties of metal halide perovskites[J]. *Chem. Rev.*, 2016, 116:12956-13008.

[117] J. J. Yoo, G. Seo, M. R. Chua, et al. Efficient perovskite solar cells via improved carrier management[J]. *Nature*, 2021, 590: 587-593.

[118] M. D. Smith, B. A. Connor, H. I. Karunadasa. Tuning the luminescence of layered Halide perovskites[J]. *Chem. Rev.*, 2019, 119: 3104-3139.

[119] P. Gao, M. Grätzel, M. K. Nazeeruddin. Organohalide lead perovskites for photovoltaic applications[J]. *Energy Environ. Sci.*, 2014, 7: 2448-2463.

[120] J. Burschka, N. Pellet, S. Moon, et al. Sequential deposition as a route to high-performance perovskite-sensitized solar cells[J]. *Nature*, 2013, 499: 316-319.

[121] Y. Wu, A. Islam, X. Yang, et al. Retarding the crystallization of PbI_2 for highly reproducible planar-structured perovskite solar cells via sequential deposition[J]. *Energy Environ Sci.*, 2014, 7: 2934-2938.

[122] N. J. Jeon, J. H. Noh, Y. C. Kim, et al. Solvent engineering for high-performance inorganic-organic hybrid perovskite solar cells[J]. *Nat. Mater.*, 2014, 13: 897-903.

[123] Y. Deng, E. Peng, Y. Shao, et al. Scalable fabrication of efficient organolead trihalide perovskite solar cells with doctor-bladed active layers[J]. *Energy Environ Sci.*, 2015, 8: 1544-1550.

[124] X. Li, D. Bi, C. Yi, et al. A vacuum flash-assisted solution process for high-efficiency large-area perovskite solar cells[J]. *Science*, 2016, 353: 58-62.

[125] H. Chen, F. Ye, W. Tang, et al. A solvent- and vacuum-free route to large-area perovskite films for efficient solar modules[J]. *Nature*, 2017, 550: 92.

[126] L. Calió, S. Kazim, M. Grätzel, et al. Hole-tansport materials for perovskite solar cells[J]. *Angew. Chem. Int. Ed.*, 2016, 55: 14522-14545.

[127] S. Zheng, G. Wang, T. Liu, et al. Materials and structures for the electron transport layer of efficient and stable perovskite solar cells[J]. *Sci. China Chem.*, 2019, 62: 800-809.

[128] J. Urieta-Mora, I. García-Benito, A. Molina-Ontoria, et al. Hole transporting materials for perovskite solar cells: a chemical approach[J]. *Chem. Soc. Rev.*, 2018, 47: 8541-8571.

[129] N. J. Jeon, H. G. Lee, Y. C. Kim, et al. o-Methoxy substituents in spiro-OMeTAD for efficient inorganic-organic hybrid perovskite solar cells[J]. *J. Am. Chem. Soc.*, 2014, 136: 7837-7840.

[130] B. Xu, J. Zhang, Y. Hua, et al, Tailor-making low-cost spiro[fluorene-9,9'-xanthene]-based 3D oligomers for perovskite solar cells[J]. *Chem.*, 2017, 2: 676-687.

[131] H. Zhang, Y. Wu, W. Zhang, et al. Low cost and stable quinoxaline-based hole-transporting materials with a D-A-D molecular configuration for efficient perovskite solar cells[J]. *Chem. Sci.*, 2018, 9: 5919-5928.

[132] S. Bai, P. Da, C. Li, et al. Planar perovskite solar cells with long-term stability using ionic liquid additives[J]. *Nature*, 2019, 571: 245-250.

[133] A. Mei, X. Li, L. Liu, et al. A hole-conductor–free, fully printable mesoscopic perovskite solar cell with high stability[J]. *Science*, 2014, 345: 295-298.

[134] S. Wu, R. Chen, S. Zhang, et al. A chemically inert bismuth interlayer enhances long-term stability of inverted perovskite solar cells[J]. *Nat. Commun.*, 2019, 10: 1161.

[135] A. K. Jena, A. Kulkarni, T. Miyasaka. Halide Perovskite Photovoltaics: Background, Status, and Future Prospects[J]. *Chem. Rev.*, 2019, 119: 3036-3103.

第 **6** 章　分子机器功能材料

6.1　分子机器简介

　　人类社会的进程总是与新型的机器设备的出现联系在一起。由于使用目的不同，有的机器设备需要很大，有的则希望很小。过去的 60 年里，在机器设备中使用的组件逐步微型化，致使技术领域，特别是信息处理领域取得了很大的成就。到目前为止，微型化普遍所采取的是"化大为小"（top-down approach）的方法：通过技术的革新把大的材料分割成小的零部件，而这种方法已经接近加工能力及材料的物理极限（数十纳米）。以当前的硅基半导体技术为例，其通过光显影、蚀刻等流程在电子级硅晶圆上刻蚀出一个个晶体管。到 2020 年最先进的 5nm 芯片工艺，可以在 $1mm^2$ 芯片上排列 1.71 亿个晶体管，平均每个晶体管大小为 76nm×76nm。但是 5nm 的工艺再往下走，将面临光刻技术中光子在更小的尺度下量子效应带来大量的曝光噪声，严重影响产品质量和性能的问题，以及微小尺度材料内部应力的作用下维持直立形态晶体管和确保晶体管栅极距过短时漏电的难题。然而，微型化还能有更远的发展前景，正如理查德·费曼（Richard P. Feynman）在 1959 年对美国物理学会所做的著名报告中所说的"底部仍有大量空间"。在过去的 60 年里，化学家们接受了 Feynman 的挑战，逐渐发展了一种很有前途的办法就是"积小为大"（bottom-up approach）：用原子和分子来组装机器，从而将宏观机器的概念拓展到微观世界，这就是分子机器。

　　宏观的机器是由两个或两个以上的构件组成的，构件与构件之间在得到合适的能量之后会发生相对运动，从而能够运转或者做功。比如电动机由转子和定子组成，通电以后转子就能转起来。分子机器与宏观机器类似，它由两个或两个以上的分子单元组成，在得到合适的外界能量（刺激）之后，分子单元之间发生相对位移，从而实现将能量转换为机械运动。但是分子机器与宏观机器存在着重要的区别，那就是分子机器是微观的，它的部件由分子单元组成，大小尺度一般在 1nm 上下，不到头发丝直径的万分之一。尽管分子机器非常小，通常我们看不见也摸不着，以至于必须借助高科技的分析手段才能够观察它，但是到目前为止分子机器已经在纳米机械、分子器件、医疗、有机合成甚至催化等领域展现出巨大的应用前景，它将极有可能将对人类的未来生活产生深远的影响。

2016 年 6 月份美国戈登会议（Gordon Research Conferences），这一在学术界有着举足轻重地位的会议，首次将"分子机器及其潜在应用"作为重点议题。随后 10 月份，诺贝尔化学奖授予法国斯特拉斯堡大学的让-皮埃尔·索瓦日教授（Jean-Pierre Sauvage）、美国西北大学的弗雷泽·斯托达特教授（Sir J. Fraser Stoddart）以及荷兰格罗宁根大学的伯纳德·费林加教授（Bernard L. Feringa），以表彰他们在分子机器的设计和合成方面的贡献。将奖项颁发给一个正处于基础研究阶段的研究领域，而且是"纯化学"领域，这对于进入 21 世纪以来越来越青睐于将奖项颁发给探讨生命现象化学本质研究的诺贝尔化学奖来说，反而是比较不寻常的情况，这也充分说明了分子机器巨大的科学价值，并具有非常光明的应用前景。曼彻斯特大学的戴维·利（David Leigh）教授，上述诺贝尔化学奖科学家之一斯托达特教授的优秀学生、分子机器领域最著名的科学家之一，坚定地说道："在未来 15 年内，分子机器领域的研究将成为化学和材料设计领域的核心部分。"

6.2　分子机器的种类

最简单的分子机器由两个分子单元组成，要把它们连接起来并实现相对运动有两种方法，分别代表了不同类型的分子机器。

第一种方法用一根轴将两个单元相连，两个分子单元之间围绕这根轴可以做摆动（比如分子转臂）或者圆周运动（比如分子马达），如图 6-1 所示。这类分子机器的典型代表就是光致异构二芳基乙烯类，与光致变色材料里的二芳基乙烯不同的是，这里的二芳基乙烯在光照之后发生顺反异构，从而导致碳碳双键两侧单元围绕双键（也就是轴）发生相对转动。需要指出的是，让这样的两个单元之间实现摆动相对容易，但是要实现圆周运动却很困难。

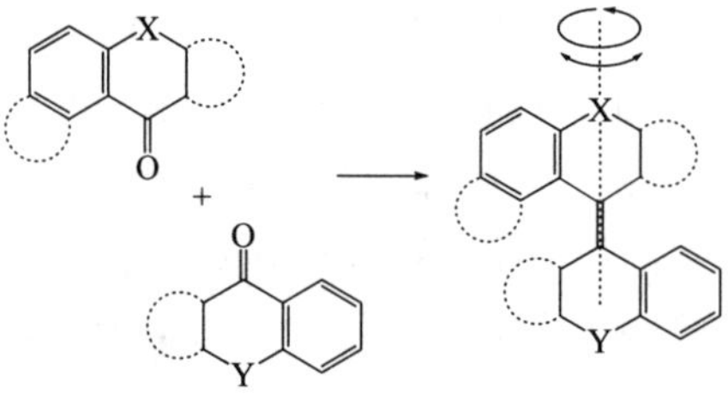

图 6-1　轴连型分子机器

1999 年，Feringa 教授首次采用大位阻烯烃构建了能够持续朝一个方向转动的分子马达，这一研究成果为他获得诺贝尔化学奖奠定了基础[1]。如图 6-2（a）所示，该分子马达具有两个不同的立体化学部分：*P-M* 螺旋结构和 *trans-cis* 立体构型。体系存在着四个不同的异构体，可以通过光和热在四个离散的步骤中相互转换，从而实现围绕碳碳双键（旋转轴）的单向旋转。当光照时双键发生反式→顺式异构，转子转动到一定角度形成较高能量（*M,M*）-*cis* 构型，该构型通过热弛豫过程使转子克服大位阻基团之间的空间位阻生成（*P,P*）-*cis* 构型。这种弛豫称为热螺旋反转（THI），原则上是一个平衡反应，但是由于稳定态和不稳定态之间的能量差较大，因此可以认为此步骤不可逆，从而使旋转方向同向。之后(*P,P*)-*cis* 经历顺式→反式第二次光异构化，由于空间阻力的存在，转子继续往前转动到达另一个高能量的(*M,M*)-*trans* 构型。(*M,M*)-*trans* 再次经历 THI 回到了初始的(*P,P*)-*trans* 构型——360°旋转循环的开始。

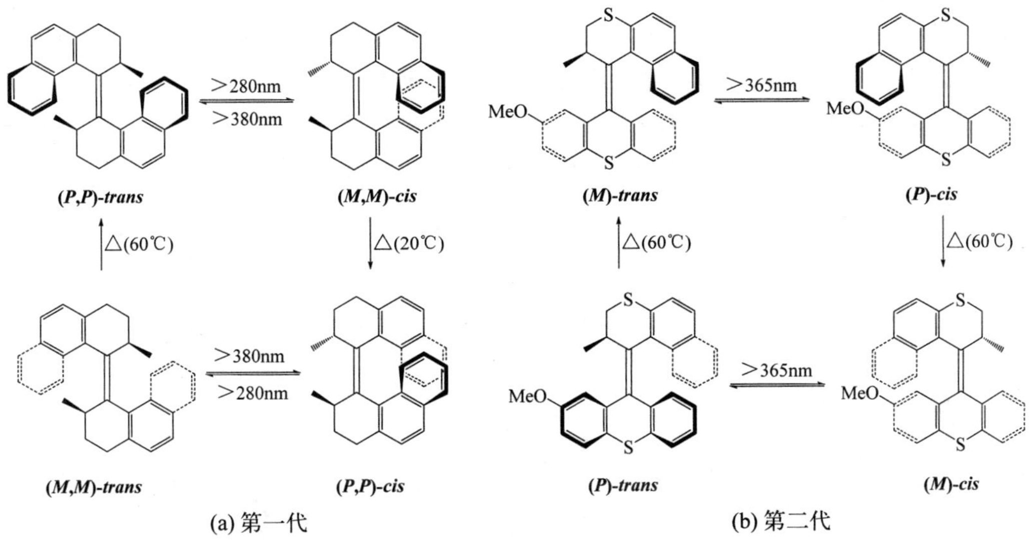

(a) 第一代   (b) 第二代

图 6-2　第一代[1]与第二代[2]光驱动分子马达工作原理

需要说明的是，分子马达是在双键的两侧引入大体积的取代基团，这两部分在运转过程中实际上是相对旋转，而不是一半旋转而另一半静止不动。但是为了研究需要，一般把其中一侧指定为定子，则另一侧就是转子。

第一代分子马达的缺点是其两次热异构化步骤的活化能垒是不同的(第一次热弛豫20℃完成，而第二次热弛豫需在 60℃下进行)，因此 360°旋转是不规则的，其中一半的速度会比另一半快很多。

2002 年，该课题组在第一代分子马达的基础上，继续发展出如图 6-2（b）所示的第二代分子马达[2]。第二代分子马达转子和定子部分为不对称结构，定子被替换成了一个对称的（除甲氧基取代基外）部分。尽管第二代位阻烯烃的分子马达在结构上与第一代分子马达不同，但是它们有着相同的机械步骤，包括两个可逆的光化学异构以及两个不可逆的热弛豫过程：初始态(*M*)-*trans* 的分子马达在紫外光照射下发生可逆的光致异构到达高能态(*P*)-*cis*，然后通过热弛豫，(*P*)-*cis* 发生不可逆的热力学反转到达热稳定的(*M*)-*cis* 态，再次经历光致异构后到达第二个高能态(*P*)-*trans*，最后通过热弛豫回到初始稳定态(*M*)-*trans*，完成360°旋转。该第二代分子马达两个热弛豫过程的能垒相近，因此解决了第一代分子马达不规则旋转的问题。除此之外，不对称的上下半区使得第二代分子马达具有结构多样性和易于修饰性。而且第二代分子马达结构位阻明显降低，这便弥补了一代分子马达合成难度大的弊端。

第二代分子马达证明了一个立体中心就已足够实现分子的单向旋转。但手性中心的减少引出了一个问题，即分子马达到底至少需要多少手性？

为了解决这一问题，费林加等人又设计了第三代位阻烯烃分子马达[3]。这一马达被设计为将两个第二代分子马达按图 6-3 的方式组合在一起，这样的组装方式使得立体中心变为伪不对称中心，从而使整个分子呈现出非手性。伪不对称中心连着两个完全不同大小的基团（—CH$_3$和—F）。研究结果表明氟原子采用假平伏键构型，被夹在两个芴之间。从 *meso*-(r)开始，使用紫外光照射使两个双键都发生了异构化，但是并没有观察到 *meso*-(s)的生成。在光热异构化步骤中，一个转子部分相对于中间定子部分进行了 180°顺时针旋转，而另一个转子部分进行了 180°逆时针旋转。对于观察者来说，两个转子都沿相同的方向转动，类似于车轴上的轮子。从单个马达的角度来看，光子吸收可以导致上半部转子的 180°逆时针旋转或者下半部转子的 180°顺时针旋转，而这两种旋转的可能性是相同的。该发现表明，伪不对称中心是维持位阻烯烃的单向转动的最小性要求。

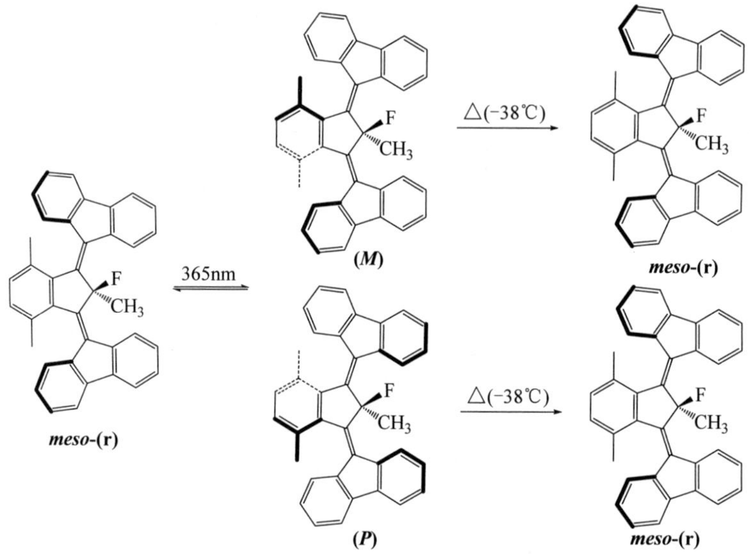

图 6-3　具有伪不对称中心的第三代分子马达的旋转[3]

　　将两个分子单元组装成分子机器，除了轴连之外，第二种方法是将它们以穿插的形式相连，形成所谓的互锁分子体系（interlocked molecules）。互锁型分子机器有两种基本形态，一种是索烃（catenane），另一种是轮烷（rotaxane）。最简单的[2]索烃由两个环状分子环环相扣形成，其中一个环可以围绕另外一个环进行转动［图 6-4（a）］；而[2]轮烷则由在一个哑铃状分子单元以及环绕在该单元中间部位上一个大环分子组成，其中的大环分子可以沿着哑铃分子中的直线滑轨部分做往复运动［图 6-4（b）］。互锁分子体系虽然由两个或两个以上分子组成，但是除非破坏原子间的化学键，否则不能将它们分开，因此这样的互锁体系实际上还是一个分子。这种通过空间纠缠而非化学键的方式使分子部件融合为一个整体的作用力，也称为机械键（mechanical bonds）。

　　[2]轮烷及[2]索烃有一个共同的前体结构，即[2]准轮烷［pseudorotaxane，图 6-4（c）］。从[2]准轮烷的结构可以看出，其两端接上大阻挡基团就是[2]轮烷，而其直线部分如果首尾相连成环就是[2]索烃。[2]准轮烷可以在外界刺激的作用下，解离为相应的分子单元，再通过相反的刺激，又可以让它们重新结合起来。在早期准轮烷体系也被认为是分子机器体系，但是随着研究的深入，由于准轮烷不像轮烷或者索烃是一个分子，而是一个处于热力学平衡状态的超分子体系，因此研究者现在倾向于不把它归结到分子机器体系中。

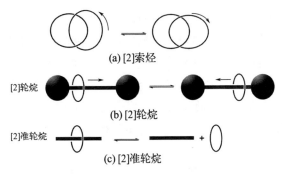

图 6-4　互锁型分子机器及前体

需要说明的是，分子机器的运转涉及分子单元之间发生相对位移，在溶液中其实这些组成单元都是可运动的。一般可以认为大的部分不动，而看成是小的部分在动，或者指定某一单元不动，而另一个单元运动。

6.3　分子机器的合成方法

6.3.1　轴连型分子机器的合成方法

轴连型分子机器的合成方法比较显而易见，有两种策略可以采用，一是通过成键化学反应，在轴单元两端引入分子部件，比如艾达（Aida）教授的分子剪刀（图 6-5）[4]。其合成步骤先是制备苯基对碘苯基环戊烯，然后在强碱及亚铁离子存在条件下生成二茂铁，利用二茂铁上下两个环戊烯可以自由旋转的特点使之成为剪刀的轴，再以苯环作为刀片，引入相应的功能基团：苯乙基当把手、光致异构偶氮苯当执行机构。用不同光照射偶氮苯时，偶氮苯发生顺反异构，执行机构发生开、合动作，从而完成把手和刀片的合拢与张开。

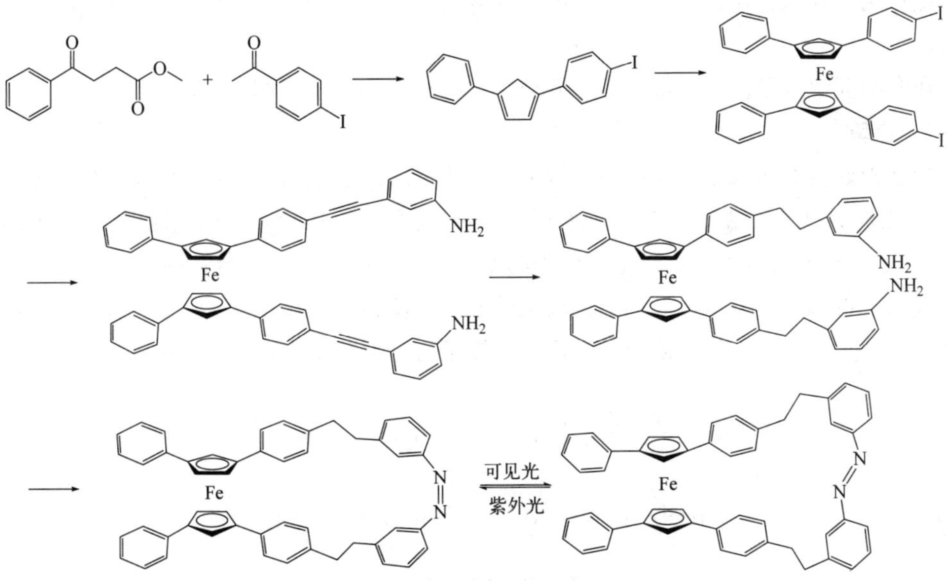

图 6-5　分子剪刀的合成及开合行为

　　如果将苯环刀片换成锌卟啉，由于其中的锌原子可与含氮分子如联异喹啉结合，锌和氮如同磁铁的两极，因此两片剪刀可以牢牢吸住联异喹啉两侧的异喹啉单元。当剪刀进行光驱动的开合动作时，可以实现对联异喹啉分子绕中间轴扭转的动作[5]。

　　轴连型分子机器合成的另一种方法是在分子部件之间引入轴单元，比如位阻烯烃分子马达，将转子和定子分子部件之间通过巴顿-凯洛格（Barton-Kellogg）重氮-硫酮偶联反应[6]或者麦克默里（McMurry）双酮偶联反应[7,8]形成碳碳双键相连而成，如图6-6所示。

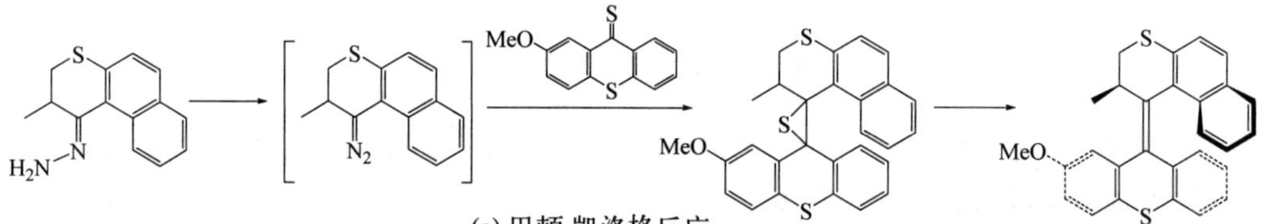

(a) 巴顿-凯洛格反应

(b) 麦克默里反应

图 6-6　分子马达合成方法

6.3.2　互锁型分子机器的合成方法

　　在20世纪80年代以前，制备穿插型的分子体系一度非常困难，要么采用概率穿插手段让一个分子穿过另外一个环状分子的孔洞，就好比拿着弓箭去射远处的飞鸟，射中的概率是非常低的[9]；要么采取繁复步骤对分子进行空间位置的预排列，路线步骤多，产率低[10,11]。而后随着超分子化学的兴起，人们已经能够方便地利用诸如金属-有机配体的配位作用以及氢键作用、疏水作用、π-π 相互作用、静电相互作用等分子间相互作用来构建互锁分子体系。

　　在介绍互锁分子体系之前，有必要介绍一些相关的分子间相互作用力。

1. 氢键

　　指强极性键上的氢原子与电负性较大的原子之间的静电吸引。常见的氢键发生在—OH、—NH—上的氢原子与电负性 N、O 或 F 原子之间，见图6-7。氢键可以简单地理解成：—OH、—NH—上氢原子的电子云由于电负性强的 O、N 原子的吸引而部分转向 O、N 原子上面，因此氢原子带部分正电荷，而电负性较强的 O、N 及 F 原子往往由于吸引其他原子的电子云而带部分负电荷，于是带部分正电荷的氢原子与带部分负电荷的 O、N 及 F 原子之间因

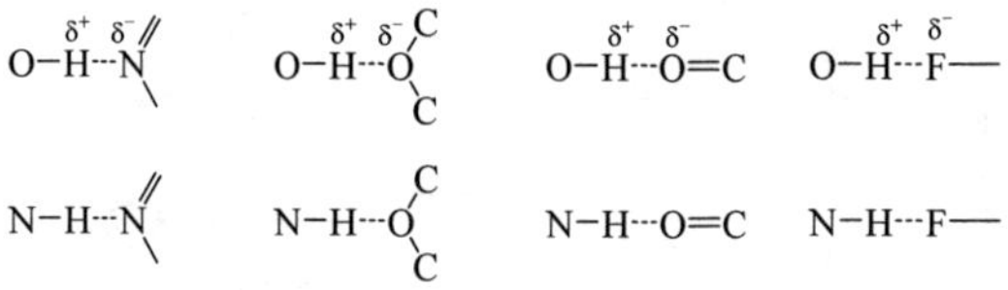

图 6-7　常见氢键类型

为静电作用相互吸引。氢键有固定的键长和键角，也有很强的方向性。氢键的键能相对于共价键要小很多，一般在 $8 \sim 12 KJ \cdot mol^{-1}$。氢键的键长一般为 $1.3 \sim 3.0$Å。

2. 疏水作用

指非极性分子在水中具有与水排斥而相互聚集的倾向。也就是通常所说的油水不相容。一般的萃取操作就是利用这一现象工作的。液态水由动态的氢键网络组成，当它们的周围存在非极性分子时，氢键网络会发生重排，最后以两者倾向于按接触面最小的方式排列，即非极性分子相互聚集与水分隔，如图 6-8 所示。

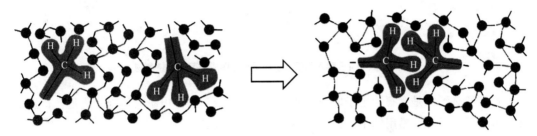

图 6-8　疏水作用

深色代表水分子；浅色代表非极性分子

3. π-π 相互作用

一种发生在芳香环之间的弱相互作用。其具体表现形式可分为两大类：面对面和面对边。以苯的二聚体为例，面对面堆叠又可分为完全面对面堆叠［图 6-9（a）］和错位面对面堆叠［图 6-9（b）］。完全面对面堆叠一般认为会出现强烈的排斥作用，所以比较罕见。而错位面对面堆叠使两个芳香环平面之间的排斥作用得到缓解，并相应出现了 σ-π 吸引力，因此面对面堆叠多以此构型呈现。面对边堆叠则是除了面对面堆叠之外两个面出现二面角的情形［图 6-9（c）］，因此也称之为 T 型堆叠。它可以理解为一个苯环上轻微缺电子的氢原子和另一个苯环上富电子的 π 电子云之间形成的弱氢键。因为 T 型堆叠分子间的斥力更小，所以也是 π-π 相互作用的主要形式。

(a) 完全面对面堆叠　　(b) 错位面对面堆叠　　(c) 边面堆叠

图 6-9　π-π 相互作用

4. 电子给体-受体相互作用

其发生在富电子的芳香环（电子给体，donor）和缺电子的芳香环（电子受体，acceptor）之间。电子给体具有高能级的满轨道，倾向于失去电子；而电子受体则具有低能级的空轨道，对电子具有较好的亲和力。一旦将电子给体和电子受体混合，两者便形成比较稳定的电荷转移复合物（charge transfer complex，CTC），其中给体和受体之间的距离一般在 3Å 左右，电子从给体的满轨道上部分转移到受体的空轨道上。形成电荷转移复合物的主要特征是在吸收光谱的长波方向出现新的吸收峰。比如图 6-10 所示的富电子四硫富瓦烯（TTF）与缺电子四阳离子环番在乙腈中形成的穿插型 CTC，其特征吸收波长在 830nm，溶液的颜色为绿色[12]。

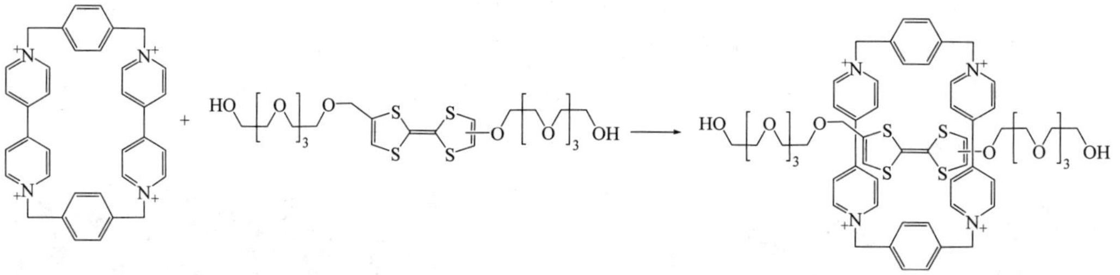

图 6-10   TTF 穿入四阳离子环番与之形成电荷转移复合物

电子给体通常是含有给电子取代基的烯烃、炔烃或芳环；电子受体则一般是含有强吸电子基团的芳香环。常用的电子给体和电子受体见图 6-11。

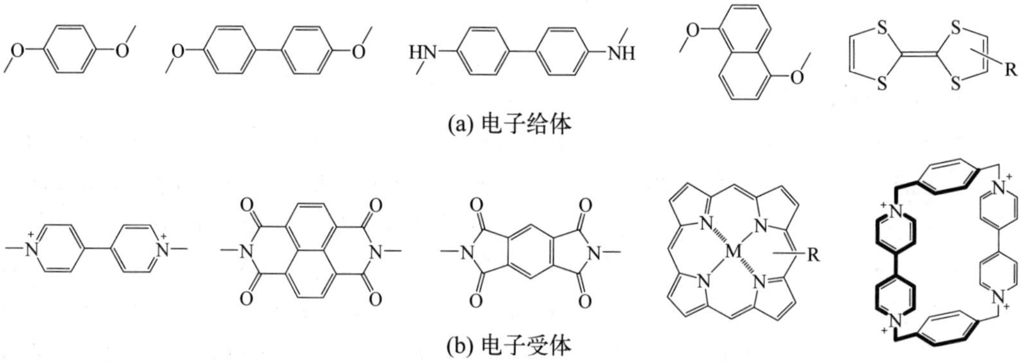

(a) 电子给体

(b) 电子受体

图 6-11   常见的电子给体和电子受体

近四十年来，科学家们利用上述分子间相互作用力为模板，发展出一系列合成互锁分子的方法，即所谓的模板导向法（template-directed strategy）。如图 6-12（a）所示，在索烃构建模块中引入能够产生相互作用力的单元，将它们混合在一起时，由于相互吸引而引导构建模块在空间上进行预排列，形成穿插型前体，进一步对穿线部分首尾相连成环就可以得到环环相扣的[2]索烃。

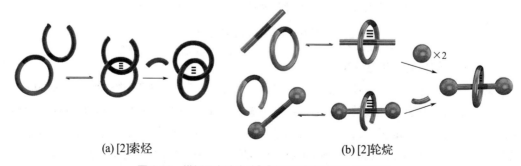

(a) [2]索烃   (b) [2]轮烷

图 6-12   模板导向法合成[2]索烃和[2]轮烷的主要途径

　　类似地，如图 6-12（b）所示，在轮烷构建模块中引入模板，利用分子间相互作用力使棒状分子穿过大环单元，然后在棒状分子两端引入大的阻挡基团进行封端，防止大环单元脱离，即可形成[2]轮烷；也可以使准大环先半包合哑铃状分子的直线部位，然后再对准大环分子进行环合反应，同样也得到[2]轮烷。

　　1983 年，Sauvage 教授迈出了通往互锁型分子机器的第一步，他利用金属-有机配位作用构建了索烃体系[13]。如图 6-13 所示，其利用亚铜离子容易形成四配位化合物的特点，使邻菲罗啉二苯酚穿过邻菲罗啉大环定量生成配位产物，进一步利用二碘代五甘醇对酚羟基进行醚化环合形成第二个大环，以 42%的产率得到[2]索烃-铜螯合物。用 KCN 将中心铜离子脱去后得到[2]索烃，其构型经 X 射线衍射研究后发现，两个邻菲罗啉在外而冠醚部分在里[14]。这就使得可控的分子机器运转成为可能[15]：体系脱除亚铜离子，大环发生相对转动；再往体系中加入亚铜离子，大环转回初始位置。

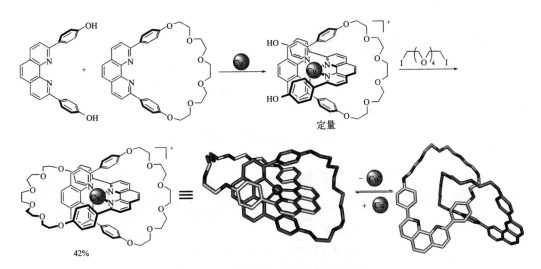

图 6-13　利用金属配位作用合成[2]索烃

　　随后的 1991 年，Stoddart 教授利用富电子芳香环与缺电子芳香环之间的电荷转移以及π-π 相互作用成功制备了[2]轮烷[16]。如图 6-14 所示，中间含两个对苯二酚单元、两端是三异丙基硅阻挡基团的哑铃状分子，在等量的双（联吡啶鎓甲基）苯及双溴甲基苯的存在下，于室温搅拌反应 7 天得到目标[2]轮烷。其中四阳离子环番与对苯二酚位点之间的电荷转移相互作用使其停留在该位点上。但是由于分子中存在两个相同的对苯二酚位点，所以实际上四阳离子环番在两个对称的位点之间做往返的梭式运动，分子梭由此得名。这个往复运动可以从核磁的变化得到验证，并由此得出运动的能垒为 54.4kJ·mol⁻¹。该工作也为 Stoddart 教授获得诺贝尔化学奖奠定了基础。

　　之后科学家们又陆续开辟出很多的模板体系来合成互锁分子。除了上述的金属离子配位及缺电子四阳离子环番/富电子芳香基团的模板体系外，主要还包括利用疏水作用的环糊精/亲油基团[17]体系［图 6-15（a）］、利用疏水及静电作用的葫芦脲/季铵盐[18]体系［图 6-15（b）］、利用氢键及静电相互作用的冠醚/季铵盐模板体系［图 6-15（c）][19]、利用氢键作用的环酰胺/二羰基模板体系［图 6-15（d）][20]、利用氢键以及 π-π 相互等复合作用的卤素阴离子/酰胺[21,22]、利用氢键的磷酸根/五角星大环[23]以及利用配位及催化偶联反应的活性金属模板体系[24]等。

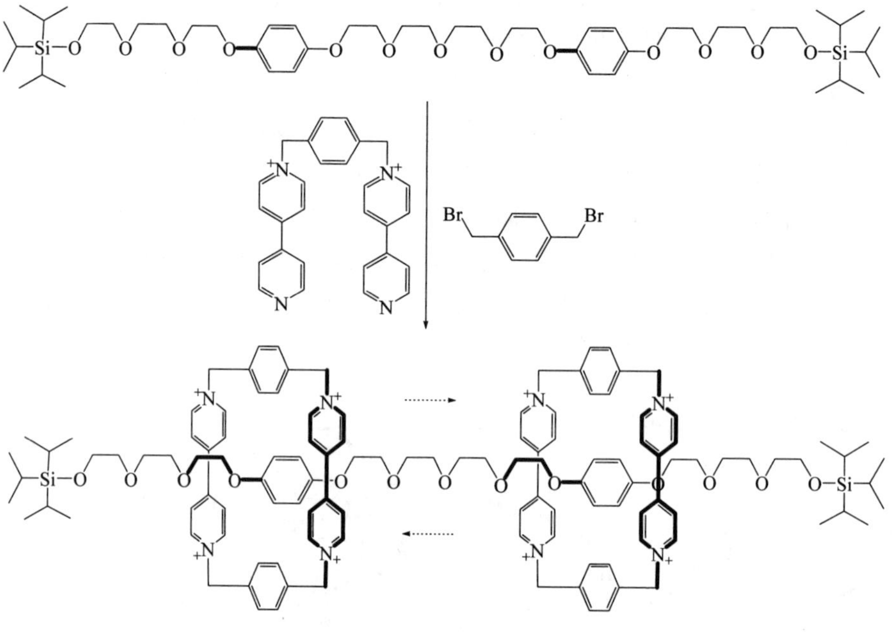

图 6-14　利用 π-π 相互作用合成[2]轮烷分子梭

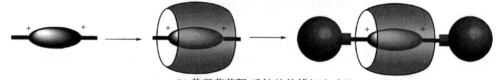

(a) 基于环糊精/亲油基团的模板合成法

(b) 基于葫芦脲/季铵盐的模板合成法

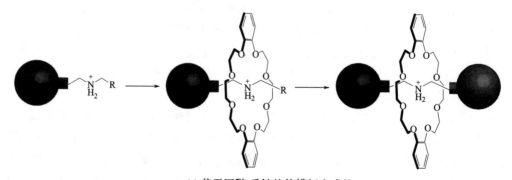

(c) 基于冠醚/季铵盐的模板合成法

图 6-15

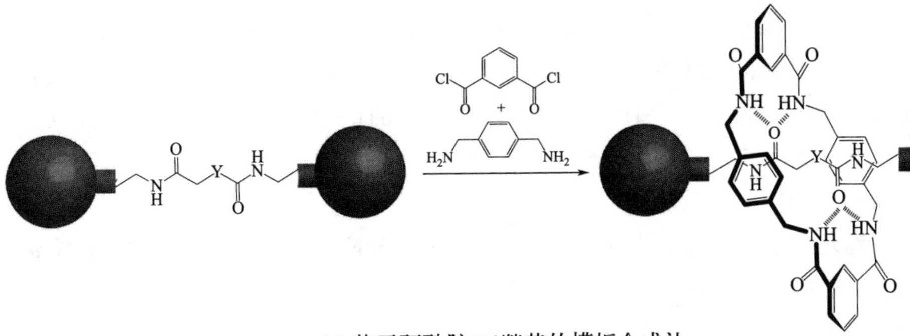

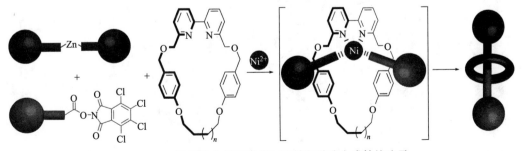

(d) 基于环酰胺/二羰基的模板合成法

图 6-15　互锁分子合成中常见模板

以下选取部分互锁分子合成方法的报道。

2017 年，Leigh 小组利用氢键作用稳定加成反应中的过渡态，直接将两个哑铃状分子砌块和一个大环单元以良好的产率组装成[2]轮烷[25]。如图 6-16（a）所示，大环单元上端的吡啶二酰胺部分与砜基以及大环单元下端的冠醚部分与氨基形成强的氢键作用，因此大环单元可以将带磺酸内酯的半哑铃分子与带氨基的另一个半哑铃状分子同时结合并将它们

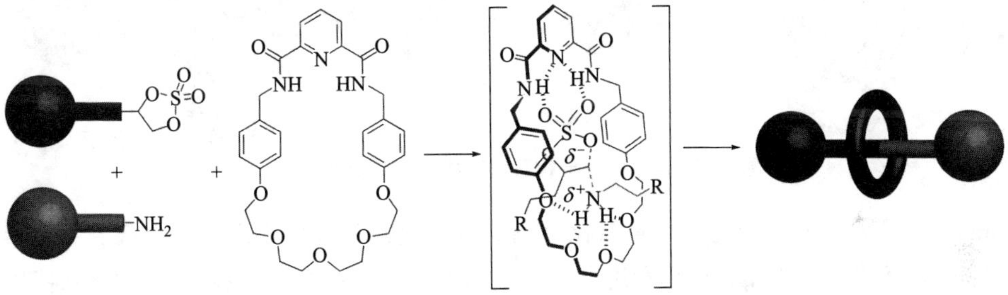

(a) 磺酸内酯与胺合成轮烷分子

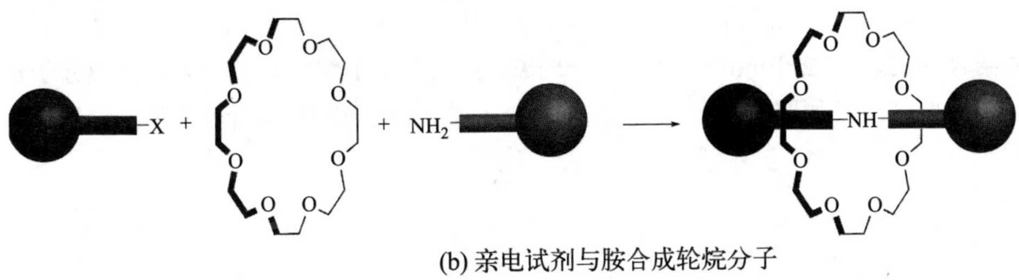

(b) 亲电试剂与胺合成轮烷分子

(c) 镍催化有机锌试剂与活性羧酸酯合成轮烷分子

图 6-16　Leigh 研究小组报道的一些互锁分子合成方法

拉近，使得两个半哑铃分子之间的加成反应由于过渡态得到稳定而变得容易，因此在 8℃
低温下可以较高产率制备[2]轮烷。类似地，如图 6-16（b）所示，冠醚上的—O—可与伯胺
上的N—H以及亲电试剂上的C—H[26]形成氢键，冠醚上的C—H还可与亲电试剂上的C＝O、
P＝O、S＝O 等形成氢键[27]，从而稳定伯胺与亲电试剂的加成反应的过渡态，进而也能以
良好产率制备相应的轮烷体系。

　　该研究小组还发展了用镍催化有机锌试剂与活性羧酸酯之间的交叉偶联来制备轮烷的
方法[28]［图 6-16（c）］。带有阻挡基团的有机锌试剂与另一个带有阻挡基团的活性酯，在
含邻菲罗啉大环分子以及 NiCl$_2$ 存在下，形成镍-半哑铃状分子-大环的中间态，从而催化两
个半哑铃状砌块的偶联反应，最终得到[2]轮烷。

　　此外，德利乌斯（Delius）小组利用环对亚苯基与 C$_{60}$ 之间的 π-π 相互作用[29]制备了[2]
轮烷。在阻挡基团上接入 C$_{60}$，再利用 C$_{60}$ 与[10]环对亚苯基之间的 π-π 相互吸引使环对亚
苯基套在 C$_{60}$ 上，最后采用 C$_{60}$ 与溴代丙二酸酯之间的宾格尔（Bingel）加成反应，引入另
一个封端完成[2]轮烷制备（图 6-17）。

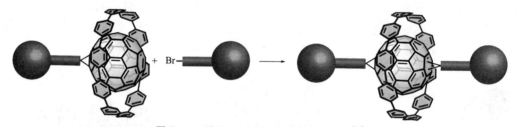

图 6-17　利用 π-π 相互作用制备[2]轮烷[29]

　　Goldup 小组则报道了利用手性叠氮化合物的铜催化点击反应实现高效合成具有面手
性轮烷体系的方法[30]，而 Leigh 小组利用离去基团的手性引导也同样制备了面手性轮烷[31]。

　　Stoddart 小组于 2010 年发现紫精阳离子自由基与环番双阳离子自由基（四阳离子环番
得到两个电子）之间存在强的自由基-自由基相互作用[32]，尽管两者带正电荷，但是它们在
乙腈中的结合能仍达 71.2kJ·mol^{-1}。利用这一现象，他们研究小组构建了一系列互锁分子及
可操控分子机器体系。如图 6-18 所示，他们合成了带 8 个正电荷的[2]索烃[33]。先是二苄

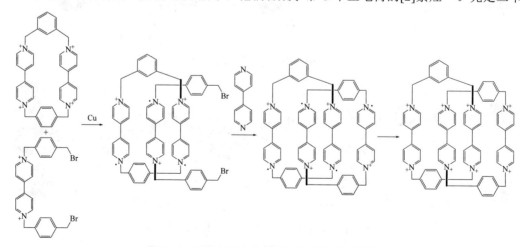

图 6-18　利用自由基-自由基相互作用制备[2]索烃

基的四阳离子环番与紫晶二苄溴半环在铜粉的还原下分别形成环番双阳离子自由基及紫晶阳离子自由基，自由基-自由基相互作用使紫晶半环穿入环番大环形成三明治型三阳离子自由基结构，进一步加入联吡啶与紫晶半环环合，得到四阳离子自由基[2]索烃。在空气的氧化下，最后四阳离子自由基[2]索烃氧化成八阳离子[2]索烃。可以看出，该八阳离子[2]索烃环环之间存在强烈的库仑排斥力，是"不可能"互锁分子，但产率仍然达到 30%。

现在人们已经可以很容易地合成互锁型分子机器体系，科学家们开始向构建更复杂的互锁分子机器体系发起挑战。比如 Leigh 教授[34]利用活性金属模板法构建三重互穿[4]轮烷体系 [图 6-19（a）]；库特罗（Coutrot）小组[35]则报道了含 4 个互穿结构杂化轮烷可操控体系 [图 6-19（b）]；朱克龙与洛布（Loeb）联合小组[36]也构建了大环/小环[3]轮烷体系 [图 6-19（c）]，实现可不同寻常的环环互穿做往复运动。华东理工大学田禾院士团队是国内最早进入分子机器领域的研究小组，在分子机器体系的构建方法上也取得一系列成果，早期实现了利用热力学平衡[37]及定向修饰[38]的方法，构建了构型单一的环糊精型轮烷分子机器体系；随后又发展了用滑入法的策略高效构建葫芦脲型轮烷体系[39]；而近 5 年来，他所在课题组进一步利用冠醚特有的主客体识别作用，发展了智能、专一的自选择分类组装

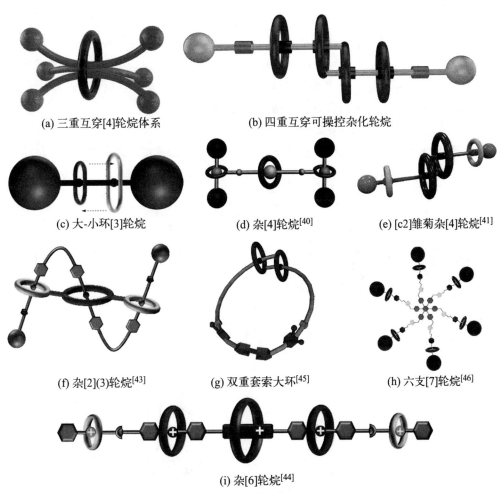

(a) 三重互穿[4]轮烷体系　　(b) 四重互穿可操控杂化轮烷

(c) 大-小环[3]轮烷　　(d) 杂[4]轮烷[40]　　(e) [c2]雏菊杂[4]轮烷[41]

(f) 杂[2](3)轮烷[43]　　(g) 双重套索大环[45]　　(h) 六支[7]轮烷[46]

(i) 杂[6]轮烷[44]

图 6-19　各式复杂互锁分子

策略，实现了在多个的分子单元中挑选出相互匹配的组分形成有序的组装体，进而高效地制备了杂[4]轮烷[40]［图 6-19（d）］、基于[c2]雏菊链的杂[4]轮烷[41,42]［图 6-19（e）］、杂[2](3)轮烷[43]［图 6-19（f）］以及杂[6]轮烷体系[44]［图 6-19（i）］，利用可控的聚合反应构建双重套索大环[45]［图 6-19（g）］及六支[7]轮烷[46]［图 6-19（h）］等复杂轮烷及分子机器体系。该策略具有可控性高、选择性好的优点，为轮烷分子的发展带来了新的契机，为将来构筑更加复杂、精美的多功能分子机器拓扑结构开启了新的思路。

6.4　分子机器的驱动方式

　　分子机器内部必须有一个发动机，这样机器才能运转。和宏观的机器一样，这个发动机的运转需要能量。分子机器本身是一个化学体系，人们会很容易想到用放热的化学反应来为其提供能量。除此之外，科学家们也找到了其他提供能量的方式即电能和光能，甚至简单的溶剂或者温度变化也能让分子机器运转。

6.4.1　化学能

　　著名物理学家、诺贝尔物理学奖获得者理查德·费曼（P. R. Feynman）说："虽然不可能存在分子内燃机，但是完全可以用其他释放能量的化学反应来代替。"[47] 事实证明利用化学反应产生的能量来使分子机器运转是完全可行的（化学反应控制型分子机器）。这正如在我们身体里面，一系列来自食物的放热反应就可以维持生命。

　　轮烷型分子梭的例子如图 6-20 所示[48]。体系主要包括四阳离子环番及其对应的两个位点：联苯二胺及联苯二醚。在碱性条件下，联苯胺的电子云密度比联苯醚要大，与四阳离子环番之间的电荷转移等相互作用力更强，因此环番停留在联苯胺单元上；在酸性条件下，

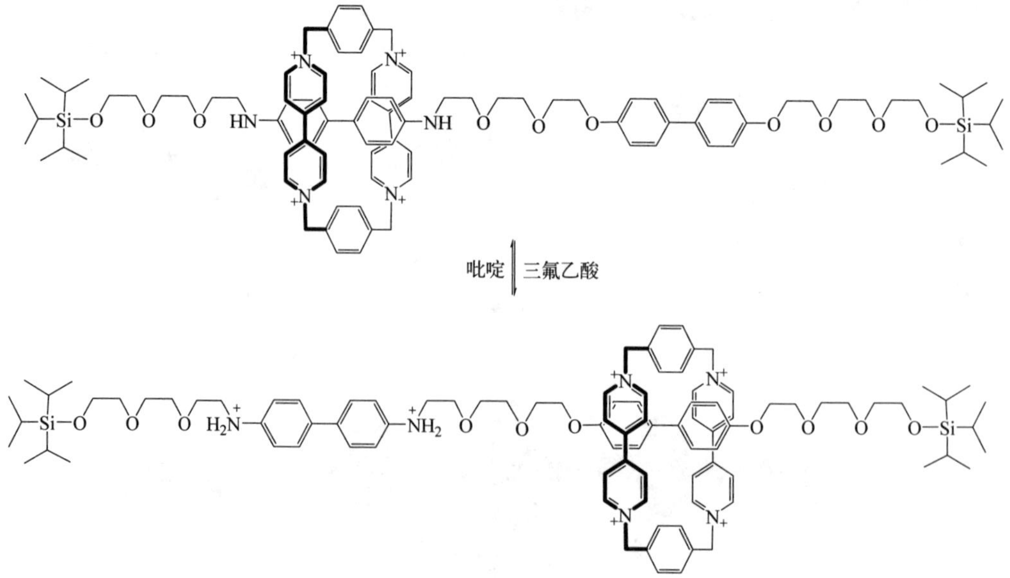

图 6-20　酸/碱驱动轮烷分子梭

联苯胺被质子化为阳离子，与带正电荷的环番之间产生静电排斥作用，此时环番因联苯二醚单元与之产生电荷转移等相互作用而迁移至此位点。酸、碱的交替加入生成的中和能驱使环番发生梭式往复运动。

索烃型的例子见图 6-21[49]。体系由双紫精环及萘二醚环环环相扣而成。在初始条件下，萘二醚单元与紫精单元之间的电荷转移及 π-π 等相互作用使两者形成三明治结构。一旦体系中加入三氟乙酸，则两个邻菲罗啉与氢离子之间形成更稳定的氢键配合物，从而两个大环发生相对转动。进一步加入吡啶使体系碱化，则两个大环又恢复初始状态。

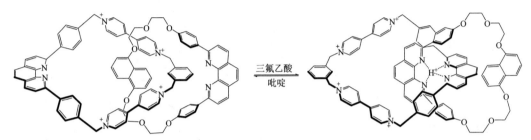

图 6-21　酸/碱驱动索烃分子机器

除了酸碱中和反应外，还有不少化学反应被用来驱动分子机器。比如锂离子与 12-冠醚-4 之间的配位反应[50]以及化学氧化还原反应[51]等。

值得注意的是，化学驱动分子机器的每一个工作循环都要产生因为化学反应而生成的废弃物，比如酸碱驱动的分子机器运转过程中生成盐，而当这些废弃物累积到一定程度后将会危及机器的正常运转。因此在某些情况下，化学驱动分子机器需要增加额外的辅助装置来移除废弃物，从而增加体系的复杂程度。

6.4.2　电能

电能广泛应用于宏观的机器中，风扇、洗衣机、空调、电冰箱、汽车……人类的生活方式因此已经发生翻天覆地的变化。电能也可以为分子机器提供能量，电化学控制型分子机器由此产生。它利用氧化或还原过程使分子机器运动，然后将电源电极反接进行可逆的还原或氧化过程，使分子机器重新回到原来的状态。

图 6-22 是轮烷分子梭的例子[52]。在哑铃状分子中间部分引入单吡咯四硫富瓦烯与萘醚两个富电子位点。初始状态下，缺电子的四阳离子环番与更具富电子的四硫富瓦烯之间的电荷转移及 π-π 等相互作用较强，因而停留在此位点。一旦四硫富瓦烯被氧化并因此带上正电荷后，其与四阳离子环番相互排斥，从而使环番转移到萘醚位点上。当氧化了的四硫富瓦烯单元重新被还原为中性态时，系统又恢复到初始状态，完成一个工作循环。

图 6-23 则是电驱动索烃的例子，其利用亚铜离子四配位稳定剂铜离子六配位稳定的特点进行工作[53]。每个大环上面都包含邻菲罗啉及三联吡啶配体单元。初始状态下，两个大环中的邻菲罗啉与亚铜离子形成四配位结构，亚铜离子经电化学氧化转化为铜离子，这时四配位构型解体，转而形成两个三联吡啶与铜离子的六配位结构，两个大环发生相对转动。改变电极的极性，铜离子又被还原成亚铜离子，体系又恢复至原来构型。

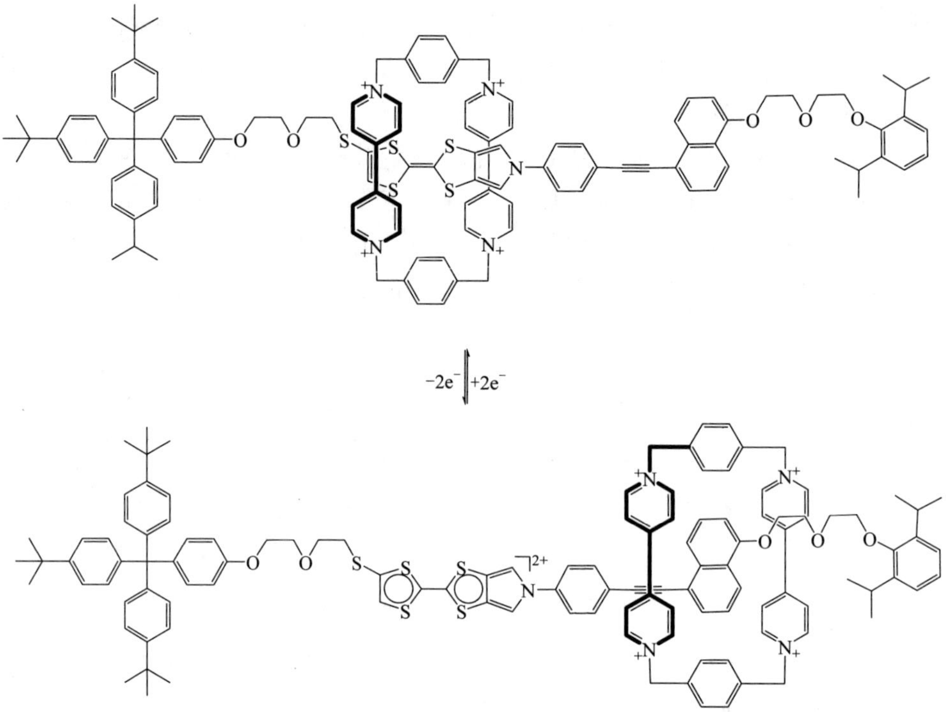

图 6-22   电化学驱动轮烷分子机器

图 6-23   电化学驱动索烃分子机器

从上面的例子可以看出，用电能驱动分子机器只需对体系通电并切换电极极性即可，整个过程没有产生任何废弃物，而且电能的切换简单而且迅速。

6.4.3   光能

利用光子具有动量的特点，可以直接将光能转化为机械能，比如太阳帆。但是到目前为止，还没有直接利用光子的动量来驱动分子机器的报道。即便如此，科学家们利用光能可以引发光化学反应的特点，构建了一系列光能驱动分子机器。最简单的例子就是利用光致异构反应（图 6-24）：光照可以使—N=N—或—C=C—双键发生从低能量状态的反式结构向高能量状态的顺式结构转变，然后通过自发的或光引发的弛豫过程可逆地回到初始状态。

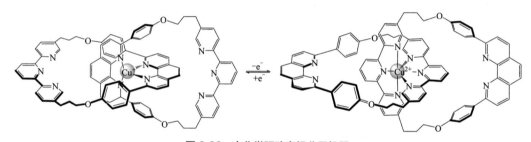

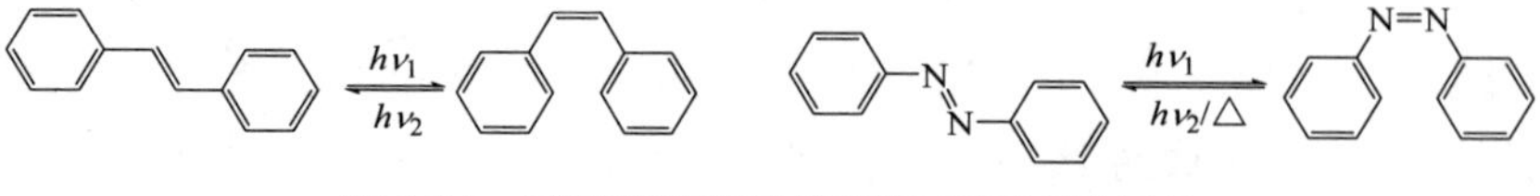

图 6-24   二苯乙烯和偶氮苯的顺/反光致异构现象

前面介绍的位阻烯烃分子马达就是光驱动分子机器的典型代表：利用紫外光使位阻型二芳基乙烯从反式构型转化为高能态的顺式构型，经过热弛豫后马达转过 180°，继续紫外光照又发生顺式到反式的光异构化，再次热弛豫又回到初始状态，从而完成单向 360°转动。

因为紫外光对生物体系具有明显的破坏作用，所以如果要将分子马达应用于生物体系中，就必须避免采用紫外光驱动，因此使用可见光来驱动分子马达是当前的研究热点之一。在 2019 年，Feringa 课题组进一步探索出了通过在分子马达的转子与定子部分引入给电子及吸电子基团，利用给电子基团的"推"及吸电子基团的"拉"效应来实现分子马达最大吸收波长的红移[54]。研究结果发现，在转子单元上引入甲氧基、在定子单元上引入两个氰基的分子马达（图 6-25）可用 530nm 的可见光驱动。

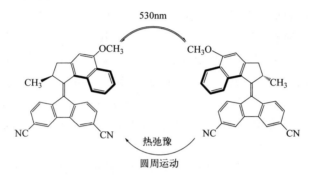

图 6-25　推-拉型第二代分子马达实现可见光驱动

分子马达利用两次光致异构实现圆周运动，而单纯利用双键的顺反异构引起的伸缩动作也可以驱动分子机器。图 6-26 是安德森（Anderson）小组利用二苯乙烯光致异构驱动分子梭的例子[55]。体系由环绕在二苯乙烯位点上的一个 α 环糊精和两头的异钛酸钠阻挡基团所构成。初始状态下，二苯乙烯处于稳定的反式构型，环糊精停留在其中央位置。当用 340nm 的光照射时，二苯乙烯发生反式→顺式的异构，二苯乙烯由"伸展"转化成"弯曲"状态，环糊精由于空间原因无法继续停留在中间位置，被弯曲的结构推到联苯位点一侧。继续用 265nm 的光照射时，二苯乙烯发生顺式→反式异构，环糊精回到初始位置。

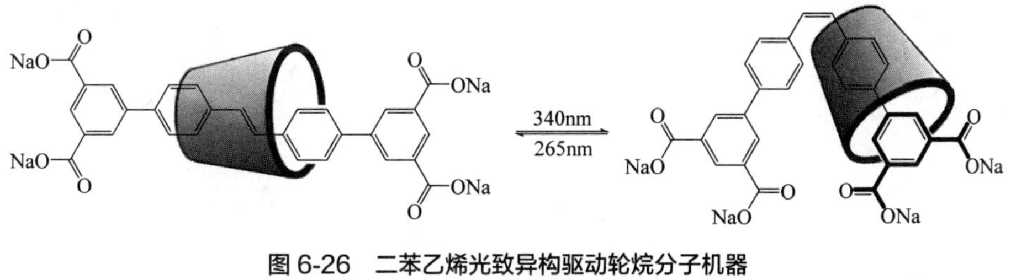

图 6-26　二苯乙烯光致异构驱动轮烷分子机器

图 6-27 是利用偶氮苯光致异构驱动分子机器的例子[56]。体系包含偶氮苯及联苯两个环糊精识别位点，一头是萘酰亚胺荧光团阻挡基团，另一头则直接将 α 环糊精与偶氮苯位点以共价键连接而成，因此体系实际上是一个分子构成的轮烷体系，与由两个分子单元构成的[2]轮烷不同，这是一个[1]轮烷。初始状态时，环糊精停留在偶氮苯中间，当用 365nm

光照射时，偶氮苯发生反式→顺式异构，推动环糊精移动到联苯位点。用 430nm 光继续照射时，偶氮苯发生顺式→反式异构，体系恢复初始状态。

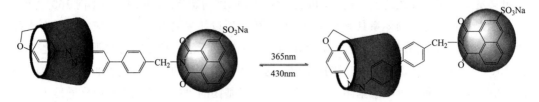

图 6-27 偶氮苯光致异构驱动轮烷分子机器

用光能驱动分子机器也不产生任何废弃物。重要的是，激光的产生与切换同样可以简单迅速，甚至可以在微小的空间中完成，甚至可以实现远距离非接触式传输。

除了以上这些可逆的光致异构外，还有一些采用其他光化学反应来驱动机器运转的例子。比如利用光能引发电子转移从而引发氧化或还原反应驱动分子机器。图 6-28 就是这样的一个例子，其由巴尔扎尼（Balzani）与 Stoddart 研究小组联合构建[57]。体系含一个光敏联吡啶钌阻挡基团 P^{2+}、一个间隔基 S、两个紫精识别位点 A_1 和 A_2、一个阻挡基团 T 以及二苯冠醚大环 R。初始状态时，紫精 A_1 由于不像 A_2 含给电子基团甲基，所以缺电子程度更高，与富电子的二苯冠醚之间的电子给体-受体相互作用更强烈，因此大环 R 停留在 A_1 上。当体系用光激发 P^{2+} 时，大概在 $10\mu s$ 的时间尺度引起其到更缺电子的紫精单元 A_1 之间的电子转移，P^{2+} 失去一个电子变成 P^{3+} 而 A_1 得到电子变成阳离子自由基。此时的 A_2 相比 A_1 更缺电子，于是 R 在 $100\ \mu s$ 的时间尺度转移到 A_2 上。之后该体系可以自行发生电子回传，然后又恢复到初始状态。该体系光照引起电子转移的量子效率大约 12%；光照一旦停止，则所有电子回传，体系恢复初始状态。该体系工作过程中也不产生任何废弃物。

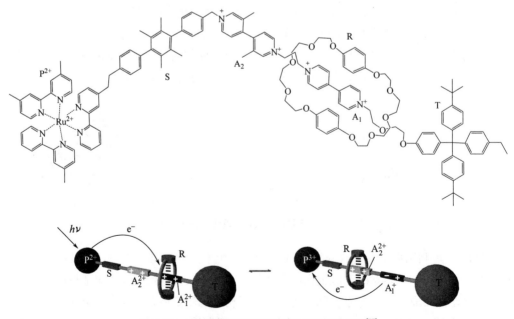

图 6-28 利用光引发电子转移驱动轮烷分子机器[57]

上述光引发电子转移是可逆的，也可以采用不可逆的光化学反应来驱动分子机器。一般采取在体系中加入牺牲剂的策略，牺牲剂在光引发电子转移后，会提供电子（或者接收电子）给因为失去电子（或给出电子）的光敏剂防止电子回传。这样的好处是可以使电子转移效率大大提高。但是缺点也是明显的：光化学反应过程是不可逆的，牺牲剂因失去电子（或者得到电子）被氧化（或被还原）而成为废弃物，而且必须加入还原剂（或氧化剂）使分子机器完成一个循环，因此体系并不像上述光驱动体系那样洁净。

例如在图 6-29 中[58]，光照可以使亚铜离子失去一个电子转移到牺牲剂对硝基苄溴上，亚铜离子被氧化为铜离子，四配位转化为更稳定的五配位，索烃大环之间发生相对转动；再往体系中加入还原剂抗坏血酸，铜离子被还原为亚铜离子，索烃又回到初始四配位状态。

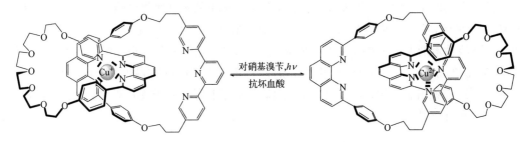

图 6-29　加入牺牲剂的光化学驱动索烃

6.4.4　热能

蒸汽机可以将热能转化为机械能，它的发明引发了 18 世纪的工业革命，为人类的发展与进步做出了巨大的贡献。热能也可以驱动分子机器的运转。图 6-30 是 Leigh 小组利用狄

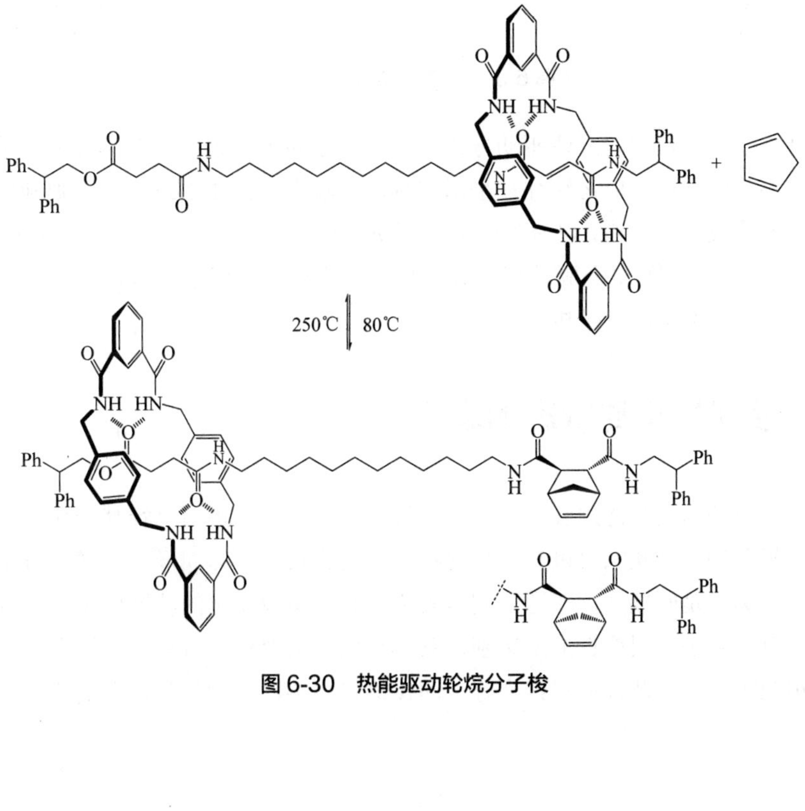

图 6-30　热能驱动轮烷分子梭

尔斯-阿尔德（Diels-Alder）加成反应可逆的特点构建的利用热能驱动做往复运动的分子梭[59]。体系中除了四酰胺大环外，分子梭的轨道上含丁二酸单酯酰胺和反丁烯二酰胺两个位点。初始条件下，四酰胺大环停留在反丁烯二酰胺位点，因为两者之间的氢键作用更强；在80℃时，环戊二烯与反丁烯二酰胺发生Diels-Alder加成反应，原本不同侧的两个羰基转为同侧，与酰胺的氢键强度大为弱化，大环转而移动到丁二酸单酯酰胺位点。一旦体系加热到250℃，逆Diels-Alder反应被引发，加成产物分解释放环戊二烯并恢复反丁烯二酰胺位点，四酰胺大环又回到初始位置。

6.4.5　溶剂的变化

除了上述的能量输入可以使分子机器运转外，简单的溶剂变化也能够驱动分子机器。如图6-31所示，分子梭由四酰胺大环与含双甘肽的哑铃状分子组成[60]。在氘代氯仿、二氧六环等非极性溶剂中，四酰胺大环上的四个酰胺基团与双甘氨肽存在强的氢键作用，大环停留在肽单元上；一旦除去非极性溶剂，转而更换强极性溶剂如氘代二甲基亚砜（DMSO-D$_6$），则酰胺基团之间的氢键被破坏，这时酰胺环倾向于离开双甘氨肽位点，转而移动到长碳链位置上。

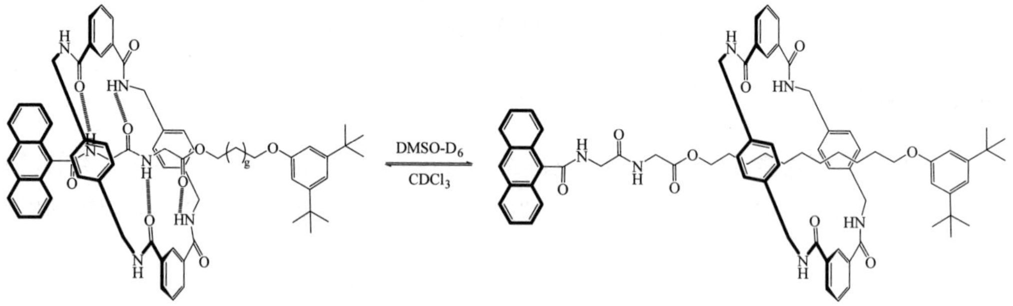

图6-31　溶剂驱动轮烷分子机器

以上是分子机器常用的一些驱动方式，为了便于展示，大部分例子只采用单一的能量来源。其实不少分子机器的运转往往采用多种能量输入。比如Leigh小组则利用光能使反丁烯二酰胺发生反→顺异构，以及加热或加碱引发顺→反异构的特点，构建了光能/热能[61]以及光能/化学能/热能[62]复合驱动型的分子机器。类似地，田禾团队构建了含有两个发光基团的光能与热能驱动的分子梭[63]。

6.5　分子机器运动状态的表征

对分子机器的运动状态进行表征是其了解其工作机理，进而进行功能化应用的基础。要表征分子机器的运动状态可以有两种途径：一是直接法，即现场原位观察分子机器本身的运动过程；第二是间接法，即通过测量其不同状态所表现出的特征信息加以区分。由于分子机器本身足够小，尺度在纳米级别，其运动状态的变化是微观的、微弱的，不像宏观机器那样肉眼可辨，因此直接观察也好，间接测量也罢，难度都是很大的。这个难度主要体现在两个方面，一个是分子机器本身是单独的一个分子，直接观测目前只有高度精密的原子力显微镜能够做到；另一个是单个分子机器的特征信息也非常微弱，必须要有非常灵敏的信号检测手段。

　　分子机器出现后很长的一段时间里，科学家们通常采用测量反映宏观统计学特征信号的间接表征手段。这些手段采取的策略是：既然单分子观察或间接检测很难，那就通过收集大量处于同一运动状态的分子机器体系所展现出的特征信号，以此完成对分子机器运动状态的表征。这些方法主要包括紫外-可见吸收光谱法（UV-Vis）、核磁共振波谱法（NMR）、循环伏安法（CV）和圆二色光谱法（CD）和荧光光谱（fluorescence spectroscopy）法。

6.5.1　紫外-可见吸收光谱法

　　分子机器运转时如果涉及共轭程度的改变，那么分子机器在不同的状态就会表现出不同的颜色，通过测量溶液的紫外-可见吸收光谱就可以辨别出状态的变化。图 6-32 是利用光致变色驱动分子梭的例子，大环的运动可以从螺吡喃的颜色变化加以识别[64]。分子梭由四酰胺大环以及含有双甘氨肽位点、光致变色螺吡喃等阻挡基团的哑铃状分子组成。初始状态时酰胺大环由于强的氢键作用停留在双甘氨肽位点上，此时溶液最大吸收波长（λ_{abs}^{max}）小于 400nm，为无色。当紫外光照射体系时，螺吡喃发生由无色态到紫色态部花青素的开环反应，此时溶液 λ_{abs}^{max} 为 568nm。由于生成的酚负离子与酰胺基团产生更强的氢键作用，酰胺大环向末端部花青素移动。

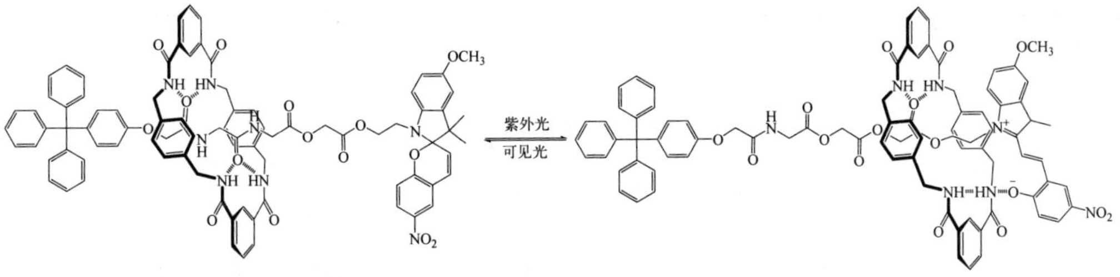

图 6-32　利用螺吡喃光致变色驱动轮烷分子机器

　　此外，如果分子机器利用电子给体-受体相互作用进行工作，则分子机器运转到不同的状态时，形成的电荷转移复合物也相应地发生改变，从而体系呈现出不同颜色。图 6-33 的[3]索烃分子机器[65]包含一个四阳离子环番，以及一个含有四硫富瓦烯、联苯二胺以及萘二醚三个位点的大环。其中环番可分别与四硫富瓦烯、联苯二胺以及萘二醚分别形成绿色、蓝色和红色的电荷转移复合物。由于四硫富瓦烯与联苯二胺可以依次进行电化学氧化还原，从而使环番在三个位点之间切换，进而体系呈现出三种不同的颜色。这种具有多显色功能的分子机器在信息显示领域具有良好的应用前景。

6.5.2　核磁共振波谱法

　　分子机器分子单元之间发生相对位移往往导致分子单元的周围微环境发生变化，而这种变化可以用核磁共振波谱法来检测。利用一维 ^{1}H-NMR 技术可以很方便检测分子机器在

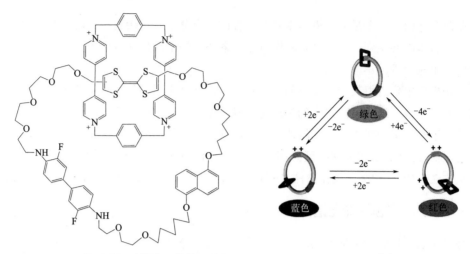

图 6-33　利用电子给体-受体相互作用运转的三色索烃分子机器[65]

不同状态下的化学位移变化，进而可以从这些变化推断出分子机器的工作过程。图 6-34 是阴离子驱动分子梭的例子[66]。初始状态下，四阳离子环番与萘二醚和双吡咯 TTF 的结合力相当，所以一部分环番停留在萘二醚位点上，一部分则停留在 TTF 位点上。这两种状态中环番相对 a、b 氢的距离不同，因此在核磁上可以看出 a、b 氢分别出现两组化学位移。往体系中加入三（四氯邻苯二酚）磷酸根（TRISPHAT$^-$）大体积阴离子，其与六氟磷酸根发生阴离子交换。大体积阴离子的引入使得环番与 TTF 单元的结合力远大于萘二醚位点，因此环番几乎全部转移到 TTF 位点上，于是 a、b 氢在核磁上就各自只出现一组信号。

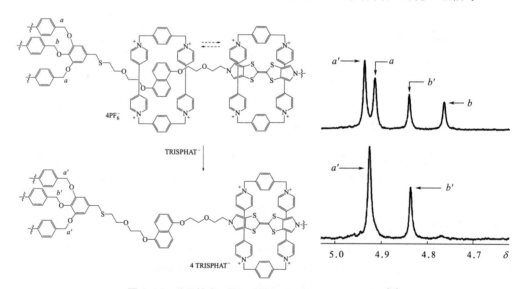

图 6-34　分子梭大环的运动引起质子的化学位移的变化[66]

除了一维核磁谱，能够检测核奥弗豪泽效应（nuclear overhauser effect，NOE 效应）的二维核磁共振波谱技术也常常被用于分子机器状态的表征。所谓 NOE 效应，是指当两个在立体空间中的原子核距离很近时，空间相互作用（一般认为是偶极-偶极相互作用）较强，此时当其中一个原子核受射频照射达到饱和时，另一个原子核的 NMR 信号强度会受到影响。这一效应的大小与核间距离（是否成键并不重要）的六次方成反比。因此根据二维核磁提供的 NOE 信号强度，可以定性地推测出分子机器各单元之间的靠近程度，并间接地反映分子机器的三维结构，从而实现对分子机器的状态进行表征。以 Anderson 的光驱动轮烷为例（图 6-35）[55]，环糊精初始时停留在中心二苯乙烯单元上，环糊精内部的 H_3 和 H_5 与二苯乙烯上的 $H_A \sim H_H$ 有明显的 NOE 信号；当二苯乙烯发生光致异构后环糊精转到边上，此时 H_3 和 H_5 与 $H_H \sim H_I$ 出现强烈的 NOE 信号。

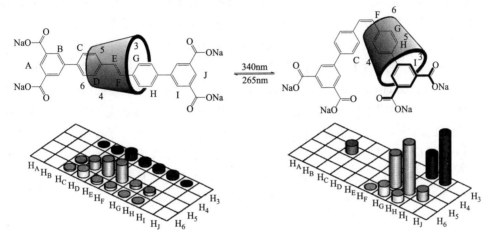

图 6-35　分子梭大环的运动引起二维核磁 NOE 信号的变化[55]

6.5.3　循环伏安法

利用氧化还原反应来驱动分子机器的，不同的运动状态对应了作用位点氧化还原态的改变，这时利用循环伏安法测量体系的氧化还原电位可以实现对不同状态的区分。图 6-36 的轮烷[67]中，亚铜离子氧化成铜离子，四配位稳定转化为五配位稳定，大环单元发生转动。

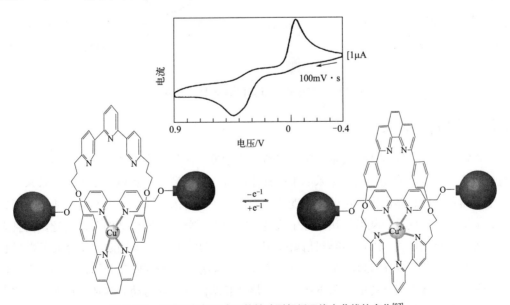

图 6-36　轮烷分子机器大环的转动引起循环伏安曲线的变化[67]

从循环伏安曲线可以看出，用低扫描速度（100mV·s⁻¹），在+0.45V 出现了亚铜四配位氧化峰；反向过程时没有+0.4V 左右（对应了铜四配位的还原峰）对应的还原峰，而只出现了在-0.04V（对应了铜五配位的还原峰）的还原峰。这说明亚铜离子被氧化后，大环以较快的速度（快于扫描响应的速度）旋转到铜五配位的构型。

6.5.4　圆二色光谱法

光学活性物质对左旋和右旋圆偏振光的吸收系数是不相等的，以不同波长的平面偏振光（可以分解为左旋和右旋圆偏振光）的波长 λ 为横坐标，以吸收系数之差为纵坐标作图，得到的图谱即是圆二色光谱（circular dichroism spectrum，CD）。手性中心会通过分子间相互作用诱导其周围的非手性发色团在吸收波段产生圆二色光谱，这就是通常所说的诱导圆二色光谱（induced circular dichroism spectrum，ICD）。如果分子机器的结构中包含手性单元，一旦分子机器发生状态变化引起手性中心周围发色团产生靠近/远离手性中心的动作，这时发色团的诱导圆二色光谱也会发生改变。图 6-37 中的光驱动分子梭[68]在双甘氨肽位点上有一个手性碳，当酰胺大环停留在反丁烯二酰胺位点时远离手性中心，其在 245nm 处的圆二色信号基本为 0；当光致反丁烯二酰胺异构后，酰胺环转移到双甘氨肽上，正好位于手性中心位置，此时在 245nm 处出现强烈的负诱导圆二色信号。

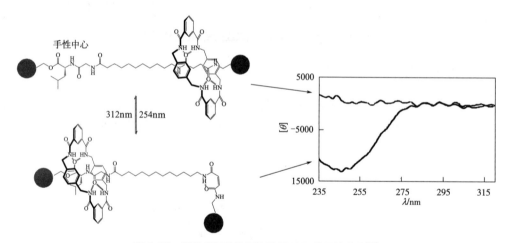

图 6-37　轮烷分子梭的运动引起 ICD 信号的变化[68]

6.5.5　荧光光谱法

上述统计学表征方法极大推动了分子机器的发展，但是这些方法灵敏度还不够高，同时也必须借助仪器才能完成。田禾院士研究团队首次提出利用并实现了用荧光信号来判断分子机器运动的思路创新，用荧光的变化来表征分子机器的运动状态具有响应快、检测方便、灵敏度高等优点，从而解决了分子尺度上精确表征分子机器运动的关键问题，而且光信号可以远距离传输，实现非接触性读出，甚至肉眼可辨。2004 年该团队创新合成了带"锁"的荧光分子梭[69]（图 6-38），其中一个阻挡基团是 4-氨基萘酰亚胺荧光团，而环糊精大环可以在二苯乙烯光致异构的作用下在二苯乙烯及联苯位点来回运动。当环糊精在联苯位点时，其紧贴荧光团，对荧光团的热运动产生限制作用，荧光团受光激发后因热运动损失的能量减少，荧光强度增强；当环糊精回到二苯乙烯单元而远离荧光团时，限制作用消失，荧光团因热运动损失能量，此时荧光强度变弱。

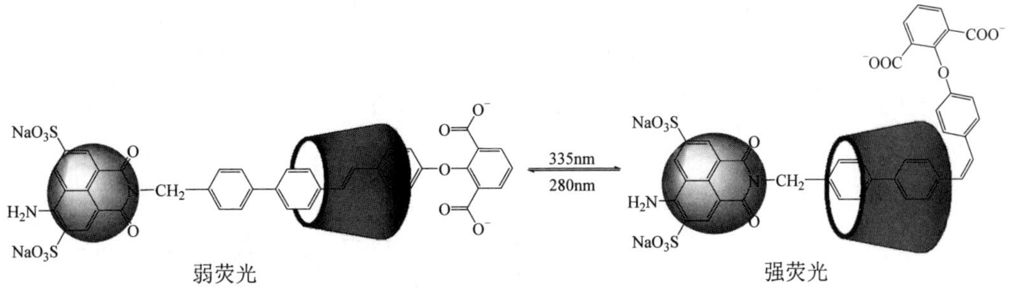

$$\xrightarrow[280nm]{335nm}$$

弱荧光　　　　　　　　　　　　　　　　　　　　强荧光

图 6-38　具荧光输出的光驱动轮烷分子梭

随后该小组在分子梭两侧引入不同荧光团，同时保留光驱动的优点，构建了一系列具有光学输出信号的多构型的甚至可实现逻辑运算功能的光控分子梭[70-73]，其最大特点在于输入和输出都是光，为构建全光学分子器件提供了一种良好的思路。该系列工作得到 Stoddart 教授的高度评价，认为其工作"提供了一种分子机器运动的便捷的信号响应方式""解决了多重复杂逻辑电路这一挑战性难题"。他们进一步又构建了一系列用室温磷光作为输出信号的分子机器体系[74,75]，丰富了分子机器的高灵敏度表征方法。

6.5.6　单分子原位表征

虽然荧光光谱主要还是通过收集很多机器分子的发光信号这种统计学的办法来完成，但是随着科技的发展，荧光信号检测的灵敏度以及空间分辨率越来越高，甚至单分子荧光已经可以检测，这就为单个分子机器的表征提供了可能性。比如 Feringa 与霍夫肯（Hofkens）联合研究小组就将荧光基团接到分子马达的转臂上，再将定子固定在石英表面，利用散焦宽场荧光成像技术实现了对单个分子马达运转过程的实时观测[76]［图 6-39（a）］。其基本思路是荧光团的空间朝向可以由投影平面的面内角 φ 和面外角 θ 来决定，如果能够观测到单个分子马达不同位置状态对应的 φ，就可以对分子马达的圆周运动进行论证。同步对分子马达与荧光团进行激发，得到的散焦荧光成像图是两个明亮的波瓣，而波瓣缝隙的指向对应了面内角 φ。按时间顺序进行的一系列荧光成像得到了全方位的 φ，清楚地表明了单个分子马达的圆周运动。

除了上面的例子，很少有研究能够原位观测到单个分子机器的运转过程。Tour[77]［图 6-39（b）］以及 Feringa[78]小组分别利用原子力显微镜观察到单个纳米小车的转弯、前进等动作。而 Leigh 和 Stoddart 也报道了利用原子力显微镜对单个轮烷分子梭发生往复运动时所需的微观应力[79]。这些研究均表明了原位检测分子机器运转的挑战和巨大意义。但是原子力显微镜原位检测技术显然有较大的局限性：制样要求高、仪器价格高昂，因此开展新型原位检测手段的研究是十分重要的。

田禾院士课题组联合龙亿涛团队，利用单个生物分子的电化学限域纳米孔界面，发展了实时观测单个分子机器运动的新方法[80]（图 6-40）。该方法的基本原理是：当一个分子进入纳米孔时，由于纳米孔的导电截面积变小，电阻增大，在孔界面两边施加恒定电压，通过实时测量这一过程的电流变化曲线，就可以感知分子的运动状态。利用该方法，他们构建了含偶氮苯单元的单分子"火车"，利用偶氮苯光致异构现象，实现了火车在电场力的作用下通过单个气单胞菌溶素的微孔的可逆光控调速，即反式的火车分子过孔阻力大，速度慢；顺式则阻力小，速度快。通过测量实时的电流变化曲线图可以清晰地对每一个光控单分子火车运动轨迹进行了高时间分辨的原位观测，为单个分子机器的原位观测提供了新思路。

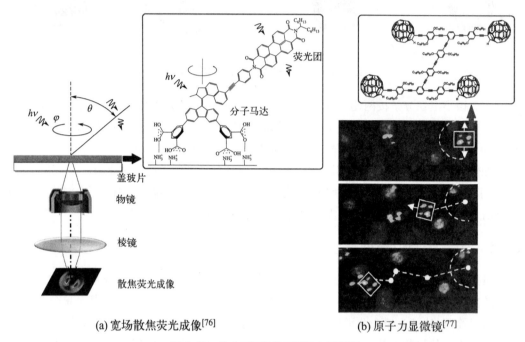

(a) 宽场散焦荧光成像[76]   (b) 原子力显微镜[77]

图 6-39   单分子原位分子机器表征手段

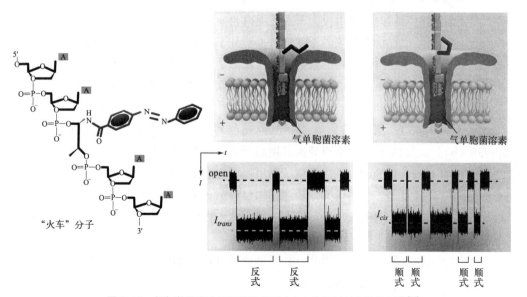

图 6-40   偶氮苯的光致异构改变分子"火车"通过纳米孔的时间[80]

6.6　固态分子机器功能材料

　　分子机器不仅具有宏观机器常有的功能，还因其极为微小的尺寸特征，在微观世界里将发挥无可比拟的作用。但是到目前为止，大部分的分子机器只在溶液中运转。这是因为在溶液中，分子机器的自由运动空间大，其在外界刺激下的运转可以顺利进行。但是溶液中的机器分子杂乱无章，而且其微弱的动作与布朗运动交织在一起，因此要让分子机器这种微观体系走向实用化，成为分子机器功能材料，就必须解决如何将分子机器固定下来，或者让特定空间里一定数目的分子机器能够相对步调一致地进行协同工作，才能实现特定功能。但是分子机器有其本身的特点，一旦将机器分子直接沉积在固体支撑物上，机器分子之间发生相互叠压，再加上支撑物的限制，机器的正常运转受阻，因此很多原本在溶液中运转得很顺畅的分子机器体系一旦离开溶剂之后，便停止运动或者响应时间大幅增加，因此发展固态功能材料体系是分子机器研究领域的一个重要发展方向。

　　要使固体分子机器能正常工作就需要减少分子间的相互叠加，或者为分子机器的运转提供足够自由的空间。Stoddart 首先报道了制备分子机器的单分子膜制备分子开关器件[81]，如图 6-41（a）。他们利用[2]索烃分子机器阳离子与柔性磷脂阴离子构成稳定的单分子膜，然后将其与电极构建电极/磷脂-分子机器单分子膜/电极的三明治型固态器件。利用柔性阴离子缓冲层为分子机器提供运转空间，使[2]索烃分子机器在电能驱动下在高阻和低阻状态之间切换，实现了开关功能。利用这一策略，该小组进一步发展了一系列分子机器型具开关、存储功能的固态分子器件[82]。

　　威尔纳（Willner）小组则在金薄片电极上通过自组装制备了分子梭单层膜，实现了电控开关功能[83]。类似地，Leigh 小组将分子梭单层膜吸附在长碳链脂肪酸修饰的金箔上，利用长碳链脂肪酸的柔性为分子梭提供运转空间，使分子梭在光驱动下移动微液滴[84]。高红军团队则在 ITO 玻璃电极上利用 LB（Langmuir-Blodgett film）膜技术沉积纳米级分子梭薄膜，同样实现了电控开关功能，并证明了开关动作就是由于分子梭运动引起的[85]。张希研究小组则创新地利用自组装的方法将偶氮苯分子梭以单层膜的方式修饰到金表面，并利用光能驱动环糊精靠近/远离外表面，实现可逆的表面润湿性调控[86]。

　　将分子机器挂接到聚合物的主链上形成支链，制备"松散"状态的分子机器聚合物，也可以实现在固态条件下的运转，Leigh 就采取这一思路构建了具逻辑运算功能的分子机器聚合物薄膜[87]。陈传峰研究小组也利用聚合物制备了分子梭体系[88]。田禾团队则采用 Click 反应将双稳态分子梭修饰到聚合物主链上 [图 6-41（b）]，实现变荧光信号输出[89]；进一步利用主客体识别作用和光控氢键构建了超分子聚合物，分别实现了聚合物的形貌变化和可伸缩的类肌肉运动[90]；最近则创新地将极少量分子梭作为交联剂融入聚氨酯氢键网络中[91]，利用分子梭的拉链式滑动，使聚氨酯的机械强度提高 950%，伸长率提高 650%，断裂能提升 4470%，为高性能弹性体的构建提供了新策略。

　　将分子机器固载到纳米颗粒表面也是行之有效的办法。Stoddart 教授就将分子梭修饰到多孔纳米二氧化硅的孔壁上，分子梭大环部分在氧化还原作用下做往复运动，实现了对

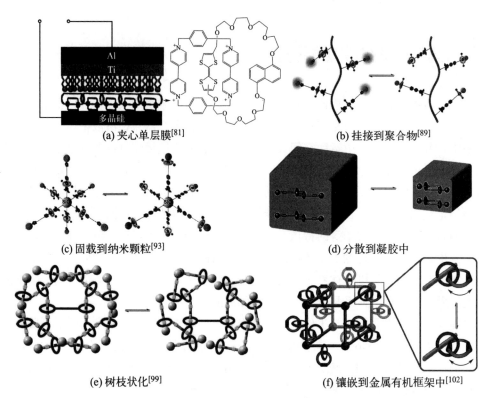

(a) 夹心单层膜[81]　　　　　　　　　　(b) 挂接到聚合物[89]

(c) 固载到纳米颗粒[93]　　　　　　　　(d) 分散到凝胶中

(e) 树枝状化[99]　　　　　　　　　(f) 镶嵌到金属有机框架中[102]

图6-41　固态分子机器功能体系制备

孔道的封闭/开启，使孔道能够容纳/释放小分子，在药物控释领域具有重要应用前景[92]。田禾团队利用 Click 反应也将分子梭修饰到纳米二氧化硅表面［图 6-41（c）］，也实现了分子梭的可控运转，并引起荧光的可逆变化[93]。

此外，凝胶是一种网状结构空隙中充满了作为分散介质的液体的特殊分散体系，其没有流动性，近似固体，但是内部含大量的液体，可为分子机器的运动提供足够的空间，也是构建固态分子机器器件的一种有效办法。田禾研究小组将轮烷分子机器掺杂到凝胶中，实现了分子梭的光驱动运转[94,95]。朱塞波内（Giuseppone）则将[c2]雏菊链枝化聚合物分散在溶剂中形成凝胶，实现可调控伸缩变形[96-98]［图 6-41（d）］。

最近，香港浸会大学的梁湛辉小组报道了利用树枝状大分子具有微空腔的特点，实现了分子梭的可控运转及整个树枝状大分子的伸缩运动［图 6-41（e）］，进而构建了可伸缩轮烷载药体系[99]，为构建新型非溶液态分子机器提供了新思路。

金属有机框架材料（MOFs）具有孔隙率高、骨架可调、结构有序、稳定性好等优点。合理设计配体的大小及空间结构，可以使材料本身形成的微孔为分子梭的正常工作提供充足空间。而这种将分子机器安装到 MOFs 框架的方法，除了继承了框架材料本身稳定性好，容易得到纯度高的网状晶体之外，还具有分子机器单元排列有序、位置固定并可以对每个单元进行寻址的优点。目前国际上已经普遍认为这是一种极有前途的分子机器固态器件制备的新途径，将极大推动分子机器相关研究的巨大发展。到目前为止，虽然已有一些报道将轮烷、索烃这类互锁分子嵌入 MOFs 中，并且 Loeb 教授研究团队运用了固态核磁共振技术观察到了框架内轮烷分子大环部分的转动[100]和往复运动[101]。

Loeb 团队的上述工作证实了在金属有机框架材料中集成分子机器的可能性,但是上述框架中轮烷体系的运动并不是外部刺激引起的可控行为。而后 Stoddart 将双稳态索烃通过后修饰的办法接到金属有机框架中并实现了可逆的氧化还原运转[102][图 6-41(f)]。最近,Feringa 联合研究团队也实现了将大位阻烯烃分子马达的定子嵌入金属有机框架骨架中,并用偏振光及拉曼显微镜等技术,证实了里面的分子马达的转子部分在框架孔隙中实现了单向光驱动旋转[103],该光驱动微泵体系有望为促进纳米孔道的物质流动提供动力。

6.7 分子机器功能材料的应用

到目前为止,由分子机器构建的材料可以对外做功,可以在微小的空间里控制其他分子,甚至可以实现开关、存储和逻辑运算等功能。正如 Leigh 所预言的那样,分子机器已经开始了"成为化学和材料设计领域的核心部分"的征程。

6.7.1 可做功材料体系

研究人员现在已经可以很方便地合成各式各样的分子机器并对它们的运动状态进行表征,并在此基础上构建了分子器件,有的甚至已经实现了对外做功、控制小分子等功能,但是这离分子机器真正进入实际应用还有很长的一段路要走。Feringa 教授说:"我现在更关心的是怎么使用它们,而不是再造出一种新的马达来。"而 Stoddart 爵士也同样认为"这一领域的研究已经走过了漫长的道路,现在是时候向外界证明它们是有用的了"。近一段时间以来,分子机器领域国内外研究学者普遍认为,仅仅只是利用外部能量来改变分子机器的运动状态,严格意义上只能称之为分子开关,不能被定义为分子机器,因为这样的体系在一个工作循环后又回到原点,并没有实现对外做功或完成特定功能。只有那些能够将外界施加的能量转换成机械能或系统内势能的体系才能称为分子机器。因此,构建能做功的分子机器已经成为当前分子机器研究领域最重要的研究方向。

要让分子机器能做功,实际上并不容易实现,一个容易想到的办法,就是在微观层面引入负载,让分子机器在分子尺度上消耗能量的同时对负载做功。比如,克雷迪(Credi)小组报道了偶氮苯-季铵盐-环戊烷/冠醚分子泵体系[104],该体系可以利用偶氮苯的光致异构推动冠醚环(负载)进行单向移动;Stoddart 小组则利用四阳离子环番与紫精单元之间的库仑排斥,以及两者被还原为自由基时产生相互吸引的现象,同时引入异丙基苯单元防止环番回撤,从而实现利用氧化还原作用从溶液中逐个吸取环番单元,并将其泵浦到特定的长碳链储存区[105],构建了真正意义上的分子泵[图 6-42(a)]。Leigh[106]和 Feringa[107]则分别构建分子转臂,分别实现利用化学能将巯乙基酰肼以及利用光能将乙酰基从转臂底座的一端移动到另一端。Leigh 小组进一步构建了能合成多肽的分子机器人[108],利用机器人滑环单元上的机械手,依次抓取滑轨上的氨基酸单元并将其转变为具特定氨基酸序列的多肽[图 6-42(b)]。田禾团队通过精确的分子设计,在分子梭两端引入水溶性以及亲油性基团,从而使分子梭垂直插入细胞的双层膜中并得以锚固,中间带有离子受体的滑动环在膜中通过位点间的布朗运动,穿梭于膜的两侧,首次实现了跨膜离子运输[109][图 6-42(c)],为促进该分子机器在生物医药领域的应用提供了研究基础。该团队还将数个[c2]雏菊链轮烷分子肌肉以并联的方式连接到两个金纳米粒子之间，利用分子肌肉的刺激响应伸缩运动，实现对金纳米粒子二聚体间距的可控调节，首创性地利用光学信号在时间维度可积分的策略克服了分子肌肉的单分子热力学噪声，实现分子级别长度伸缩运动的光学信号表征[110]，为分子机器在单分子尺度下的信号输出和功能器件化提供了重要的解决思路。

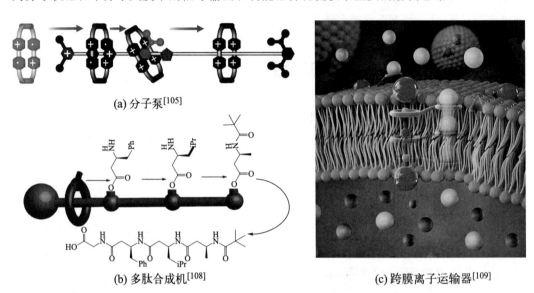

(a) 分子泵[105]

(b) 多肽合成机[108]

(c) 跨膜离子运输器[109]

图 6-42　微观可做功分子机器

实现分子机器做功，还有一种方法，就是将分子机器嵌入化学网络中或界面上，并且让众多分子机器协同工作，实现分子任务在时间上的同步与空间上的精确组织，从而产生可观测到的宏观效果。自组装技术可以方便地使分子机器按照一定的空间顺序排列，从而为分子机器微观动作的协同放大提供了良好的途径。Stoddart 通过自组装的办法在微悬臂梁上键合单层双活塞分子梭，双活塞的相对运动可以使悬臂梁发生弯曲/回直的动作[111][图 6-43（a）]。前文提及的 Leigh 利用光能移动液滴的例子 [图 6-43（b）][84]也是通过分子梭单层膜实现的。Feringa 曾将 1%的分子马达掺杂到液晶中，成功地利用光能使漂浮在上面的微米级玻璃棒转动[112] [图 6-43（c）]。田禾团队将四甘醇醚类亲水基团引入亲油性分子马达定子及转子的两端，当分子马达在光照下发生状态切换时，该两亲体系在水中分别形成 110nm 单分子层和双分子层 40nm 囊泡[113]；类似地，在分子梭的大环上引入四甘醇醚亲水基团、在轨道的一端引入亲油基团得到的两亲分子梭在水中自组装成球形囊泡，加入碱时大环发生滑移，球形囊泡转化为蠕虫状胶束[114]。这种利用两亲分子机器在水相中自组装形成囊泡，再通过外界刺激改变两亲分子的构型，从而实现对囊泡形状的调控，为药物包裹缓释提供了新思路。Feringa 通过精准的分子设计制备两亲分子马达，其在水中自组装形成纳米纤维，进一步注入氯化钙溶液中则自组装形成线状的"肌肉"纤维束[115]。值得一提的是，该纤维含水量高达 95%，但是在光照下分子马达会发生光化学异构和热螺旋反转，使得纤维束往光照的方向弯曲，可以提举纸片做功 [图 6-43（d）]。这项研究为人造机械材料以及分子机器的实际应用打开了一扇门。

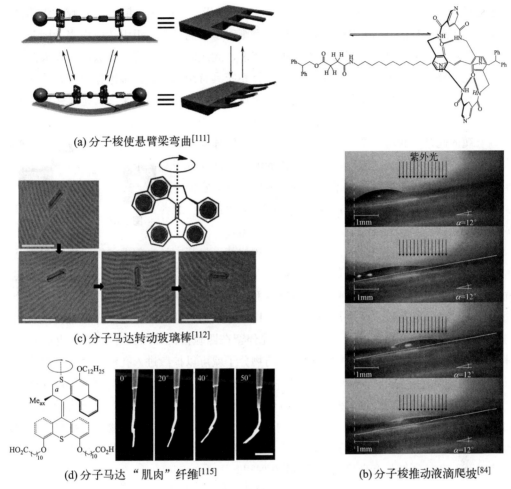

(a) 分子梭使悬臂梁弯曲[111]

(c) 分子马达转动玻璃棒[112]

(d) 分子马达"肌肉"纤维[115]

(b) 分子梭推动液滴爬坡[84]

图 6-43 宏观可做功分子机器

除了上述自组装技术,构建分子机器凝胶聚合物也是放大分子机器微小动作的有效办法。比如 Giuseppone 分别在分子马达的转子部分与定子部分引入可聚合基团,聚合后得到相互交联的分子马达聚合物,将其分散到甲苯中得到聚合物凝胶,光照时马达分子单向转动,聚合物链缠绕收紧,凝胶收缩[116];进一步引入二噻吩乙烯光致变色聚合单元,通过利用其开环态噻吩环与环戊烯环之间 C—C 键自由旋转的特点,将因为缠绕收紧的弹性势能释放,凝胶逐渐伸展恢复[117]。Harada 采取了将[c2]雏菊链轮烷与四臂聚乙二醇类进行交联聚合制备凝胶的策略,构建了快速光响应的凝胶肌肉,其可以朝光照一侧弯曲并进一步移动火柴实现做功[118]。

6.7.2 智能药物控释材料

普通的药物制剂进入人体被吸收以后,会通过血液循环被转运到身体的不同部位,之后到达病灶部位实施治疗过程,最后经过代谢或排泄过程离开人体。药物要发挥疗效需要一定的血药浓度,而普通药物制剂的有效血药浓度维持时间短,因此一般需要分批多次给药才能完成治疗过程。另外,药物吸收后因为是全身分布,因此为了达到有效的血药浓度,给药量需远远超过单纯治愈病灶部位所需的药量。最后，由于"是药三分毒"，而治疗过程药物全身分布，因此治疗的同时轻则发生副作用，重则对正常的细胞、组织造成伤害。因此，需要一种能够使药物在到达病灶之前处于失活状态，到达病灶后再将其释放出来完成治疗过程的智能药物控释系统，这样的智能药物控释系统具有用药量低、毒副作用小、治疗效果好的优点。纳米阀门可以实现定点、定时、定量的药物控释，多年来一直是医药领域的研究热点。

宏观的阀是一种将一个可操纵的部分和一个腔体连接起来的机械，它一般用来调节气体或者液体的流动。而在分子水平上构建的这种机械就是纳米阀。如图 6-44 所示，它由一个稳定的而且是惰性的纳米腔，以及一个可控的"盖子"组成。盖子充当一个开关来控制分子在腔体的进出。

图 6-44   纳米阀门示意图

分子机器具有可控的分子部件之间的相对位移，将其中一个部件与纳米腔体相连充当腔体，那么另一个分子部件可以充当"盖子"，通过外部刺激可以移动"盖子"，从而实现对纳米腔体的开关动作。图 6-45 是 Stoddart 研究小组将其著名的氧化还原驱动[2]轮烷分子机器修饰到介孔纳米硅上，利用控制轮烷结构中环单元对孔口的远离或靠近来实现对纳米硅颗粒内部孔道的开与关[119]。初始时环单元停留在四硫富瓦烯 TTF 的位置，此时通往纳米孔的通道是畅通的，这样周围溶液中的药物分子就可以扩散进入孔洞。紧接着用化学方法氧化 TTF 单元可以引起环单元的运动并靠近颗粒表面，进而将孔口封闭，使任何药物分子都不能进出，完成对药物的装载。此时药物分子处于"失活"状态。当药物到达目标部位后，还原 TTF 单元使环单元向远离硅纳米颗粒的方向运动，这时药物分子被释放出来进行疾病治疗。因此，由纳米介孔颗粒与分子机器结合的纳米阀是智能药物载体，其在医药医疗以及开关等领域具有良好的应用前景[120,121]。

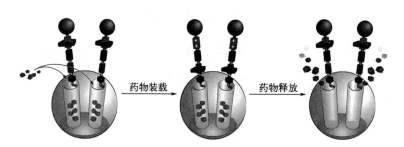

图 6-45   电控轮烷分子梭修饰的介孔纳米硅可以实现药物的装载与控释[119]

6.7.3   智能催化剂

分子机器具有不同的运动状态，如果通过巧妙的结构设计使分子机器能够催化某一化学反应，那么多个状态可能实现不同的催化效果，甚至产生不同的产物，进而实现可调控的智能催化剂的构建。2011 年，Feringa 首次报道分子马达手性催化剂[122]。如图 6-46 所示，第一代分子马达圆周运动依次经过四个过程：两个光致异构(*P,P*)-*trans*-1→(*M,M*)-*cis*-1 和(*P,P*)-*cis*-1→(*M,M*)-*trans*-1，以及两个热弛豫过程(*M,M*)-*trans*-1→(*P,P*)-*trans*-1 和(*M,M*)-*cis*-1→(*P,P*)-*cis*-1。在分子马达的定子和转子部分分别引入氨基吡啶及硫脲单元，两者共同作用催化苯硫酚对环己烯酮的迈克尔（Michael）加成反应。三个不同位置状态的马达分子 (*P,P*)-*trans*-1、(*M,M*)-*cis*-1 和(*P,P*)-*cis*-1 参与催化反应的结果表明：(*M,M*)-*cis*-1 催化主产物为 *S* 构型，*S* 与 *R* 两个对映体比例（er）为 75/25；(*P,P*)-*cis*-1 催化主产物为 *R* 构型，er 为 23/77；而(*P,P*)-*trans*-1 催化产物基本是消旋体（er 为 49/51）。

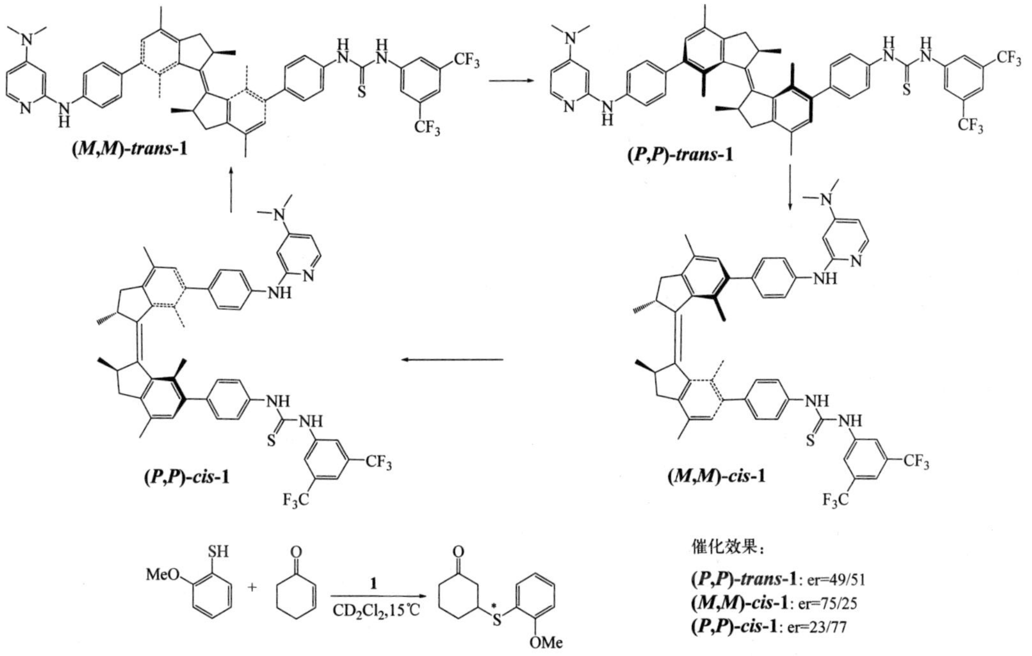

图 6-46 不同状态位阻烯烃分子马达催化迈克尔加成反应

由于分子机器微观的特性，其分子部件之间以埃（Å）尺度的精度进行动作，这就为其操纵高反应活性的分子或原子参与反应提供了可能性。2017 年，Leigh 教授巧妙地将分子机器具有操控其他分子的能力与手性助剂相结合，详细介绍了一种基于酰基脲旋转臂的分子合成机器[123]。如图 6-47 所示，该机器可以在不同手性助剂之间移动底物，并根据手性助剂切换和加成反应的顺序选择性地产生四种不同的非对映异构体。为了实现这一目的，作者在转臂定子部分的两个端分别布置了 *R* 和 *S* 构型的脯氨醇硅醚手性助剂，而 α,β-不饱和醛底物则被悬挂在转臂上。转臂根据 pH 值的变化进行旋转，使底物在两个手性助剂之间切换，并引发不同手性的不对称加成反应。

手性合成过程首先使底物与定子上的 *R* 或 *S* 构型脯氨醇硅醚手性助剂发生缩合反应生成烯胺。然后烯胺中间体与硫醇进行第一次加成，生成的硫醚脱离定子后根据手性需要再次与转臂上 *R* 或 *S* 构型的助剂反应，产生可与烯烃进行第二次加成的中间体。通过调节 pH 值使转臂带动底物在两种手性助剂之间移动，加成反应得到的产物具有相反的手性。第一次加成得到 *R* 和 *S* 构型，第二次加成可以在 *R* 构型的基础上产生（*R*，*S*）和（*R*，*R*）构型，在 *S* 构型的基础上产生（*R*，*S*）和（*S*，*S*）构型。因此，运行不同的转臂旋转程序可以选择性地产生四种可能的非对映体中的任何一种。与目前大多的有机合成方法耗时、低效、昂贵等缺点相比，这种合成机器可以在一个烧瓶内高效地生产多种产品，为开辟有机合成新方法提供了一种革命性的思路。

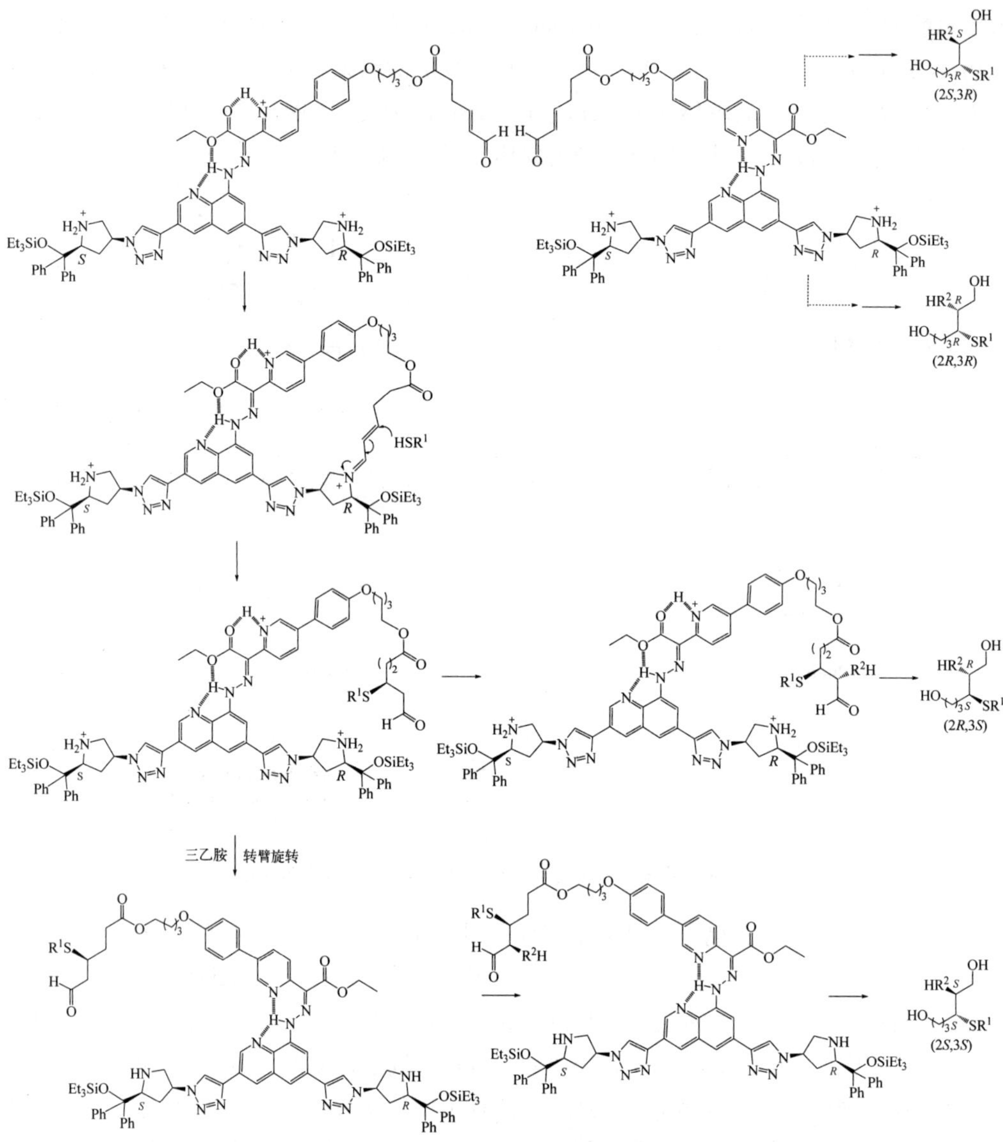

图 6-47　分子转臂合成机器可以合成四种不同的手性产物[123]

　　分子机器的分子单元之间发生相对位移也意味着分子机器空间结构的变化，这就为改变分子机器的立体构型提供了可能性。如果通过精准的结构设计使机器分子能够成为手性催化剂，那么通过控制分子机器不同运动状态，就可以改变催化剂的手性，从而实现对产物立体构型的调控。图 6-48 是 Leigh 小组设计的[2]轮烷手性催化剂[124]。对于单纯的哑铃部件，中间吡咯单元左右各有 R 和 S 两个手性中心，因此总体并不存在手性。但是引入四酰胺大环后就不一样了，当大环在希夫碱位置、靠近 R 手性中心时，其不对称性增加，因此 R 手性得到增强，整个体系由非手性转变为 R 手性；同理，四酰胺大环在甘氨酰位置时，体系显 S 手性。相比于非手性的哑铃分子作催化剂，不同位置状态的分子机器催化醛与乙烯砜的共轭加成反应，不但主产物构型发生变化，er 值也有一定的提高（16%～40%）。虽然该体系催化效果温和，但为构建新型手性可控催化剂提供了新方向。

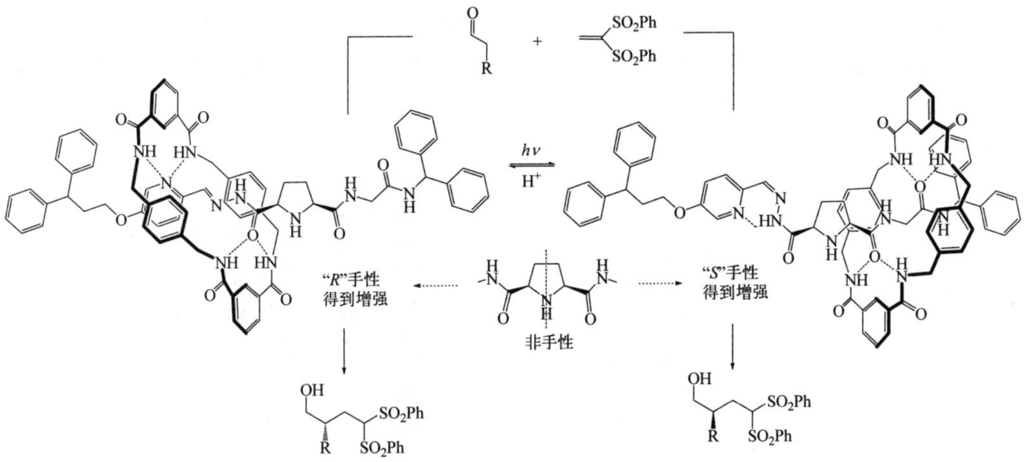

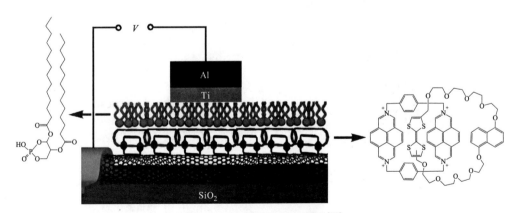

图 6-48　手性可调控轮烷分子机器催化共轭加成反应[124]

6.7.4　分子器件

仔细分析分子机器的例子可以得出这样的结论，绝大多数分子机器的运动是发生在两个不同的定义好的状态之间。也就是说，分子机器有两种状态——"0"状态和"1"状态，其在输入（外部刺激）的作用下，能完成"0"和"1"的相互转换。这使人们很容易联想到计算机的"0"和"1"。事实也是如此，迄今为止，分子机器不但可以实现开关、存储动作，甚至可以进行逻辑运算。

图 6-49 是分子开关器件的例子[125]。在二氧化硅衬底上放置碳纳米管当底电极，之后利用 LB 膜技术制备[2]索烃分子机器阳离子与磷脂阴离子的 LB 单层膜并转移到碳纳米管上，最后在膜上镀上 Ti/Al 顶电极。在碳纳米管及 Ti/Al 电极上施加+2.5V 和−2.5V 电压脉冲，可以使器件在低阻态和高阻态之间切换，该器件就是一个电控的分子开关。

图 6-49　[2]索烃分子开关器件[125]

该小组进一步利用上述技术，于 2007 年构建了由 400 条宽 16nm 间距 33nm 的硅纳米线底电极，与 400 条同样宽 16nm 间距 33nm 的钛纳米线顶电极组成的矩阵，每一个矩阵节点的上下两电极之间夹杂一层大概 100 个两亲性型双稳态轮烷机器分子，如图 6-50 所示[126]。每一个节点相当于一个存储单元，可以对上下电极施加±1.5V 电压进行擦写操作，该存储

器的存储密度达到 10^{11}bits·cm^{-2}，与当时预期 2020 年动态随机存取存储器（DRAM）电路所达到的存储密度相当。这个工作强有力地展现了用分子机器构建分子器件显著的技术性成就。

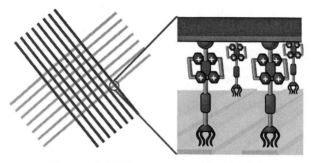

图 6-50　[2]轮烷分子器件实现高密度存储[126]

　　以上例子可以看出，如果分子机器对某个外界输入（刺激）响应的话，体系可以实现开关及存储功能。于是人们很容易就联想到：如果分子机器对多个外界刺激（输入）响应的话，那么对应不同的输入组合，分子机器就可能产生不同的位置状态（输出），这样的分子机器就有可能是逻辑门。图 6-51 是 Leigh 研究小组在 2005 年构建的具有逻辑运算功能的分子机器聚合物[87]。体系中的轮烷分子在 DMSO 的作用下酰胺环从双甘氨肽位点转移到长碳链位点上；而在强酸作用下，酰胺环上的吡啶会被质子化；一旦质子化的酰胺环靠近蒽阻挡基团，会触发由蒽到吡啶鎓的光引发电子转移，从而猝灭蒽的荧光。为了使轮烷分子机器能在固体薄膜状态下运转，分子设计时将轮烷分子挂接到聚合物主链上形成含有约 10%分子机器的聚合物，将其涂布在载玻片上成膜。利用不同的溶剂（DMSO 和 CF$_3$COOH）蒸气熏上述分子机器薄膜，可以得到不同强度的荧光信号。由荧光输出与两个溶剂输入所得出的真值表说明该体系是一个"INHIBIT"逻辑门。

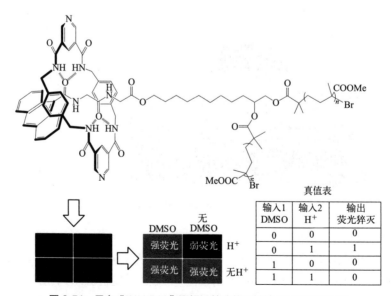

输入1 DMSO	输入2 H$^+$	输出 荧光猝灭
0	0	0
0	1	1
1	0	0
1	1	0

图 6-51　具有"INHIBIT"逻辑运算功能的轮烷分子机器聚合物

上述溶剂敏感型分子机器进行溶剂引入（蒸气熏）和移除（加热高真空）的操作比较烦琐。而田禾研究团队则利用光驱动分子机器操作简便的特点，与上述工作几乎同一时间报道了基于光学信号的多构型[2]轮烷分子机器（图6-52）[72]。初始时，分子梭体系中的环糊精在偶氮苯和二苯乙烯单元两位点之间来回移动，处于动态平衡。在380nm光照下，偶氮苯发生光致异构，环糊精绕二苯乙烯单元靠近S荧光团，这时N荧光团在520nm的荧光减弱，而S在380nm处荧光增强；相反，在313nm光照下，二苯乙烯发生异构化，环糊精转移到偶氮苯单元上靠近N荧光团，这时N荧光团在520nm处的荧光增强，S荧光团则在380nm处的荧光减弱；一旦这两束光同时照射，则偶氮苯和二苯乙烯一并发生异构化，环糊精停留在联苯单元上并远离两个荧光团，体系在380nm和520nm处的荧光都比较弱。真值表的结果表明该体系可以进行半加法运算。

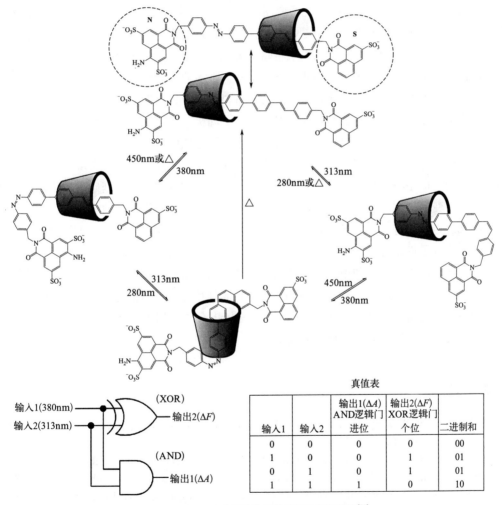

真值表

输入1	输入2	输出1(ΔA) AND逻辑门 进位	输出2(ΔF) XOR逻辑门 个位	二进制和
0	0	0	0	00
1	0	0	1	01
0	1	0	1	01
1	1	1	0	10

图6-52 田禾研究团队构建的分子梭半加法器[72]

上述例子可以看出，每个分子机器可以是一个开关，也可以是一个存储单元，甚至可以进行逻辑运算。由于分子机器的微观特征，利用"积小为大"策略将由分子机器构建的开关、存储、逻辑器件组装计算机，其晶体管密度、存储密度与现有硅基半导体芯片技术相比将有极大的提高。由分子机器构建的分子计算机（图 6-53）有可能在微小的体积下具有与目前计算机同等的信息处理能力，从而引发一场计算机的革命。

图 6-53　分子机器构建分子计算机

6.8　总结与展望

　　互锁分子由于其结构独特，合成难度高，自 20 世纪后半叶以来，一直是化学家们展现自己高超合成本领的舞台之一。但是，如果仅仅只是追求它们结构上的优雅美丽，那么建立在互锁分子基础上的分子机器的未来将暗淡无光。幸运的是，越来越多的科学家已经加入到构建具有实际用途分子机器的研究队伍中来，许多研究已经充分表明分子机器在分子器件、纳米机器人、医疗、催化、合成、智能材料等重要领域都显示出重大的应用前景。分子机器极有可能像 19 世纪 30 年代的发电机、电动机一样，刚开始时有很多人会有"它有什么用"的疑问，但是后来却对人类的生活产生深远的影响。分子机器已经开启了一个把分子结构做"活"的新纪元，它可以在微观、亚微观、宏观多层面上实现其他手段不能完成的功能。但是我们也应该看到，当前分子机器才刚刚开始走上从基础研究阶段向应用研究阶段转变的征程，未来其真正走入实际应用、产生改变人们生活的影响力，还有很长的一段路要走，还有许多技术难题需要解决。科学家还需要花更多的精力去寻找如何在分子水平上将分子机器与其周围工作环境相融合并进行高效工作的策略，例如通过物理吸附将马达固定在细胞膜上，利用光能驱动马达转动，从而实现对细胞膜钻孔[127]、渗透[128]甚至杀死癌细胞[129]；去探究简单有效的原位观察、表征单分子机器的方法，进而实现对分子机器微观行为的精准控制；去开发如何将数以亿计的分子机器整合成有组织的、可以集体受操控的实用型、智能型功能材料的技术。

（王巧纯）

参考文献

[1] N. Koumura, R. W. J. Zijlstra, R. A. van Delden, et al. Light-Driven Monodirectional Molecular Rotor [J]. *Nature*, 1999, 401: 152-155.

[2] N. Komura, E. M. Geertsema, M. B. van Gelder, et al. Second Generation Light-Driven Molecular Motors. Unidirectional Rotation Controlled by a Single Stereogenic Center with Near-Perfect Photoequilibria and Acceleration of the Speed of Rotation by Structural Modification[J]. *J. Am. Chem. Soc.*, 2002, 124: 5037-5051.

[3] J. C. M. Kistemaker, P. Štacko, J. Visser, et al. Unidirectional Rotary Motion in Achiral Molecular Motors[J]. *Nat. Chem.*, 2015, 7: 890-896.

[4] T. Muraoka, K. Kinbara, Y. Kobayashi, et al. Light-Driven Open-Close Motion of Chiral Molecular Scissors[J]. *J. Am. Chem. Soc.*, 2003, 125: 5612-5613.

[5] T. Muraoka, K. Kinbara, T. Aida. Mechanical Twisting of a Guest by a Photoresponsive Host[J]. *Nature*, 2006, 440: 512-515.

[6] N. Koumura, E. M. Geertsema, A. Meetsma, et al. Light-driven Molecular Rotor: Unidirectional Rotation Controlled by a Single Stereogenic Center[J]. *J. Am. Chem. Soc.*, 2000, 122: 12005-12006.

[7] M. K. J. ter Wiel, R. A. van Delden, A. Meetsma, et al. Increased Speed of Rotation for the Smallest Light-Driven Molecular Motor[J]. *J. Am. Chem. Soc.*, 2003, 125: 15076-15086.

[8] W. Zhou, Y. J. Guo, D. H. Qu. Photodriven Clamlike Motion in a [3]Rotaxane with Two [2]Rotaxane Arms Bridged by an Overcrowded Alkene Switch[J]. *J. Org. Chem.*, 2013, 78: 590-596.

[9] E. Wasserman. The Preparation of Interlocking Rings: a Catenane1[J]. *J. Am. Chem. Soc.*, 1960, 82: 4433-4434.

[10] G. Schill, A. Lüttringhaus. The Preparation of Catena Compounds by Directed Synthesis[J]. *Angew. Chem. Int. Ed.*, 1964, 3: 546-547.

[11] G. Schill, C. Zürcher. [3]-Catenanes[J]. *Angew. Chem. Int. Ed.*, 1969, 8: 988.

[12] M. Asakawa, P. R. Ashton, V. Balzani, et al. Electrochemically Induced Molecular Motions in Pseudorotaxanes: a Case of Dual Mode (Oxidative and Reductive) Dethreading[J]. *Chem. Eur. J.*, 1997, 3: 1992-1996.

[13] C. O. Dietrich-Buchecker, J. P. Sauvage, J. P. Kintzinger. Une nouvelle famille de molécules: Les métallo-caténanes[J]. *Tetrahedron Lett.*, 1983, 24: 5095-5098.

[14] M. Cesario, C. O. Dietrich-Buchecher, J. Guilhem, et al. Molecular Structure of a Catenand and Its Copper (I) Catenate: Complete Rearrangement of the Interlocked Macrocyclic Ligands by Complexation[J]. *J. Chem. Soc. Chem. Commun.*, 1985(5): 244-247.

[15] C. O. Dietrich-Buchecher, J. P. Sauvage. Templated Synthesis of Interlocked Macrocyclic Ligands, the Catenands. Preparation and Characterization of the Prototypical Bis-30 Membered Ring System[J]. *Tetrahedron*, 1990, 46: 503-521.

[16] P. R. Ashton, M. Grognuz, A. M. Z. Slawin, et al. The Template-Directed Synthesis of a [2]Rotaxane [J]. *Tetrahedron Lett.*, 1991, 32: 6235-6238.

[17] C. A. Stanier, M. J. O'Connell, W. Clegg, et al. Synthesis of Fluorescent Stilbene and Tolan Rotaxanes by Suzuki Ccoupling[J]. *Chem. Commun.*, 2001(5): 493-494.

[18] V. Sindelar, K. Moon, A. E. Kaifer. Binding Selectivity of Cucurbit[7]uril:Bis(pyridinium)-1,4-xylylene versus 4,4'-Bipyridinium Guest Sites[J]. *Org. Lett.*, 2004, 6: 2665-2668.

[19] M. V. Martínez-Díaz, N. Spencer, J. F. Stoddart. The Self-Assembly of a Switchable [2]Rotaxane[J]. *Angew. Chem. Int. Ed. Engl.*, 1997, 36: 1904-1907.

[20] F. G. Gatti, D. A. Leigh, S. A. Nepogodiev, et al. Stiff, and Sticky in the Right Places: The Dramatic Influence of Preorganizing Guest Binding Sites on the Hydrogen Bond-Directed Assembly of Rotaxanes[J]. *J. Am. Chem. Soc.*, 2001, 123: 5983-5989.

[21] L. M. Hancock, L. C. Gilday, S. Carvalho, et al. Rotaxanes Capable of Recognising Chloride in Aqueous Media[J]. *Chem. Eur. J.*, 2010, 16: 13082-13094.

[22] N. L. Kilah, M. D. Wise, C. J. Serpell, et al. Enhancement of Anion Recognition Exhibited by a Halogen-Bonding Rotaxane Host System[J]. *J. Am. Chem. Soc.*, 2010, 132: 11893-11895.

[23] B. Qiao, Y. Liu, S. Lee, et al. High-yield Synthesis and Acid-base Response of Phosphate-templated [3]Rotaxanes[J]. *Chem. Commun.*, 2016, 52: 13675-13678.

[24] J. D. Crowley, S. M. Goldup, A. L. Lee, et al. Active Metal Template Synthesis of Rotaxanes, Catenanes and Molecular Shuttles[J]. *Chem. Soc. Rev.*, 2009, 38: 1530-1541.

[25] G. De Bo, G. Dolphijn, C. T. McTernan, et al. [2]Rotaxane Formation by Transition State Stabilization[J]. *J. Am. Chem. Soc.*, 2017, 139: 8455-8457.

[26] S. D. P. Fielden, D. A. Leigh, C. T. McTernan, et al. Spontaneous Assembly of Rotaxanes from a

Primary Amine, Crown Ether and Electrophile[J]. *J. Am. Chem. Soc.*, 2018, 140: 6049-6052.

[27] C. Tian, S. D. P. Fielden, G. F. S. Whitehead, et al. Weak Functional Group Interactions Revealed Through Metal-Free Active Template Rotaxane Synthesis[J]. *Nat. Commun.*, 2020, 11: 744.

[28] J. Echavarren, M. A. Y. Gall, A. Haertsch, et al. Active Template Rotaxane Synthesis Through the Ni-Catalyzed Cross-Coupling of Alkylzinc Reagents with Redox-Active Esters[J]. *Chem. Sci.*, 2019, 10: 7269-7273.

[29] Y. Xu, R. Kaur, B. Wang, et al. A Concave-Convex π-π Template Approach Enables the Synthesis of [10]Cycloparaphenylene-Fullerene [2]Rotaxanes[J]. *J. Am. Chem. Soc.*, 2018, 140: 13413-13420.

[30] M. A. Jinks, A. de Juan, M. Denis, et al. Stereoselective Synthesis of Mechanically Planar Chiral Rotaxanes[J]. *Angew. Chem. Int. Ed. Engl.*, 2018, 57: 14806-14810.

[31] C. Tian, S. D. P. Fielden, B. Pérez-Saavedra, et al. Single-Step Enantioselective Synthesis of Mechanically Planar Chiral [2]Rotaxanes Using a Chiral Leaving Group Strategy[J]. *J. Am. Chem. Soc.*, 2020, 142: 9803-9808.

[32] A. Trabolsi, N. Khashab, A. C. Fahrenbach, et al. Radically Enhanced Molecular Recognition[J]. *Nat. Chem.* 2010, 2: 42-49.

[33] K. Cai, H. Mao, W. G. Liu, et al. Highly Stable Organic Bisradicals Protected by Mechanical Bonds[J]. *J. Am. Chem. Soc.*, 2020, 142: 7190-7197.

[34] J. J. Danon, D. A. Leigh, P. R. McGonigal, et al. Triply Threaded [4]Rotaxanes[J]. *J. Am. Chem. Soc.*, 2016, 138: 12643-12647.

[35] P. Waelès, B. Riss-Yaw, F. D. R. Coutrot. Synthesis of a pH-Sensitive Hetero[4]Rotaxane Molecular Machine That Combines [c2]Daisy and [2]Rotaxane Arrangements[J]. *Chem. Eur. J.*, 2016, 22: 6837-6845.

[36] K. Zhu, G. Baggi, S. J. Loeb. Ring-through-Ring Molecular Shuttling in a Saturated [3]Rotaxane[J]. *Nat. Chem.*, 2018, 10: 625-630.

[37] Q. C. Wang, X. Ma, D.-H. Qu, et al. Unidirectional Threading Synthesis of Isomer-Free [2]Rotaxanes[J]. *Chem. Eur. J.*, 2006, 12: 1088-1096.

[38] X. Ma, D. Qu, F. Ji, et al. A Light-Driven [1]Rotaxane via Self-Complementary and Suzuki-Coupling Capping[J]. *Chem. Commun.*, 2007, 1409-1411.

[39] X. Huang, S. Huang, B. Zhai, et al. Slipping Synthesis of Cucurbit[7]uril-Based [2]Rotaxane in Organic Environment[J]. *Tetrahedron Lett.*, 2012, 53: 6414-6417.

[40] Q. F. Luo, L. Zhu, S. J. Rao, et al. Two Stepwise Synthetic Routes toward a Hetero[4]Rotaxane[J]. *J. Org. Chem.*, 2015, 80: 4704-4709.

[41] X. Fu, Q. Zhang, S. J. Rao, et al. One-Pot Synthesis of a [c2]Daisy-Chain-Containing Hetero[4] Rotaxane via a Self-Sorting Strategy[J]. *Chem. Sci.*, 2016, 7: 1696-1701.

[42] S. J. Rao, Q. Zhang, X. H. Ye, et al. Integrative Self-Sorting: One-Pot Synthesis of a Hetero[4]Rotaxane from a Daisy-Chain-Containing Hetero[4]Pseudorotaxane[J]. *Chem. Eur. J.*, 2018, 13: 815-821.

[43] C. Gao, Z. L. Luan, Q. Zhang, et al. A Braided Hetero[2](3)Rotaxane[J]. *Org. Lett.*, 2017, 19: 3931-3934.

[44] S. Rao, Q. Zhang, J. Mei, et al. One-Pot Synthesis of Hetero[6]Rotaxane Bearing Three Different Kinds of Macrocycle through a Self-Sorting Process[J]. *Chem. Sci.*, 2017, 8: 6777-6783.

[45] S. J. Rao, X. H. Ye, Q. Zhang, et al. Light-Induced Cyclization of a [c2]Daisy-Chain Rotaxane to Form a Shrinkable Double-Lasso Macrocycle[J]. *Asian J. Org. Chem.*, 2018, 7: 902-905.

[46] M. Mao, X. K. Zhang, T. Y. Xu, et al. Towards a Hexa-Branched [7]Rotaxane from a [3]Rotaxane via a [2+2+2] Alkyne Cyclotrimerization Process[J]. *Chem. Commun.*, 2019, 55: 3525-3528.

[47] P. R. Feyman. There's plenty of room at the bottom[J]. *Eng. & Sci.*, 1960, 23: 22-36.

[48] R. A. Bissel, E. Córdova, A. E. Kaifer, et al. A Chemically and Electrochemically Switchable Mole-

cular Shuttle[J]. *Nature*, 1994, 369:133-137.

[49] D. B. Amabilino, C. O. Dietrich-Buchecker, A. Livoreil, et al. A Switchable Hybrid [2]-Catenane Based on Transition Metal Complexation and π-Electron Donor- Acceptor Interactions[J]. *J. Am. Chem. Soc.*, 1996, 118: 3905-3913.

[50] A. Altieri, F. G. Gatti, E. R. Kay, et al. Electrochemically switchable hydrogen-bonded molecular shuttles[J]. *J. Am. Chem. Soc.*, 2003, 125: 8644-8654.

[51] Y. L. Zhao, W. R. Dichtel, A. Trabolsi, et al. A Redox-Switchable α-Cyclodextrin-Based [2]Rotaxane [J]. *J. Am. Chem. Soc.*, 2008, 130: 11294-11296.

[52] S. Nygaard, K. C. F. Leung, I. Aprahamian, et al. Functionally Rigid Bistable [2] Rotaxanes[J]. *J. Am. Chem. Soc.*, 2007, 129: 960-970.

[53] D. J. Cárdenas, A. Livoreil, J. P. Sauvage. Redox Control of the Ring-Gliding Motion in a Cu-Complexed Catenane: a Process Involving Three Distinct Geometries[J]. *J. Am. Chem. Soc.*, 1996, 118: 11980-11981.

[54] L. Pfeifer, M. Scherübl, M. Fellert, et al. Photoefficient 2nd Generation Molecular Motors Responsive to Visible Light[J]. *Chem. Sci.*, 2019, 10: 8768-8773.

[55] C. A. Stainer, S. J. Alderman, T. D. W. Claridge, et al. Unidirectional Photoinduced Shuttling in a Rotaxane with a Symmetric Stilbene Dumbbell[J]. *Angew. Chem. Int. Ed.*, 2002, 41: 1769-1772.

[56] X. Ma, D. Qu, F. Ji, Q. Wang, et al. A Light-Driven [1]Rotaxane via Self-Complementary and Suzuki-Coupling Capping[J]. *Chem. Commun.*, 2007(14): 1409-1411.

[57] V. Balzani, M. Clemente-León, A. Credi, et al. Autonomous Artificial Nanomotor Powered by Sunlight[J]. *Proc. Natl. Acad. Sci.*, 2006, 103: 1178-1183.

[58] A. Livoreil, J. P. Sauvage, N. Armaroli, et al. Electrochemically and Photochemically Driven Ring Motions in a Disymmetrical Copper [2]-Catenate[J]. *J. Am. Chem. Soc.*, 1997, 119: 12114-12124.

[59] D. A. Leigh, E. M. Pérez. Shuttling Through Reversible Covalent Chemistry[J]. *Chem. Commun.*, 2004(20): 2262-2263.

[60] G. W. H. Wurpel, A. M. Brouwer, I. H. M. van Stokkum, et al. Enhanced Hydrogen Bonding Induced by Optical Excitation: Unexpected Subnanosecond Photoinduced Dynamics in a Peptide-Based [2] Rotaxane[J]. *J. Am. Chem. Soc.*, 2001, 123: 11327-11328.

[61] A. Altieri, G. Bottari, F. Dehez, et al. Remarkable Positional Discrimination in Bistable Light- and Heat-Switchable Hydrogen-Bonded Molecular Shuttles[J]. *Angew. Chem. Int. Ed.*, 2003, 42: 2296-2300.

[62] E. M. Pérez, D.T. F. Dryden, D. A. Leigh, et al. A Generic Basis for Some Simple Light-Operated Mechanical Molecular Machines[J]. *J. Am. Chem. Soc.*, 2004, 126: 12210-12211.

[63] F. Y. Ji, L. L. Zhu, X. Ma, et al. A New Thermo- and Photo-Driven [2]Rotaxane[J]. *Tetrahedron Lett.* 2009, 50: 597-600.

[64] W. Zhou, D. Chen, J. Li, et al. Photoisomerization of Spiropyran for Driving a Molecular Shuttle[J]. *Org. Lett.*, 2007, 9: 3929-3932.

[65] W. Q. Deng, A. H. Flood, J. F. Stoddart, et al. An Electrochemical Color-Switchable RGB Dye: Tristable [2]Catenane[J]. *J. Am. Chem. Soc.*, 2005, 127: 15994-15995.

[66] B. W. Laursen, S. Nygaard, J. O. Jeppesen, et al. Counterion-Induced Translational Isomerism in a Bistable [2] Rotaxane[J]. *Org. Lett.*, 2004, 6: 4167-4170.

[67] I. Poleschak, J. M. Kern, J. P. Sauvage. A Copper-Complexed Rotaxane in Motion: Pirouetting of the Ring on the Millisecond Timescale[J]. *Chem. Commun.*, 2004(4): 474-476.

[68] G. Bottari, D. A. Leigh, E. M. Pérez. Chiroptical Switching in a Bistable Molecular Shuttle[J]. *J. Am. Chem. Soc.*, 2003, 125: 13360-13361.

[69] Q. C. Wang, D. H. Qu, J. Ren, et al. A Lockable Light-Driven Molecular Shuttle with a Fluorescent

Signal[J]. *Angew. Chem. Int. Ed.*, 2004, 43: 2661-2665.

[70] D. H. Qu, Q. C. Wang, J. Ren, et al. A Light-Driven Rotaxane Molecular Shuttle with Dual Fluorescence Addresses[J]. *Org. Lett.*, 2004, 6: 2085-2088.

[71] D. H. Qu, Q. C. Wang, X. Ma, et al. A [3]Rotaxane with Three Stable States That Responds to Multiple-Inputs and Displays Dual Fluorescence Addresses [J]. *Chem. Eur. J.*, 2005, 11: 5929-5937.

[72] D. H. Qu, Q. C. Wang, H. Tian. A Half Adder Based on a Photochemically Driven [2]Rotaxane[J]. *Angew. Chem. Int. Ed.*, 2005, 44: 5296-5299.

[73] D. H. Qu, F. Y. Ji, Q. C. Wang, et al. A Double Inhibit Logic Gate Employing Configuration and Fluorescence Changes[J]. *Adv. Mater.*, 2006, 18: 2035-2038.

[74] X. Ma, J. Cao, Q. Wang, et al. Photocontrolled Reversible Room Temperature Phosphorescence (rtp) Encoding β-Cyclodextrin Pseudorotaxane[J]. *Chem. Commun.*, 2011, 47: 3559-3561.

[75] X. Ma, J. Zhang, J. Cao, et al. A Room Temperature Phosphorescence Encoding [2]Rotaxane Molecular Shuttle[J]. *Chem. Sci.*, 2016, 7: 4582-4588.

[76] B. Krajnik, J. Chen, M. A. Watson, et al. Defocused Imaging of UV-driven Surface-Bound Molecular Motors[J]. *J. Am. Chem. Soc.*, 2017, 139: 7156-7159.

[77] Y. Shirai, A. J. Osgood, Y. Zhao, et al. Directional Control in Thermally Driven Single-Molecule Nanocars[J]. *Nano. Lett.*, 2005, 5: 2330-2334.

[78] T. Kudernac, N. Ruangsupapichat, M. Parschau, et al. Electrically Driven Directional Motion of a Four-Wheeled Molecule on a Metal Surface[J]. *Nature*, 2011, 479: 208-211.

[79] P. Lussis, T. Svaldo-Lanero, A. Bertocco, et al. A Single Synthetic Small Molecule That Generates Force Against a Load[J]. *Nat. Nanotechnol.*, 2011, 6: 553-557.

[80] Y. L. Ying, Z. Y. Li, Z. L. Hu, et al. A Time-Resolved Single-Molecular Train Based on Aerolysin Nanopore[J]. *Chem.*, 2018, 4: 1893-1901.

[81] C. P. Collier, G. Mattersteig, E. W. Wong, et al. A [2]Catenane Based Solid-State Electronically Reconfigurable Switch[J]. *Science*, 2000, 289: 1172-1175.

[82] A. Coskun, J. M. Spruell, G. Barin, et al. High hopes: can molecular electronics realise its potential?[J]. *Chem. Soc. Rev.*, 2012, 41: 4827-4859.

[83] E. Katz, O. Lioubashevsky, I. Willner. Electromechanics of a Redox-Active Rotaxane in a Monolayer Assembly on an Electrode[J]. *J. Am. Chem. Soc.*, 2004, 126: 15520-15532.

[84] J. Berna, D. A. Leigh, M. Lubomska, et al. Zerbetto. Macroscopic Transport by Synthetic Molecular Machines[J]. *Nat. Mater.*, 2005, 4: 704-710.

[85] M. Feng, X. Guo, X. Lin, et al. Stable, Reproducible Nanorecording on Rotaxane Thin Films[J]. *J. Am. Chem. Soc.*, 2005, 127: 15338-15339.

[86] P. Wan, Y. Jiang, Y. Wang, et al. Tuning Surface Wettability through Photocontrolled Reversible Molecular Shuttle[J]. *Chem. Commun.*, 2008(44): 5710-5712.

[87] D. A. Leigh, M. Á. F. Morales, E. M. Pérez, et al. Patterning through Controlled Submolecular Motion: Rotaxane-Based Switches and Logic Gates That Function in Solution and Polymer Films[J]. *Angew. Chem. Int. Ed.*, 2005, 44: 3062 -3267.

[88] Y. Jiang, J. B. Guo, C. F. Chen. A Bifunctionalized [3]Rotaxane and Its Incorporation into a Mechanically Interlocked Polymer[J]. *Chem. Commun.*, 2010, 46: 5536-5538.

[89] Z. Q. Cao, Z. L. Luan, Q. Zhang, et al. An Acid/Base Responsive Side-Chain Polyrotaxane System with a Fluorescent Signal[J]. *Polym. Chem.*, 2016, 7: 1866-1870.

[90] R. Sun, C. Xue, X. Ma, et al. Light-Driven Linear Helical Supramolecular Polymer Formed by Molecular-Recognition-Directed Self-Assembly of Bis(*p*-sulfonatocalix[4]arene) and Pseudorotaxane[J]. *J. Am. Chem. Soc.*, 2013, 135: 5990-5993.

[91] C. Y. Shi, Q. Zhang, C. Y. Yu, et al. An Ultrastrong and Highly Stretchable Polyurethane Elastomer

Enabled by a Zipper-Like Ring-Sliding Effect[J]. *Adv. Mater.*, 2020, 32: 2000345.

[92] K. K. Cotí, M. E. Belowich, M. Liong, et al. Mechanised Nanoparticles for Drug Delivery[J]. *Nanoscale*, 2009, 1: 16-39.

[93] Z. Q. Cao, Q. Miao, Q. Zhang, et al. A Fluorescent Bistable [2]Rotaxane Molecular Switch on SiO$_2$ Nanoparticles[J]. *Chem. Commun.*, 2015, 51: 4973-4976.

[94] X. Ma, Q. Wang, D. Qu, et al. A Light-Driven Pseudo[4]Rotaxane Encoded by Induced Circular Dichroism in a Hydrogel[J]. *Adv. Funct. Mater.*, 2007, 17: 829-837.

[95] L. Zhu, X. Ma, F. Ji, et al. Effective Enhancement of Fluorescence Signals in Rotaxane-Doped Reversible Hydrosol-gel Systems[J]. *Chem. Eur. J.*, 2007, 13: 9216-9222.

[96] A. Goujon, T. Lang, G. Mariani, et al. Bistable [c2] Daisy Chain Rotaxanes as Reversible Muscle-like Actuators in Mechanically Active Gels[J]. *J. Am. Chem. Soc.*, 2017, 139: 14825-14828.

[97] A. Goujon, E. Moulin, G. Fuks, et al. [c2]Daisy Chain Rotaxanes as Molecular Muscles[J]. *CCS Chemistry*, 2019, 1: 83-96.

[98] J. R. Colard-Itté, Q. Li, D. Collin, et al. Mechanical Behaviour of Contractile Gels Based on Light-Driven Molecular Motors[J]. *Nanoscale*, 2019, 11: 5197-5202.

[99] C. S. Kwan, R. Zhao, M. A. Van Hove, et al. Higher-Generation Type Ⅲ-B Rotaxane Dendrimers with Controlling Particle Size in Three-Dimensional Molecular Switching[J]. *Nat. Commun.*, 2018, 9: 497.

[100] V. N. Vukotic, K. J. Harris, K. Zhu, et al. Metal-Organic Frameworks with Dynamic Interlocked Components[J]. *Nat. Chem.*, 2012, 4: 456-460.

[101] K. Zhu, C. A. O'keefe, V. N. Vukotic, et al. A Molecular Shuttle That Operates Inside a Metal-Organic Framework[J]. *Nat. Chem.*, 2015, 7: 514-519.

[102] Q. Chen, J. Sun, P. Li, et al. A Redox-Active Bistable Molecular Switch Mounted inside a Metal-Organic Framework[J]. *J. Am. Chem. Soc.*, 2016, 138: 14242-14245.

[103] W. Danowski, T. van Leeuwen, S. Abdolahzadeh, et al. Unidirectional Rotary Motion in a Metal-Organic Framework[J]. *Nat. Nanotechnol.*, 2019, 14: 488-494.

[104] G. Ragazzon, M. Baroncini, S. Silvi, et al. Light-Powered Autonomous and Directional Molecular Motion of a Dissipative Self-Assembling System[J]. *Nat. Nanotechnol.*, 2015, 10: 70-75.

[105] C. Cheng, P. R. McGonigal, S. T. Schneebeli, et al. An Artificial Molecular Pump[J]. *Nat. Nanotechnol.*, 2015, 10: 547-553.

[106] S. Kassem, A. T. L. Lee, D. A. Leigh, et al. Pick-up, Transport and Release of a Molecular Cargo Using a Small-Molecule Robotic Arm[J]. *Nat. Chem.*, 2016, 8: 138-143.

[107] D. Zhao, T. van Leeuwen, J. Cheng, et al. Dynamic Control of Chirality and Self-Assembly of Double-Stranded Helicates with Light[J]. *Nat. Chem.*, 2017, 9: 250-256.

[108] B. Lewandowski, G. De Bo, J. W. Ward, et al. Sequence-Specific Peptide Synthesis by an Artificial Small-Molecule Machine Science[J]. *Science*, 2013, 339: 189-193.

[109] S. Chen, Y. Wang, T. Nie, et al. An Artificial Molecular Shuttle Operates in Lipid Bilayers for Ion Transport[J]. *J. Am. Chem. Soc.*, 2018, 140: 17992-17998.

[110] Q. Zhang, S. J. Rao, T. Xie, et al. Muscle-Like Artificial Molecular Actuators for Nanoparticles[J]. *Chem.*, 2018, 4: 2670-2684.

[111] T. J. Huang, B. Brough, C. M. Ho, et al. A Nanomechanical Device Based on Linear Molecular Motors[J]. *Appl. Phys. Lett.*, 2004, 85: 5391-5393.

[112] R. Eelkema, M. M. Pollard, J. Vicario, et al. Nanomotor Rotates Microscale Objects[J]. *Nature*, 2006, 440: 163-163.

[113] J. J. Yu, Z. Q. Cao, Q. Zhang, et al. Photo-Powered Stretchable Nano-Containers Based on Well-Defined Vesicles Formed by an Overcrowded Alkene Switch[J]. *Chem. Commun.*, 2016, 52:

12056-12059.

[114] Z. Q. Cao, Y. C. Wang, A. H. Zou, et al. Reversible Switching of a Supramolecular Morphology Driven by an Amphiphilic Bistable [2]Rotaxane[J]. *Chem. Commun.*, 2017, 53: 8683-8686.

[115] J. Chen, F. K. C. Leung, M. C. A. Stuart, et al. Artificial Muscle-Like Function from Hierarchical Supramolecular Assembly of Photoresponsive Molecular Motors[J]. *Nat. Chem.*, 2018, 10: 132-138.

[116] Q. Li, G. Fuks, E. Moulin, et al. Macroscopic Contraction of a Gel Induced by the Integrated Motion of Light-Driven Molecular Motors[J]. *Nat. Nanotechnol.*, 2015, 10: 161-165.

[117] J. T. Foy, Q. Li, A. Goujon, et al. Dual-Light Control of Nanomachines That Integrate Motor and Modulator Subunits[J]. *Nat. Nanotechnol.*, 2017, 12: 540-545.

[118] K. Iwaso, Y. Takashima, A. Harada. Fast Response Dry-Type Artificial Molecular Muscles with [c2]Daisy Chains[J]. *Nat. Chem.*, 2016, 8: 626-633.

[119] S. Saha, K. C. F. Leung, T. D. Nguyen, et al. Nanovalves[J]. *Adv. Funct. Mater.*, 2007, 14: 685-693.

[120] K. K. Cotí, M. E. Belowich, M. L., et al. Mechanised Nanoparticles for Drug Delivery[J]. *Nanoscale*, 2009, 1: 16-39.

[121] R. Klajn, J. F. Stoddart, B. A. Grzybowski. Nanoparticles Functionalised with Reversible Molecular and Supramolecular Switches[J]. *Chem. Soc. Rev.*, 2010, 39: 2203-2237.

[122] J. Wang, B. L. Feringa. Dynamic Control of Chiral Space in a Catalytic Asymmetric Reaction Using a Molecular Motor[J]. *Science*, 2011, 331: 1429-1432.

[123] S. Kassem, A. T. L. Lee, D. A. Leigh, et al. Stereodivergent Synthesis with a Programmable Molecular Machine[J]. *Nature*, 2017, 549: 374-378.

[124] M. Dommaschk, J. Echavarren, D. A. Leigh, et al. Dynamic Control of Chiral Space through Local Symmetry Breaking in a Rotaxane Organocatalyst[J]. *Angew. Chem. Int. Ed.*, 2019, 58: 14955-14958.

[125] M. R. Diehl, D. W. Steuerman, H. R. Tseng, et al. Single-Walled Carbon Nanotube Based Molecular Switch Tunnel Junctions[J]. *Chem. Phys. Chem.*, 2003, 4: 1335-1339.

[126] J. E. Green, J. W. Choi, A. Boukai, et al. A 160-Kilobit Molecular Electronic Memory Patterned at 10(11) Bits Per Square Centimetre[J]. *Nature*, 2007, 445: 414-417.

[127] V. García-López, F. Chen, L. G. Nilewski, et al. Molecular Machines Open Cell Membranes[J]. *Nature*, 2017, 548: 567-572.

[128] D. Liu, V. García-López, R. S. Gunasekera, et al. Near-Infrared Light Activates Molecular Nanomachines to Drill into and Kill Cells[J]. *ACS Nano*, 2019, 13: 6813-6823.

[129] C. A. Orozco, D. Liu, Y. Li, et al. Visible-Light-Activated Molecular Nanomachines Kill Pancreatic Cancer Cells[J]. *ACS Appl. Mater. Interfaces*, 2020, 12: 410-417.